高等职业教育“十四五”规划教材

宠物疫病与公共卫生

羊建平　主编

中国农业大学出版社
·北京·

内 容 简 介

本教材按照高职教育理论和实训一体化的教学模式要求，紧扣宠物医疗技术专业、宠物养护与驯导专业和动物医学(宠物医学)专业人才培养标准和职业岗位需要编写，采用项目化的编写体例，增加了一些基层单位适用的新技术，突出教学内容的适用性和实用性。

本教材主要内容包括兽医公共卫生的内涵与管理、生物安全与有害生物的控制、传染病的诊断与防治技术、犬猫病毒病的防治技术、犬猫细菌病的防治技术、观赏鸟传染病的防治技术、观赏兔传染病的防治技术、寄生虫病的诊断与防治技术、犬猫线虫病的防治技术、犬猫绦虫病的防治技术、犬猫吸虫病的防治技术、犬猫原虫病的防治技术、犬猫蜘蛛昆虫病的防治技术和观赏鸟寄生虫病的防治技术等。

本教材既可作为高等职业院校宠物医疗技术、宠物养护与驯导、动物医学(宠物医学)等专业的教学用书，又可作为基层宠物医师和宠物爱好者的参考用书。

图书在版编目(CIP)数据

宠物疫病与公共卫生/羊建平主编 --北京：中国农业大学出版社，2021.3(2024.8 重印)
ISBN 978-7-5655-2540-7

Ⅰ.①宠… Ⅱ.①羊… Ⅲ.①宠物—防疫—高等职业教育—教材②公共卫生—高等职业教育—教材 Ⅳ.①S858.93②R199.1

中国版本图书馆 CIP 数据核字(2021)第 055381 号

书　　名 宠物疫病与公共卫生
作　　者 羊建平　主编

策划编辑 康昊婷　　**责任编辑** 石　华
封面设计 郑　川
出版发行 中国农业大学出版社
社　　址 北京市海淀区圆明园西路 2 号　　**邮政编码** 100193
电　　话 发行部 010-62733489,1190　　读者服务部 010-62732336
编辑部 010-62732617,2618　　出 版 部 010-62733440
网　　址 http://www.caupress.cn　　**E-mail** cbsszs @ cau.edu.cn
经　　销 新华书店
印　　刷 天津鑫丰华印务有限公司
版　　次 2022 年 2 月第 1 版　　2024 年 8 月第 3 次印刷
规　　格 185 mm×260 mm　　16 开本　　19.5 印张　　480 千字
定　　价 58.00 元

编审人员

主　编	羊建平	江苏农牧科技职业学院
副主编	刘红芹	山东畜牧兽医职业学院
	向金梅	湖北生物科技职业学院
	张君慧	杨陵职业技术学院
参　编	翟晓虎	江苏农牧科技职业学院
	刘　燕	河南农业职业学院
	高　敏	江苏农牧科技职业学院
	吉　伟	江苏泰州泰牧动物医院
	颜　卫	江苏农牧科技职业学院
	沈晓鹏	江苏农牧科技职业学院
	田其真	江苏泰州泰爱牧宠物医院
	罗益民	江苏泰兴畜牧兽医中心
	王成丽	江苏泰州泰爱牧宠物医院
	徐亚亚	江苏泰州泰爱牧宠物医院
主　审	邬立刚	黑龙江农业职业技术学院
	曹　斌	江苏农牧科技职业学院
	王传锋	江苏农牧科技职业学院

前　言

党的二十大报告指出，教育、科技、人才是全面建设社会主义现代化国家的基础性、战略性支撑。教材在人才培养中起着重要作用。本教材根据《国家职业教育改革实施方案》的精神，结合"行校联动、工学结合"的教学改革和近年来教材建设的实践而编写。本教材主要作为宠物医疗技术专业、宠物养护与驯导专业和动物医学（宠物医学）专业的教学用书，也可作为动物生产类、动物医学类行业企业技术人员的参考用书。

本教材的特点是突出产教融合，在实践中构建教学内容，理论和实训一体化，注重学生职业综合能力的培养和发展需求。针对高职高专宠物医疗技术专业（群）人才就业岗位所需要的宠物疫病防治技能和知识，教材设置了兽医公共卫生的内涵与管理、生物安全与有害生物的控制、传染病的诊断与防治技术、犬猫病毒病的防治技术、犬猫细菌病的防治技术、观赏鸟传染病的防治技术、观赏兔传染病的防治技术、寄生虫病的诊断和防治技术、犬猫线虫病的防治技术、犬猫绦虫病的防治技术、犬猫吸虫病的防治技术、犬猫原虫病的防治技术、犬猫蜘蛛昆虫病的防治技术和观赏鸟寄生虫病的防治技术等内容。各项目教学内容既相对独立，又有机结合在一起，可满足不同岗位人员的需要，因此，在教学过程中，可根据专业教学标准和当地实际需要，有针对性地选择教学。

参加本教材编写的人员既有长期从事宠物传染病和寄生虫病教学和科研的双师型教师，又有来自宠物医院从事宠物疫病临床诊疗工作的技术骨干。其中羊建平（江苏农牧科技职业学院）编写模块一项目一，王成丽（江苏泰州泰爱牧宠物医院）编写模块一项目二，刘红芹（山东畜牧兽医职业学院）编写模块二项目一，徐亚亚（江苏泰州泰爱牧宠物医院）编写模块二项目二，向金梅（湖北生物科技职业学院）编写模块二项目三，张君慧（杨陵职业技术学院）编写模块二项目四，刘燕（河南农业职业学院）编写模块二项目五，田其真（江苏泰州泰爱牧宠物医院）编写模块三项目一，沈晓鹏（江苏农牧科技职业学院）编写模块三项目二，高敏（江苏农牧科技职业学院）编写模块三项目三，罗益民（江苏泰兴畜牧兽医中心）编写模块三项目四，翟晓虎（江苏农牧科技职业学院）编写模块三项目五，吉伟（江苏泰州泰牧动物医院）编写项目模块三项目六，颜卫（江苏农牧科技职业学院）编写模块三项目七。

本教材承蒙郃立刚、曹斌和王传锋三位老师主审，感谢他们对教材结构体系和内容提出的宝贵意见。由于编者水平所限，加之成稿时间仓促，书中难免存在不足之处，恳请专家和读者赐教指正。

羊建平

2023 年 11 月

目　　录

模块三　宠物寄生虫病

模块一　兽医公共卫生

内容提要

兽医公共卫生的内涵与管理;生物安全与有害生物的控制。

项目一

兽医公共卫生的内涵与管理

学习目标

1. 掌握公共卫生和兽医公共卫生的定义、研究内容和作用；
2. 了解兽医公共卫生的发展历程和发展趋势；
3. 了解宠物饲养对兽医公共卫生的影响。

任务一　兽医公共卫生的内涵

一、公共卫生与兽医公共卫生的定义

(一)公共卫生的定义

公共卫生(或称公共健康)来自 public health。不同的国家、不同的时代和不同的学者对公共卫生的认识有很大不同,尤其是不同的时代对公共卫生的认识的差异更为明显。

1. Winslow 定义

1920 年,美国公共卫生领军人物 Charles-Edward A. Winslow 提出的公共卫生定义:公共卫生是通过组织公众,努力改善环境卫生,控制传染病的流行,教育每一个人养成良好的卫生习惯,组织医护人员进行疾病的早期诊断和防治,建立社会机构以保证每一个人都享有足够的生活水准以维持健康,实现预防疾病、延长寿命、促进体能健康和劳动效率的科学和艺术。

2. Vickers 定义

20 世纪 60 年代,英国实业家 Geoffrey Vickers 提出的公共卫生定义:政治、经济和社会发展史上的里程碑都是从现实存在的某些状态转变成不能容忍的状态之后才发生的,因此,我相信公共卫生的历史同样也是在不断重新界定"不能接受的状态"时,全社会就会采取行动,做出公共卫生反应。如人们对 SARS、禽流感所做出的不寻常的公共卫生反应,正是全世界认识到忽视重大传染病的预防已经成为一种社会不能接受的状态。社会价值观的转变是全球防控 SARS、禽流感行动的重要原因。

3. IOM 定义

1988 年,美国医学研究所在《公共卫生的未来》中指出,公共卫生的任务是在保障人民可能健康的情况下,实现社会利益。该定义的前提为确保社会的每个成员的健康是整个社会的利益所在。保障"人人为健康,健康为人人"的主张成为公共卫生的核心价值。此外,《公共卫生的未来》还界定了公共卫生的范围,确定了公共卫生的三个核心功能,即健康评价、政策制定和健康保障。

4. 我国关于公共卫生的定义

2003 年 7 月,国务院副总理吴仪对公共卫生做出了定义,即公共卫生就是组织社会共同努力,改善环境卫生条件,预防控制传染病和其他疾病流行,培养良好卫生习惯和文明生活方式,提供医疗服务,达到预防疾病、促进人民身体健康的目的。公共卫生建设需要政府、社会、团体和民众的广泛参与,共同努力。政府主要通过制定相关法律、法规和政策,促进公共卫生事业的发展;对社会、民众和医疗卫生机构执行公共卫生的法律法规实施监督检查;维护公共卫生秩序;组织社会各界和广大民众共同应对突发公共卫生事件和传染病流行;教育民众养成良好的卫生习惯和健康文明的生活方式;培养高素质的公共卫生管理和技术人才,为促进公众健康服务。

5. WHO 的定义

2003 年,WHO 专家 Robert Beaglehole 在综合了不同时期的多种公共卫生的定义后,对公共卫生的定义做出了最新、最权威的概括,即公共卫生是增进公众健康和减少健康不平等的联合行动(public health is the collaborative actions to improve population-wide health and reduce health inequalities)。

(二)兽医公共卫生的定义

1975 年,联合国粮食及农业组织和世界卫生组织的联合专家组对兽医公共卫生进行了定义:兽医公共卫生是公共卫生活动的组成部分,它致力于运用兽医专业的技能、知识和资源来保护和增进人类健康。随着世界人口的增多、城市化进程的加快、发达国家和发展中国家贫富和科学技术差距的增大以及环境、气候的变化,由动物及动物产品所造成的公共卫生问题日益突出,为此,1999 年世界卫生组织又进一步对兽医公共卫生进行了定义,即兽医公共卫生是指通过认识和运用兽医科学为人类身心健康和社会安宁服务的所有活动的总括。此定义明确并强调了兽医公共卫生在促进人类身心健康和社会安宁中的作用和任务。

二、兽医公共卫生的研究内容和作用

(一)公共卫生的主要功能

公共卫生的主要功能是健康评价、政策制定和健康保障。

1. 公共卫生健康评价

公共卫生健康评价是指常规、系统地收集与公共卫生有关的信息,对其进行分类和分析,并将公共卫生信息随时提供给公众。通过系统的调查、监测和评估,提供与公众健康有关的信息。公共卫生健康评价是一个系统工程,必须由政府部门和民间机构共同合作才能完成。由于任何单一的公共卫生机构都不可能具备足够的资源来单独承担和完成公共卫生信息收集和评价任务,因此,有些内容必须由政府机构独立承担,而有些内容需要民间组织的配合。政府和非政府组织的合作是公共卫生具备评价功能的基本条件。

2. 公共卫生政策制定

公共卫生健康评价为公共卫生政策的研究和制定提供了必要的理论依据和实践基础。政府在公共卫生事业中处于核心地位。通过立法和制度建设来确保所有人的健康免受有害环境的损害以及享有平等的健康机会,动员全民参与公共卫生。公共卫生政策制定的核心功能包括:①公布公共卫生问题使公众具备认识公共卫生问题的能力;②动员和建立社区联盟来认识和解决社区公共卫生问题;③制定政策和计划来支持个人和社区的公共卫生工作。

3. 公共卫生健康保健

在公共卫生健康评价和政策制定的基础上,通过公共卫生干预来保障人人享有健康。公共卫生保障通过以下过程确保公共卫生干预计划的实施:①执行卫生法规,保障公众健康安全;②通过各种方式为社区居民提供医疗保健服务;③确保公共卫生和医护队伍的质量与能力;④评价医疗服务和公共卫生服务的效果;⑤开展公共卫生研究,探索解决重大公共卫生问题的新思路和新方法。

(二)公共卫生的主要研究内容

1.公共卫生政策的制定与管理

公共卫生政策的制定受政治理念、意识形态、传统价值观念、公众压力、行为惯性、专家意见、决策者的兴趣与经验等的影响。公共卫生管理包括建立公共卫生管理机构、公共卫生管理制度和公共卫生管理长效机制等。

2.公共卫生体系建设

公共卫生体系建设的核心内容是加强疾病预防控制能力建设;完善机制,落实职责,加强能力建设;加大人才队伍建设的力度,以推动公共卫生工作不断发展。当前,我国已建立比较全面的公共卫生体系,由其提供的公共卫生服务从中央向省、市、县辐射,并建立了县、乡、村"三级农村卫生网络"。

3.健康危险因素的识别与评价

危险因素是指对人造成伤亡或对动物造成突发性损害的因素。而影响人的身体健康,导致疾病发生或对生物造成慢性损害的因素,则被称为有害因素。在通常情况下,危险因素和有害因素被统称为健康危险因素。健康危险因素包括生物性因素、化学性因素、物理性因素以及社会心理行为因素。健康危险因素评价是指在症状、体征、疾病尚未出现时就重视危险因素的作用。通过评价危险因素对健康的影响,人们能保持良好的生活环境、生产环境和行为生活方式,防止危险因素的出现。对健康危险因素的识别与评价是公共卫生学研究的最重要的内容之一。如果能够早期识别健康危险因素,并提前加以干预与防护,可以有效避免危险因素的侵害。在健康危险因素出现的早期,可以测评健康危险因素的严重程度及其对健康可能造成的危害,预测疾病发生的概率以及通过有效干预后可能增加的寿命。

4.疾病预防和控制

疾病预防与控制是公共卫生的核心内容之一。我国疾病预防控制机构的主要职责包括:①为拟定与疾病预防控制和公共卫生相关的法律、法规、规章、政策、标准和疾病防治规划等提供科学依据,为卫生行政部门提供政策咨询;②拟定并实施国家、地方重大疾病预防控制和重点公共卫生服务工作计划和实施方案,并对实施情况进行质量检查和效果评价;③建立并利用公共卫生监测系统,对影响人群生活、学习、工作等生存环境质量及生命质量的危险因素进行营养食品、劳动环境、放射、学校卫生等公共卫生学监测,对传染病、地方病、寄生虫病、慢性非传染性疾病、职业病、公害病、食源性疾病、学生常见病、老年卫生、精神卫生、口腔卫生、伤害、中毒等重大疾病发生、发展和分布的规律进行流行病学监测,并提出预防控制对策;④处理传染病疫情、突发公共卫生事件、重大疾病、中毒、救灾防病等公共卫生问题,配合并参与国际组织对重大国际突发公共卫生事件的调查处理;⑤参与开展疫苗研究,开展疫苗应用效果评价和免疫规划策略研究,并对免疫策略的实施进行技术指导与评价;⑥研究开发并推广先进的检测、检验方法,建立质量控制体系,促进公共卫生检验工作规范化,提供有关技术仲裁服务,开展健康相关产品的卫生质量检测、检验,安全性评价和危险性分析;⑦建立和完善疾病预防控制和公共卫生信息网络,负责疾病预防控制及相关信息搜集、分析和预测预报,为疾病预防控制决策提供科学依据;⑧实施重大疾病和公共卫生专题调查,为公共卫生战略的制定提供科学依据;⑨开展对影响社会经济发展和国民健康的重大疾病和公共卫生问题防治策略与措施的研究与评价,推广成熟的技术与方案;⑩组织并实施健康教育与健康促进项目,指导、参与和建立社区卫生服务示范项目,探讨社区卫生服务的工作机制，推广成熟的技术与经验。

5. 突发公共卫生事件与公共卫生危机管理

突发公共卫生事件或称公共卫生危机事件，是指突然发生，造成或者可能造成公众健康严重损害的重大传染病、群体性不明原因疾病、重大中毒、放射性损伤、职业中毒以及由自然灾害、事故灾难或社会安全事件引起的严重影响公众身心健康的事件。公共卫生危机管理主要是指政府、卫生职能部门和社会组织为了预防公共卫生危机的发生.减轻危机发生所造成的损害并尽早从危机中恢复过来，针对可能发生和已经发生的危机所采取的管理行为。

6. 公共卫生安全与防控

如同金融安全、信息安全，公共卫生安全已成为国家安全的重要组成部分，需要引起足够的重视和关注。在全球化时代，既要重视传统安全因素，又要重视非传统安全因素。公共卫生安全是构建和谐社会的重要内容，须从国家安全的高度考虑公共卫生问题。在突发公共卫生事件、突发伤害事件、突发环境污染事件、突发灾害事件以及恐怖袭击事件的处置过程中，应积极防治各种潜在风险，还应积极构建能够迅速调动社会资源的应急处理系统，并通过加强法律、制度建设以及平战结合系统的建设，合理配置和使用应急储备物资和资源。

(三)兽医公共卫生的研究内容与作用

兽医公共卫生的研究内容或任务包括 10 个方面：环境与人和动物健康的关系研究；人兽互传病的监测和控制；动物源性食品污染的监控和风险评估；人类疾病的实验动物模型研究；畜禽和宠物的福利与健康；野生动物保护及其疾病防治；实验室生物安全监控与管理；突发公共卫生事件的防范与处理；兽医公共卫生体系建设；兽医公共卫生人才培养和教育。其最终目的是保护和增进人类健康服务。

1. 环境与人和动物健康的关系研究

从比较医学的角度研究环境对人类和动物健康的影响，兽医公共卫生不仅要考虑周围环境对动物健康和生产的影响，还必须考虑动物生产对周围环境污染和破坏的问题。发展绿色养殖，减少畜牧业生产对生态环境的影响，提倡“健康养殖，绿色环保”是兽医公共卫生的重要任务。

2. 人畜互传病的监测和控制

人畜互传病可以从动物传播到人或从人传播给动物。其不仅危害人类的生命健康，还给畜牧业生产造成巨大损失，影响社会的稳定和发展。它是人类必须认真面对和解决的重大社会问题。对动物疫病，尤其是对人畜互传病的监控是兽医公共卫生的重要职责。

3. 动物源性食品污染的监控和风险评估

动物源性食品容易腐败变质和被污染从而带有病原微生物及其他有害的物质。人们若食用了腐败变质或病畜禽肉及其他产品，就会感染人畜互传病或发生食物中毒，甚至发生死亡。所以保障动物源性食品安全，预防食源性疾病的发生，是兽医公共卫生的重要职责。

4. 人类疾病的实验动物模型研究

动物医学实验在促进人类对疾病认知的过程中起着重要的作用。通过对人和动物的解剖、生理、病理以及流行病学和治疗方法的比较，人类从动物医学中获取了大量的医学知识；通过人类疾病的动物模型，更新和完善对疾病的认识，提高对疾病的治疗水平和防控能力。实验动物，尤其是普通级实验动物的生产和使用对公共卫生安全的威胁不可忽视，更要引起重视。野生的猴类需要按照严格的程序进行。在发达国家，一般的科研实验都要求使用

SPF 动物，这不仅可以获得准确的动物实验结果，同时 SPF 动物携带的微生物和寄生虫被严格控制，可以有效地避免人畜共患病的发生。因此，加强对实验动物的管理，提高实验动物的等级质量，严格控制实验动物携带的微生物和寄生虫是防止实验动物威胁公共卫生安全主要的措施之一。

5. 畜禽和宠物的福利与健康

动物福利是指人类合理、人道地利用动物，要尽量保证那些为人类做出贡献的动物享有最基本的权利。动物福利是近年来发展起来的一门新学科。搞好动物福利对保障人类健康，促进畜牧业生产和畜产品国际贸易的发展均具有重要的意义。因此，兽医公共卫生监管部门和兽医公共卫生工作者应该在保护动物福利，提高动物健康水平上发挥更重要的作用。

6. 野生动物保护及其疾病防治

野生动物是大自然的重要组成部分，是人类的朋友。它们不仅对维持整个生态平衡起着举足轻重的作用，还具有巨大的经济价值和科研价值。保护野生动物，做好野生动物的种群保护、扩增和疾病防治是兽医公共卫生工作者的重要使命之一。

7. 实验室生物安全监控与管理

生物安全是指防止发生病原体或毒素无意中暴露及意外释放的防护原则、技术以及实践。生物安全是针对病原微生物或具有潜在危害的重组 DNA 等生物危害直接或间接给人或动物带来影响或损伤提出的一种概念。通过研究和监测表明，转基因生物可能对生物多样性、生态环境和人体健康产生多方面的负面影响。现代生物技术的发展已经可以使动物、植物、微生物甚至人的基因进行相互转移。转基因生物已经突破了传统的界、门的概念，具有普通物种不具备的优势特征，若释放到环境，则会改变物种间的竞争关系，破坏原有自然生态平衡，导致生物多样性的丧失。

8. 突发公共卫生事件的防范与处理

突发公共卫生事件是指人为或自然原因引起的突然发生、造成或可能造成社会公众健康严重损害的重大传染病疫情、群体性不明原因疾病、重大食物中毒、重大职业中毒、传染病菌种毒种丢失、重大化学毒品污染或丢失、严重的自然灾害以及其他严重影响公众健康的事件。根据突发公共卫生事件的性质、危害程度、涉及范围，将突发公共卫生事件可划分为四个级别，即Ⅰ级（特大突发公共卫生事件）、Ⅱ级（重大突发公共卫生事件）、Ⅲ级（较大突发公共卫生事件）和Ⅳ级（一般突发公共卫生事件）。

9. 兽医公共卫生体系建设

在公共卫生体系的建设过程中，应以系统的观念来统筹规划、平衡发展，应综合考虑卫生资源的投入与分配，以最大限度地发挥公共卫生体系的作用。在体系建设中，应着重考虑如何确定正确的目标规划、完善的基础设施、灵敏的信息系统、科学的决策指挥和有效的干预控制策略。

10. 兽医公共卫生人才培养和教育

兽医公共卫生人才培养和教育是兽医公共卫生工作的重要任务之一，尤其是我国的兽医公共卫生人才培养和教育任重而道远。20 世纪 80 年代，我国部分高校设立了兽医公共卫生专业，但其与国外兽医公共卫生的内涵还存在很大的差异。当时我国高校的兽医公共卫生专业仅仅停留于对一些重要人畜共患传染病的检验。自 SARS、高致病性禽流感、瘦肉精中毒等一系列兽医公共卫生事件发生后，兽医公共卫生的作用在我国才逐渐得到认识和重视。2000 年，中国农业大学兽医学院率先开设了兽医公共卫生课程；2005 年，中国农业大学兽医学院开始招收兽医公共卫生专业方向的研究生。

三、兽医公共卫生发展历程和发展趋势

（一）兽医公共卫生的发展历程

1. 从“同一个医学”的理念开始

公共卫生理念起源于古埃及。古埃及的巫师同时为人和动物治疗疾病，没有人医和兽医之分。这种“同一个医学”理念持续到 19 世纪，随后政治、文化、宗教的原因，导致人医和兽医逐渐分开。随着科学的发展和对疫病认识的深入，人们逐渐认识到动物疫病与人类疫病之间的密切关系和兽医在预防人类疾病中的作用。在兽医公共卫生发展史上，兽医病理学家 Rudolf Virchow(1812—1902)于 1848 年撰写了《细胞病理学》，提出了细胞是生命的基本单位，细胞的形态改变和机能障碍是一切疾病的基础，创立了古典的细胞病理学说。这一学说不仅对兽医病理学，而且对整个医学的发展都做出了具有划时代意义的贡献。后来 Virchow 在名著 *Handbook of Communicable Diseases* 中记载了可传播给人的动物疾病。他指出为了公共健康，动物死后的尸检工作应作为肉品检测的一道程序。这是最早的关于肉品卫生检验的专著，也是第一部与兽医公共卫生相关的专著。1884 年，兽医师 Frank S. Billings 撰写了 *The Relation of Animal Diseases to the Public Health and Their Prevention* 一书。在书中，他进一步阐述了可传染给人的动物疾病，并阐明了动物疾病与公共健康的关系以及这些疾病的防控问题。这是兽医人员第一次阐述兽医科学在预防人类和动物疾病中的作用。

2. 现代公共卫生与兽医公共卫生

现代公共卫生起始于 20 世纪初。进入 20 世纪，免疫程序的建立减少了传染病的发生，公共卫生工作开始关注慢性疾病，如癌症、心脏病等。20 世纪 80 年代，人类健康问题被列入公共卫生，现代公共卫生问题常与人口健康问题相联系。与此同时，发展中国家依然存在瘟疫大流行的情况，营养不良和贫穷更使之雪上加霜。各种公共卫生大事件不断上演：SARS 的发生和流行；南非同性恋女性 HIV-AIDS 数量增多；儿童肥胖伴发Ⅱ型糖尿病增多；青少年怀孕的影响；2004 年东南亚海啸；2005 年飓风 Katrina；2011 年日本大地震并引发的海啸和核电站爆炸造成的持续性社会、经济和健康的灾难。目前这些大事件仍是公共卫生事业要应对的艰巨的任务。在世界卫生组织最新公布的公报中指出，当前各国面临的重大公共卫生问题是：①新出现的高致病性传染疾病，如严重急性呼吸道综合征和禽流感疫情；②公共卫生危险对经济发展产生直接影响；③国际人道主义危机后果严重；④化学、辐射和生物恐怖主义正威胁着人类的安全和健康；⑤环境和气候变化对健康的影响日益增强；⑥艾滋病依然是全球重要的卫生与安全议题；⑦医务人员缺口巨大。

兽医公共卫生的概念形成于 20 世纪 40 年代。1945 年，美国公共卫生处设立了兽医公共卫生科，1947 年，美国疾病控制中心正式设立了兽医公共卫生处。1962 年成立的世界兽医协会(World Veterinary Association，WVA)已拥有 100 多个成员，并且被全球范围内国家和国际组织(如联合国)及机构[如世界动物卫生组织(OIE)、世界卫生组织(WHO)、联合国

粮农组织(FAO)、世界贸易组织(WTO)]认可为兽医行业的代表,并建立了密切的合作关系,在保护和改善人类健康以及环境保护等方面积极发挥着日益重要的作用。2000 年,世界兽医协会将每年 4 月的最后一个星期六作为世界兽医日(World Veterinary Day),并于 2008 年与世界动物卫生组织(OIE)共同设立了世界兽医日奖(World Veterinary Day Award),鼓励各种社会力量以多种形式参与世界兽医日的庆祝活动。世界兽医日的设立不是为了颂扬世界兽医协会(WVA)及其官员,而是为了宣传和鼓励世界各地兽医人员在维护公众健康、食品安全和环境安全等领域所做的工作,展示兽医是一个值得高度尊重的职业以及兽医对动物和人类健康、动物福利、食品安全和食品保障所做出的卓越贡献。兽医是一个值得高度尊重的职业,但是它的作用并未得到充分重视。

3. 食品卫生与安全的发展历史

人类对食品卫生与安全的认识与公共卫生的发展密不可分。据史料记载,古时的统治机构已有制定食品销售相关规则以保护消费者。在中世纪的欧洲,部分国家就制定了鸡蛋、香肠、奶酪、啤酒、葡萄酒和面包的质量和安全法规,有些法规被沿用至今。

进入 20 世纪以后,农产品及其加工产品流通规模日增,国际食品贸易数量越来越大。食品工业应用各类添加剂也日益增多,农药、兽药在农牧业生产中的重要性日益上升,“三废”对环境及食品的污染不断加重,农产品和加工食品中含有毒、有害化学物质等问题越来越突出。20 世纪 60 年代,世界卫生组织和联合国粮食及农业组织(WHO/FAO)组织制定了《食品法典》,并进行了数次修订,规定了各种食品添加剂、农药及某些污染物在食品中允许的残留限量,供各国参考并借以协调国际食品贸易中出现的食品安全性标准问题。

自进入 21 世纪以来,随着经济的发展,生活水平的提高,人们对食品卫生与安全的要求也更高。食品安全问题关注的重点已从食品的生物性污染,如传播疫病和掺杂制假等为主,转向了环境有害化学物质对食品的污染及其对消费者健康的潜在威胁方面,尤其是农药和兽药的残留已成为当今最普遍、最受关注的食品安全课题。

4. 我国公共卫生的发展历史

我国的公共卫生事业有着悠久的历史,从古典的公共卫生学发展历史来看,我国的公共卫生学走在世界的前列。

(1)卫生保健方面　中华民族凿井而饮、盆洗沐浴的历史有四五千年之久,且对饮水卫生的要求也很严格,古人就已知晓城市卫生管理是预防传染病的一项重要措施。古代卫井之法就是我国古代最早的有关保护水源的“公共卫生法”。

(2)疾病预防方面　秦汉时期,人们已经知道应用狂犬脑敷于被狂犬咬伤的伤口以预防狂犬病。宋真宗时期(968—1022),四川蛾眉山神医接种人痘预防天花。在古代,对蚊与疟疾,蝇与霍乱、伤寒、痢疾等之间的关系有诸多记述,古人已经认识到除害与预防传染病的关系,对麻风病、天花病等传染病患者进行收容、隔离和治疗。古人对汞中毒、硅肺和铅中毒的病因和发病症状等已经有了正确的认识。

(3)食品卫生与安全方面　食品卫生的发展历史是公共卫生历史发展的体现。在人类文明早期,不同地区和民族以长期积累下来的生活经验为基础,我国古代有许多关于食品卫生的论述。1928 年,中华民国时期伪华北临时政府曾公布了《屠宰场规则施行细则》,这是我国的最早的兽医法规,1935 年,实业部又发布了《实业部商品检验局肉类检验施行细则》。

新中国成立以后，党和政府十分重视人民身体健康和畜牧业生产的发展。1950 年，开始建立多级卫生防疫站，设立食品卫生科，专管食品卫生；各地农业部门建立了畜牧兽医站，广泛开展兽医防治工作，彻底消灭了牛瘟，基本上消灭了牛肺疫和羊痘，控制了炭疽和各种畜禽疫病的蔓延，大大减少了动物疫病对食品的污染。

(4)我国兽医公共卫生管理体制建设　新中国成立以后，我国制定了一系列的食品卫生检验规程和食品卫生标准，如 1959 年发布了《肉品卫生检验规程(试行)》，也称为"四部规程"(由农业部、卫生部、原外贸部、原商业部统一规定)。这项规程是第一部全国性的兽医卫检标准和法规。1979 年，国务院颁发了《中华人民共和国食品卫生管理条例》。1982 年，全国人大常委会发布了《中华人民共和国食品卫生法(试行)》。1985 年，国务院颁发了《家畜家禽防疫条例》。1997 年，全国人民代表大会常务委员会发布了《中华人民共和国动物防疫法》。2009 年 2 月 23 日，全国人民代表大会常务委员会发布了《中华人民共和国食品安全法》。

从兽医管理体制建设方面来看，它明确了政府责任，规范了管理体制，明确了动物卫生监督机构为行政执法机构负责检疫和有关动物防疫监督的管理执法职能，明确了动物疫病预防控制机构技术支撑的法律地位，制定了乡村兽医和村级动物防疫员管理制度，明确提出了实行官方兽医和执业兽医管理制度、国家实行执业兽医资格考试制度。为此，制定并出台了《执业兽医管理办法》《动物诊疗机构管理办法》《执业兽医资格考试管理办法》等一系列规章制度。

目前，我国动物疫病预防控制平台已基本构建；省级兽医管理体制改革已基本完成；中央一级兽医工作机构改革已完成并有效运转。农业农村部设立了兽医局并任命了首席兽医师，成立了中国动物疫病预防控制中心和中国动物卫生与流行病学中心，这标志着我国兽医管理体制逐步与国际接轨。兽医体制方面的改革与完善都可纳入我国的兽医公共卫生管理体系建设，在一定程度上也证明我国已基本建立兽医公共卫生管理体系。

在食品安全监管法律制度建设方面，我国现行的与食品安全有关的法律有 20 部，行政法规有 40 部，部门规章有 15 部，初步构建了我国食品保障的基本法律框架，也进一步促进了食品安全保障的法制化建设。

(二)兽医公共卫生的发展趋势

21 世纪要求兽医公共卫生工作者在政策法规和监管制度制定、安全体系建设和风险控制能力提高、基础理论研究和应用技术开发、人才培养和知识普及等方面做出贡献，迎接挑战。

1. 同一个世界，同一个健康；同一个医学，同一个公共卫生

人医和兽医全面合作，解决动物和人类的健康问题。"同一个世界，同一个健康，同一个医学，同一个公共卫生"将成为兽医公共卫生发展的主旋律。

"同一个世界，同一个健康"(One World，One Health)理念是由国际野生生物保护学会(Wild-life Conservation Society，WCS)于 2004 年 9 月 29 日在美国纽约曼哈顿召开的国际研讨会上提出的。该会议号召全球整体互动预防流行性或地方流行性疾病，维持完整的生态平衡。该会议向世界提出了 12 条建议，其精髓实质就是"同一个世界，同一个健康"，这就是"曼哈顿原则"。曼哈顿原则提出的"同一个世界，同一个健康"理念把健康放入发展与生

态两大主题之中，呼吁人医和兽医合作，共同保护地球生命的健康。这个理念一经提出就受到了国际社会的广泛关注，迅速得到全世界各国专家学者的支持，并付诸行动。世界动物卫生组织（OIE）也呼吁兽医和兽医公共卫生人员加强与人医的合作，在“同一个世界，同一个健康”的理念下，通过提高动物的健康水平，保护人类的健康。“同一个世界，同一个健康”可以定义为：地区性、国家性和全球性多学科共同合作，从而为地球人类、动物和我们的环境获取最佳健康。

“同一个医学”（One Medicine）的概念是在20世纪60年代由兽医流行病学和寄生虫学专家Calvin Schwabe（1927—2006）提出的。他呼吁人医和兽医共同合作防控人兽互传病。2008年，世界兽医大会把上述两个概念整合为“同一个世界，同一个健康，同一个医学”，再次呼吁人医与兽医合作，共同保护地球生命的健康和安宁，同时强调了兽医在食品安全、人畜共患病、保护生态环境、比较医学等领域中的责任和机会。

21世纪对人类来说是充满挑战的世纪，尤其是在生物医学领域，更是挑战重重。兽医公共卫生工作者要在“同一个世界，同一个健康，同一个医学”的旗帜下与人医等其他领域密切合作，共同保护地球生命的健康和安宁。21世纪是全球化的社会，单靠一个学科不可能有足够的能力来预防和控制疫病发生或重新出现。只有在“同一个世界，同一个健康，同一个医学”的旗帜下，通过不同部门的相互联合，不同研究方法或技术的结合，不同学科的相互融合，才能真正解决“同一个公共卫生”的问题。“同一个世界，同一个健康，同一个医学，同一个公共卫生”是一种理念，是一个共识，也是人类社会发展到今天，公共卫生学科发展的必然趋势。它更像一面旗帜引领着全球的医学和兽医学工作者为了地球生命的健康与安宁，携手并肩，共同为完成历史赋予的公共卫生工作者的使命——疾病预防、健康保护和健康促进，实现动物—人类—生态的共同健康繁荣而奋斗。

2.健康的动物—安全的食品—健康的人类

(1)安全的食品源自健康的动物　食品动物健康状况对人类健康至关重要。只有健康的动物，才能生产出安全的食品。兽医公共卫生要大力宣传“健康的动物，安全的食品，健康的人类”这一理念，并通过管理和科技手段，提高动物的福利和健康水平，降低来源于动物和动物产品中的有毒有害物质，诸如，人畜共患病病原、化学物质、兽药等，最终为保护人类健康服务。

(2)食品安全向食品防护的转变　随着社会的进步，人们对食品安全问题越来越关注，食品安全问题已成为世界公共安全主要问题之一。食品防护是指确保食品生产和供应过程的安全，防止食品因不当逐利、恶性竞争、社会矛盾和恐怖主义等影响而受到生物、化学、物理等因素的故意污染或蓄意破坏。食品防护与食品安全的区别在于：食品防护着重于防止食品在加工和贮藏过程中遭到人为的、故意的污染；食品安全着重于食品在加工和贮藏过程中在生物性、化学性和物理性危害的影响下受到的一种偶然的污染。与食品安全相比，食品防护更加强调主动防控有害物质对食品的污染。我国正处于食品安全事件高发期，必须认识到保障食品安全的重要性和紧迫性。“苏丹红”“孔雀石绿”“三鹿奶粉”等食品安全事件表明，除面临恐怖主义和反社会等原因而使食品遭受故意污染或蓄意破坏的问题外，我国食品企业因不法从业者追求不正当商业利益形成的行业“潜规则”和恶性竞争等而使食品遭受故意污染或蓄意破坏已成为突出问题。兽医公共卫生工作者应该成为食品安全的“守护者”，在动物源性食品生产所涉及的生产、运输、加工、零售直至餐桌等每一个环节中发挥作用，加强防护监控监管的作用，把有毒有害污染的风险降到最低，保障动物源性食品的优质安全，从而达到保护和促进人类健康的目的。

3. 环境与健康的关系是公共卫生研究的永恒主题

(1)在环境与健康的研究方面，环境污染的研究是最重要的主题之一　各种人为的或自然的原因导致环境组成发生重大变化，环境质量恶化，扰乱了生态平衡，对人类健康造成了直接的、间接的或潜在的有害影响，这种现象被称为环境污染。

(2)全球气候变暖引发的健康问题是公共卫生研究的另一个重要课题　伴随着城市化和工业化的进程，大量温室气体注入大气层，造成全球性气候变暖。气候变暖对人和动物健康的影响主要表现在如下方面：①全球气候变暖将对热相关死亡人数产生重大影响。②全球气候变暖将使虫媒疾病流行范围扩大。③气候变暖将有利于病原微生物和寄生虫的繁殖和活动。④气候带变化影响了病原体及其宿主的地理分布。⑤生态系统改变加剧，促使自然疫源性疾病进入人类社会。⑥气候变暖可导致全球平均降水量增加，冰雪覆盖大陆地面积缩小。总之，全球气候变暖将会对动物疫病的发生规律和模式产生影响，新发和再发人畜共患病的风险加大，给疫病的防控带来诸多不确定因素，并最终影响人类的身心健康与社会安宁。

(3)环境激素对人和动物健康的影响　所谓环境激素是指人类生产和生活产生并释放到环境中，且在环境中持久存在的，通过直接或间接的方式在动物和人体内蓄积，能与激素受体结合起激素样作用，引起内分泌系统和神经系统功能紊乱，机体生殖机能、免疫机能和内分泌机能等出现异常的化学物质，它也被称为“环境荷尔蒙”。科学家预言，环境激素已成为继臭氧层破坏、地球气候变暖之后的第三大全球性环境问题，被喻为威胁人类存亡的“定时炸弹”。环境激素问题已经成为国际生物医学和环境科学领域中的热门研究课题。目前，发达国家正以巨大的投入，研究环境激素的种类、污染途径、主要污染源、生态危害、分子作用机理、污染控制和防治对策。

4. 产业动物(畜禽)健康保健与宠物和野生动物的健康保健并重

随着社会的发展，城市化和工业化的进程加速，兽医公共卫生的职责将从原来的重点关注产业动物即畜禽健康保健扩展到宠物和野生动物的健康保健。动植物种群的合理分布是维系生态平衡的前提条件。维持生态平衡，必须要重视对野生动物的种群繁衍和健康保健工作。人们减少了与生产性畜禽动物相处机会的同时，大大增加了与宠物全面接触的机会。因此，做好宠物保健对保障人类的身心健康必将是兽医公共卫生研究的重要课题。

5. 养殖业环境污染问题将成为兽医公共卫生研究的重要课题

畜禽生产对环境的污染已经成为社会大环境污染的主要方面，在一定程度上已超过了工业污染。在我国，占农业总产值的 1/3 及以上的畜牧业产值已成为我国国民经济的重要组成部分，是农村经济和农民收益最为实在的增长亮点。同时，随着人口的增长和人民生活水平的提高，我国对肉蛋奶等动物源性食品的需求也越来越大，大力发展畜牧业是我国经济和社会发展的需求。然而，动物饲养数量的增加必然带来人畜共患病的隐患和生态环境污染等诸多兽医公共卫生问题。在养殖生产中，实现节能减排，绿色持续发展是公共卫生面临的新挑战。既要保证我国畜牧养殖业可持续发展，又要保障人民的生命健康，做到畜牧业可持续发展和人类健康双丰收。通过合作化和产业化等途径，建设传统养殖与现代养殖技术完美结合的科技密集型、加工增值型、生态友好型、资源持续利用型融为一体的，符合生态文明要求的现代化畜牧养殖业，将是我国兽医公共卫生事业的重大课题。

6.现代文明病的防治将成为公共卫生的重要研究内容

现代文明病已构成现代人类健康和生命的重大威胁。如超重与肥胖、高血脂、高血压、糖尿病、冠心病、动脉硬化、血栓与中风等。随着人口老龄化的到来，老年性疾病的发生也必然会增多，如阿尔茨海默病、帕金森病等，还有现代社会的衍生病，即所谓的“亚健康综合征”等。从比较医学的角度研究上述疾病的发生与营养卫生的关系、与环境卫生的关系及其发病机理问题将是生物医学研究的重要选题，更是公共卫生的研究热点。

7.人畜互传病防控是兽医公共卫生重要课题

当前，全世界面临的一个重要的公共卫生问题是 HIV/AIDS 以及由抗生素残留导致的像结核病这样的旧病再现的问题，还有一个与公共卫生和兽医公共卫生相关联的人畜互传病的问题，这些病可以由动物传给人类。动物疫病，尤其是人畜互传病是公共卫生安全最大的威胁。兽医公共卫生的最重要职责之一就是对动物疫病进行监控，尤其是对人畜互传病的监控。因此，监测和控制已有的人畜互传病也是兽医公共卫生工作者永远的课题。

任务二　兽医公共卫生管理

一、兽医公共卫生管理的概念、内容与措施

（一）兽医公共卫生管理的概念

兽医公共卫生管理是研究兽医公共卫生事业发展规律及其影响因素，用管理科学的理论和方法探索如何通过最佳的动物卫生服务把兽医资源和科学技术合理分配并及时提供，以最大限度地保障人类及动物健康。

兽医公共卫生管理是兽医事业中的新兴事物。它的产生与当代管理科学的进步、动物疫病防疫体系及兽医公共卫生事业的发展密切相关。管理科学为兽医公共卫生的管理提供理论和方法支撑。

（二）兽医公共卫生管理的内容

（1）动物卫生政策　动物卫生政策是国家和社会为保障人类健康和动物健康而制定的一系列方针、政策和法律等。因此，制定适合的动物卫生政策和研究政策实施对动物卫生事业的影响是兽医卫生管理的重要内容。

（2）动物卫生组织　研究信息畅通、层次合理动物卫生组织管理体制、现行动物卫生组织管理的特点等是兽医公共卫生管理的主要内容。

（3）动物卫生计划与评价　计划与评价是兽医公共卫生管理的重要内容。在整个兽医公共卫生管理的过程中，任何工作都离不开计划与评价。计划与评价主要研究计划的制定、实施以及运用各种方法对计划实施结果进行客观评价。

（4）动物卫生资源　动物卫生资源指提供各种动物卫生服务所使用的投入要素的总和，包括人力、财力、物力、信息等资源。

（5）动物卫生服务体系　动物卫生服务体系由各类不同的动物卫生服务机构构成，提供各种动物卫生服务的资源基础和前提条件。中国动物卫生服务体系包括疫病控制机构、监督机构、兽医科研机构、兽医教育机构、医疗服务机构和兽药管理机构等。

（三）兽医公共卫生管理的措施

1.加强服务体系建设

（1）健全机构，理顺关系　2004年7月，农业部兽医局成立。这标志着我国兽医管理体制改革拉开了帷幕。在全面引入官方兽医制度的基础上，实行更高层级的兽医垂直管理制度，从而有效消除地主保护主义的影响，实现地区间动物防疫和动物产品安全工作的协调统一，为公共卫生安全提供组织保证。

（2）加强管理，优化队伍　《执业兽医管理办法》的实施是我国兽医管理体制改革又进一步的体现，即实现了执业兽医准入制度和经营性技术服务市场化，建立了考试制度、注册制度、监管制度和培训制度等。

（3）深入研究，提高能力　加强兽医科学研究，完善动物疫病控制手段，建立健全风险评估机制，提高科学防治水平；加强对外交流与合作，积极参与国际兽医事务，跟踪研究国际动物卫生规则，及时调整完善国内相关政策。

2.建立完善的法律体系

（1）建立我国的兽医法律框架　一个完整的兽医法律体系应包括兽医组织法、兽医行为法和兽医工具法三个组成部分。

（2）加快法制化进程　应早日制定《中华人民共和国兽医法》，使之与《中华人民共和国动物防疫法》共同构成兽医工作的基本法律框架。

（3）加大规范执法力度　在加快立法工作的同时，要做好这些法律法规的贯彻执行工作，建立“有法必依、违法必究”的法制环境，将过程监管和区域监管相结合，实现为公共卫生安全服务。

3.建立高效的技术支持体系

（1）建立合乎国际规范、高效的兽医实验室体系　明确现有实验室的职能，合理分布、按需建设实验室，提高利用率，建立完善的诊断标准体系。

（2）完善动物疫病控制、扑灭和认证体系　加大疫情监测力度，改革疫情报告制度，制定疫病扑灭计划，建立疫病扑灭机制和评估和无病认证体系，强化疫病控制中的经济意识。

（3）建立动物产品质量安全监控体系　这个体系包括饲料及兽药生产使用监控系统，动物产品质量检验、监测、控制系统，动物标识和疫病可追溯系统，同时授予兽医部门全过程质量监督权、检验权和控制权。

（4）加强突发公共卫生事件应急反应体系建设　成立突发公共卫生事件应急反应中心，制定科学的应急反应预案，实施统一高效的应急反应，建立必要的应急技术储备和物资储备，重视对公众的宣传教育。总之，要完善三个机制，即预防机制（信息收集、预警监测、培训演习、制定预案）、应对机制（灾害识别、决策指挥、沟通协调、技术咨询）和修复机制（消除恐惧、善后恢复、审计评估、决策调整）。

4. 建立稳定的投入保障机制

(1)政策支持　党中央明确提出要加大各级政府对农业和农村增加投入的力度,扩大公共财政覆盖的范围,强化政府对农村的公共服务,国务院也要求"各级财政要将兽医工作经费纳入预算"。

(2)资金支持　中央财政主要支持兽医兽药的立法和重大疫病的扑灭计划、药物残留的监控、国内动物流行病学分析和兽医实验室建设等。地方财政支持兽医执法和执业兽医的从业准入以及兽医诊疗和服务体系的建立和完善。

(3)机制支持　建立稳定增长的长效投入机制,切实解决兽医工作财政专项经费资金来源,保证公共卫生事业稳步健康发展。

二、兽医公共卫生服务体系

兽医公共卫生服务体系是所有以促进、维护和恢复动物健康为基本目标的组织,主要由各级兽医行政组织和动物卫生服务组织构成。

(一)动物卫生行政组织

1. 农业农村部兽医局

2004 年 7 月 30 日,成立农业部兽医局(现为农业农村部兽医局),依法履行国家兽医行政管理职责。同时,在农业部设立国家首席兽医师,国际活动中称"国家首席兽医官",这标志着中国兽医管理体制逐步与国际接轨。

2. 省(市、县)级兽医行政机构

在整合畜牧兽医相关机构职能的基础上,成立兽医行政管理机构,归口本级农业行政部门管理。其主要负责辖区内动物防疫、检疫、兽药管理、残留控制等兽医行政管理工作。

(二)动物卫生服务组织

1. 兽医技术支持机构

兽医技术支持机构主要承担动物疫病防控、诊断、监测、流行美学调查、兽医科学研究等兽医技术支持、服务工作。

(1)中央级兽医技术支持机构　中央级兽医技术支持机构主要包括中国动物疫病预防控制中心、中国动物卫生与流行病学中心和中国兽医药品监察所等三个农业农村部直属机构;禽流感、口蹄疫、牛传染性海绵状脑病等三个国家兽医参考实验室;猪瘟、新城疫、牛瘟和牛肺疫等重点诊断实验室。

(2)省(市、县)动物疫病预防控制机构　为加强和完善畜牧兽医技术支持体系建设,在整合畜牧兽医技术支持机构和资源的基础上,设立省(市、县)动物疫病预防控制中心,归口本级畜牧兽医行政主管部门管理。

(3)基层兽医服务机构　由县级兽医行政主管部门按乡镇(街道、场、所)或区域设立畜牧兽医(动物防检)站,作为县级兽医主管部门的派出机构,人员、业务、经费等由县级畜牧兽医主管部门统一管理。

(4)动物疫情测报站和边境动物疫情监测站　农业农村部设立了 304 个动物疫情测报站,在边境地区设立了 146 个边境动物疫情监测站,开展动物疫病的常规监测工作。

(5)教学科研机构　全国 200 多个高等学校开展了兽医类专业教育,270 多个兽医研究机构开展了兽医技术研究。

2. 省(市、县)动物卫生监督组织

对现有兽医卫生监督所等各类动物防疫、检疫、监督机构及其行政执法职能进行整合,组建动物卫生监督所,归口本级畜牧兽医行政主管部门管理。

3. 其他动物卫生服务组织

兽医科研机构及教育机构、群众性动物卫生组织(如中国兽医协会、中国畜牧兽医学会等)、动物诊疗服务组织等。

三、兽医公共卫生法律体系

(一)国际动物卫生法律法规

在动物卫生领域,联合国粮食及农业组织(FAO)、世界动物卫生组织(OIE)和世界贸易组织(WTO)3个国际组织制定的法规、导则、标准、建议、计划、协议等规范性文件共同构成了全球动物疫病防控战略框架。

1. 联合国粮食及农业组织及其主要任务

联合国粮食及农业组织(Food and Agriculture Organization,FAO)是联合国最早的常设专门机构。该机构在动物卫生领域的工作大多以项目形式开展,其目标是推动全球畜牧业快速发展,提供清洁安全的动物产品。

2. 世界动物卫生组织及其主要任务

世界动物卫生组织(Office International Des Epizooties,OIE)又称国际兽疫局(International Office of Epizootics,IOE),是处理国际动物卫生协作事务的政府间组织,总部设在法国巴黎。世界动物卫生组织(OIE)管理一个庞大的动物疫情信息系统,负责制定有关动物和动物产品贸易的卫生标准,收集并向各国通报全世界动物疫病的发生发展情况以及相应的控制措施,促进并协调各成员国加强对动物疫病的监测和控制的研究,协调各成员国之间的动物及动物产品贸易规定。

3. 世界贸易组织(WTO)协议及其规则

世界贸易组织(World Trade Organization,WTO)即世界贸易组织,是世界上最大的贸易组织,具有法人地位。世界动物卫生组织(OIE)的标准视为WTO框架下的国际标准。

(二)我国动物卫生法律法规

《中华人民共和国动物防疫法》是我国动物卫生管理的母法。我国动物卫生管理的法律法规大体划分为6类:动物疫病防控、动物源性食品安全、兽药管理、动物保护和福利、兽医人员管理和兽医组织机构相关的法律法规。

1. 动物疫病防控

我国动物疫病防控的法律制度分为6类:动物疫病的预防和检疫监督、进出境检疫规定、应急反应、疫情报告、实验室及病原微生物管理和实验动物管理。

(1)动物疫病预防和检疫监督　主要有8部,分别是《中华人民共和国动物防疫法》《动物防疫条件审查办法》《动物检疫管理办法》。

(2)进出境检疫规定　主要有6部,分别是《中华人民共和国进出境动植物检疫法》《中华人民共和国进出境动植物检疫法实施条例》《进境动物检疫管理办法》《进境动物遗传物质检疫管理办法》《进境动物隔离检疫场使用监督管理办法》和《进境水生动物检疫检验管理办法》。

(3)应急反应规定　主要有3部，分别是《重大动物疫情应急条例》《国家突发重大动物疫情应急预案》和《全国高致病性禽流感应急预案》。

(4)疫情报告规定　主要有2部，分别是《动物疫情报告管理办法》和《国家动物疫情测报体系管理规范(试行)》。

(5)病原微生物和实验室管理规定　主要有5部，分别是《病原微生物实验室生物安全管理条例》《高致病性动物病原微生物实验室生物安全管理审批办法》《农业部重点实验室管理办法》《动物病原微生物菌(毒)种保藏管理办法》和《动物病原微生物分类名录》。

(6)种畜和实验动物管理规定　主要有5部，分别是《实验动物管理条例》《农业系统实验动物管理办法》(修正)、《实验动物许可证管理办法(试行)》《种畜禽管理条例》和《种畜禽生产经营许可证管理办法》。

2.动物源性食品安全相关法律法规

我国动物源性食品安全相关的法律法规分为5类：饲料和饲料添加剂管理、屠宰管理、畜禽标识和养殖档案管理、进出境动物产品的检疫和食品及食品包装的管理。

(1)饲料及饲料添加剂管理规定　主要有8部，分别是《饲料和饲料添加剂管理条例》《进口饲料和饲料添加剂登记管理办法》《新饲料和新饲料添加剂管理办法》《允许使用的饲料添加剂品种目录》《饲料添加剂和添加剂预混合生产许可证管理办法》《禁止在饲料和动物饮水中使用的药物品种目录》《动物源性饲料产品安全卫生管理办法》《饲料产品认证管理办法》。

(2)屠宰检疫规定　主要有2部，分别是《生猪屠宰管理条例》和《生猪屠宰管理条例实施办法》。

(3)出入境动物及动物产品的检疫规定　出入境检疫的法律依据主要是《中华人民共和国进出境动植物检疫法》，另外还有3部，分别是《进境动物产品检疫管理办法》《进出境肉类产品检验检疫监督管理办法》和《进境动物和动物产品风险分析管理规定》。

(4)畜禽标识和养殖档案管理规定　主要是指《畜禽标识和养殖档案管理办法》。

(5)食品及食品包装的管理规定　食品及食品包装管理的法律依据主要是《中华人民共和国食品安全法》和《中华人民共和国农产品质量安全法》，另外，还有4部相关法规：《中华人民共和国出口食品卫生管理办法(试行)》《国务院关于加强食品等产品安全监督管理的特别规定》《食品包装用原纸卫生管理办法》《食品添加剂卫生管理办法》。

3.兽用药品的相关法律法规

我国兽用药品方面的法律法规分为3类：兽药生产管理、经营管理和使用管理。

(1)兽药生产经营管理规定　主要有7部，分别是《兽药管理条例》《兽药注册办法》《兽药生产质量管理规范》《兽药生产质量管理规范检查验收办法》《新兽药研制管理办法》《兽药进口管理办法》和《兽用生物制品经营管理办法》。

(2)兽药作用管理规定　主要有3部，分别是《兽药标签和说明书管理办法》《兽药产品批准文号管理办法》和《兽药质量监督抽样规定》。

4. 动物福利和保护相关法律法规

动物福利和保护相关法律法规主要是《中华人民共和国畜牧法》和《中华人民共和国野生动物保护法》，但我国动物福利的现状却不容乐观，此领域立法也相对滞后。

5. 兽医人员管理相关法律法规

我国将逐步实行官方兽医制度和执业兽医制度，2009 年 1 月 1 日开始施行《执业兽医管理办法》和《乡村兽医管理办法》。

6. 兽医机构组织相关法律法规

《中华人民共和国动物防疫法》和《动物诊疗机构管理办法》对我国各级政府和兽医主管部门、动物卫生监督机构和动物疫病预防控制机构的职责都进行了规定和要求。

四、兽医公共卫生事件的管理

兽医公共卫生事件是指突然发生的，对社会公共健康、公共安全造成或者可能造成严重危害的重大动物疫情、影响较为广泛的人畜共患病疫情、动物源性食品安全问题。它具有动物群发病、突发性强、死亡率高和社会影响大等特点。

(一)突发兽医公共卫生事件的分级

根据突发兽医公共卫生事件的危害程度、涉及范围、政治和社会影响，将突发兽医公共卫生事件分为四级，即Ⅰ级、Ⅱ级、Ⅲ级、Ⅳ级。

(1)Ⅰ级：特别重大突发公共卫生事件　它指在很大的区域内已经或可能发生大范围扩散或传播，原因不清或原因虽清楚，但影响人数巨大，且已经影响社会稳定，甚至发生大量死亡的突发公共卫生事件。

(2)Ⅱ级：重大突发公共卫生事件　它指在较大的区域内已经或可能发生大范围扩散或传播，原因不清或原因虽清楚，但影响人数很多，甚至发生较多死亡的突发公共卫生事件。

(3)Ⅲ级：较大突发公共卫生事件　它指在较大的区域内已经或可能发生较大范围扩散或传播，原因不清或虽原因清楚，但影响人数较多，甚至发生少数死亡的突发公共卫生事件。

(4)Ⅳ级：一般突发公共卫生事件　它指在局部区域内尚未发生大范围扩散或传播，或者不可能发生大范围扩散或传播，原因清楚，且未发生死亡的突发公共卫生事件。

(二)兽医公共卫生事件的应急管理

1. 突发兽医公共卫生事件应急管理的基本原则

突发兽医公共卫生事件应急管理的基本原则包括依法防治、统一领导、依靠科学、人畜同步、预防为主和“早、快、严”的处置原则。

(1)坚持依法防治的原则　严格按照《中华人民共和国动物防疫法》《突发公共卫生事件应急条例》《重大动物疫情应急条例》，同时参考《国际卫生条例》等法律法规和相应的技术标准、规范执行。

(2)坚持统一领导的原则　根据突发重大动物疫情的范围、性质和危害程度，对突发重大疫情实行分级管理。各级政府统一领导和指挥突发重大动物疫情应急处理工作，疫情应急处理工作实行属地管理。

(3)坚持依靠科学的原则　突发兽医公共卫生事件应急工作要充分尊重和依靠科学，要重视开展防范和处理突发公共卫生事件的科研和培训，为突发公共卫生事件应急处理奠定科学基础。

(4)坚持人畜同步的原则　在发生重大人畜共患病疫情时，兽医部门和卫生部门密切合作，共同完成流行病学调查、疫情预测预警和扑灭工作。

(5)坚持预防为主的原则　开展疫情监测和预警预报，对各类可能引发突发重大动物疫情的情况要及时分析、预警，做到疫情早发现、快行动、严处理。

(6)坚持“早、快、严”的处置原则　一旦发生疫情，要迅速做出反应，采取封锁疫区和扑杀染疫动物、消毒环境等果断措施，及时控制和扑灭疫情，实施“早、快、严”的处置原则。

2.突发兽医公共卫生事件应急管理的内容

突发兽医公共卫生事件应急管理的内容包括预防和准备、监测和预警、信息报告、应急处置和善后处理等5个方面。

(1)预防和准备　主要包括根据制订的应急预案落实应急防范的措施，从组织队伍、人员培训、应急演练、通信装备、物资、检测仪器、交通工具等方面组织落实，做到有备不乱。

(2)监测和预警　县级以上人民政府应当建立健全动物疫情监测网络，加强动物疫情监测。国务院兽医主管部门和省级兽医部门应当根据对动物疫病发生、流行趋势的预测，及时发出动物疫情预警。

(3)信息报告　任何单位和个人都有义务向各级政府及其兽医主管部门报告突发公共卫生事件。报告内容应包括疫情发生的时间和地点；染疫动物种类、同群动物数量、免疫情况、死亡情况、临床症状、病理变化、诊断情况；流行病学和疫源追踪情况；已采取的控制措施等。

(4)应急处置　一旦发现疫情，就要按照防治技术规范和处置原则严格隔离封锁，彻底消毒，强制免疫，坚决扑杀，严防扩散。

(5)善后处置　包括疫情扑灭后的后期评估，奖惩，灾害补偿，抚恤和补助，恢复生产，社会救助等。

任务三　兽医公共卫生事件处置程序

一、突发兽医公共卫生事件的应急准备

(一)成立应急处理的组织指挥机构

《突发公共卫生事件应急条例》规定，在突发兽医公共卫生事件后，必须立即成立一个横向到边、纵向到底的统一的指挥系统，各级人民政府主要领导人担任总指挥，负责领导、指挥本行政区域内突发事件应急处理工作，形成指挥有力、便于协调、有利于应急工作顺利开展的工作网络。

(二)成立突发兽医公共卫生事件应急队伍

①农业农村部和省级兽医行政管理部门组建突发重大兽医公共卫生事件应急处理专家

委员会，市(地)级和县级兽医行政管理部门可根据需要，组建突发重大兽医公共卫生事件应急处理专家委员会。

②省、市级应成立突发重大兽医公共卫生事件应急处理预备队，下设4个工作组，即应急防控组、专家组、实验室诊断组和物资保障组，按照“密切追踪、积极应对、联防联控、依法科学处置”的原则，指挥突发重大兽医公共卫生事件应急处置工作。

③县级动物疫情预备队组成：一是兽医专业人员，包括畜牧兽医行政管理人员、临床诊断技术人员、动物免疫人员、动物检疫人员、动物防疫监督人员、动物疫病检验化验人员；二是消毒、扑杀处理辅助人员；三是公安人员；四是卫生防疫人员；五是其他方面人员。

(三)突发兽医公共卫生事件应急预案的编制

1. 突发兽医公共卫生事件应急预案的编制程序

①成立应急预案编制小组。

②明确应急预案的目的、适用对象、适用范围和编制的前提条件。

③查阅与突发事件相关的法律、条例、管理办法和上一级预案。

④对突发事件的现有预案和既往应对工作进行分析，获取有用信息。

⑤编制应急预案。预案的编制可采用4种结构：树形结构、条文式结构、分部式结构和顺序式结构。

⑥预案和审核和发布。

⑦应急预案的维护、演练、更新和变更。

2. 突发兽医公共卫生事件应急预案的内容

(1)总则　编制目的、编制依据、突发重大疫情分级、适用范围、工作原则。

(2)应急组织机构及职责　应急指挥机构、日常工作机构、专家委员会、应急处理机构、组织体系框架。

(3)突发重大动物疫情的监测、预警与报告　信息监测与报告、预警预防行动、预警支持系统、预警级别及发布。

(4)突发重大动物疫情的应急响应和终止　分级响应程序，信息共享与处理，通信、指挥与协调，紧急处理，应急人员与公众安全防护，社会参与，事件调查分析，检测与后果评估，新闻报道，应急结果。

(5)善后处理　后期评估、奖励与惩戒、灾害补偿、抚恤和补助、恢复生产、社会救助。

(6)突发重大动物疫情应急处置的保障　通信与信息保障，应急资源与装备保障，技术储备与保障，宣传、培训和演练。

(7)附则　名词术语与缩写语的定义与说明、预案管理与更新、预案解释部门、预案实施时间。

(8)附录　各种规范化文本、相关机构和人员通信录等。

(四)突发兽医公共卫生事件应急预案的处置演练

1. 应免演练的原则

①遵守法规、执行预案的原则。

②领导重视、科学策划的原则。

③结合实际、突出重点的原则。

④周密组织、统一指挥的原则。

⑤由浅入深、分步实施的原则。

⑥注重质量、讲究实效的原则。

⑦避免惊扰公众的原则。

2. 应急培训

所有相关的应急人员接受应急救援知识的培训，掌握必要的防灾和应急知识，以减少事故的损失。应急管理小组在培训之前应充分分析应急培训需求，制定培训方案，建立培训程序以及评价培训效果。

3. 参演人员

按照演练过程中扮演的角色和承担的任务，可将参演人员分为以下5类。

(1)演习人员　具体执行应急任务的人员，包括发现事件、报告、指挥决策人员；现场诊断、免疫、扑杀、无害化处理、消毒人员；维护公众健康秩序人员；获取资源或管理资源人员等。

(2)控制人员　确保演练按计划进行的人员。

(3)模拟人员　负责模拟突发事件的发生过程，保障突发事件发生场所的逼真。

(4)评价人员　负责观察重点演练要素，收集演练材料，记录演练过程和参演人员表现。根据观察，总结演习结果。

(5)观摩人员　需要了解演习过程的相关部门、外部机构或者旁观演练过程的观众。

4. 应急演练的基本过程与任务

(1)应急演练的基本过程　分为演练准备、演练实施和演练总结3个阶段。

(2)应急演练的任务　演练准备阶段的主要任务是建立应急演练策划小组，由其完成演练准备，包括编写演练方案，确定演练日期、目标、范围、现场规则，指定评价人员，安排后勤工作，准备评价人员工作文件等；演练实施阶段的主要任务是实施演练并记录参演组织的演练表现；演练总结阶段的主要任务是参演人员自我评价与汇报，评价人员访谈参演人员，编写书面评价报告和演练总结报告，举行公开会议，通报不足项和补救措施，追踪整改项的纠正等。

二、突发兽医公共卫生事件应急处置

(一)应急处置组织协调机制的构成

1. 中央和地方的组织协调

突发兽医公共卫生事件应急管理是中央统一指挥，地方分组负责，因此，中央和地方在突发兽医公共卫生事件应急管理中的组织协调非常必要。

2. 政府部门间的组织协调

突发兽医公共卫生事件应急管理涉及农业、卫生、交通、公安、财政、宣传等不同部门。畅通的政府部门间的信息沟通和协调机制，有利于政府将各种力量、资源结合起来，对突发兽医公共卫生事件做出高效、快速的反应。

3. 国际合作

我国积极参与突发兽医公共卫生事件应对的双边、多边及国际合作，加强国际信息沟通和技术合作，推动突发兽医公共卫生事件国家间联防联控的建立。

(二)突发兽医公共卫生事件监测预警机制

1. 动物疫情监测

进一步完善国家参考实验室、区域性专业实验室和省级诊断实验室三级检测体系，严格执行监测方案，为防控人畜共患病提供科学的预测预警。

2. 动物疫情预警

各级动物疫病预防控制中心根据动物疫情监测信息，按照重大动物疫情的发生、发展规律和特点，对重大动物疫情进行分析汇总，实施疫情预警，并及时向相关部门通报。

(1)预警信息　包括各级兽医、卫生机构等的监测信息以及农、林、气象等部门的监测信息。

(2)预警级别　根据突发事件可能造成的危害程度、紧急程度及发展态势，可进行分级预警。

(3)预警信息的发布　兽医、卫生机构根据对重大动物疫病等突发公共卫生事件信息报告等多种监测资料的分析，对可能发生的事件做出预测判断，提出预警建议。

(三)突发兽医公共卫生事件应急响应机制

1. 建立分级管理、逐级响应的突发公共卫生事件应急响应机制

根据突发公共卫生事件的四级响应机制，由国务院、省级、市级、县级政府及其有关部门按照分级响应的原则，分别做出应急响应。发生特别重大(Ⅰ级响应)突发公共卫生事件就启动国家响应；发生重大(Ⅱ级响应)突发公共卫生事件就启动省级响应；发生较大(Ⅲ级响应)突发公共卫生事件就启动市级响应；发生一般(Ⅳ级响应)突发公共卫生事件就启动国家响应。

2. 建立以政府为主导，国务院兽医行政部门为核心并牵头负责的，其他部门配合和社会参与的应急联动机构

在突发公共卫生事件发生后，在各级政府和应急指挥机构的统一领导下，各级兽医部门负责组织、协调应急处理工作，与发改委、公安、工商、卫生等有关部门紧密配合、协同行动，在各自的职责范围内做好应急处理的有关工作。同时，积极调动全社会的力量，形成全社会处理突发公共卫生事件协调、互动的良好氛围。

3. 相应措施

(1)各级人民政府的职责　组织协调有关部门参与突发公共卫生事件的处理；调集本区域内种类人员、物资、交通工具和相关设施参加应急处理工作；划定控制区域范围；采取限制或者停止集市贸易等紧急控制措施；管理流动人口；实施交通卫生检疫；开展群防、群治；维护社会稳定。

(2)兽医行政部门的职责　组织相关机构开展兽医公共卫生事件的调查与处理；组织专家委员会对突发公共卫生事件进行评估，提出启动应急响应的级别；应急控制措施的督导、检查；发布信息与通报；制定技术标准的规范；普及卫生知识、健康教育；事件及事件处置的评估。

(3)动物疫病预防控制机构的职责　突发公共卫生事件信息发布；流行病学调查；实验室检测；制定技术标准和规范；开展技术培训；科研和国际交流。

(4)出入境检验检疫机构的职责　在突发公共卫生事件发生后，调动出入境检验、检疫机构技术力量，配合当地兽医部门做好口岸的应急处置工作，及时上报口岸突发公共卫生事

件信息。

(5)非事件发生地区的应急响应措施　及时获取相关信息;加强相关疾病监测;开展重点动物疫情的预防控制工作;开展防治知识宣传和健康教育。

思考题

1.什么叫公共卫生和兽医公共卫生?

2.公共卫生和兽医公共卫生的主要作用是什么?

3.兽医公共卫生的主要研究内容是什么?

4.兽医公共卫生的发展趋势有哪些?

5.什么叫兽医公共卫生管理?其主要内容和措施有哪些?

6.兽医公共卫生服务体系和法律体系的主要内容是什么?

7.突发兽医公共卫生事件分为哪几级?

8.突发兽医公共卫生事件应急管理的主要内容是什么?

9.突发兽医公共卫生事件应急预案的编制程序和主要内容是什么?

10.突发兽医公共卫生事件应急响应的主要措施是什么?

项目二

生物安全与有害生物的控制

学习目标

1. 掌握生物安全的定义与常用术语，了解病原微生物的国际国内分类标准；
2. 掌握生物安全实验室的分类方法、要求和规范化管理的主要措施；
3. 掌握有害生物的概念、分类和主要防治技术；
4. 了解病媒节肢动物的种类和危害性，学会其主要防治方法；
5. 了解鼠类的危害性和防治措施，学会灭鼠基本技术。

任务一　生物安全的定义与实验室的类型

一、生物安全的定义

(一)生物危害及其防御

生物安全是针对病原微生物或具有潜在危害的重组 DNA 等生物危险直接或间接给人类或动物带来影响或损伤而提出的一种概念。现代生物技术的发展已经可以使动物、植物、微生物甚至人的基因进行相互转移。转基因生物已经突破了传统的界、门的概念,具有普通物种不具备的优势特征,若释放到环境,则会改变物种间的竞争关系,破坏原有自然生态平衡,导致生物多样性的丧失。据研究和监测表明,转基因生物可能对生物多样性、生态环境和人体健康产生多方面的负面影响。除了转基因生物具有的潜在危害外,病原微生物给人和动物带来的生物危害已越来越严重。2003 年流行的严重急性呼吸综合征(SARS)向人类敲响了生物危害的警钟。SARS 不仅给人们的健康和生命安全带来严重的威胁,还集中暴露了长期忽视公共卫生问题带来的危害。

生物危害时刻都会出现在我们的身边。第一,流行危害日益严重的传染病已成为全球死亡病因之首。近 20 年来,全球新发传染病 30 多种,而且多数传染病是病毒病。一些原来在我国不存在的传染病可能通过人群流动或非常规方式传入。通过变异,原有的病原体获得了更高的抗药毒性,给传染病的预防、治疗和控制带来很大的危害。第二,生物恐怖已构成现实威胁。在"9・11"事件后,美国收到的炭疽邮件引起了美国乃至全球的恐慌。由于生物恐怖袭击具有很大的隐蔽性和欺骗性,在潜伏期难以发现,因而更难防范和控制。第三,生物意外事故随时可能发生。由于科研、教学及民用生产等需要,许多单位拥有和使用各种微生物菌种的权利。如不加以特殊防护,生物意外事故随时可能发生。在 SARS 发生后,全球共出现了 3 起 SARS 病毒的实验室泄漏事件。因此,提高对生物安全的认识,完善我国应对生物危害的体系,加强应急反应能力刻不容缓。

国际上针对生物危害的防御已进行了大量的工作,总体发展趋势如下:第一,将生物危害防御纳入国家安全战略和国防教育。美国、英国、意大利、日本、韩国、捷克等国家相继组建了国家分级管理的生物危害防御体系。第二,将大量高新技术应用于生物危害防御和应急反应。应用远距离、大范围的侦察报警(2.5～40 km)装置和各种侦察报警车,加之适用于不同场合和用途的快速检测技术、试剂和仪器设备已能做到在 15 min 内现场完成 8～12 种生物战剂的检测。第三,注重相关信息支持系统和实用技术平台的建立。由于生物危害防护涉及微生物学、免疫学、分子生物学、生物信息学、流行病学、传染病学等多个学科以及计算机、信息、通信、传感器等多项技术,因此,各国均以建立多学科技术集成的平台和体系作为保证其在该领域处于领先水平的前提。第四,加强基础设施建设,保持防御生物危害研究持续发展。生物危害,特别是生物恐怖病原均属烈性传染病病原体,其操作需要高等级生物安全实验室。因此,拥有合适数量的高等级生物安全实验室是生物危害防御和应急处置的必备条件。

(二)生物安全的定义与术语

①生物安全(biosafety):防止发生病原体或毒素无意中及意外释放的防护原则、技术及实践。

②生物安全保障(laboratory biosecurity):单位或个人为防止病原体或毒素丢失、被窃、滥用、转移或有意释放而采取的安全措施。

③生物安全水平(biosafety level):是在过去物理防护基础上赋予现代新技术的防护水平,也是度量生物安全的等级。目前分为四级,即 BSL-1(P1)、BSL-2(P2)、BSL-3(P3)和 BSL-4(P4),其中 BSL-4(P4)等级最高,也最安全。

④生物因子(biological agents):一切微生物和生物活性物质。

⑤病原体(pathogens):可使人、动物或植物致病的生物因子。

⑥动物(animal):生物安全涉及的动物是指家畜家禽和人工饲养、合法捕获的动物。

⑦兽医微生物(veterinary microorganisms):一切能引起动物传染病或人畜共患病的细菌、病毒和真菌等病原体。

⑧人畜共患病(zoonosis):可以由动物传播给人并引起人类发病的传染性疾病。

⑨外来病(exotic diseases):在国外存在或流行,但在国内尚未证实存在或已消灭的动物疫病。

⑩危害废弃物(hazardous waste):有潜在生物危险、可燃、易燃、腐蚀、有毒、放射和起破坏作用的对人及环境有害的一切废弃物。

⑪气溶胶(aerosols):悬浮于气体介质中的固态或液态微小粒子(粒径一般为 0.001~100 μm)形成的相对稳定的分散体系。

⑫高效空气过滤器(high efficiency particulate air filter,HEPA):在额定风量下,对粒径大于等于 0.3 μm 的粒子的捕集效率为 99.97%以上及气流阻力为 245 Pa 以下的空气过滤器。

⑬安全罩(safety hood):置于实验室工作台或仪器设备上的负压排风罩,以减少实验室工作者的暴露危险,排风经高效过滤。

⑭缓冲间(buffer room):设置在清洁区、半污染区和污染区相邻两区之间的缓冲密闭室,具有通风系统,两个门具有互锁功能,且不能同时处于开启状态。

⑮实验室分区(laboratory area):按照生物因子污染概率的大小,实验室可进行合理的分区。

⑯气锁(air lock):气压可调节的气密室用于连接气压不同的两个相邻区域,两个门具有互锁功能,不能同时处于开启状态。在实验室中用作特殊通道。

⑰定向气流(directional airflow):在气压低于外环境大气压的实验室中,从污染概率小且相对压力高的区域向污染概率高且相对压力低的区域的受控制流动的气流。

二、病原微生物的危险度等级分类

(一)病原微生物的国际分类

世界卫生组织(WHO)根据感染性微生物对个体和群体的危害程度将其分为 4 级。

1. 危险度 1 级

危险度 1 级(低个体危害、低群体危害)的病原是指不会导致健康工作者和动物致病的细菌、真菌、病毒和寄生虫等生物因子。

2. 危险度 2 级

危险度 2 级(中等个体危害、有限群体危害)的病原体能引起人或动物发病,但一般情况下对健康工作者、群体、家畜或环境不会引起严重危害。实验室暴露也许会引起严重感染,但对感染具备有效的预防和治疗措施,并且疾病传播的风险有限。

3. 危险度 3 级

危险度 3 级(高个体危害、低群体危害)的病原体能引起人或动物严重疾病,或造成严重经济损失,但通常不能因偶然接触而在个体间传播,并且对感染有有效的预防和治疗措施。

4. 危险度 4 级

危险度 4 级(高个体危害、高群体危害)的病原体通常能引起人或动物非常严重的疾病,并且很容易发生个体之间的直接或间接传播,对感染一般没有有效的预防和治疗措施。

对于特定的微生物来讲,在进行危险度评估时仅仅参考其危险度等级是远远不够的。微生物的传播方式和宿主范围可能会受到当地人群已有的免疫水平、宿主群体的密度和流动、适宜媒介的存在以及环境卫生水平等因素的影响。如果当地不具备应用疫苗或抗血清进行特定病的预防措施,或没有合适的抗生素、抗病毒药物和化学治疗药物的治疗措施,特定微生物危险度会更高。

(二)病原微生物的国内分类

1. 按病原微生物的危害程度分类

国家根据病原微生物的传染性、感染后对个体或者群体的危害程度,将病原微生物分为 4 类,其中第一类、第二类病原微生物统称为高致病性病原微生物。

(1)第一类病原微生物　第一类病原微生物是指能够引起人类或者动物非常严重疾病的微生物,以及我国尚未发现或者已经宣布消灭的微生物。第一类动物病原微生物包括口蹄疫病毒、高致病性禽流感病毒、猪水泡病病毒、非洲猪瘟病毒、非洲马瘟病毒、牛瘟病毒、小反刍兽疫病毒、牛传染性胸膜肺炎丝状支原体、牛海绵状脑病病原、痒病病原。

(2)第二类病原微生物　第二类病原微生物是指能够引起人类或者动物严重疾病,比较容易直接或者间接在人与人、动物与人、动物与动物间传播微生物。第二类动物病原微生物包括猪瘟病毒、鸡新城疫病毒、狂犬病病毒、绵羊痘/山羊痘病毒、蓝舌病病毒、兔病毒性出血症病毒、炭疽芽孢杆菌、布鲁氏杆菌。

(3)第三类病原微生物　第三类病原微生物是指能够引起人类或者动物疾病,但一般情况下对人、动物或者环境不构成严重危害,传播风险有限,实验室感染后很少引起严重疾病,并且具备有效治疗和预防措施的微生物。

(4)第四类病原微生物　第四类病原微生物是指在通常情况下不会引起人类或动物疾病的微生物。第四类动物病原微生物是指危险性小、致病力低、实验室感染机会少的兽用生物制品、疫苗生产用的各种弱毒病原微生物以及不属于第一类、第二类、第三类的各种低毒力病原微生物。

2. 按病原微生物感染动物种类分类

(1)多种动物共患病病原微生物　低致病性流感病毒、伪狂犬病病毒、破伤风梭菌、气肿疽梭菌、结核分枝杆菌、副结核分枝杆菌、致病性大肠埃希菌、沙门菌、巴氏杆菌、致病性链球菌、李氏杆菌、产气荚膜梭菌、嗜水气单胞菌、肉毒梭状芽孢杆菌、腐败梭菌和其他致病性梭菌、鹦鹉热衣原体、放线菌、钩端螺旋体。

(2)牛病病原微生物　牛恶性卡他热病毒、牛白血病病毒、牛流行热病毒、牛传染性鼻气管炎病毒、牛病毒腹泻/黏膜病病毒、胎儿弯曲菌性病亚种(牛生殖器弯曲菌)、日本血吸虫。

(3)绵羊和山羊病病原微生物　山羊关节炎/脑脊髓炎病毒、维士纳/梅迪病毒、传染性脓包皮炎(羊口疮)病毒。

(4)猪病病原微生物　日本脑炎病毒、猪繁殖与呼吸综合征病毒、猪细小病毒、猪圆环病毒、猪流行性腹泻病毒、猪传染性胃肠炎病毒、猪丹毒杆菌、猪支气管败血波氏杆菌、猪胸膜肺炎放线杆菌、副猪嗜血杆菌、猪肺炎支原体、猪短螺旋体(猪密螺旋体)。

(5)马病病原微生物　马传染性贫血病毒、马动脉炎病毒、马病毒性流产病毒、马鼻炎病毒、鼻疽杆菌、类鼻疽杆菌、假皮疽组织胞浆菌、溃疡性淋巴管炎假结核棒状杆菌。

(6)禽病病原微生物　鸭瘟病毒、鸭病毒性肝炎病毒、小鹅瘟病毒、鸡传染性囊病病毒、鸡马立克病病毒、禽白血病/肉瘤病毒、禽网状内皮组织增殖病病毒、鸡传染性贫血病毒、鸡传染性喉气管炎病毒、鸡传染性支气管炎病毒、鸡减蛋综合征病毒、禽痘病毒、鸡病毒性关节炎病毒、禽传染性脑脊髓炎病毒、副鸡嗜血杆菌、鸡毒支原体、鸡球虫。

(7)兔病病原微生物　兔黏液瘤病病毒、野兔热土拉杆菌、兔支气管败血波氏杆菌、兔球虫。

(8)水生动物病病原微生物　流行性造血器官坏死病毒、传染性造血器官坏死病毒、马苏大麻哈鱼病毒、病毒性出血性败血症病毒、锦鲤疱疹病毒、斑点叉尾鮰病毒、病毒性脑病和视网膜病毒、传染性胰坏死病毒、真鲷虹彩病毒、中肠腺坏死杆状病毒、传染性皮下和造血器官坏死病毒、核多角体杆状病毒、虾产卵死亡症病毒、鱼鳃腺炎病毒、桃拉综合征病毒、对虾白斑综合征病毒、黄头病病毒、草鱼出血病毒、鲤春病毒血症病毒、鲍球形病毒、鲑鱼传染性贫血病毒。

(9)蜜蜂病病原微生物　美洲幼虫腐臭病幼虫杆菌、欧洲幼虫腐臭病蜂房蜜蜂球菌、白垩病蜂球囊菌、蜜蜂微孢子虫、趴腺螨、雅氏大蜂螨。

(10)其他动物病原微生物　犬瘟热病毒、犬细小病毒、犬腺病毒、犬冠状病毒、犬副流感病毒、猫泛白细胞减少症病毒、阿留申病病毒和病毒性肠炎病毒。

三、生物安全实验室的分类及要求

依据生物安全水平的等级及从事的病原微生物的危害程度，目前国际公认的微生物实验室分为生物安全(biosafety level，BSL)1～4 级，其中 BSL-1 为最低，BSL-4 为最高。BSL-1～BSL-4 实验室被俗称为 P1～4 实验室。BSL-1 和 BSL-2 实验室为基础实验室、BSL-3 实验室为防护实验室、BSL-4 实验室为最高防护实验室。

(一)生物安全实验室 1 级(BSL-1 或 P1 实验室)

1 级生物安全实验室是可从事已知不会对健康成人造成危害，但对实验室工作人员和环境可能有微弱危害、有明确特征的微生物实验工作。1 级生物安全实验室与建筑物的一般通道不隔开，在实验台上操作，不要求使用或经常使用专用封闭设备。

1. BSL-1 实验室生物安全设备(1 级屏障)

应穿戴实验服或实验袍,防止便服被污染或弄脏;手部皮肤或起疹时,应戴上手套;在操作过程中遇到可能有微生物或其他有害物质飞溅出来时,应佩戴保护性眼罩。在开放的实验台面上即可开展工作。

2. BSL-1 实验室生物安全设施(2 级屏障)

实验室应有控制进入的门,并应配备一个洗手池;实验室的设计应便于清洁,不铺地毯和垫子;工作台面不漏水、耐酸碱和中等热度、抗化学物质的腐蚀;实验室器具安放稳妥,器具之间的间距应便于清扫;如实验室有向外开放的窗户,应安装防蚊蝇的纱窗。

(二)生物安全实验室 2 级(BSL-2 或 P2 实验室)

与 BSL-1 相似,BSL-2 实验室适用于那些对人及环境有中度可能危害的微生物实验工作。其不同点在于工作人员要经过操作病原因子的专门培训,并由能胜任的专业人员进行指导和管理;工作时限制外人进入实验室;某些产生传染性气溶胶或溅出物的工作要在生物安全柜或其他封闭设备内进行;对污染的锐器采取高度防护措施。凡从事微生物基因的操作均须在 BSL-2 实验室进行。

1. BSL-2 实验室生物安全设备(1 级屏障)

应穿戴实验室专用的防护服或防护袍,离开实验室到非实验区域时要脱下防护服并留在实验室。当手接触具有潜在感染性物质、污染的表面或设备时应戴上手套,必要时可以戴两副手套。操作感染性物质后应取下手套并加以处理。处理后的手套不能再进行冲洗、使用或接触“干净”的表面(如键盘、电话等),尤其不能在实验室外使用。

离心、研磨、剧烈振荡或混匀、超声破碎、打开装有感染性物质的容器、动物的鼻腔内接种、从动物或胚胎中收集感染性组织等操作均可能产生感染性气溶胶或飞溅物,应在 2 级生物安全柜内进行。当必须在生物安全柜外操作感染性微生物时,要佩戴面目防护装置,以防止感染性物质或有害物质飞溅到脸上,如面罩、面具、护目镜等。

2. BSL-2 实验室生物安全设施(2 级屏障)

实验室无须隔离,但新建实验室的选址要远离公共场所。实验室房间必须有可锁住的门,并在靠近实验室的位置配备高压灭菌器或清除污染的工具。要有洗手和洗眼装置。

生物安全柜要放在远离走动比较频繁的实验室区域、门户以及其他具潜在破坏性的设备处,以维持生物安全柜的气流参数。实验室虽然不需要特殊的通风换气,但是应配有机械通风换气系统,用于提供不需要循环到实验室外的内向气流。

(三)生物安全实验室 3 级(BSL-3 或 P3 实验室)

3 级生物安全水平的防护实验室是为处理危险度 3 级微生物和大容量或高浓度的、具有高度气溶胶扩散危险的危险度 2 级微生物的工作而设计的。3 级生物安全实验室应在国家或有关卫生主管部门登记或列入名单。

1. BSL-3 实验室生物安全设备(1 级屏障)

BSL-3 实验室选择设备的原则与 BSL-2 实验室一样,但所有和感染性物质有关的操作均须在生物安全柜或基本防护设施中进行。有些离心机或设备(如用于感染性细胞的分选仪器)可能需要在局部另外安装带有 HEPA 过滤器的排风系统以达到有效的防护效果。

实验室必须配备防护性实验服(如前面密合或全套式实验袍、可擦洗式实验服或全封闭式实验服、乳胶手套)、防护装置(如呼吸机、面罩等)和物理防护装置(如安全离心杯或封闭式转子)。防护性实验服不能在实验室外穿戴。

2.BSL-3 实验室的设计和设施(2 级屏障)

在 BSL-1 和 BSL-2 水平的设计和设施基础上,BSL-3 实验室的设计还应达到以下要求。

(1)建筑结构和平面布局　实验室与同一建筑内的自由活动区域应分隔开,其具体措施为可将实验室置于走廊的盲端,或设隔离区和隔离门,或经缓冲间(即双门通过间或二级生物安全水平的基础实验室)进入。缓冲间是一个在实验室和邻近空间保持压差的专门区域,其中应设有分别放置洁净衣服和脏衣服的设施,而且也可能需要有淋浴设施.实验室由清洁区(包括登记处、BSL-3 控制室及第一更衣室)、半污染区(包括准备间、第二更衣室及相应的缓冲间及物品紫外线照射消毒区)和污染区(包括 BSL-3 生物安全柜、离心机、动物饲养室、动物解剖室等)组成,污染区和半污染区间设缓冲间、传递窗,传递窗内设物理消毒装置,半污染区设紧急撤离使用的安全门。缓冲间的门可自动关闭且互锁,以确保某一时间只有一扇门是开着的状态。应当配备能击碎的面板供紧急撤离时使用。实验室应有安全通道和紧急出口,并有明显标识。

(2)密闭性和内表面　实验室的墙面、地面和天花板必须防水、耐腐蚀,并易于清洁。所有表面的开口(如管道通过处)必须密封以便于清除房间污染。需建造空气管道通风系统以进行气体消毒。窗户应关闭、密封、防碎。一切设施、设备外表无毛刺、无锐利棱角。

(3)消毒灭菌设施　必须安装双扉式高压蒸汽灭菌器,安装在半污染区与洗刷室之间。灭菌器的 2 个门应互为连锁,灭菌器应满足生物安全灭菌的要求。污染区、半污染区的房间或传递窗内可安装紫外灯。室内应配备人工或自动消毒器具(如消毒喷雾器、臭氧消毒器)并备有足够的消毒剂。实验室的紫外灯使用满 500 h 必须进行消毒效能测试,以后每 100 h 测试一次,发现不合格者立即更换。

(4)空气净化　必须建立可使空气定向流动的可控通风系统。气流方向始终保证由清洁区流向污染区,由低污染区流向高污染区。供气需经 HEPA 过滤,排出的气体必须经过至少 2 级 HEPA 过滤排放,不允许在任何区域循环使用。所有的 HEPA 过滤器必须以可以进行气体消毒和检测的方式安装。生物安全柜的安装位置应远离人员活动区,且避开门和通风系统内交叉区。

(5)水的净化处理　供水管必须安装防逆流装置。真空管道应采用装有液体消毒剂的防气阈和 HEPA 过滤器进行保护。不外排的所有废水均须收集并高压处理。洁净区域的下水可直接排入公共下水道。

(6)污染物和废弃物处理　感染性废弃物要放在专用的防止污染扩散或可消毒的容器里,以便消毒或高压灭菌处理。

(7)清洁　在每个出口附近安装无须用手控制的洗手池。

(8)电力供应　有可靠和充分的电力供应及紧急照明、备用的发电机以供应必要的设备,如空调系统、警铃、灯光、进出控制和生物安全设备的工作。

(9)通信　实验室内外应有适合的通信联系设施(电话、传真、让算机等),进行无纸化操作。

(10)实验室监控系统　应对实验室各种状态及设施全面设置监控报警点,构成完善的实验室安全报警系统。

(四)生物安全实验室四级(BSL-4 或 P4 实验室)

4 级生物安全水平的最高防护实验室是为进行与危险度 4 级微生物相关的工作而设计

的。BSL-4 针对的兽医微生物，除 BSL-3 涉及的病原外，还包括一部分外来病毒（如裂谷热病毒、尼帕病毒、埃博拉病毒）的病原。

BSL-4 实验室有安全柜型实验室和防护服型实验室两种模式。安全柜型实验室内所有病原体的处理均在 3 级生物安全柜内进行；防护服型实验室内的实验人员着防护服。BSL-4 实验室可以采取任一种模式或将两者联合应用。假如联合应用，应遵守各自的所有规定。

1. BSL-4 实验室安全设备（1 级屏障）

在实验室的工作区内，所有的操作均限于在 3 级生物安全柜内进行，或在 2 级生物安全柜内并辅以一套正压供气防护服。BSL-4 实验室具有特殊的工程和设计特色，以防止微生物扩散至环境中。

2. BSL-4 实验室的设施（2 级屏障）

在 BSL-3 的基础上，BSL-4 实验室还应为单独建筑或隔离的独立区域，有供气系统、排气系统、真空系统及消毒系统。

（1）基本防护　必须配备由下列之一或几种组合而成的、有效的基本防护系统。

①3 级生物安全柜型实验室。在进入有 3 级生物安全柜的房间前，要先通过至少有 2 道门的通道。在该类实验室结构中，由 3 级生物安全柜来提供基本防护。实验室必须配备带有内外更衣间的个人淋浴室。不能从更衣室携带进出安全柜型实验室的材料、物品，应通过双门结构的高压灭菌器或熏蒸室送入，只有在外门安全锁闭后，实验室内的工作人员才可以打开内门取出物品。高压灭菌器或熏蒸室的门采用互锁结构，除非高压灭菌器运行了一个灭菌循环，或已清除熏蒸室的污染，否则外门不能打开。

②防护服型实验室。自带呼吸设备的防护服型实验室在设计和设施上与配备 3 级生物安全柜的 4 级生物安全水平实验室有明显不同。防护服型实验室的房间布局设计成人员可以由更衣室和清洁区直接进入操作感染性物质的区域。它必须配备清除防护服污染的淋浴室，以供人员离开实验室时使用，另外，还需配备有内外更衣室的独立的个人淋浴室。进入实验室的人员需穿着一套正压的、供气经 HEPA 过滤的连身防护服。防护服的空气必须由双倍用气量的独立气源系统供给，以备紧急情况下使用。人员通过装有密封门的气锁室进入防护服型实验室，同时必须为防护服型实验室内工作的人员安装适当的报警系统，以备发生机械系统或空气供给故障时使用。

（2）进入控制　4 级生物安全水平的最高防护实验室位于独立的建筑内，或是在一个安全可靠的建筑中明确划分出的区域内。人员或物品的进出必须经过气锁室。在人员进入时，需更换全部衣服，而离开时，在穿上自己的日常服装前应淋浴。

（3）通风系统控制　设施内应保持负压。供风和排风均须经 HEPA 过滤。3 级安全柜型实验室和防护服型实验室的通风系统有显著差异。

①3 级安全柜型实验室。通入 3 级生物安全柜的气体可以来自室内，并经过安装在生物安全柜上的 HEPA 过滤器，或者由供风系统直接提供。从 3 级生物安全柜内排出的气体在排到室外前需经 2 个 HEPA 过滤器过滤。在工作中，安全柜内相对于周围环境应始终保持负压，应为安全柜型实验室安装专用的直排式通风系统。

②防护服型实验室。需要配备专用的房间安装供风和排风系统。通风系统中的供风和排风应相互平衡，以在实验室内产生由最小危险区流向最大潜在危险区的定向气流，因此，应配备更强的排风扇，以确保设施内始终处于负压。必须监测防护服型实验室内部不同区

域之间及验室与毗连区域间的压力差。必须监测通风系统中供风和排风系统的气流，同时安装适宜的控制系统，以防止防护服型实验室压力上升。供风经 HEPA 过滤后，输送至防护服型实验室以用于清除污染的浴室以及用于清除污染的气锁室或传递室内。防护服型实验室的排风必须通过 2 个串联的 HEPA 过滤器过滤后释放至室外，或者在经过两个 HEPA 过滤器过滤后循环使用，但仅限于防护服型实验室内。如果选择在防护服型实验室内循环使用空气，那么在操作中就要极度谨慎，必须要考虑所进行研究的类型、在防护服型实验室中所使用的仪器、化学品及材料以及研究中所使用动物的种类。所有的 HEPA 过滤器必须每年进行检查、认证。HEPA 过滤器支架的设计使得过滤器在拆除前可以原地清除污染，也可以将过滤器装人密封的、气密的原装容器中以备随后进行灭菌或焚烧处理。

(4)污水的净化消毒　所有源自防护服型实验室、用于清除污染的传递间、用于清除污染的浴室或Ⅲ级生物安全柜的污水，在最终排往下水道之前，必须经过净化消毒处理。首选高压灭菌法。污水在排出前还应将 pH 调至中性。个人淋浴室和卫生间的污水可以不经任何处理直接排到下水道中。

(5)废弃物和用过物品的灭菌　实验室内必须配备双门、传递型高压灭菌器。对于不能进行蒸汽灭菌的仪器、物品，应提供浸泡池、熏蒸室或其他消毒装置进行消毒。

四、生物安全实验室的规范化管理

规范的微生物操作技术是实验室安全的基础，操作者应严格按照实验室安全操作手册进行操作，操作技术应力求规范。

(一)BSL-1 实验室

进入 BSL-1 实验室的工作人员要通过实验室操作程序的特殊培训，并由一位受过微生物学及相关科学一般培训的实验室工作人员监督管理。BSL-1 实验室的规范化管理条例如下：

1. 基本防护

在实验室工作时，任何时候都必须穿着连体衣、隔离服或工作服。在操作潜在危险物和摘下手套后要洗手，在离开实验室之前也要洗手。

2. 进入控制

实验室的门应处于关闭；当实验室正在操作组织和标本时，实验室主人应限制人员进入；进入动物房应当经过特别批准；儿童不允许进入实验室工作区域；与实验室工作无关的动物不得带入实验室。

3. 日常行为规范

严禁穿着实验室防护服离开实验室去餐厅、办公室、图书馆、员工休息室和卫生间等；不得在实验室内穿露脚趾的鞋子；工作区内禁止吃东西、喝水、抽烟、操作隐形眼镜、使用化妆品及储存食物；在实验室戴隐形眼镜的人员应佩戴护目镜和防护面具；食物要储存在工作区外的专用柜子或冰箱里；在实验室内用过的防护服不得和日常服装放在同一柜子内。

4. 微生物操作规范

严格禁止用嘴吸移液管，要使用机械吸液装置；所有的实验操作步骤尽可能小心，减少气溶胶或飞溅物的形成；工作日结束后，应实行终末消毒处理，如有任何潜在危险物溅出时，工作台表面应立即净化消毒；所有培养基、保存物和其他系统管理的废弃物在处理之前应使用经审定批准的净化方法(如高压灭菌法)进行净化处理。

5. 废弃物处理

在实验室中很少有污染材料需要真正被清除出实验室或被销毁。大多数的玻璃器皿、仪器以及实验服都可以重复或再使用。皮下注射针头用过后不应重复使用。

废弃物处理的首要原则是所有感染性材料必须在实验室内清除污染、高压灭菌或焚烧。高压蒸汽灭菌是清除污染时的首选方法。污染性锐器,如皮下注射用针头、手术刀、刀子及破碎玻璃应收集在带盖的不易刺破的容器内;有潜在感染性的材料应放置在防渗漏的容器中进行高压灭菌。在高压灭菌后,物品可以放在运输容器中运送至焚烧炉。即使经过灭菌,实验室的废弃物,也尽量不丢弃到垃圾场。如果实验室中配有焚烧炉,就可以免去高压灭菌。

6. 健康和医学检测

在1级生物安全水平操作的微生物不太可能引起人类疾病或兽医学意义的动物疾病。但理想的做法是所有实验室工作人员应进行上岗前的体检,并记录其病史。疾病和实验室意外事故应迅速报告,所有工作人员都应意识到应用规范的实验室操作技术的重要性。

7. 培训

人为的失误和不规范的操作会极大地影响所采取的安全措施对实验室人员的防护效果。因此,不断地进行安全措施方面的在职培训非常必要。应该让实验室人员了解以下危害:①进行接种环移菌、打开培养物、采集血液标本、离心等操作时产生的气溶胶;②在处理标本、涂片以及培养物时,通过手指间接食入;③注射器刺伤皮肤;④动物咬伤、抓伤工作人员;⑤血液及感染性材料。

(二)BSL-2 实验室

BSL-2 实验室标准操作准则除遵守 BSL-1 实验室标准操作准则外,还应遵守以下特殊操作准则。

1. 进入控制

实验室入口处要贴有生物危害标识,标识内容包括使用的病原微生物、生物安全级别、是否需要免疫接种、研究者的名字和电话号码等;在实验室中必须穿戴个人防护装备,从实验室出去必须办理相应手续。正在操作有流感病毒或其他感染性的生物因子时,限制人员进入实验室。

2. 医学预防与检测

实验室工作人员录用前或上岗前必须进行体检,并有个人病史记录。实验室管理人员要保存工作人员的疾病和缺勤记录。根据实验室所操作的生物因子或实验室内潜在的生物因子,实验室人员应接受相应的免疫接种或检测,必要时收集和保存实验室工作人员的正常基线血清标本或定期采集血清标本。

3. 安全培训

实验室人员每年应进行实验室安全方面的培训,如潜在危害性、保护暴露者必要的注意事项以及暴露评估程序。实验室人员必须接受年度最新的补充培训,了解操作规程和政策的变化。

4. 防污染措施

在进行非肠道注射、静脉切开术、从动物或试剂瓶抽取液体时,针头、注射器或其他尖锐物品应局限在实验室使用；破碎的玻璃制品不能用手直接接触，必须用机械手段取走，如刷子、簸箕、钳子或镊子等；盛装污染的针头、尖锐设备和破碎玻璃的容器在处理之前应按照相关规定先进行消毒处理；体液培养物、组织、标本或具潜在感染性的废弃物应放在带盖子的容器内，以防止在收集、处理、保存、运送过程中发生泄漏；实验室设备和工作台面在处理完感染性标本后，应该用有效的消毒剂进行常规消毒处理；需要维修或包装运送的污染设备在搬运出实验室之前必须遵照相关规定进行净化处理；操作中由溢出或其他意外事故造成了对感染性物质的明显暴露，应立即报告实验室主任，其相关人员应接受适当的医疗评估、监测和治疗，记录资料应存档。

(三)BSL-3 实验室

在 BSL-1 和 BSL-2 实验室的操作规范基础上，3 级生物安全水平的操作规范还应遵守以下原则。

1. 进入控制

实验室入口处门上张贴生物危害警告标志，注明生物安全级别以及实验室负责人姓名，并说明进入该区域的所有特殊条件，如免疫接种状况等。未接受有效的免疫接种(和实验室中处理或将要处理的病原有关的)的人员及免疫缺陷人员不得入内。进入 BSL-3 实验室前，实验人员应备足实验所需的各种器材、试剂、消毒剂和实验动物，物品进入物流通道前应再次核对品种数量，一次带入，尽量避免中途增加、补充。当在实验中发现不得不增补器材用品时，人员和物品的进入严格执行人、物分开定向流通，严禁交叉。从 BSL-3 实验室进入 ABSL-3 实验室及从 ABSL-3 实验室返回 BSL-3 实验室时，都必须经过第二更衣室通道，按规定程序更换隔离服和第二层防护服。

2. 个人防护

实验室防护服必须是正面不开口的或反背式的隔离衣、清洁服、连体服、带帽的隔离衣，必要时穿着鞋套或专用鞋。前系扣式的标准实验服不适用，因为不能完全罩住前臂。实验室防护服不能在实验室外穿着，且必须在清除污染后再清洗。

3. 防污染措施

不允许在开放的实验台上及在开放的设施中开展工作。所有的实验、检测操作都必须在指定区域内进行，涉及感染性物质的操作必须在生物安全柜内进行，生物安全柜使用前后均应用紫外灯照射 30 min。

(1)实验动物操作　动物接种、采血、处死、解剖应当在负压动物饲养箱内进行。实验动放在负压饲养箱内饲养，每天至少观察 1～2 次，做好观察记录。每隔两天更换一次垫料，换下的垫料应使用化学消毒剂浸泡，然后送灭菌室进行高压蒸汽灭菌处理。观察和更换垫料操作应在乳胶手套外加戴线手套，操作时要注意防止被动物抓咬。

(2)实验器材　应避免使用玻璃制品和锐器，当不得不使用玻璃制品和锐器时，应通过镊子等工具夹取，尽量避免直接用手接触。在操作液体材料时，要使用吸液球或机械移样器吸取液体材料且动作应准确、轻柔，避免产生气溶胶或滴溅。必须使用螺口可密闭的离心管或试管进行离心，操作时应先在生物安全柜内装入待离心的液体，平衡后拧紧离心管螺盖，用酒精棉球擦拭离心管外部，进行表面消毒后，放置离心机内离心。离心及使用仪器设备都必须及时如实地填写使用登记。

(3)废弃物处理　实验遗弃的生物标本、培养液以及接触感染性物质的培养瓶、乳钵、试管、吸头、吸管等器材应分别收集在盛有消毒剂的容器内；动物解剖器材、针头等利器应置于盛消毒剂的耐扎容器内；废弃物应收集在专用垃圾袋中。待试验完毕，将上述垃圾袋及容器密闭，并进行外表消毒，集中于带盖的污物桶内，送至高压蒸汽灭菌室指定位置进行灭菌。

(4)菌毒种管理　菌毒种的使用严格执行菌毒种有关管理规定，责任人签订责任书，做到双人双锁保管。

4. 健康和医学监测

在 BSL-1 和 BSL-2 健康和医学监测内容的基础上，3 级生物安全水平的防护实验室还强制实验室内工作的所有人员进行医学检查，建立详细的病史记录和针对具体职业的体检查报告。经临床检查合格后，给受检者配发一个随时携带的医疗联系卡，注明持卡者所在的实验室的联系方式、医生的联系方式及其工作环境中存在的病原。

(四)生物安全实验室四级 (BSL-4)

除按照三级生物安全水平的规范操作外，还应遵循以下规范。

1. 进入控制

人员的进入由实验室主管、生物危险控制官员或负责实验室设备安全的人员进行管理。有关人员在进入实验室前应明确潜在危险性，并进行适当的安全防护指导以确保其安全。只有那些必须在实验室或单个实验室房间进行操作的人员或辅助人员才允许进入。易受感染或感染后会造成极其严重后果的人员(如免疫缺陷或免疫抑制患者)以及儿童、孕妇等均不得进入实验室或动物室。允许进入的人员应遵守规定以及入、出室的程序。所有进入实验室的人员都要签名登记，记录出入实验室的日期和时间。实行双人工作制，在任何情况下严禁任何人单独在实验室内工作。这一点在防护服型四级生物安全水平实验室中工作时尤其重要。

实验室入口应安装上锁的安全门。如果在实验室或动物室中有传染性物质或受染动物存在，就应在所有进门处张贴危险警告标志以及通用生物危险标识，标明所使用的病原体、实验室主管的姓名和联系电话，并且标明进入实验室的具体要求(如需免疫接种或戴防护面具等)。在 4 级生物安全水平的最高防护实验室中的工作人员与实验室外面的支持人员之间，必须建立常规情况和紧急情况下的联系方法。

2. 个人防护

在进入实验室之前以及离开实验室时，要求更换全部衣服和鞋子。便服应脱在外更衣室。应给所有进入实验室的人员提供完整的实验室服装(包括内衣、短裤、衬衣或套头衫、鞋、手套等)。在准备离开实验室进入冲洗间前，要在内更衣室脱去实验室服装。脏衣服在送洗衣房前应高压灭菌。实验人员只能经淋浴间和更衣室出入实验室，每次离开实验室前都应进行消毒性琳浴。只有在紧急情况下，才能通过气压过渡间(风淋室)出入实验室。

3. 防污染措施

(1)物品进出　室内所需材料和用品应通过双层门的高压灭菌仓、熏蒸消毒仓或气压过渡间送入。这些双门设备在每次使用前后均应适当消毒。关好外门后，室内的工作人员再打开内门，取出所送入的物品，取完物品后，再将内门关好。从 3 级安全柜或 BSL-4 级实验室移出具活性或保持完整状态的生物材料时，必须先转移到防碎封口的初级容器中，然后再将其装入防碎封口的2级容器中，并且通过专门为此而设计的消毒浸泡罐、熏蒸消毒室或密封过渡间再移出室外。除了必须保持生物学活性或完整状态的生物材料外，任何材料在移出BSL-4级实验室前必须经过高压灭菌或消毒。

(2)实验器材　使用锐器应特别谨慎，参照BSL-3的操作。可能被高温或蒸汽损害的设备和器材必须在密闭室或专为此而设计的小室中用气体熏蒸法进行消毒。设备在送去维修前应进行消毒。

(3)应急处理　当发生传染性物质扩散事故时，应由专业人员进行消毒、收集和清洁。应制定并张贴扩散后的处理程序。在进行BSL-4级水平病原体操作前，所有实验室人员应熟练掌握标准和特殊微生物学操作规程以及本实验室所需进行的特定操作。工作人员要接受人员受伤或疾病状态下紧急撤离程序的培训。

4. 档案管理

制定一套实验室报告系统，其内容为实验室事故、病原体暴露和人员缺席、对潜在实验室相关性疾病的监测等情况，并将这些情况记录后存档。

5. 医学预防与检测

应对实验人员进行实验室相关疾病的检疫、隔离和治疗。对实验室人员进行有针对性的免疫接种。对实验室或高危人员进行基准血清样本收集并保存，并依据所处理病原体的种类，定期进行血清样本的阶段性检测。

任务二　有害生物的防控技术

一、有害生物及其公共卫生学意义

(一)有害生物的概念与分类

1. 有害生物的概念

有害生物(pest)是指在一定条件下对人类的生活、生产甚至生存产生危害的生物。其在狭义上仅指动物，如人们常说的“四害”等；在广义上包括动物、植物、寄生虫、微生物等。

2. 有害生物的分类

有害生物主要包括有害节肢动物、啮齿动物等。根据其危害可以大致分为以下几类。

(1)可以传播疾病的有害生物(病媒生物)　这类生物携带的致病因子能在其体内增殖，并传播给人和动物，人和动物因此患病，如蚊类、蚤类、鼠类等。

(2)骚扰、刺叮人和动物的有害生物　可引起人和动物不安，并可通过体表携带、传播病原体，如鼠类、蟑螂、臭虫等。

(3)其他有害生物　如危害建筑和建筑材料的白蚁、木材甲虫等；危害粮食或粮食制品的面粉甲虫、谷物蛀虫等；危害纺织品和纸张的地毯甲虫、衣物蛀虫等。

(二)有害生物的危害

1. 传播疾病

常见的传播疾病的有害生物包括蚊、蝇、鼠、虱子、跳蚤、蟀、蜻、蝶、蚋、蛇和白蛉等。如鼠类传播鼠疫、出血热等57种细菌、病毒，鼠疫在历史上有过3次世界性大流行，夺走了3亿多人的生命，远远超过世界上历次因战争而死亡的人数的总和。近年来，蚊子传播疟疾、登革热、乙型脑炎、西尼罗河脑炎等这三种严重疾病又在一些地方重新肆虐人类。统计数据显示，在我国每年的传染病发病总数中，由有害生物(病媒生物)引起的自然疫源性疾病发病数占5%～10%，但死亡率占传染病总死亡率的比例却高达30%～40%。因此，有害生物对公共卫生的威胁不容忽视。

2.影响人类生活

老鼠、蟑螂、蚂蚁到处乱窜，骚扰人类的正常生活；苍蝇等有边吃边拉的习惯，污染食品、污染环境；食用它们接触过的食品，会引起食源性疾病；螨、虱、跳蚤等寄生于人体可引起过敏性疾病；蚊子吸血影响人类休息，引起过敏等症状。这些有害生物的出现会让人产生不舒服的感觉，影响人们的正常休息，降低工作效率。

3.造成经济损失

据20世纪90年代估计，老鼠每年糟蹋的粮食可以养活3亿人。老鼠是啮齿动物，若不磨牙，就会死亡。它们咬坏衣物家具，咬断电线，造成短路，甚至引起火灾。其他有害生物也可通过各种途径给工业、农业、旅游、电讯、水利、仓储、文物等造成破坏，危害相当严重，造成严重的经济损失。

(三)有害生物的防治措施

所谓有害生物防治就是通过干预和改变有害生物生存的外部环境，辅以生物天敌和化学药品的作用对有害生物实现有效控制。目前对有害生物进行防治的措施主要有以下几个方面。

1.物理防治

物理防治主要是指用器械、工具的方法捕获或杀灭有害生物。例如，用鼠夹、鼠笼、黏鼠胶等捕获老鼠；用捕蝇笼、黏蝇纸捕获苍蝇；用紫外线灯诱捕或电击蚊蝇等。

2.化学防治

化学防治主要是指用化学药剂毒杀有害生物。其主要包括以下几个方面。

(1)毒饵　制成各种毒饵，引诱有害生物盗食，经消化道摄入后，中毒致死，例如，灭鼠毒饵、灭白蚁毒饵等。其适用于分散、数量少、不宜喷洒水剂的地方。

(2)熏蒸剂　化学药剂以气态的方式经有害生物的呼吸道吸入而中毒致死，例如，磷化铝、氯化苦熏蒸灭鼠；某些化学杀虫剂以气溶胶或烟雾方式熏杀有害昆虫等。熏蒸剂适用于封闭严的场所。

(3)喷洒剂或粉剂　化学药剂与有害生物体表直接接触，透过体壁进入体内而中毒致死，例如，杀虫剂通过涂刷、滞留喷洒在有害昆虫经常活动或停歇的物体表面，有害昆虫直接接触就可能中毒致死，或将杀虫剂作空间喷洒，飞行中的有害昆虫体表沾染杀虫剂致死等。

3.生物防治

(1)利用食物链　它是指某种生物可捕食某种有害生物。例如，大家所熟悉的猫、蛇类捕食老鼠，鱼类、鸟类、青蛙、蝙蝠、蜻蜓捕食有害昆虫等。

(2)利用微生物或其代谢产物　它是指某些微生物或其代谢产物对某种有害生物具有

毒杀致死作用。例如，苏云金杆菌对鳞翅目幼虫有毒杀作用；球形芽孢杆菌对蚊蚴有杀灭作用；肉毒毒素 C 对人畜无毒而对老鼠有特异性的毒性等。

(3)利用新型“生物杀虫剂”　21 世纪，生物科学技术出现突飞猛进的发展。通过基因重组，细胞工程技术将会产更多、更有效的新型“生物杀虫剂”。另外，通过化学、辐照或遗传工程的方法培养大量人工绝育的有害生物，将其释放到自然环境，与自然环境中的有害生物交配而不繁殖后代，从而控制环境有害生物的数量。例如，棉酚为雄鼠的化学绝育剂，可使雄鼠不育，而合成雌激素 BDH10131 为雌鼠不育剂，一次给药，一年不育。

4. 生态防治

生态防治是指通过改变(恶化或消除)有害生物生存繁殖所依赖的生态环境条件，降低其环境容纳量，从而减少或控制某种环境有害生物。例如，鼠类种群数量取决于食源、栖息活动、繁殖场所的条件，通过硬化地面，堵塞鼠洞，严密门窗，保存好粮食和食物使鼠难以盗食，就可以减少鼠的数量。

5. 文化防治

文化防治包括法规、政府组织、社区参与和健康教育等 4 个方面。1997 年，世界卫生组织(WHO)推出的《重要媒介生物的化学防治方法》一书指出：“对于几种媒介生物来说，减少其来源的环境卫生和健康教育是防治的基础方法。从理论上看这是根本的防治方法，其他的方法只能作为辅助方法而不能取代它”。近几年来，尤为强调以社区为基础开展媒介生物疾病防治的重要性。只有群众更深入地了解有害生物的生物学、生态学和防治方法，才能更有效地控制有害生物，因此，健康教育是不可缺少的。

二、病媒节肢动物的危害及防治

(一)蚊的危害及防治

1. 危害

蚊刺吸人和动物血液，传播多种疾病。由蚊传播的疾病统称蚊媒病，如黄热病、东马脑炎、西马脑炎等近百种人畜疾病。我国流行的蚊媒病有四类：疟疾、淋巴丝虫病、流行性乙型脑炎和登革热(或登革出血热)4 类。

2. 防治

(1)杀灭蚊蚴　首先，药物灭蚊蚴应考虑生物制剂，如昆虫生长调节剂(LGRs)、苏云金杆菌(Bt)和球形芽孢杆菌(Bs)等；其次，可考虑选用化学灭蚊蚴剂。药剂杀灭是灭蚊坳的最后选择手段。

(2)室内滞留喷洒　室内蚊类经常栖歇的部位用化学杀虫剂作滞留喷洒，常用乳油、可湿性粉剂和悬浮剂(也称胶悬剂，英文简称为 EC)等。

(3)空间喷洒　可选用适合的杀虫剂作超低容量喷雾或热烟雾空间处理，杀灭成蚊。烟雾剂、热烟雾等主要用于那些进入不便，难以喷洒的场所，如下水道、防空洞、土洞、地窖等。

(4)生物防治

①天敌：在不能通过环境治理的积水中可放养柳条鱼、中华斗鱼、黄颡鱼、鲤鱼、青鱼、草鱼等鱼类。

②激素：应用保幼激和脱皮激素影响蚊虫的生长、变态、生殖和代谢等生理活动来达到杀灭作用。

3. 预防措施

大环境中的蚊类不可能灭绝，但在室内创造无蚊的环境是完全可能的。首先，应该清除各种容器中的积水，防止蚊类滋生；其次，安装纱门纱窗阻止蚊类飞入，车间、仓库、公共场所出入口最好安装风帘；最后，室内在专业人员指导下安装灭蚊灯。

(二)蝇的危害及防治

1. 危害

机械性传播疾病是蝇类的主要危害，如消化道疾病：痢疾、伤寒、霍乱、肠道蠕虫、原虫病等；呼吸道疾病：肺结核；眼病：沙眼、眼结膜炎；皮肤病：细菌性皮炎、雅司病；神经系统疾病：脊髓灰质炎。蝇类幼期寄生于人、畜活体组织或腔道而引起蝇蛆症。蝇类吸血骚扰可使动物产肉和产奶量大幅下降，还能造成动物之间的疾病传播。

2. 防治

(1)滞留喷洒　在蝇类经常停歇的地方可用长效拟除虫菊酯等作滞留喷洒，如垃圾、厕所、畜舍等局部地方。喷药量一般为 150 mL/m^3 左右。不易吸水的物表每平方米要减少 50～100 mL，易吸水的地方要增加 50～100 mL。

(2)毒饵　将胃毒作用强的杀虫剂(如 0.1%敌敌畏、0.05%倍硫磷等)与蝇类喜食的糖、鱼杂、发酵粉等诱饵混合制成的毒饵放在蝇类聚集较多的地方可有效杀灭成蝇，如家禽饲养场、奶牛场、食品加工厂周围。

(3)毒蝇绳　将具有特效的杀虫剂、食糖(或蜂蜜)以一定比例混匀，浸泡在绳索上晾干，悬挂在蝇类易停歇的地方可有效杀灭蝇类。

(4)空间喷洒　空间喷洒是迅速降低室外蝇密度最有效的方法。较小剂量气雾杀虫剂可杀死接触雾滴的成蝇。

3. 防蝇措施

在专业人员指导下在室内安装灭蝇灯或防蝇罩，加强食品卫生知识和宣传，强化城镇公共厕所卫生管理，加大农村改厕工作力度，最大限度地减少甚至消除蝇类滋生场所。

(三)蟑螂的危害及防治

1. 危害

蟑螂携带多种细菌、病毒、原虫、真菌以及寄生蠕虫的卵，并且可作为多种蠕虫的中间宿主。但是蟑螂一般被认为属于机械性传播媒介。蟑螂既可在垃圾、厕所、洗室等场所活动，又可在食品上取食，因而它们引起肠道病和寄生虫卵的传播不容忽视。

2. 防治

(1)滞留喷洒　主要将药液喷入蟑螂栖息的孔洞、缝隙，可将喷雾器喷头调成线状喷洒，如住房、办公室、库房，尤其是水池下的孔洞、缝隙往往是蟑螂群居的巢穴。可湿性粉剂、乳剂、可流动的浓缩液和微胶囊剂均是可选择的剂型。

(2)毒饵　毒饵灭蟑螂简便、经济，为常用方法，尤其在不宜采用杀虫剂喷洒的精密仪器室、微机房、配电房等。配制毒饵常用的杀虫剂有乙酰甲胺磷、敌百虫、残杀威、毒死蜱以及硼酸等，饵料常用的有新鲜面包、玉米粉、炒面粉、红糖、蜂蜜、牛奶、麻油等。

(3)黏捕盒　黏捕盒由一张黏胶纸板和一只纸盒构成。在使用时将黏胶板表面的保护膜撕掉，在中央放诱饵，然后放在蟑螂经常活动的地方。

(4)热烟雾　居民住宅垃圾楼道、下水道等地方可用热烟雾驱杀蟑螂。热烟雾法不仅有直接杀灭作用，还具有强力驱赶作用。

3. 预防

预防主要采取保护好食物、水源的措施，搞好清洁卫生，能堵的孔洞、缝隙要及时堵上。不能堵的地方则要定期采取物理或化学的方法处理。

(四)蚤、虱类的危害及防治

1. 危害

蚤、虱类的直接危害是指在刺叮人和动物时不仅产生刺激和引起疼痛，而且刺叮后局部皮肤常出现不同程度的过敏反应，患者搔、抓导致继发性感染形成脓疮。蚤、虱类的间接危害是指作为媒介传播人畜疾病，如蚤传播鼠疫、鼠源性斑疹伤寒(地方性斑疹伤寒)、野兔热、绦虫病等。虱传播流行性斑疹伤寒、回归热和战壕热等。

2. 防治

(1)文化防治　首先，向居民宣传蚤、虱类的危害，进行健康教育；其次，搞好居室卫生，尤其是卧室卫生，注意个人卫生，如勤更衣、勤洗澡、勤换洗被褥和勤洗发等。

(2)环境防治　改变室内外环境，使之不利于蚤类滋生。清除所有蚤类可能滋生的场所。

(3)物理防治　虱类对环境温度敏感，可用热烫、冷冻方法灭虱。对内衣、被单等不怕湿热的衣物，可以在60℃水中煮30 min进行灭虱。在寒冷地区，可将睡衣、被褥等翻过来挂在室外，经过一昼夜即可将虱冻死。

(4)化学防治　最有效的灭蚤类方法是用杀虫粉剂处理，也可用滞留喷洒方法。推荐药品为毒死蜱、残杀威、氯菊酯、氯氰菊酯、溴氰菊酯等。在灭蚤的同时，应当开展灭鼠行动，以杜绝蚤类的宿主。在紧急条件下，如在战争、自然灾害后，如果发生虱类大传播，必须对高危人群全部做灭虱处理。

(五)蜱、螨类的危害及防治

1. 危害

蜱、螨寄生于人和动物，通过刺叮吸食人血，引起皮肤过敏，并传播森林脑炎、出血热、斑点热、回归热和恙虫病等，严重危害人畜健康。

2. 防治

(1)文化防治　硬蜱主要分布在野外，如森林、牧场、山地等。进入有蜱地区应重视防蜱。软蜱多栖息于家畜的圈舍、野生动物的洞穴、鸟巢及人居的缝隙，因此，平时应保持室内及家禽、家畜圈舍卫生。进入螨的流行区，也要采取个人防护，尽量少接触杂草。

(2)环境防治　草原牧区采取牧场轮换制，并进行鼠类防治工作，这样可以使牧地滋生的蜱找不到宿主而大量死亡。房屋周围及通道两旁应及时清除杂草、枯叶以减少蜱、螨滋生。野外宿营应选干燥、向阳、鼠类活动少的高坡地。用杂草作铺垫应先晒干并做杀虫处理。

(3)化学防治　当室内外蜱、螨密度高而对人和动物严重骚扰时，应及时采取滞留喷洒方法控制。适于杀蜱、螨的药剂有0.5%毒死蜱、1%残杀威、0.25%氯菊酯、0.1%氯氰菊酯等。

三、鼠类的危害及防治

(一)危害

1.对人民身体健康的危害

鼠类最大的危害是传播疾病,并起传播媒介和保菌作用,如鼠疫、钩端螺旋体病、狂犬病、鼠咬热、流行性出血热等30多种疾病。

2.对人民日常生活的危害

一是盗食和糟蹋粮食;二是咬坏家具、衣物、包装物、书籍、账目、票证等;三是对房屋的损害。此外,老鼠咬伤儿童、老人等也常有报道。

3.对农业的危害

全世界的农业因鼠害造成的损失,其价值等于世界全部作物产值的20%左右,超过由病害造成损失的12%或虫害造成损失的14%或草害造成损失的9%。每年粮食损失约3 300万吨,可供1 000万人口的大城市用20年。

4.对林业和畜牧业的危害

在林区,鼠类主要盗食树种、树籽、啃坏幼苗、林木嫩枝、嫩芽及树皮,咬断树根等,严重危害树木生长和森林更新,造成严重的经济损失。鼠类对畜牧业的危害也十分严重,如破坏草原、咬死咬伤家畜家禽、传播疾病等。

5.对工业等方面的危害

鼠类啃咬电缆绝缘材料,或窜入变压器中,引起短路甚至引发火灾;当走近高压线时,强磁场感应,会击穿、烧毁电器设备,因此,鼠类对工业、铁路、交通、邮电等方面的破坏也很严重。

(二)主要灭鼠措施

现有的灭鼠方法大体可分为器械法、药物法、生物法和生态法4大类。药物法中的毒饵灭鼠应用最广,而生态法中的各项防鼠措施对于降低人群发病率十分重要;各类方法应取长补短,综合利用。

1.器械灭鼠法

常用灭鼠器械有鼠夹、鼠笼、三角闸、压板、电子猫和黏鼠板等。需用诱饵的浦鼠器应选用新鲜诱饵,并定期更新。捕鼠器需放在鼠类经常活动或觅食的地方。捕鼠器应在鼠的活动高峰前布放。为提高捕鼠效果,应集中较多的捕鼠器同时布放,甚至选择多种诱饵。

2.熏蒸灭鼠法

熏蒸灭鼠法用磷化铝、氯化苦等化学熏蒸剂。磷化铝为片剂,放入鼠洞,立即堵紧洞口即可。氯化苦为无色油状液体,用时将其倒在载体上(如干牛粪、旧棉花、细沙、干草束等),投入洞内,堵紧即可。在野外熏蒸灭鼠时,也可使用烟剂。烟剂一般由助燃剂、燃料以及主药等成分组成。常用20%~30%的硝酸钠为助燃剂,以锯末、煤粉、牛粪末等为燃料,外加主药。在使用时,清除洞道内浮土,点燃烟剂,迅速投入洞内,堵紧洞口即可。

3.药物灭鼠法

(1)常用灭鼠药　目前使用的肠道灭鼠药有急性和慢性2大类:①只需服药一次便可奏效的灭鼠药为急性灭鼠剂(速效药),如磷化锌、毒鼠磷等;②需连续几天投药,效果才显著的灭鼠药为慢性灭鼠剂(缓效药),如第一代抗凝血灭鼠剂杀鼠灵、敌鼠钠、杀鼠醚、氯敌鼠,第二代慢性灭鼠剂溴敌隆、大隆、杀它仗等。

(2)诱饵和添加剂　目前使用较多的诱饵有整粒谷物或其碎片、粮食粉、压缩颗粒、瓜菜或水果、粮食粉加蜡等。为了提高诱饵的适口性,可加入1%～3%的植物油、0.5%的盐或1%的味精、3%～5%的糖或0.1%的糖精、少量鱼粉、少量奶粉等,以提高鼠的摄食量。

(3)毒饵的配制　常用的毒饵配制法为黏附法、混匀法和加蜡成形法3种。谷物毒饵常用黏附法配制,颗粒毒饵常用混匀法配制,用于潮湿处的蜡块毒饵常用加蜡成形法配制。

(4)毒饵的投放　①按洞投饵:适用于洞穴明显的野鼠和北方农村土质住宅的家鼠。此法可保证鼠类与毒饵相遇。②按鼠迹投放:大部分地区的家鼠洞口不易找到,但活动场所容易确定,可按此法布放毒饵。③等距投放:主要适于开阔地区消灭野鼠,在大仓库、大车间灭家鼠也可使用。④匀放饵:本法适于野外鼠密度高时使用,可利用机械或飞机投饵。⑤条带投饵:用于灭野鼠,每隔一定距离,按播种形式直线或曲线撒布毒饵。⑥毒饵包和毒饵盒:用小塑料袋密封包装谷物或颗粒毒饵,整包投放,可在鼠咬破包装以前,防潮防虫。毒饵盒可就地取材,其设计和构造因时因鼠而异。用木板、纤维板、砖块、土坯以及纸盒、竹筒、罐头瓶、空心砖等均可。

4. 生物灭鼠法

用鼠的天敌(如猫、鹰、蛇等)进行灭鼠的方法叫生物灭鼠。天敌数远远少于鼠类,而且其捕鼠活动是细水长流型的,所以不能在短期内迅速降低鼠密度。因而,单靠天敌灭鼠达不到防病要求,它只能作为辅助手段。

(三)防鼠措施

积极宣传鼠类危害及常用的防鼠灭鼠方法,加强环境整治,清除杂草,平整硬化地面,消除鼠类赖以生存的环境条件。室内防鼠措施应该重于化学防治。其常用的措施:①管理好粮食、食品、饲料、水源、粪便等;②封闭建筑物与外界担通的所有孔洞;③建筑物的通风孔、排水孔应安装防鼠网;④房门下沿与地面的缝隙不得大于0.6 cm;⑤饭厅、仓库、食品储藏室门下部30 cm处加钉0.75 mm的镀锌(不锈钢)铁皮,仓库应另设60 cm高的防鼠板;⑥垃圾应投放密闭的垃圾箱内,日产日清;⑦增加城乡绿地面积,为鼠类天敌提供更多的栖息环境。

思考题

1. 什么生物安全和生物安全水平?
2. 病原微生物在国际上分为哪几类?在中国分为哪几类?
3. 生物安全实验室分为哪几类?
4. BSL-1实验室、BSL-2实验室、BSL-3实验室、BSL-4实验室防污染的主要措施分别有哪些?
5. 什么叫有害生物?有害生物分为哪几类?
6. 有害生物的危害性是什么?
7. 有害生物防治措施有哪些?
8. 病媒节肢动物主要包括哪些类型?
9. 鼠类有哪些危害性?
10. 灭鼠方法有哪些?

模块二　宠物传染病

内容提要

传染病的诊断与防治技术；犬猫病毒病的防治技术；犬猫细菌病的防治技术；观赏鸟传染病的防治技术；观赏兔传染病的防治技术。

项目一

传染病的诊断与防治技术

学习目标

1. 掌握传染病的概念和特征，感染的概念与类型，感染发生的条件；

2. 了解传染病发展阶段，熟悉传染病流行过程及其表现形式；

3. 掌握疫源地和自然疫源地的概念与含义；

4. 掌握传染病诊断和治疗的基本方法；

5. 理解防疫工作的基本原则和内容；

6. 熟悉防疫工作的基本措施和发生传染病后的扑灭措施。

任务一　传染病的发生与流行规律

一、传染病的概念与特征

凡是由病原微生物引起，具有一定的潜伏期和临诊表现，并且具有传染性的疾病，称之为传染病。传染病具有以下特征。

①由病原微生物感染机体引起。传染病都是由病原微生物引起的，如狂犬病由狂犬病病毒引起，犬瘟热由犬瘟热病毒引起。

②具有传染性和流行性。从患病动物体内排出的病原体侵入其他动物体内，引起其他动物感染，这就是传染性。传染性是传染病固有的重要特征，也是区别非传染性疾病的主要指标。个别动物的发病造成了群体性的发病，这就是传染病的流行性。

③感染的动物机体发生特异性免疫反应。几乎所有的病原体都具有抗原性，病原体侵入动物体内一般会激发动物机体的特异性免疫应答。

④耐过动物能获得特异性保护。当患传染病的动物耐过后，动物体内产生了一定量的特异性免疫效应物质（如抗体、细胞因子等），并能在动物体内存留一定的时间。在这段时间内，这些效应物质可以保护动物机体不受同种病原体的侵害。每种传染病耐过保护的时间长短不一，有的几个月，有的几年，也有终身免疫的。掌握传染病的耐过免疫对预防传染病是非常有利的。

⑤具有特征性的症状和病变。由于一种病原微生物侵入易感动物体内，侵害的部位相对来说是一致的，所以出现的临诊症状也基本相同，显现的病理变化也基本相似。传染病和其他疾病有所差异，也有共同的地方。在临床上发现疑似传染病疫情时，要综合分析，认真诊断，争取早日确诊，控制疫情。

二、传染病的发生

（一）感染

病原微生物侵入动物机体，在一定的部位定居、生长、繁殖，引起动物机体产生病理反应的过程，称为感染，也可称为传染。动物感染病原微生物后会有不同的临诊表现，从不表现临诊症状到有明显症状，甚至死亡，这种不同的表现称之为感染梯度。

1.外源性感染和内源性感染

病原微生物从外界侵入动物机体内引起的感染过程，称为外源性感染。大多数传染病都是此类。而病原微生物如果是寄生在动物体内的条件性病原体，由动物机体抵抗力的降低引起的感染，称为内源性感染。

2.单纯感染和混合感染、原发感染和继发感染

由单一病原微生物引起的感染，称为单纯感染；由两种以上的病原微生物同时参与的感染称为混合感染。动物感染了一种病原微生物后，随着其抵抗力下降，又会有新的病原微生

物侵入或原先寄居在动物体内的条件性病原微生物引起的感染，称为继发感染；最先侵入动物体内引起的感染，称为原发感染。如犬感染了犬瘟热病毒后，又感染了副流感病毒，那么犬瘟热病毒引起的感染是原发感染，副流感病毒引起的感染是继发感染。

3. 显性感染和隐性感染

动物感染病原微生物后表现出明显的临诊症状，称为显性感染；不表现任何症状，称为隐性感染。显性感染的动物就是指临床上的患病动物。隐性感染的动物一般难以发出，多是通过微生物学检查或血清学方法查出，因此，在临床上这类动物更加危险。宠物要定期体检，及时发现问题，防止传染发生。

4. 最急性、急性、亚急性和慢性感染

病程较短，一般在 24 h 内常没有典型症状和病变的感染，称为最急性感染，常见于传染病流行的初期。急性感染的病程一般在几天到二三个星期，常伴有明显的症状，这有利于临诊诊断。亚急性感染动物的临诊症状一般相对缓和，也可由急性发展而来，病程一般在二三个星期到一个月。慢性感染病病程长，一般为一个月以上，如布鲁氏菌病、结核病等。

5. 局部感染和全身感染

病原微生物侵入动物机体后，向全身多部位扩散或其代谢产物被吸收，从而引起全身性症状，称为全身感染。其表现形式有：菌(病毒)血症、毒血症、败血症和脓毒败血症等。如果侵入动物体内的病原微生物毒力较弱或数量不多，病原微生物常被限制在一定的部位生长繁殖，并引起局部病变的感染，称为局部感染，如链球菌等引起的脓疮。

(二)感染(传染)发生的条件

传染的发生需要一定的条件。其中病原微生物是引起传染发生的首要条件，动物的易感性和环境因素也是传染发生的必要条件。

1. 病原微生物的毒力、数量与侵入门户

毒力是病原微生物致病能力的反映，病原微生物的毒力不同，与机体相互作用的结果也不同。病原微生物须有较强的毒力才能突破机体的防御屏障引起传染。

病原微生物引起感染，除必须有一定毒力外，还必须有足够的数量。一般来说，病原微生物毒力越强，引起感染所需的量就越少；反之，引起感染的需要量就较多。

具有较强毒力和足够数量的病原微生物还需经适宜的途径侵入易感动物体内，才可引发传染。有些病原微生物只有经过特定的侵入门户，并在特定部位定居繁殖，才能造成感染。例如，伤寒沙门菌经口进入机体；破伤风梭菌侵入深部创伤才有可能引起感染；流感病毒多经呼吸道传染；莱姆病主要通过带菌蜱等吸血昆虫叮咬吸血传染。也有些病原微生物的侵入是通过多种途径，例如，炭疽杆菌、布鲁氏菌可以通过多种途径侵入宿主。

2. 易感动物

对病原微生物具有感受性的动物称为易感动物。动物对病原微生物的感受性具有动物"种"的特性，因此，动物的种属特性决定了它对某种病原微生物的传染具有天然的免疫力或感受性。不同种类的动物具有不同的对病原微生物的感受性，如犬是犬瘟热病毒的易感动物，而猫、兔则是非易感动物。

另外，动物的易感性还受年龄、性别、营养状况等因素的影响，其中以年龄因素影响较大。例如，犬细小病毒容易感染刚断乳至 90 日龄的犬。

3. 外界环境因素

外界环境因素包括气候、温度、湿度、地理环境、生物因素(传播媒介、贮存宿主等)、饲养管理等,外界环境因素对传染的发生是不可忽视的条件。当环境因素改变时,一方面可以影响病原微生物的生长、繁殖和传播,另一方面可使动物机体抵抗力、易感性发生变化。如夏季气温高,病原菌易于生长繁殖,污染饲料和饮水,易发生消化道传染病;寒冷的冬季能降低易感动物呼吸道黏膜抵抗力,则易发生呼吸道传染病。另外,在某些特定环境条件下,存在着一些传染病的传播媒介影响传染病的发生和传播,如有些以昆虫为媒介的传染病在昆虫盛繁的夏季和秋季容易发生和传播。

(三)传染病发展阶段

为了更好地研究动物传染病的发生、发展规律,人们将传染病分成了 4 个发展阶段。虽然各个阶段有一定的划分依据,但是有的界限不是非常严格。

1. 潜伏期

从病原微生物侵入机体并进行繁殖到动物出现最初症状的一段时间,称为潜伏期。不同传染病的潜伏期不同,同一种传染病的潜伏期也不一定相同。一般来说,潜伏期还是相对稳定的,如犬细小病毒病的潜伏期为 7～14 d,犬瘟热的潜伏期为 3～5 d。动物处于潜伏期时没有临床表现,所以难以被发现。处于潜伏期的动物对健康动物是较大的威胁。了解传染病的潜伏期对于预防和控制传染病有极重要的意义。

2. 前驱期

动物从出现最初症状到出现特征性症状的一段时间,称为前驱期。这段时间一般较短,仅表现疾病的一般症状,如食欲下降、发热等,此时进行诊断是非常困难的。

3. 明显期

这是传染病特征性症状的表现时期,是传染病诊断最容易的时期。这一阶段患病动物排出体外的病原微生物最多、传染性最强,所以患病动物的隔离在明显期非常重要。这一阶段的防治措施是否得当,对传染病能否得到有效控制非常关键。

4. 转归期

它是指明显期进一步发展到动物死亡或恢复健康的一段时间。如果动物机体不能控制或杀灭病原体,就以动物死亡为转归;如果动物机体的抵抗力得到加强,病原体得到有效控制或杀灭,症状就会逐步缓解,病理变化慢慢恢复,生理机能逐步正常。在病愈后的一段时间内,动物体内的病原体不一定马上消失,会出现带毒(菌)现象。

三、传染病的流行

传染病的流行是指传染病在动物群体中发生、发展和终止的过程,也可以说是从动物个体发病到群体发病的过程。

(一)传染病流行基本环节

传染病的流行必须同时具备 3 个基本环节,即传染源、传播途径和易感动物群。

1. 传染源

传染源是指某种传染病的病原体能够在其中定居、生长、繁殖,并能够将病原体排出体外的动物机体。其主要包括患病动物和病原携带者。传染源排出病原微生物的整个时期称为传染期。

(1)患病动物　患病动物是最重要的传染源。动物在明显期和前驱期能排出大量毒力强的病原微生物,传染的作用也就大。

(2)病原携带者　它是指外表无症状但携带并排出病原体的动物体。其包括潜伏期病原携带者、恢复期病原携带者和健康病原携带者。由于很难发现,平时常常和健康动物生活在一起,所以病原携带者对其他动物危害较大,是更危险的传染源。

2.传播途径

病原微生物从传染源被排出后,经一定的方式再侵入其他易感动物的路径,称为传播途径。传播途径可分为水平传播和垂直传播两大类。

(1)水平传播　它是指传染病在群体之间或个体之间以水平形式横向平行传播,又可分为直接接触传播和间接接触传播。

①直接接触传播:在没有任何外界因素的参与下,病原体通过传染源与易感动物直接接触(交配、舐、咬等)而引起的传播方式。最具代表性的是狂犬病。大多数患者是被狂犬病患病动物咬伤而感染的。其流行特点是一个接一个地发生,形成明显的链锁状,不会造成大面积流行,以直接接触传播为主要传播方式的传染病较少。

②间接接触传播:在外界因素的参与下,病原体通过传播媒介使易感动物发生传染的方式。一般通过经污染的饲料和水传播、经污染的空气(飞沫、尘埃)传播、经污染的土壤传播和经活的媒介物传播等。

(2)垂直传播　它一般是指传染病从母体到子代两代之间的传播。其包括经胎盘传播、经卵传播和经产道传播。

3.易感动物群

易感动物群是指一定数量的有易感性的动物群体。动物易感性的高低虽与病原体的种类和毒力强弱有关,但主要还是由动物的遗传性状和特异性免疫状态决定。另外,外界环境也能影响动物机体的感受性。易感动物群体数量与传染病发生的可能性成正比。群体数量越大,传染病造成的影响也越大。影响动物易感性的因素主要有以下 3 个方面。

(1)动物群体的内在因素　不同种群的动物对一种病原体的感受性有较大差异,这是动物的遗传性决定的。动物的年龄也与抵抗力有一定的关系,一般初生动物和老年动物抵抗力较弱,而年轻的动物抵抗力较强。动物群体的内在因素和动物机体的免疫应答能力高低有关。

(2)动物群体的外界因素　动物生活过程中的一切因素都会影响动物机体的抵抗力。如环境温度、湿度、光线、有害气体浓度、日粮成分、喂养方式、运动量等。

(3)特异性免疫状态　在传染病流行时,一般易感性高的动物个体发病严重,感受性较低的动物症状较缓和。通过获取母源抗体和接触抗原获得特异性免疫,就可提高特异性免疫的能力。如果动物群体中 70%～80%的动物具有较高免疫水平,就不会引发大规模的流行。

动物传染病的流行必须有传染源、传播途径和易感动物群同时存在,因此,动物传染病的防制措施必须紧紧围绕这三个基本环节进行。施行消灭和控制传染源、切断传播途径及增强易感动物的抵抗力的措施是传染病防控的根本。

(二)传染病流行过程的表现形式

在传染病的流行过程中,根据在一定时间内发病动物的多少和波及范围的大小,大致分为以下4种表现形式。

1.散发

它是指一个区域的动物群体在一段较长的时间内仅出现零星的病例。形成散发的主要原因:①动物群体免疫水平高,极少数没有免疫或免疫水平不高的动物发病,如犬的狂犬病;②某病的隐性感染比例较大,如犬钩端螺旋体病;③有些传染病的传播条件非常苛刻,如破伤风需要破伤风梭菌和无氧创口的同时存在。

2.地方流行性

在一定的地区和动物群体中,发病动物较多,但常局限于一个较小的范围,称为地方流行性。炭疽、犬埃利希体病、落基山斑点热等有时出现地方流行性。

3.流行性

它是指在一定时间内动物发病数或发病率超过了正常水平,波及的范围也较广。流行性传染病往往传播速度快,如果采取的防控措施不力,可波及很大的范围,如2003年的"非典(SARS)"。

"暴发"是指在一定的地区和动物群中,短时间内(该病的最长潜伏期内)突然出现很多病例。

4.大流行

它是一种传播范围极广,群体中动物发病率很高的流行过程,常波及整个国家或跨国流行。由于各国对传染病防疫工作的重视,所以现在这样的传染病很少发生。如流感曾出现过大流行。

以上几种形式之间并无严格的界限,这与当地的传染病发生情况、防疫水平等都有关系。

(三)传染病流行的季节性和周期性

1.季节性

某些传染病常常发生于一定的季节,或者某季节的发病频率明显高于其他季节,称为传染病的季节性。具有季节性的传染病也称为季节性传染病,如犬埃利希体病等。造成季节性的原因较多,如季节对病原体的影响、季节对传播途径的影响和季节对动物抵抗力的影响等。

2.周期性

某些传染病在一次流行以后,常常间隔一段时间(常以数年计)后再次发生流行,这种现象称为传染病的周期性。这种传染病一般具有以下特点:①易感动物饲养周期长,不进行免疫接种或免疫密度很低;②动物耐过免疫保护时间较长,发病率高等。

(四)影响流行过程的因素

动物传染病的发生和流行主要取决于传染源、传播途径和易感动物群体。而这三个环节往往受到很多因素的影响,归纳起来主要是自然因素和社会因素。如果我们能够利用这些因素,就能很好地防止传染病的发生,否则传染病的防控工作就会受到很大影响。

1. 自然因素

对传染病的流行起影响作用的自然因素主要有气候、气温、湿度、光照、雨量、地形、地理环境等，它们对传染病的流行都能起到大小不一的作用。江、河、湖等水域是天然的隔离带，对传染源的移动进行限制，形成了一道坚固的屏障。夏季气温高，日照时间长，空气湿度小，非常不适合病原微生物的生长，传染病发生也会减少。对于生物传播媒介而言，自然因素的影响更加重要，因为媒介者本身也受到环境的影响，同时自然因素也会影响动物的抗病能力，动物抗病力的降低或者易感性的增加，这都会增加传染病流行的机会。在宠物养殖过程中，一定要根据天气、季节等各种因素的变化，切实做好宠物的饲养和管理工作，以防传染病的发生和流行。

2. 社会因素

影响动物传染病的流行的社会因素包括社会制度、生产力、经济、文化、科学技术水平等多种因素，其中最重要的是兽医卫生法规是否健全和能否得到充分执行。各地有关宠物饲养的规定正在不断完善，动物传染病的预防工作正在不断加强，这与国家的政策保障，各地政府及职能部门的重视是分不开的。动物传染病的有效防控需要充足的经济保障和完善的防疫体制，我国的举国体制对此起到了非常重要的作用。

四、疫源地和自然疫源地

（一）疫源地

具有传染源及排出的病原体存在的地区称为疫源地。疫源地比传染源含义广泛，除包括传染源之外，疫源地还包括被污染的物体、房舍、活动场所以及这个范围内的可疑动物群。在防疫方面，对传染源采取隔离、扑杀或治疗，对疫源地还包括环境消毒等措施。

疫源地的范围大小一般根据传染源的分布和病原体的污染范围的具体情况确定。它可能是个别动物的生活场所，也可能是一个小区或村庄。人们通常将范围较小的疫源地或单个传染源构成的疫源地称为疫点，而将较大范围的疫源地称为疫区。在疫区划分时，应注意考虑当地的饲养环境、天然屏障（如河流、山脉）和交通等因素。通常疫点和疫区并没有严格的界限，而应从防疫工作的实际出发，切实做好疫病的防控工作。

疫源地的存在具有一定的时间性，时间的长短由多方面因素决定。一般而言，只有当所有的传染源死亡或离开疫区、康复动物体内不带有病原体，经一个最长潜伏期没有出现新的病例，并对疫源地进行彻底消毒，才能认为该疫源地被消灭。

（二）自然疫源地

在自然情况下即使没有人类或人工饲养动物的参与，有些传染病的病原体也可以通过传播媒介感染动物造成流行，并长期在自然界循环延续后代，这些疫病称为自然疫源性疾病。存在自然疫源性疾病的地区，称为自然疫源地。自然疫源性疾病具有明显的地区性和季节性，并受人类活动改变生态系统的影响。自然疫源性疾病很多，如狂犬病、犬瘟热、鹦鹉热、土拉菌病、布鲁氏菌病等。

在日常的动物传染病防控工作中，一定要切实做好疫源地的管理工作，防止其范围内的传染源或其排出的病原微生物扩散，引发传染病的蔓延。

任务二　传染病的诊断技术

诊断传染病常用的方法有临诊诊断、流行病学调查与诊断、病理学诊断和微生物学诊断、免疫学诊断、分子生物学诊断等。诊断方法很多，但并不是每一种传染病和每一次诊断工作都需要全面去做，而是应该根据不同传染病的具体情况，选取其中的一种或几种方法。

一、临诊诊断

临诊诊断是利用人的感觉器官或借助最简单的器械（体温计、听诊器等）直接对发病宠物进行检查，包括问诊、视诊、触诊、听诊、叩诊、嗅诊，有时也包括血、粪、尿的常规检查。

有些传染病具有特征性症状，经过仔细的临诊检查，即可得出诊断，如狂犬病、犬细小病毒病等。但是临诊诊断具有一定的局限性，对发病初期未表现出特征性症状、非典型感染和临诊症状有许多相似之处的传染病，就难以做出诊断。因此，在多数情况下，临诊诊断只能提出可疑传染病的范围，必须结合其他诊断方法才能做出确诊。

二、流行病学调查与诊断

流行病学是指研究传染病在动物群中发生、发展和分布的规律以及制定并评价防疫措施，达到预防和消灭传染病的一门学科。流行病学诊断是指针对患传染病的动物群体，经常与临诊诊断联系在一起的诊断方法。某些传染病临诊症状基本一样，但流行病学不一样。

（一）流行病学调查

1. 询问调查

通过询问座谈，对宠物的饲养者、主人、宠物医生以及其他相关人员进行调查，查明传染源、传播方式及传播媒介等。

2. 现场调查

重点调查疫区的兽医卫生、地理地形、气候等，同时疫区的动物存在状况、动物的饲养管理等也应重点观察。在现场观察时，应根据传染病的不同，选择观察的重点。当发生消化道传染病时，应特别注意宠物的食品来源和质量、水源卫生、粪便处理等；在发生节肢动物传播的传染病时，应注意调查当地节肢动物的种类、分布、生态习性和感染等。

3. 实验室检查

为了在调查中进一步落实致病因子，常常对疫区的各类动物进行实验室检查。检查的内容常有病原检查、抗体检查、毒物检查等，另外，也可检查动物的排泄物、呕吐物，宠物食品、饮水等。

4. 统计分析

把各项调查得到的结果进行综合分析，对各种数据应用统计学方法归纳分析，以此进一步了解疫情。流行病学调查和分析中常用的统计指标有以下几个。

（1）发病率　指一定时期内动物群体中发生某病新病例的百分比。发病率能全面的反应传染病的流行速度，但往往不能说明整个过程，有时常有动物呈隐性感染。

(2)感染率　指用临床检查方法和各种实验室检查法(微生物学、血清学等)检查出的所有感染某传染病的动物数占被检查动物总数的百分比。统计感染率可以比较深入地提示流行过程的基本情况，特别是在发生慢性传染病时有非常重要的意义。

(3)患病率　指在一定时间内动物群体中患病动物数占该群动物总数的百分比。病例数包括该时间内的新老病例。

(4)死亡率　指因某病死亡的动物数占该群动物总数的百分比。它能较好地表示该病在动物群体中发生的频率，但不能说明传染病的发展特性。

(5)病死率　指因某病死亡的动物数占该群动物中患该病动物数的百分比。它反应传染病在临床上的严重程度。

(二)流行病学诊断

流行病学诊断是指既可在流行病学调查(疫情调查)的基础上进行，又可在临诊诊断过程中进行，通过向宠物主人询问疫情，对现场进行仔细检查，然后对调查材料进行统计分析，做出诊断。

1.本次疫病流行的情况

最初发病的时间、地点、随后蔓延的情况，目前的疫情分布；疫区内各种动物的数量和分布；发病动物的种类、数量、性别、年龄；查清感染率、发病率、死亡率和病死率。

2.疫情来源的调查

本地过去是否发生过类似的疫病？何时何地发生？流行情况如何？是否确诊？采取过何种防控措施？效果如何？附近地区是否发生过类似的疫病？本次发病前是否从外地引进过宠物、宠物饲料和宠物用具？输出地有无类似的疫病存在等。

3.传播途径和方式的调查

本地各类有关动物的饲养管理方法；宠物流动和防疫卫生；交通检疫和市场检疫；死亡宠物尸体处理；助长疫病传播蔓延的因素和控制疫病的经验；疫区的地理环境状况；疫区的植被和野生动物、节肢动物的分布活动，与疫病的传播蔓延有无关系。

三、病理学诊断

对传染病死亡宠物的尸体进行剖检，观察其病理变化。其中，有些病理变化可作为诊断的依据，如犬传染性肝炎、鸟流感、溃疡性肠炎等的病理变化有较大的诊断价值。对于最急性死亡病例而言，其特征性的病变可能尚未出现，尽可能多检查几只，并选症状比较典型的剖检。除肉眼检查外，有些传染病还需做病理组织学检查，有的病例还需检查特定的器官组织，如疑为狂犬病时取大脑海马角组织进行包涵体检查。

【训练目标】

传染病死亡宠物尸体剖检。

【仪器与场地】

设备材料：剪刀、镊子、大搪瓷盆、酒精灯、死亡犬或猫。

场地：传染病实验室或宠物医院化验室。

【内容与步骤】

①先用肉眼观察动物体表的情况。

②将动物尸体仰卧固定于解剖板上，充分露出胸腹部。

③用 70% 酒精或其他消毒液浸擦尸体的颈胸腹部的皮毛。

④以无菌剪刀自其颈部至耻骨部切开皮肤，并将四肢腋窝处皮肤剪开，剥离胸腹部皮肤使其尽量翻向外侧，注意皮下组织有无出血、水肿等病变，观察腋下、腹股沟淋巴结有无病变。

⑤用毛细管或注射器穿过腹壁及腹膜吸取腹腔渗出液供直接培养或涂片检查。

⑥另换一套灭菌剪剪开腹腔，观察肝、脾及肠系膜等有无变化，采取肝、脾、肾等实质脏器各一小块放在灭菌平皿内，以备培养或直接涂片检查。然后，剪开胸腔，观察心、肺有无病变，可用无菌注射器或吸管吸取心脏血液进行直接培养或涂片。

⑦必要时破颅取脑组织做检查。

⑧如欲作组织切片检查，将各种组织小块置于 10%甲醛溶液中固定。

⑨剖检完毕妥善处理动物尸体，以免散播传染，最好火化或高压蒸汽灭菌，或者深埋，若是小白鼠尸体可浸泡于 3%来苏儿液中杀菌，而后倒入深坑中，令其自然腐败，所用解剖器械也须煮沸消毒，用具用 3 %来苏儿液浸泡消毒。

【注意事项】

①在规定的地点和场所进行剖检，避免散播疫病。

②怀疑炭疽时，先做末梢血液涂片，必要时取脾抹片、染色镜检，排除炭疽后再解剖。

③采取病料应在死后立即进行，夏季不超过 6～8 h，冬季不超过 24 h。

④病料在短时间内不能送到检验单位时，用保存液保存。

四、微生物学诊断

应用动物微生物学的方法进行病原学检查是诊断传染病的重要方法。

(一)病料的采集、包装与送检

【训练目标】

结合病例诊断工作，学会被检宠物病料的采取、保存、包装和记录的方法。

【仪器与场地】

设备材料：

①器材包括煮沸消毒器、外科刀、外科剪、镊子、试管、平皿、广口瓶、包装容器、注射器、采血针头、脱脂棉、载玻片、酒精灯和火柴等。

②药品包括保存液、来苏儿等。

③新鲜动物尸体。

场地：传染病实验室、宠物医院化验室。

【内容与步骤】

1. 病料的采取

(1)剖检前检查　当发现犬急性死亡且天然孔出血时，先用显微镜检查其末梢血液抹片中是否有炭疽杆菌存在。如疑为炭疽，则不可随意剖检，只有在确定不是炭疽时，方可进行剖检。

(2)取材时间　内脏病料的采取必须在死亡后立即进行，夏天不宜超过 6～8 h，冬天不能超过 24 h，否则时间过长，有肠内细菌侵入，易使尸体腐败，影响病原微生物的检出。取得病料后，应立即送检。如不能立刻进行检验，病料应迅速存放于冰箱中。若需要采血清测抗体，最好采发病初期和恢复期两个时期的血清。

(3)器械的消毒　刀、剪、镊子、注射器、针头等煮沸消毒 30 min。器皿(玻璃制品、陶制品、珐琅制品等)可用高压灭菌或干烤灭菌。软木塞、橡皮塞置于 0.5%石炭酸水溶液中煮沸 10 min。采取一种病料，使用一套器械和容器，不可混用。

(4)病料的采取　根据不同的传染病，相应地采取该病常侵害的脏器或内容物。如败血性传染病可采取心、肝、脾、肺、肾、淋巴结、胃、肠等；肠毒血症采取小肠及其内容物；有神经症状的传染病采取脑、脊髓等。如无法估计是哪种传染病，可进行全面采取。检查血清抗体时，采取血液，凝固后析出血清，将血清装入灭菌小瓶送检。为了避免杂菌污染，病变检查应待病料采取完毕后，再进行。各种组织及液体的病料采取方法如下。

①内脏及淋巴结。将淋巴结、肺、肝、脾及肾等有病变的部位各采取 1～2 cm^3 的小方块，分别置于灭菌的试管或平皿中。若为供病理组织切片的材料，应将典型病变部分及相连的健康组织一并切取，组织块的大小约为 2 cm，同时要避免使用金属器械，尤其是当病料供色素检查时，更应注意。

②液体性病料。

A. 脓汁：用灭菌的注射器或吸管抽取或吸出脓肿深部的脓汁，置于灭菌试管中。若为开口的化脓灶或鼻腔时，则用无菌棉签浸蘸后，放在灭菌的试管中。

B. 血清：以无菌操作吸取血液 10 mL，置于灭菌试管中，待血液凝固(经 1～2 h)后析出血清，将血清置于另一灭菌试管中。如在供血清学反应时，可于每毫升中加入 5%的石炭酸水溶液 1～2 滴。

C. 全血：采取 10 mL 全血，立即注入盛有 5%柠檬酸钠 1 mL 的灭菌试管中，搓转混合片刻后即可。

D. 心血：心血通常在右心房处采取，先用烧红的铁片或刀片烙烫心肌表面，然后用灭菌的尖刃外科刀自烙烫处刺一小孔，再用灭菌吸管或注射器吸出血液，盛于灭菌试管中。

E. 乳汁：乳房先用消毒药水洗净(取乳者的手亦应先消毒)，并把乳房附近的毛用消毒液刷湿，最初所挤的乳汁弃去，然后再采集 5 mL 乳汁于灭菌试管中。若仅供显微镜直接染色检查，则可于其中加入 0.5%的福尔马林溶液。

F. 胆汁：先用烧红的刀片或铁片烙烫胆囊表面，再用灭菌的吸管或注射器刺入胆囊内吸取胆汁，盛于灭菌的试管中。

③肠。用烧红的刀片或铁片将欲采取的肠表面烙烫后穿一小孔，持灭菌棉签插入肠内，以便采取肠管黏膜或其内容物；也可用线扎紧一段肠管(约 6 cm)两端，然后将两端切断，置于灭菌的器皿内。

④皮肤。取大小约 10 cm×10 cm 的皮肤一块，保存于 30%甘油缓冲溶液中，或 10%饱和盐水溶液中，或 10%福尔马林溶液中。

⑤胎儿。将流产后的整个胎儿用塑料薄膜、油布或数层不透水的油纸包紧，装入木箱内，立即送往实验室。

⑥小宠物。将整个尸体包入不透水塑料薄膜、油纸或油布中，装入木箱内，送往实验室。

⑦骨。当需要完整的骨头标本时,应将附着的肌肉和韧带等全部除去,表面撒上食盐,然后包于浸过5%石炭酸水或0.1%L汞溶液的纱布或麻布中,装于木箱内送往实验室。

⑧脑、脊髓。如采取脑、脊髓作病毒检查,可将脑、脊髓浸入50%甘油盐水液中或将整个头部割下,包入浸过0.1%升汞液的纱布或油布中,装入木箱或铁桶中送检。

⑨粪尿。以清洁玻璃棒蘸新鲜粪便少许,置小瓶内,或用棉拭子自直肠内取少许。用导尿管无菌采取尿液10～20 mL,立即送检。

⑩供显微镜检查用的脓汁、血液及黏液,可用载玻片制成抹片,组织块可制成触片,然后在两块玻片之间,靠近两端边沿处各垫一根火柴棍或牙签,以免抹片或触片上的病料互相接触。如玻片有多张,可按上法依次垫火柴棍或牙签重叠起来,最上面玻片上的涂抹面应朝下,最后用细线包扎,玻片上应注明编码,并另附说明。

2.病料的保存

病料采取后,如不能立即检验,或须送往有关单位检验,应当加入适当的保存剂,病料尽量保持新鲜状态。

(1)细菌检验材料的保存　将采取的脏器组织块保存于饱和的氯化钠溶液或30%甘油缓冲盐水溶液中,容器加塞封固。如系液体,可装在封闭的毛细玻管或试管运送。

①饱和氯化钠溶液的配制法:蒸馏水100 mL、氯化钠38～39 g充分搅拌溶解后,用数层纱布过滤,高压灭菌后备用。

②30%甘油缓冲盐水溶液的配制法:中性甘油30 mL、氯化钠0.5 g、碱性磷酸钠1.0 g,加蒸馏水至100 mL,混合后高压灭菌备用。

(2)病毒检验材料的保存　将采取的脏器组织块保存于50%甘油缓冲盐水溶液或鸡蛋生理盐水中,容器加塞封固。

①50%甘油缓冲盐水溶液的配制法:氯化钠2.5 g、酸性磷酸钠0.46 g、碱性磷酸钠10.74 g,溶于100 mL中性蒸馏水中,加纯中性甘油150 mL、中性蒸馏水50 mL,混合分装后,高压灭菌备用。

②鸡蛋生理盐水的配制法:先将新鲜的鸡蛋表面用碘酒消毒,然后打开将内容物倾入灭菌容器内,按全蛋9份加入灭菌生理盐水1份,摇匀后用灭菌的纱布过滤,再加热至56～58℃持续30 min,第二天及第三天按上法再加热一次,即可应用。

(3)病料组织学检验材料的保存　将采取的脏器组织块放入10%福尔马林溶液或95%酒精中固定;固定液的用量应为送检病料的10倍以上。如用10%福尔马林溶液固定,应在24 h后换新鲜溶液一次。严寒季节为防病料冻结,可将上述固定好的组织块取出,保存于甘油和10%福尔马林等量混合液中。

3.病料的包装和运送

当病料送往检验室时,在病料容器一一标号,详加记录,附病料送检单。该单要复写3份,一份留为存根,两份寄往检验室,待检查完毕,退回一份。

(1)病料的包装　液体病料最好收集在灭菌的细玻璃管中,管口用火焰封闭,注意勿使管内病料受热。将封闭的玻璃管用废纸或棉花包装,装入较大的试管中,再装入木盒中运送。用棉签蘸取的鼻液及脓汁等物可置于灭菌的试管中,剪取多余的签柄,严密加封,用蜡密封管口,再装入木盒内寄送。盛装组织或脏器的玻璃容器,包装时力求细致而结实,最好用双重容器。将盛材料的器皿和塞用蜡封口后,置于内容器中,内容器中衬垫缓冲物(如棉花、碎纸等)。当气候温暖时,须加冰块,如果没有冰块,就加冷水和等量的硫酸铵搅拌,使之迅速溶解,水温可因此降至零下。再将内容器置于外容器中,外容器内应置于废纸、木屑、石灰粉等,再将外容器密封好。内外容器中所加缓冲物之量,以盛病料的容器万一破碎时能完全吸收其液体为度。外容器上需注明上下方向,写明“病理材料”“小心玻璃”标记,也可用广口保暖瓶盛装病料寄送。

(2)病料的运送　当怀疑为危险传染病(炭疽、禽流感)的病料时,应将盛病料的器皿于金属匣内,将匣焊封加印后装入木匣寄送。病料装入容器内至送到检验部门的时间越快越好。途中避免接触高热及日光,避免振动、冲撞,以免腐败或病原菌死亡。远途可航空托运,电告检验单位及时提取。血清学和病理组织学检验材料,可妥善包装后邮寄。

【注意事项】

①当采取微生物检验材料时,要严格按照无菌操作手续进行,并严防散布病原。

②要有秩序地进行工作,注意消毒,严防本身感染及造成他人感染。

③正确地保存和包装病料,正确填写送检单。

④通过对流行病学、临诊病状、剖检材料的综合分析,慎重提出送检目的。

(二)细菌病的诊断方法

1.细菌的形态检查

细菌的形态检查是细菌检验技术的重要手段之一。在细菌病的实验室诊断中,形态检查的应用有2个时机:一个时机是将病料涂片染色镜检,初步认识细菌,决定是否进行细菌分离培养,有时通过这一环节即可得到确切诊断。如禽霍乱和炭疽的诊断。另一个时机是在细菌的分离培养之后,将细菌培养物涂片染色,观察细菌的形态、排列及染色特性,这是鉴定分离菌的基本方法之一,也是进一步生化鉴定、血清学鉴定的前提。

根据实际情况选择适当的染色方法,对病料中的细菌进行检查,常选择亚甲蓝染色法或瑞氏染色法等单染色法,而对培养物中的细菌进行检查时,多采用革兰氏染色法等复染色法。

【训练目标】

学会细菌染色标本片(抹片)的制备和几种常用的染色方法。

【仪器与材料】

载玻片、接种环、眼科镊子、显微镜、酒精灯、火柴、香柏油、二甲苯、吸水纸、凹玻片、盖玻片(22 mm×22 mm)、生理盐水、95%酒精、冰醋酸和各种染色液等。

【内容与步骤】

(1)细菌标本片的制备

①玻片准备:载玻片应清晰透明,洁净而无油渍,滴上水后,能均匀展开,附着性好。如有残余油渍,可按下列方法处理,即滴95%酒精2~3滴,用洁净纱布揩擦,然后在酒精灯外焰上轻轻拖过几次。若仍不能去除油渍,可再滴1~2滴冰醋酸,用纱布擦净,再在酒精灯外焰上轻轻拖过。

②抹片制备:抹片所用材料不同,抹片方法也有差异。液体材料(如液体培养物、血液、渗出液、乳汁等)可直接用灭菌接种环取一环材料,于玻片的中央均匀地涂布成适当大小的薄层;非液体材料(如菌落、脓、粪便等)则应先用灭菌接种环取少量生理盐水或蒸馏水,置于玻片中央,然后再用灭菌接种环取少量材料,在液滴中混合,均匀涂布成适当大小的薄层。

组织脏器材料可先用镊子夹持中部，然后以灭菌或洁净剪刀取一小块，夹出后将其新鲜切面在玻片上压印(触片)或涂抹成一薄层。

如有多个样品同时需要制成抹片，只要染色方法相同，也可在同一张玻片上有秩序地排好，做多点涂抹，或者先用蜡笔在玻片上划分成若干小方格，每方格涂抹一种样品。

③干燥：干燥上述涂片应让其自然干燥。

④固定：火焰固定和化学固定。

A. 火焰固定：将干燥好的抹片，使涂抹面向上，以其背面在酒精灯外焰上如钟摆样来回拖过数次，略做加热(但不能太热，以不烫手为度)进行固定。

B. 化学固定：血液、组织脏器等抹片要做吉姆萨染色，不用火焰固定，而用甲醇固定，可将已干燥的抹片浸入甲醇中 2～3 min，取出晾干或者在抹片上滴加数滴甲醇使其作用 2～3 min，自然挥发干燥，抹片如做瑞氏染色，则不必先做特别固定。瑞氏染料中含有甲醇，可以达到固定的目的。固定目的：死细菌；菌体蛋白凝固附着在玻片上，以防被水冲洗掉；改变细菌对染料的通透性，因活细菌一般不允许染料进入细菌体内。

(2)细菌标本片的染色　只运用一种染料进行染色的方法，称为简单染色法，如亚甲蓝染色法；运用 2 种或 2 种以上的染料或再加媒染剂进行染色的方法，称为复杂染色法。复杂染色法染色后，不同的细菌或物体，或者细菌构造的不同部分可以呈现不同颜色，这些不同的颜色具有鉴别细菌的作用，又可称为鉴别染色，如革兰氏染色法、瑞氏染色法和吉姆萨染色法等。

①亚甲蓝染色法：在已干燥固定好的抹片上，滴加适量的(足够覆盖涂抹点即可)亚甲蓝染色液，经 1～2 min，水洗，干燥(可用吸水纸吸干，或自然干燥，但不能烤干)，镜检。菌体染成蓝色。

②革兰氏染色法：在已干燥固定好的抹片上，滴加草酸铵结晶紫溶液，经 1～2 min，水洗；加革兰氏碘溶液于抹片上媒染，作用 1～3 min，水洗；加 95%酒精于抹片上脱色，0.5～1 min，水洗；加稀释的石炭酸复红(或沙黄水溶液)复染 10～30 s，水洗；吸干或自然干燥，镜检。革兰氏阳性菌呈蓝紫色，革兰氏阴性菌呈红色。

③瑞氏染色法：抹片自然干燥后，滴加瑞氏染色液于其上，为了避免很快变干，染色液可稍多加些，或看情况补充滴加；经 1～3 min，再加约与染液等量的中性蒸馏水或缓冲液，轻轻晃动玻片，使之与染液混合，经 5 min 左右，直接用水冲洗(不可先将染液倾去)，吸干或烘干，镜检。细菌染成蓝色，组织细胞浆呈红色，细胞核呈蓝色。

④吉姆萨染色法：抹片甲醇固定并干燥后，在其上滴加足量染色液或将抹片浸入盛有染色液(于 5 mL 新煮过的中性蒸馏水中滴加 5～10 滴吉姆萨染色液原液，即稀释为常用的吉姆萨染色液)的染缸中，染色 30 min，或者染色数小时至 24 h，取出水洗，吸干或烘干，镜检。细菌呈蓝青色，组织细胞浆呈红色，细胞核呈蓝色。

(3)细菌标本片的观察　细菌的基本形态有球形、杆形、螺旋形。排列方式常见有单个散在、成双、成链、不规则排列等。细菌经革兰氏染色后可染成蓝紫色(G＋细菌)或红色(G－细菌)，经亚甲蓝染色后染成蓝色。

2. 细菌的分离培养

细菌病的临床病料或培养物中常有多种细菌混杂，其中有致病菌，也有非致病菌，分离出目的病原菌是细菌病诊断的目的，也是进一步鉴定的前提。不同的细菌在一定培养基中有其特定的生长现象，如在液体培养基中出现均匀浑浊、沉淀、菌环或菌膜等现象以及在固体培养基上所形成菌落的形状、大小、色泽、气味、透明度、黏稠度、边缘结构和有无溶血现象等，根据这些特征，即可初步确定细菌的种类。将分离到的病原菌进一步纯化，可为生化试验鉴定和血清学试验鉴定提供纯的细菌。此外，细菌分离培养技术也可用于细菌的计数和动力观察等。

【训练目标】

①掌握划线分离培养的基本要领和方法。

②了解厌氧菌培养的原理及其方法。

③熟悉细菌的分离培养技术。

【仪器与场地】

设备材料：普通琼脂平板、斜面、麦康凯平板、接种环、酒精灯、记号笔和培养箱。

场地：传染病实验室

【内容与步骤】

(1)需氧菌的分离培养方法

①分离培养。其目的是将被检查的材料做适当的稀释，以便能得到单个菌落。分离培养有利于菌落性状的观察和对可疑菌做出初步鉴定。

其操作方法为：右手持接种棒，使用前须酒精灯火焰灭菌，灭菌时先将接种环直立火焰中待烧红后，再横向持棒烧金属柄部分，通过火焰 3～4 次；用接种环无菌取样或取斜面培养物或取液体材料和肉汤培养物；接种培养平板时以左手掌托平皿，拇指、食指及中指将平皿盖揭开呈 30°左右的角度(角度越小越好，以免空气中的细菌进入平皿中将培养基污染)；将所取材料涂布于平板培养基边缘，然后将多余的细菌在火焰上烧灼，待接种环冷却后再与所涂细菌轻轻接触开始划线，其方法如图 2-1 所示；在划线时应防止划破培养基，以 45°为宜，在划线时不要重叠，以免形成菌苔。

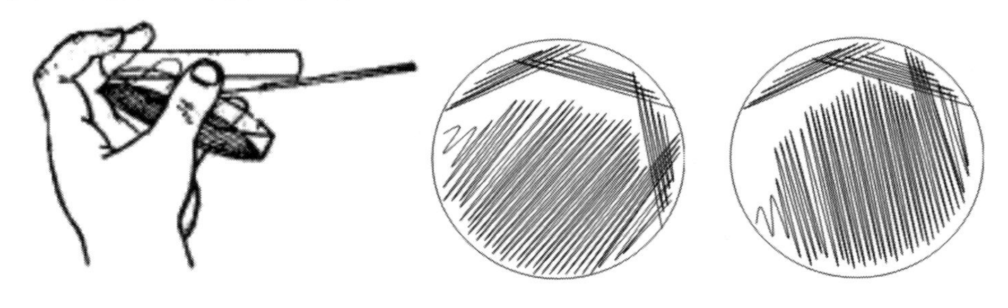

图 2-1　细菌的划线分离方法

②纯培养菌的获得与移植法。将划线分离培养 37℃ 24 h 的平板从培养箱取出，挑取单个菌落，经染色镜检，证明不含杂菌，此时用接种环挑取单个菌落，移植于斜面中培养，所得到的培养物，即为纯培养物，再做其他各项系列化试验和致病性试验等。

其操作方法为：两试管斜面移植(图 2-2)，左手斜持菌种管和被接种琼脂斜面管，管口互相并齐，管底部放在拇指和食指之间，松动两管棉塞，以便接种时容易拔出。右手持接种棒，在火焰上灭菌后，用右手小指和无名指并齐同时拔出两管棉塞，将管口进行火焰灭菌，使其靠近火焰，将接种环伸入菌种管内，先在无菌生长的琼脂上接触使冷却，再挑取少许细菌后拉出接种环立即伸入另一管斜面培养基上，勿碰及斜面和管壁，直达斜面底部，从斜面底部开始画曲线，向上至斜面顶端为止，管口通过火焰灭菌，将棉塞塞好。接种完毕，接种环通过火焰灭菌后放下接种棒，并在斜面管壁上注明菌名、日期，置于37℃恒温箱中培养。

从平板培养基上选取可疑菌落移植到琼脂斜面上做纯培养时，则用右手执接种棒，将接种环火焰灭菌。左手打开平皿盖，挑取可疑菌落，然后左手盖上平皿盖后立即取斜面管，按上述方法进行接种，培养。

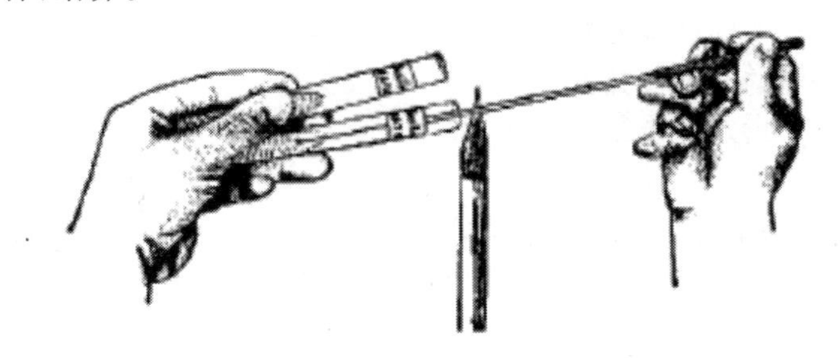

图 2-2　细菌斜面移植

③肉汤增菌培养。为了提高由病料中分离培养细菌的机会，在用平板培养基做分离培养的同时，多用普通肉汤做增菌培养。病料中即使细菌很少，这样做也多能检查出。另外，用肉汤培养细菌，观察其在液体培养基上的生长表现也是鉴别细菌的依据之一。其操作方法与斜面纯培养相同；无菌取病料时，少许接种增菌培养基或普通肉汤管内于37℃恒温箱培养24 h。

④穿刺接种。半固体培养基用穿刺法接种。其方法基本上与纯培养接种相同。其不同的方法是用接种针挑取菌落，垂直刺入培养基内。要从培养基表面的中部一直刺入管底然后按原方向垂直退出。若在进行 H_2S 产生试验时，将接种针沿管壁穿刺向下，即使产生少量 H_2S，从培养基中也易识别。

(2)厌氧菌的分离培养方法

①焦性没食子酸法。利用焦性没食子酸在碱性溶液内能大量吸氧的原理进行厌氧培养。每100 cm^3 空间用焦性没食子酸1 g，10%氢氧化钠或氢氧化钾溶液10 mL。其具体方法主要有以下几种。

A. 单个平皿法：按常规在血琼脂平板上划线接种。将固体石蜡置于一容器中加热融化。取方形玻板一块，中央置纱布或重叠滤纸一小块，上面放焦性没食子酸0.5 g，加10%氢氧化钠溶液0.5 mL后迅速将平皿底倒置于其上，周围立即用融化石蜡封闭。置37℃恒温箱培养2～3 d，取出观察。

B. 试管培养法：取约100 cm^3 容积的大试管一支，在管底放焦性没食子酸10 g及玻璃珠数个。将已接种的培养管放入大试管中，加入20%氢氧化钠溶液1 mL，立即将管口用橡皮塞塞紧，必要时周围封以石蜡，置37℃恒温箱培养2～3 d，观察之。

C. 干燥器(玻罐)法：根据计算好容器的体积，称取焦性没食子酸(置于平皿内)和配制氢氧化钠溶液。将氢氧化钠溶液倒入干燥器底部，把盛有焦性没食子酸的平皿轻轻漂浮于液面上。放好隔板，将接种好的平板或试管置于隔板上，把干燥器盖盖上密封(可预先在罐口抹一薄层凡士林)。轻轻摇动干燥器，焦性没食子酸和氢氧化钠溶液混合，置37℃恒温箱培养2～3 d，取出观察。

②肝块(疱肉)肉汤。肝块(或肉渣)内含有谷胱甘肽，可发生氧化还原反应，降低环境中

的氧化势能，同时还含有不饱和脂肪酸能吸收环境中的氧，又因液面上加有液体石蜡隔绝外界空气从而造成一个适合于一般厌氧菌生长的局部环境。试验前，先将培养基煮沸 10 min，速放冷水中冷却，以排除其中空气，接种时将试管倾斜，液面露出间隙，即可取样接种；完毕后，将试管直立置温箱中培养，移植时可用 1 mL 吸管取 0.5 mL 培养物至另一管，或用接种环取多量培养物于另一管。

③共栖培养法。将厌氧菌与需氧菌共同培养在一个平板内，利用需氧菌生长将氧气消耗后，厌氧菌才能生长。其方法是将培养平板的一半接种吸收氧气能力强的需氧菌（如枯草芽孢杆菌），另一半接种厌氧菌，接种好后将平板倒扣在一块玻璃板上，并用石蜡密封，置 37℃恒温箱中培养 2～3 d 后，即可观察到需氧菌和厌氧菌生长。

④高层琼脂法（摇振培养法）。加热融化试管高层琼脂，冷至 45℃左右接种厌氧菌，轻轻摇振混匀后，立刻置冷水中使其直立凝固。置温箱中培养，厌氧菌在近管底处生长。

（3）细菌在培养基上的生长特性观察

①固体培养基上的生长特性。细菌在固体培养基上生长繁殖，可形成菌落。在观察菌落时，主要看以下内容。

A. 大小：不同细菌，其菌落大小变化很大。常用其直径来表示，单位是 mm 或 μm。小菌落如针尖大小，在必要时，须用放大镜或低倍镜观察，大菌落直径可达 5～6mm，甚至更大。

B. 形状：圆形、露滴状、乳头状或油煎蛋状、云雾状、放射状或蛛网状、同心圆状、扣状、扁平和针尖状等。

C. 边缘特征：整齐、波浪状、锯齿状、卷发状等。

D. 表面性状：光滑、粗糙、皱褶、颗粒状、同心圆状、放射状等，如图 2-3 所示。

E. 湿润度：干燥和湿润。

F. 隆起度：隆起、轻度隆起、中央隆起、云雾状等。

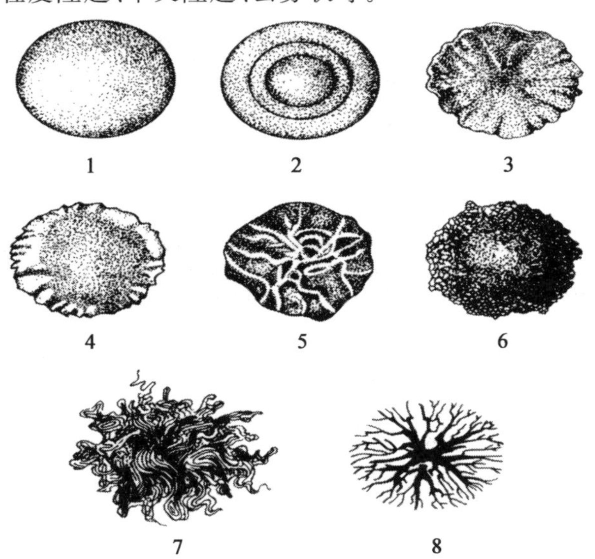

1. 圆形，边缘整齐，表面光滑；2. 圆形，边缘整齐，表面有同心圆；3. 圆形，叶状边缘，表面有放射状皱褶；4. 圆形，锯齿状边缘，表面不光滑；5. 不规则形，波浪状边缘，表面有不规则皱纹；6. 圆形，边缘残缺不全，表面呈颗粒状；7. 毛状；8. 根状。

图 2-3　菌落的形状、边缘和表面构造

G. 色泽及透明度：色泽有白、乳白、黄、橙、红及无色等；透明度有透明、半透明、不透明等。

H. 质地：有坚硬、柔软和黏稠等。

I. 溶血性：分为 α-溶血、β-溶血及 γ-溶血（即不出现溶血环）；按溶血环直径的大小，又可分为强溶血性和弱溶血性。

②液体培养基上的生长特性。

A. 浑浊度：强度浑浊、轻微浑浊、透明。

B. 底层情况：有沉淀和无沉淀。而有沉淀又可分为颗粒状和絮状两种。

C. 表面性状：形成菌膜、菌环和无变化 3 种情况。

D. 产生气体和气味：很多细菌在生长繁殖的过程中能分解一些有机物产生气体，可通过观察是否产生气泡或收集产生的气体来判断；另一些细菌在发酵有机物时能产生特殊气味，如鱼腥味、醇香味等。

E. 色泽：细菌在生长繁殖的过程中能使培养基变色，如绿色、红色、黑色等。

③半固体培养基上的生长特性。有运动性的细菌会沿穿刺线向周围扩散生长，形成倒松树状（炭疽杆菌）、试管刷状（猪丹毒杆菌）；无运动性的细菌则只沿穿刺线呈线状生长。

【注意事项】

①细菌的分离培养必须严格无菌操作。

②灭菌接种环或接种针在挑取菌落之前应先在培养基上无菌落处冷却，否则会将所挑的菌落烫死而使培养失败。

③在划线接种时，应先将接种环的环部稍稍弯曲，以便于划线时环与琼脂面平行，这样不易划破琼脂；在划线时，应用力适度，太重易划破琼脂，太轻又可能长不出菌落；在分区划线接种时，每区开始的第一条线应通过上一区的划线。

④不同细菌需要的培养时间相差很大，应根据不同的菌种培养，观察足够的时间。

3. 细菌的生化试验

在代谢过程中，细菌要进行多种生物化学反应。这些反应几乎都靠各种酶系统来催化。不同的细菌含有不同的酶，因而对营养物质的利用和分解能力不同，代谢产物也不尽相同，据此设计的用于鉴定细菌的试验，被称为细菌的生化试验。

一般只有纯培养的细菌才能进行生化试验鉴定。生化试验在细菌鉴定中极为重要，方法也很多，主要有糖分解试验、VP 试验、M. R 试验、枸橼酸盐利用试验、吲哚试验、硫化氢试验、触酶试验、氧化酶试验和脲酶试验等。

【训练目标】

①掌握细菌鉴定中常用生化试验的原理、方法和结果判定。

②了解细菌生化试验在细菌鉴定及疾病诊断中的重要意义。

【仪器与材料】

(1)器材　恒温箱、微波炉或电炉、三角烧瓶、烧杯、平皿、试管、酒精灯、接种环、精密 pH 试纸和各种细菌培养物等。

(2)试剂　蛋白胨、氯化钠、糖类、磷酸氢二钾、95%酒精、硫酸铜、浓氨水、10%氢氧化钾、3%淀粉溶液、对二甲氨基苯甲醛、浓盐酸、硫代硫酸钠、10%醋酸铅水溶液、磷酸二氢铵、硫酸镁、枸橼酸钠、甲基红、0.5%溴麝香草酚蓝酒精溶液、1.6%溴甲酚紫酒精溶液、0.2%酚红溶液、蒸馏水、琼脂和 1 mol/L 氢氧化钠溶液等。

【内容与步骤】

(1)糖类分解试验

①原理:大多数细菌都能分解糖类(糖、醇和糖苷)。不同细菌含有不同的酶类,对糖类的分解能力各不相同,代谢产物也不一样。有的细菌能分解某些糖类而产酸产气,记为“⊕”;有的只能产酸而不产气,记为“+”;有的则不能分解糖类,记为“-”。通过检查细菌对糖类发酵后的差异可鉴别细菌。

常用于细菌糖类分解试验的单糖主要有葡萄糖、甘露糖、果糖、半乳糖等;双糖主要有乳糖、麦芽糖和蔗糖等;多糖主要有菊糖、糊精和淀粉等;醇类主要有甘露醇和山梨醇等;糖苷主要有杨苷等。

②培养基:糖发酵培养基。

A. 成分:蛋白胨 1.0 g、氯化钠 0.5 g、蒸馏水 100 mL、1.6% 溴甲酚紫酒精溶液 0.1 mL 和糖 1 g(杨苷为 0.5 g)。

B. 制法:将上述蛋白胨和氯化钠加热溶解于蒸馏水中,测定并矫正 pH 为 7.6,过滤后加入 1.6%溴甲酚紫酒精溶液和糖,然后分装于小试管(13 mm×100 mm)中,113℃高压蒸汽灭菌 20 min,即可。

③方法:将待鉴别细菌的纯培养物,接种到糖发酵培养基内,倒置于 37℃恒温箱中培养。培养的时间随实验的要求及细菌的分解能力而定。可按各类细菌鉴定方法所规定的时间进行。

④结果:当产酸产气时,培养基内的指示剂变为黄色,并在倒置的小试管内出现气泡;当只产酸不产气时,培养基变为黄色;不分解者,则无反应。

⑤应用:细菌鉴定最常用的方法,尤其是肠杆菌科细菌的鉴定。

(2)M. R 试验

①原理:M. R 指示剂的变色范畴为低于 pH 4.4 呈红色,高于 pH 6.2 呈黄色。有些细菌分解葡萄糖产生大量的酸使 pH 维持在 4.4 以下,从而使培养基中的甲基红指示剂呈现红色反应,为 M. R 试验阳性。若细菌产酸较少或因产酸后很快转化为其他物质(如醇、醛、酮、气体和水),当 pH 为 5.4 以上时,则甲基红指示剂呈黄色,M. R 试验为阴性。

②培养基:葡萄糖蛋白胨水培养基。

成分:蛋白胨 1 g、葡萄糖 1 g、磷酸氢二钾 1 g 和蒸馏水 200 mL。

制法:将上述成分依次加入蒸馏水中,加热溶解后测定并矫正 pH 为 7.4,过滤后分装于试管中,113℃高压蒸汽灭菌 20 min,即可。

③M. R 试剂:甲基红 0.06 g 溶于 180 ml 95%酒精中,加入蒸馏水 120 mL。

④方法:将待检菌接种于葡萄糖蛋白胨水,以 37℃培养 2~4 d,取部分培养液(或整个培养物),滴加甲基红试剂,通常每 1 mL 培养液滴加试剂 1 滴。充分振摇试管,观察结果。观察阴性结果时培养不少于 5 d。

⑤结果:红色为阳性,橘黄色为阴性,橘红色为弱阳性。

⑥应用:主要用于大肠埃希菌与产气肠杆菌的鉴别。前者属阳性,后者属阴性。其他阳性反应菌如沙门菌属、志贺菌属。

(3)VP 试验(丁二醇发酵试验)

①原理:有些细菌在发酵葡萄糖产生丙酮酸后,丙酮酸脱羧,形成中性的乙酰甲基甲醇,

后者在碱性环境中被空气氧化为二乙酸。二乙酸能与蛋白胨中精氨酸所含的胍基反应，生成红色化合物。若在培养基中加入少量含胍基的化合物，可加速反应，如肌酸或肌酐。一般方法是加碱前先加入肌酸和 α-萘酚，以增加试验的敏感性。

②培养基：葡萄糖蛋白胨水培养基(制法同 M.R 试验)。

③试剂。

A. 甲液：50 g/L α-萘酚无水乙醇溶液。

B. 乙液：400 g/L 氢氧化钾溶液(含 3 g/L 肌酸或肌酐)。

④方法：将待检菌接种于葡萄糖蛋白胨水，以 37℃培养 48 h，取部分培养液(或整个培养物)，每 1 mL 培养液加入甲液 0.6 mL、乙液 0.2 mL。充分振摇试管，观察结果。

⑤结果：呈红色或橙红色反应为阳性。

⑥应用：主要用于肠杆菌科中产气肠杆菌与大肠埃氏菌的鉴别。前者属阳性，后者属阴性。

(4)靛基质试验

①原理：有些细菌能产生色氨酸酶，能分解蛋白胨中的色氨酸而产生靛基质(吲哚)，后者与对二甲氨基苯甲醛作用，形成红色的玫瑰靛基质。

②培养基：童汉氏蛋白胨水。

A. 成分：蛋白胨 1.0 g、氯化钠 0.5 g 和蒸馏水 100 mL。

B. 制法：将蛋白胨及氯化钠加入蒸馏水中，充分溶解后，测定并矫正 pH 为 7.6，滤纸过滤后分装于试管中，以 121.3℃高压蒸汽灭菌 20 min，即可。

③试剂：对二甲氨基苯甲醛 1 g、95%的酒精 95 mL、浓盐酸 50 mL。将对二甲氨基苯甲醛溶于酒精中，再加入浓盐酸，避光保存。

④方法：将待检菌接种于蛋白胨水培养基，以 37℃培养 24～48 h，取出后沿试管壁加入靛基质试剂约 1 mL 于培养物液面上，观察两层液面的颜色。

⑤结果：阳性者在培养物与试剂的接触面处产生红色的环状物，阴性者培养物与试剂的接触面处仍为淡黄色。

⑥应用：本试验主要用于肠杆菌科细菌鉴别，如大肠埃氏菌为阳性，产气肠杆菌为阴性。

(5)硫化氢生成试验

①原理：有些细菌能分解蛋白质中的含硫氨基酸(胱氨酸、半胱氨酸等)，产生硫化氢(H_2S)。当培养基含有铅盐或铁盐时，硫化氢可与其反应生成黑色的硫化铅或硫化亚铁。

②培养基：醋酸铅琼脂培养基。

A. 成分：pH 7.4 普通琼脂 100 mL、硫代硫酸钠 0.25 g、10%醋酸铅水溶液 1.0 mL。

B. 制法：普通琼脂加热融化后，加入硫代硫酸钠混合，以 113℃高压蒸汽灭菌 20 min，保存备用。应用前加热溶解，加入灭菌的醋酸铅水溶液，混合均匀，无菌操作分装试管，做成醋酸铅琼脂高层，凝固后即可使用。

③方法：将待检菌穿刺接种于醋酸铅培养基，以 37℃培养 24～48 h，观察结果。

④结果：培养基变黑色者为阳性，不变者为阴性。

⑤应用：本试验主要用于肠杆菌科细菌的属间鉴别，沙门菌属、爱德华菌属、枸橼酸杆菌属和变形杆菌属多为阳性，其他菌属多为阴性。

本试验亦可用浸渍醋酸铅的滤纸条进行。将滤纸条浸渍于 10%醋酸铅水溶液中，取出夹在已接种细菌的琼脂斜面培养基试管壁与棉塞间，如细菌产生硫化氢，则滤纸条呈棕黑色，为阳性反应。

(6)枸橼酸盐利用试验

①原理。本试验是测定细菌能否单纯利用枸橼酸钠为碳源和利用无机铵盐为氮源而生长的一种试验。如利用枸橼酸钠则生成碳酸盐使培养基变碱，指示剂溴麝香草酚蓝由淡绿色转变成深蓝色；若不能利用，则细菌不生长，培养基仍呈原来的淡绿色。

②培养基。枸橼酸钠培养基

A. 成分：磷酸二氢铵 0.1 g、硫酸镁 0.01 g、磷酸氢二钾 0.1 g、枸橼酸钠 0.2 g、氯化钠 0.5 g、琼脂 2.0 g、蒸馏水 100 mL 和 0.5%BTB(溴麝香草酚蓝)酒精溶液 0.5 mL。

B. 制法：将各成分溶解于蒸馏水中，测定并矫正 pH 为 6.8，加入 BTB 溶液后成淡绿色，分装于试管中，灭菌后摆放斜面即可。

③方法。将待鉴别细菌的纯培养物接种于枸橼酸钠培养基上，置 37℃恒温箱培养 18～24 h，观察其结果。

④结果。细菌在培养基上生长并使培养基转变为深蓝色者为阳性；没有细菌生长，培养基仍为原来颜色者为阴性。

⑤应用。本试验主要用于肠杆菌科细菌属间鉴别，如沙门氏菌、产气肠杆菌、克雷伯菌属、枸橼酸杆菌、沙雷菌属通常为阳性，埃氏菌属、志贺菌属等多为阴性。

4. 细菌的药敏试验

各种细菌对抗菌药物的敏感性各不相同。由于抗菌药物的广泛应用以及广谱抗生素的不断增加，虽然它们对病原体有一定的作用，但在使用不当时常导致抗药性的形成，甚至干扰机体内的正常微生物群的作用，反而对机体带来不良影响。因此，测定病原菌对抗菌药物的敏感性，正确使用抗菌药物对于临床治疗工作具有重要的意义。

【训练目标】

掌握常用抗菌药物的药敏试验，为合理用药打下良好基础。

【仪器与场地】

(1)设备材料　琼脂培养基、肉汤培养基，青霉素、链霉素、磺胺嘧啶及小檗碱、庆大霉素、磺胺嘧啶等药物的干燥滤纸片、葡萄球菌、大肠杆菌等菌种，酒精灯、试管、微量注射器、微量吸管和恒温培养箱。

(2)场地　传染病实验室。

【内容与步骤】

(1)纸片法　纸片法操作简单，应用也最普遍。

①抗生素纸片的制备。将质量较好的滤纸用打孔机打成直径 6 mm 的圆片，每 100 片放入一小瓶中，160℃干热灭菌 1～2 h，或用高压灭菌后，在 60℃条件下烘干。用无菌操作法将欲测的抗菌药物溶液 1 mL(青霉素 200 IU/mL、其他抗生素 1 000 μg/mL、磺胺类药物 10 μg/mL)加入 100 片纸片中，置冰箱内浸泡 1～2 h，如立即试验可不烘干，若保存备用可用下法烘干(干燥的抗生素纸片可保存 6 个月)。

A. 培养皿烘干法：将浸有抗菌药液的纸片摊平在培养皿中，于 37℃温箱内保持 2～3 h 即可干燥，或放在无菌室内过夜干燥。

B. 真空抽干法：将放有抗菌药物纸片的试管，放在干燥器内，用真空抽气机抽干，一般需要 18～24 h。

将制好的各种药物纸片装入无菌小瓶中，置冰箱内保存备用，并用标准敏感菌株作敏感性试验，记录抑制圈的直径，若抑菌圈比原来的缩小，则表明该抗菌药物已失效，不能再用。现在已有现成的药敏纸片供应，可根据需要购买。

②培养基。一般细菌如肠道杆菌及葡萄球菌等可用普通琼脂平板；链球菌、巴氏杆菌或肺炎球菌等可用血液琼脂平板；测定对磺胺类药物的敏感试验时，应使用无蛋白胨琼脂平板。

③菌液。为培养 10～13 h 的幼龄菌液（抑菌圈的大小受菌液浓度的影响较大，因而菌液培养的时间一般不宜超过 17 h）。

④试验方法。用接种环挑取培养 10～18 h 的幼龄菌，均匀涂抹于琼脂平板上，待干燥后，用镊子夹取各种抗生素纸片，平均分布于琼脂表面（每块平板放置 4～5 片），在 37℃温箱内培养 18 h 后，观察结果。

⑤结果测定。根据药敏纸片周围无菌区（抑菌区）的大小，测定其抗药程度。因此，必须测量抑菌圈的直径（包括纸片）。按其大小，报告该菌株对某种药物敏感与否（表 2-1 至表 2-3）。

表 2-1　青霉素抑菌圈的标准

抑菌圈直径/mm	敏感性
＜10	抗药
10～20	中度敏感
＞20	极度敏感

表 2-2　其他抗生素及磺胺类药物的敏感标准

抑菌圈直径/mm	敏感性
＜10	抗药
11～15	中度敏感
＞15	极度敏感

表 2-3　中药抑菌素的标准

抑菌圈直径/mm	敏感性
＜15	抗药
15	中度敏感
15～20	极度敏感

（2）快速敏感试验——葡萄糖指示法　许多细菌能分解葡萄糖而产酸，培养基 pH 发生改变。若当在培养基中加入抗菌药物，接种的细菌对抗菌药物敏感时，培养基中的葡萄糖就不被细菌分解和利用，也不会形成酸性物质，pH 就不发生变化，因而指示剂也不变色。相反，当细菌对抗菌药物不敏感时，抗菌药物抑制不了该菌的生长繁殖，因而分解葡萄糖并产酸，使加入其中的溴甲酚紫由紫变黄，以此来测定细菌对药物的敏感性。具体操作方法如下。

①抗生素纸片及菌液的准备，同纸片法。

②配制指示培养基：取普通琼脂 15 mL，加入 1％葡萄糖及 0.6％溴甲酚紫指示剂 0.7 mL。

③灭菌后，待培养基凉至 50℃左右时，加入菌液 0.5 mL，充分混匀后（防止气泡）作倾注培养。

④待凝固后，用镊子将抗生素纸片分别贴于表面，于 37℃条件下培养 24 h 后观察。

⑤结果判定。纸片周围有细菌生长者呈现黄色，不生长时仍为紫色，并测量抑菌圈的直径，判定其敏感方法，同纸片法。

（3）试管法　试管法是指将药物作倍比稀释，观察不同含量对细菌的抑制能力，以判定细菌对药物的敏感度，常用于测定抗生素及中草药对细菌的抑制能力。

①试验方法。取无菌试管 10 支，排列于试管架上，于第一管中加入肉汤 1.9 mL，其余 9 管各加入 1 mL，吸取配制好的抗生素原液、磺胺类原液或中药原液 0.1 mL 加入第一管中，充分混合后，吸出 1 mL 吸入第二管中，混合后，再从第二管移 1 mL 到第三管，依此移到第九管中，吸出 1 mL 弃去。第十管不加药液做对照，然后向各管中加入幼龄菌液稀释液 0.05 mL(培养 17 h 的菌液，1∶1 000 稀释，培养 6 h，1∶10 稀释)，于 37℃温箱中培养 18～24 h 后，观察结果。

②结果测定。培养 18 h 后，凡无细菌生长的药物的最高稀释管中即为该菌对药物的敏感度。若当加入药物(如中药)，培养基变混浊，眼观不易判断时，可进行接种或涂片染色镜检判定结果。

【注意事项】

(1)器材　抗菌药物敏感性试验是利用微生物学方法进行，其用量极微，实验仪器的规格和精确度会直接影响实验结果，必须严格要求。试管、吸管、培养皿和其他器皿，尤其是定量用的吸管均须选用中性，硬质一级品，并且必须经过彻底灭菌。

(2)培养基成分　培养基成分不但影响敏感菌株的生长繁殖，而且可影响抑菌圈的直径。不同批号的蛋白胨所含的氨基氮的总量不同，因而抑菌圈大小也有一定的差别。氯化钠、琼脂中的钙、镁离子影响链霉素、新霉素的扩散，尤其是氯化钠对链霉素影响大，含量越高，抑菌圈越小，甚至不出现反应，但氯化钠对多粘菌素反而有助于扩散。琼脂含量和平板厚度也影响抑菌圈的大小。琼脂含量大，影响抗生素的扩散，一般以 1.3%～1.6%的浓度较合适，琼脂层过厚，抑菌圈也较小，以 2～4mm 为最适宜。当磺胺类药用琼脂平板法试验时，不能含蛋白胨。蛋白胨会使磺胺失去作用。血清成分的吸附或结合作用会使金霉素、中药提取物抗菌作用减弱。

(3)敏感菌株　菌种的敏感度差别较大，如金黄色葡萄球菌对青霉素最敏感。四联球菌对四环素族最敏感。大肠杆菌对链霉素、多黏菌素敏感。因此，接种量要适宜。如果接种量多，即使最敏感的菌株，也不能抑制其发育，影响实验结果。

(4)标准液和被检液　要用同一方法和在同一条件下配制，避免因操作方法不一致而造成误差。

(5)培养时间　在发育过程中，细菌对数期繁殖最快，随后处于稳定和衰落期，因此，必须掌握这一规律和特性，达到预期试验目的。培养时间过短，则细菌不繁殖；培养时间过长，则敏感性降低，抑菌圈不清楚。一般以 37℃条件下，培养 16～18 h 为适宜。

(6)pH　对实验结果有显著的影响，新霉素、链霉素在碱性环境中活性最大，而在酸性时抑菌圈缩小。四环素族以酸性为佳。青霉素、氯霉素以中性为宜。

5.动物接种试验

通常选择对病原体最敏感的动物进行人工感染试验是微生物学检验中常用的技术。最常用的是本动物接种和实验动物接种。

【训练目标】

学习并掌握实验动物的接种方法。

【仪器与场地】

(1)设备材料

①实验动物。家兔、豚鼠、鸡和小白鼠等。

②接种材料。细菌培养物(肉汤培养物或细菌悬液)、尿液、脑脊液、血液、分泌物和脏器组织悬液等。

③接种器材:注射器、针头、剪毛剪、剪刀和镊子。

(2)场地　传染病实验室

【内容与步骤】

(1)实验动物常用的接种方法

①皮肤划痕接种。实验动物多用家兔,用剪毛剪剪去胁腹部长毛,必要时再用剃刀或脱毛剂脱去被毛,以75%酒精消毒,待干,用无菌小刀在皮肤上划成几条平行线。划痕口可略见出血,然后用刀将接种材料涂在划痕口上。

②皮下接种。

A. 家兔皮下接种:由助手把家兔伏卧或仰卧保定,于其背侧或腹侧皮下结缔组织疏松部分剪毛消毒,术者右手持注射器,以左手拇指,食指和中指捏起皮肤使成一个三角形皱褶,或用镊子夹起皮肤、于其底部进针,感到针头可随意拨动即表示插入皮下。当推入注射物时,感到流利畅通也表示在皮下;当拨出注射针头时,用消毒棉球按针孔并稍加按摩。

B. 豚鼠皮下接种:保定和术式同家兔。

C. 小白鼠皮下接种:无须助手帮助保定,术者在做好接种准备后,先用右手抓住鼠尾,令其前爪抓住饲养罐的铁丝盖,然后用左手的拇指及食指捏住颈部皮肤,并翻转左手使小鼠腹部朝上,将其尾巴挟在左手掌与小手指之间,右手消毒术部,把持注射器、以针头稍微挑起皮肤插入皮下,注入时见有水泡微微鼓起即表示注入皮下。拔出针头后,同家兔皮下注射时一样处理。

③皮内接种。在做家兔、豚鼠及小白鼠皮内接种时,均须助手保定动物。其保定方法同皮下接种。在接种时,术者以左手拇指及食指夹起皮肤,右手持注射器、用细针头插入拇指及食指之间的皮肤内针头插入不宜过深,同时插入角度要小,注入时感到有阻力且注射完毕后皮肤上有小硬疱即为注入皮内。皮内接种要慢,以防皮肤胀裂或自针孔流出注射物而散播传染。

④肌肉接种。肌肉注射部位在禽类为胸肌,其他动物为后肢内股部。在术者消毒后,将针头刺入肌肉内注射感染材料。

⑤腹腔内接种。在家兔、豚鼠、小白鼠做腹腔接种时,宜采用仰卧保定。在接种时,稍抬高后躯,使其内脏倾向前腔,在腹后侧面插入针头,先刺入皮下,后进入腹腔。在注射时,应无阻力,皮肤不隆起。

⑥静脉注射。

A. 家兔的静脉注射:将家兔纳入保定器内或由助手把握住它的前、后躯保定,选一侧耳边缘静脉,先用75%酒精涂擦兔耳或以手指轻弹耳朵,使静脉扩张。在注射时,用左手拇指和食指拉紧兔耳,右手持注射器,使针头与静脉平行,向心脏方向刺入静脉内。在注射时,无阻力且有血向前流动,则表示注入静脉,缓缓注射感染材料。在注射完毕后,用消毒棉球紧压针孔,以免流血或注射物溢出。

B. 豚鼠静脉内接种:豚鼠伏卧保定。腹面向下,将其后肢剃毛、用75 %酒精消毒皮肤,施以全身麻醉,用锐利刀片向后肢内上侧向外下方切长约1 cm的切口,露出皮下静脉,用最小号针头刺入静脉内慢慢注入感染材料。接种完毕,将切口缝合一两针。

C. 小白鼠静脉接种：其注射部位为尾侧静脉。选 15～20 g 体重的小白鼠，注射前将尾部血管扩张易于注射。用一个烧杯扣住小白鼠，露出尾部，最小号针头（4 号）刺入侧尾静脉，缓缓注入接种物。在注射时，无阻力，皮肤不变白、不隆起，则表示注入静脉。

⑦脑内接种法。在做病毒实验研究时，有时用脑内接种法，通常多用小白鼠，特别是乳鼠（1～3 日龄）。其注射部位是耳根连线中点略偏左（或右）处。在接种时，用乙醚使小白鼠轻度麻醉，术部用碘酒，酒精棉球消毒，在注射部位用最小号针头经皮肤和颅骨稍向后下刺入脑内进行注射，而后以棉球压住针孔片刻，接种乳鼠时一般不麻醉，不用碘酒消毒。家兔和豚鼠脑内接种法基本同小白鼠，唯其颅骨稍硬厚，事先用短锥钻孔，然后再注射，深度宜浅，以免伤及脑组织。

(2)接种剂量　家兔 0.20 mL、豚鼠 0.15 mL 和小白鼠 0.03 mL 。凡做脑内注射后 1 h 内出现神经症状的动物作废，一般认为这是由接种创伤所致。

(3)实验动物采血法　如欲取得清晰透明的血清，宜于早晨没有饲喂前抽取血液。如采血量较多则应在采血后，以生理盐水作静脉（或腹腔内）注射或饮用盐水以补充水分。

①家兔采血法。可采自其耳静脉或心脏，耳边缘静脉采血方法基本与静脉接种相同，不同之处是以针尖向耳尖反向抽吸其血，一般可采血 1～2 mL 。如采大量血液，则用心脏采血法。动物左仰卧由助手保定，或用绳索将四肢固定，术者在动物左前肢腋下处局部剪毛及消毒，在胸部心脏跳动最明显处下针。用一根长为 5 cm 的 12 号针头，直刺心脏。当感到针头跳动或有血液向针管内流动时，即可抽血，一次可采血 15～20 mL 。如采其全血，可自颈动脉放血。将动物保定，左颈部剃毛消毒，动物稍加麻醉，用刀片在颈静脉沟内切一个长口，露出颈动脉并结扎，于近心端插入一玻璃导管，血液自行流至无菌容器内，凝后析出血清；如利用全血，可直接流入含抗凝剂的瓶内，或含有玻璃珠的三角瓶内振荡，脱纤防凝，放血可达 50 mL 以上。

②豚鼠采血法。豚鼠一般从心脏采血。助手使动物仰卧保定，术者在动物胸部心跳最明显处剪毛消毒，用针头插入胸壁稍向右下方刺入。刺入心脏则血液可自行流入针管。如一次未刺中心脏稍偏时，可将针头稍提起向另一方向再刺。如多次没有刺中，应换一动物，否则，有心脏出血致死亡的可能。

③小白鼠采血法。可将尾部消毒，用剪刀断尾少许，血液溢出，即得血液数滴。在采血后，用烧烙法止血，也可自心脏采血，或摘除眼球放血。

④绵羊采血法。在微生物实验室中绵羊血最常用。在采血时，由一助手半坐骑在羊背上，两手各持其一耳（或角）或下颚，因为羊的习惯好后退，令尾靠住墙根。术者在其颈部上 1/3 处剪毛消毒，一手压在静脉沟下部使静脉弩张，右手持针头猛力刺入皮肤，此时血液流入注射器或直接流入无菌容器内，一切应无菌操作，以获得无菌血液。

⑤鸡采血法。剪破鸡冠可采血数滴供作血片用。少量采血可从翅静脉采取，将翅静脉刺破以试管盛之，或用注射器采血。需大量血可经心脏采取，即固定家禽使侧卧于桌上，左胸部朝上，从胸骨脊前端至背部下凹处连线的中点垂直刺入，约 3.3 cm 深，即可采得心血。一次可采 10～20 mL 血液。

(4)实验动物接种后的观察

①外表检查。注射部位皮肤有无发红、肿胀及水肿、脓肿、坏死等。检查眼结膜有无肿胀发炎和分泌物。注意体表淋巴结有无肿胀、发硬或软化等。

②体温检查。在注射后，有无体温升高的反应和体温稽留、回升、下降等表现。

③呼吸检查。检查呼吸次数，呼吸或呼吸状态(节律、强度等)。观察鼻分泌物的数量、色泽和黏稠性等。

④循环器官检查。检查心脏搏动情况，有无心动衰弱，紊乱和加速，并检查脉搏的频度节律等。

⑤实验动物经接种后而死亡或予以扑杀后，应对其尸体进行剖解，以观察其病变情况，并可取材保存或进一步做微生物学、病理学、寄生虫学和毒物学等检查。

(三)病毒病的诊断方法

1. 包涵体检查

有些病毒(如狂犬病病毒、伪狂犬病病毒)能在易感细胞中形成包涵体，将病料制成涂片、组织切片或冰冻切片，经特殊染色后，用普通光学显微镜检查。这种方法对能形成包涵体的病毒性传染病具有重要的诊断意义。

2. 病毒的分离培养

对采集的病料接种动物、禽胚或组织细胞进行病毒的分离培养。供接种或培养的病料应做除菌处理。除菌方法有滤器除菌、高速离心除菌和用抗生素处理等。以下训练鸡胚接种技术。

【训练目标】

①掌握病毒的鸡胚培养方法及其目的。

②学会病毒的鸡胚接种技术。

【仪器与场地】

(1)设备材料　受精卵、恒温箱、照蛋器、卵盘、卵杯、接种箱、注射器(1～5 mL)、针头、中号镊子、眼科剪和镊子、毛细吸管、橡皮乳头、灭菌平皿、试管、吸管、酒精灯、试管架、胶布、蜡、锥子、锉、煮沸消毒器和消毒剂(3%碘酊棉、75%酒精棉、5%石炭酸或3%来苏儿)。

(2)场地　传染病实验室。

【内容与步骤】

鸡胚接种技术用途广泛，除了可以分离培养病毒、支原体及衣原体等病原以确诊传染病外，还可用于病毒的鉴定、效价测定、致病力测定及制造疫苗、抗原等。因此，掌握鸡胚接种技术对进行传染病的研究和防制工作非常有用。下面介绍鸡胚接种的基本技术。

(1)选胚　根据需要选用合适日龄的鸡胚，大多数病毒适于9～12日龄的鸡胚。鸡胚应以白色蛋壳者为好，便于照蛋观察。鸡胚应发育正常，健康活泼，不要过大、过小或畸形蛋孵化的胚。鸡胚应来自健康无病的鸡群，而且不能含有可抑制所接种病毒的母源抗体，最好选用SPF鸡胚或非免疫鸡胚。

(2)照蛋定位　接种前应在照蛋器下检查鸡胚，挑出死胚和弱胚。所有健康胚应先用红铅笔画出气室位置，再于胚胎对侧画出接种位点(进针点)。接种点应避开大血管，靠近气室边缘处，离胚头约1 cm。

(3)接种　照蛋定位完毕后，即可开始接种。根据部位，鸡胚接种有以下几种方法。

①尿囊腔接种法。选用9～12日龄发育良好的鸡胚，照蛋标出气室及胚胎位置，在气室底边胚胎对侧附近无大血管处标出尿囊腔注射部位；气室向上放置鸡胚于卵架上，在气室及标记处先用碘酊将接种位点和气室消毒，再用70%酒精脱碘，然后用消毒的三棱针或20号

针头在蛋壳上所标记注射部位打孔。注意用力要稳，恰好使蛋壳打通而不伤及壳膜。为防止注射接种物时，因胚胎内产生压力而使接种物溢出，一种接种方法是可在气室顶端也打一个小孔，用 1 mL 注射器抽取接种物，针头斜面(与卵壳成 30°角)刺入注射部位 3～5 mm 达尿囊腔内，注入接种物，一般接种量为 0.1～0.2 mL；另一种接种方法是只开一个小孔，在距气室底边 0.5 cm 处的卵壳上打一个孔，由此孔进针，注射接种物。在注射完毕后，用融好的石蜡或消毒胶布封闭注射孔和气室孔，气室朝上，于 35～37℃温箱中孵育。

弃去 24 h 内的死亡鸡胚由多系机械损伤、细菌或霉菌污染等所引起，以后每天检卵 1～2 次；检视出的死鸡胚、孵育 48～72 h 的活鸡胚(某些病毒并不收获活鸡胚，应弃之)，取出置 4℃冰箱过夜或 －20℃冰箱中 1 h，以免收获时胚体出血；取出冷却的鸡胚，气室端卵壳表面用碘酊和酒精棉球消毒，用镊子无菌击破气室部卵壳并去除壳膜，撕破绒毛尿囊膜，以眼科镊子镊住绒毛尿囊膜，用毛细吸管或吸管吸取尿囊液和羊水，置无菌容器中保存备用(低温冰箱冻结保存)。一般每胚能收获尿囊液 6 mL 左右，最多可达 10 mL；取出鸡胚胎，于平皿内观察胚胎有无病理变化，如出血、蜷缩、侏儒胚等。根据需要，也可保存鸡胚胎或经匀浆机(器)处理后的悬浮液备用。

②绒毛尿囊膜接种法。选用 10～12 日龄发育良好的鸡胚，检视并用铅笔标出气室和胚胎位置，在胚胎附近无大血管处的蛋壳上标出一个边长约为 0.6 cm 的等边三角形，作为接种部位；在气室及标记处，先后用碘酊和酒精棉球消毒蛋壳表面；横放鸡胚于卵架上，标记处朝上，用牙科钻砂轮挫或小钢锉轻锉三角处，不破坏壳膜取下三角形蛋壳。气室中央用钢锥开一个小孔。滴加灭菌生理盐水一滴于三角形壳膜上，用灭菌针头或火焰消毒钢锥在壳膜上斜刺挑破一个小孔，注意不能伤及绒毛尿囊膜。同时用吸头或洗耳球于气室小孔上轻吸，使三角处绒毛尿裹膜下陷，生理盐水吸入，造成人工气室(可在检卵器上检视人工气室的确实与否)；用无菌注射器吸取接种物于三角处小孔上刺入 0.5～1 mm，注入病毒液，注射量一般为 0.1～0.2 mL。轻轻旋转鸡胚，接种液扩散到人工气室的整个绒毛尿囊膜上。用消毒胶布封闭三角形小口及气室小孔，横放鸡胚，开口向上，于 35～37℃温箱中继续孵育。24 h 后检视，死胎弃去。以后每天检视 1～2 次；检视出的死鸡胚、孵育 48～72 h 的活鸡胚(或视不同的病毒、不同的实验目的孵育更长时间)，取出并用碘酊和酒精棉球消毒人工气室周围蛋壳，去除胶布，用无菌眼科剪、镊子去除人工气室处卵壳、壳膜。剪下人工气室处绒毛尿囊膜置于无菌平皿中，用灭菌生理盐水冲洗，展平后观察痘斑等病理变化。收集绒毛尿囊膜并低温保存、备用，也可收集部分绒毛尿囊膜、固定，供组织病理学切片检查包涵体。

绒毛尿囊膜的另一种接种方法是检视鸡胚划出胚胎位置及气室界线，用碘酊和酒精棉球消毒，在气室边缘附近将卵壳开一半径约为 0.3 cm 的小窗口，左手持鸡胚，小窗口朝向操作者，右手持注射器用针头将气室边缘的壳膜挑起一小孔，缓缓注入接种物，使接种物渗入壳膜与绒毛尿囊膜之间。用消毒胶布封口，直立放置孵育，或不必开小窗，在大头顶端刺一小孔，插入针头，接种病料于空室内，针头继续深入，刺破卵壳膜及绒毛尿囊膜(深为 1～1.5 cm)，拔出针后封口，卵直立使气室向上，培养几小时后，即可随便翻动。

③卵黄囊接种法。选用 5～8 日龄发育良好的鸡胚，检视标出气室及胚胎位置；气室向上置鸡胚于卵架上，气室端卵壳用碘酊和酒精棉球消毒，用消毒的三棱针或 20 号针头在气室中央轻刺一小孔；用注射器吸取接种物，通过气室中央小孔，用长针头(3～4 cm)垂直刺入 2～3 cm，也可刺入达鸡胚长径的 1/2，注入接种物。注射量一般为 0.2～0.5 mL；在注

射完毕后，用熔化石蜡封闭气室小孔，直立鸡胚，于35～37℃温箱中继续孵育。24 h后检视，死胎弃丢。以后每天检视1～2次。继续孵育24 h以上死亡或濒死的鸡胚，取出气室向上直立于卵架上，气室周围卵壳用碘酊和酒精棉球消毒，去除气室端卵壳。用无菌镊子撕破绒毛尿囊膜和羊膜，提起鸡胚，夹住卵黄带，分离绒毛尿囊膜，取出鸡胚与卵黄囊于平皿内。用无菌生理盐水冲去卵黄液，分别将鸡胚和卵黄囊置于无菌容器中，放在低温冰箱中保存、备用。如欲作涂片，可取一小块轻轻涂于载玻片上制成薄片。另外，由于卵黄是鸡胚的营养供给者，病毒可通过卵黄而进入胚胎，所以收获的胚胎一般病毒滴度很高。

④羊膜腔接种法。选用10日龄发育良好的鸡胚，照蛋标出气室和胚胎位置；鸡胚气室向上置子卵架上，用碘酊和酒精棉球消毒气室，将气室顶端开一个直径为0.7～1.2 cm的小窗口；滴加一滴灭菌液体石蜡于胚胎位置(也可用生理盐水代替石蜡，但透明度较差)。用眼科镊子小心地由无血管处穿过绒毛尿囊膜，镊住羊膜，将其提出于绒毛尿囊膜外，使呈伞状。

用注射器吸取接种物注入羊膜腔内，接种量一般为0.1～0.2 mL。注毕，用灭菌胶布封闭窗口，35～37℃ 温箱直立孵育。24 h后检视，死胎弃去，以后每天检视1～2次；经48 h或稍长时间的孵育，死胚或活胚按尿囊腔接种法低温处置鸡胚。用碘酊和酒精棉球消毒气室卵壳，自气室处打开窗口，用无菌吸管吸出尿囊液，再用眼科镊子轻轻夹起羊膜使成伞状，用一无菌毛细吸管插入羊膜腔内吸取羊水，置灭菌容器中低温保存、备用。方法得当，一般可获得0.5～1 mL的羊水。

【注意事项】

(1)无菌技术　鸡胚一旦污染，即迅速死亡，或影响病毒的培养。卵壳上常带有细菌，故一切用品及操作时，均应遵守无菌操作，以减少污染率。接种罩在使用前用紫外灯照射30 min，或以3%石炭酸溶液喷雾消毒。在接种后，注射口和气室孔均应用石蜡确实密封，防止细菌污染造成死亡。死亡鸡胚应随时取出，以免时间过长细菌繁殖并对周围鸡胚造成污染。

(2)谨慎操作　鸡胚培养是在活鸡胚中进行操作，故必须不影响其生理活动，才能在接种后继续发育。严禁粗鲁操作，引起损伤死亡。

(3)保持培养条件　鸡胚发育与培养的条件密切相关，如温度、湿度、翻动等。而鸡胚的培养需要更长的时间，至少1～2周，故必须保持适当恒定的条件，才可得出正常结果。

(4)无菌试验　毒种试用前及收获后，须先做无菌试验，确定无菌后方能使用或保藏。

3. 动物接种试验

病毒病的诊断也可用动物接种试验来进行。取病料或分离到的病毒接种实验动物，通过观察记录动物的发病时间、临诊症状及病变甚至死亡的情况，来判断病毒的存在。

(四)免疫学诊断

免疫学诊断是传染病诊断和检疫常用的方法，包括血清学试验和变态反应两种。

1. 血清学试验

血清学试验是指利用抗原和抗体特异性结合的免疫学反应进行的诊断。它具有特异性强、检出率高、方法简易快速的特点。血清学试验可以用已知抗原来测定被检动物血清中的特异性抗体，也可以用已知抗体来测定被检材料中的抗原。血清学试验包括中和试验(毒素抗毒素中和试验、病毒中和试验等)、凝集试验(直接凝集试验、间接凝集试验、间接血凝试验、SPA协同凝集试验和血细胞凝集抑制试验等)、沉淀试验(环状沉淀试验、琼脂扩散沉淀试验和免疫电泳等)、溶细胞试验(溶菌试验、溶血试验)、补体结合试验和免疫标记技术等。

2. 变态反应

结核分枝杆菌、布鲁氏菌等细胞内寄生菌在传染的过程中,能引起以细胞免疫为主的Ⅳ型变态反应。这种变态反应是以病原微生物或其代谢产物作为变应原在传染过程中发生的反应,因此,也被称为传染性变态反应。在临床上,常用传染性变态反应来诊断细胞内寄生菌引起的慢性传染病,如通过给动物皮内注射结核菌素,根据其局部炎症情况,判定是否感染结核杆菌。

(五)分子生物学诊断

分子生物学诊断又称基因诊断。其主要是针对不同病原微生物所具有的特异性核酸序列和结构进行测定。其特点是灵敏度高、特异性强、检出率高。它是目前最先进的诊断技术。其主要方法有核酸探针、PCR 技术和 DNA 芯片技术。

1. PCR 诊断技术

PCR 技术又称聚合酶链式反应,是 20 世纪 80 年代中期发展起来的一项极有应用价值的技术。PCR 技术就是根据已知病原微生物特异性核酸序列(目前可以在因特网 Gene bank 中检索到大部分病原微生物的特异性核酸序列),设计合成与其 5′端同源、3′端互补的 2 条引物。在体外反应管中,加入待检的病原微生物核酸(称为模板 DNA)、引物、4 种 dNTP 和具有热稳定性的 Taq DNA 聚合酶,在适当条件下(Mg^{2+}、pH 等),置于 PCR 仪,经过变性、复性、延伸 3 个步骤(3 种不同的反应温度和时间)为一个循环,进行 20~30 次循环。如果待检的病原微生物核酸与引物上的碱基匹配,合成的核酸产物就会以 $2n$(n 为循环次数)呈指数递增。产物经琼脂糖凝胶电泳可见到预期大小的 DNA 条带出现,此时就可做出确诊。

这种技术具有特异性强、灵敏度高、操作简便、快速、重复性好和对原材料要求较低等特点。它尤其适于那些培养时间较长的病原菌的检查,如结核分枝杆菌、支原体等。PCR 的高度敏感性使该技术在病原体诊断过程中极易出现假阳性。避免污染是提高 PCR 诊断准确性的关键环节。常用检测病原体的 PCR 技术有反转录 PCR(RT-PCR)、免疫 PCR 等。

RT-PCR 是指先将 mRNA 在反转录酶的作用下,反转录为 cDNA(互补 DNA),然后以 cDNA 为模板进行 PCR 扩增,通过对扩增产物的鉴定,检测 mRNA 相应的病原体。

免疫 PCR 是指将一段已知序列的质粒 DNA 片段连接到特异性的抗体(多为单克隆抗体)上,从而检测未知抗原的一种方法。它是集抗原-抗体反应的特异性和 PCR 扩增反应的极高灵敏性于一体。该技术的关键是连接已知抗体与 DNA 之间的连接分子,此分子具有两个结合位点,一个位点与抗体结合,另一个位点与质粒 DNA 结合。抗体与特异性抗原结合,形成抗原抗体-连接分子-DNA 复合物,再用 PCR 扩增仪扩增连接的 DNA 分子,如存在 DNA 产物即表明 DNA 分子上连接的抗体已经与抗原发生结合,因为抗体是已知的,从而检出被检抗原。

2. 核酸杂交技术

核酸杂交技术是利用核酸碱基互补的理论,将标记过的特异性核酸探针同经过处理、固定在滤膜上的 DNA 进行杂交,以鉴定样品中未知的 DNA。由于每一种病原体都有其独特的核苷酸序列,所以应用一种已知的特异性核酸探针就能准确地鉴定样品中存在的是何种病原体,进而做出疾病诊断。核酸杂交技术敏感、快速、特异性强,特别是结合应用 PCR 技术之后，对靶核酸检测量已减少到皮克(pg)水平。

3. 核酸分析技术

核酸分析技术包括核酸电泳、核酸酶切电泳、寡核苷酸指纹图谱和核苷酸序列分析等技术都已用于病原体的鉴定。例如，一些 RNA 病毒(轮状病毒、流感病毒等)，由于其核酸具多片段性，故通过聚丙烯酰胺凝胶电泳分析其基因组型，便可做出快速诊断。又如，疱疹病毒等 DNA 病毒，在限制性内切酶切割后电泳，根据呈现的酶切图谱可鉴定出所检病毒的类型。

任务三　传染病的治疗技术

一、宠物传染病治疗的意义

宠物传染病的治疗一方面是为了挽救发病宠物，减少死亡，另一方面也是为了消除传染源，这是综合性防疫措施的一个组成部分。目前虽然各种宠物传染病的治疗方法不断改进，但仍有些疫病尚无有效的疗法。既要反对那种只管治不管防的单纯治疗观点，又要反对曲解“预防为主”“防重于治”，认为重在预防，治疗可有可无的偏见。

二、宠物传染病治疗的原则

宠物传染病的治疗与普通病不同，治疗宠物传染病原则有以下几点。

①治疗传染病宠物必须在严格封锁或隔离的条件下进行，务必使治疗的发病宠物不成为散播病原体的传染源。

②对因治疗和对症治疗相结合，既要考虑针对病原体，消除其致病作用，又要帮助动物机体增强一般抗病能力和调整、恢复生理功能。

③局部治疗和全身治疗相结合。

④中西医治疗相结合，取中西医之长，达到最佳治疗效果。

⑤用药方面，坚持因地制宜、勤俭节约的原则。

三、宠物传染病治疗方法

(一)针对病原体的疗法

针对病原体的疗法就是帮助机体杀灭或抑制病原体，或消除其致病作用的疗法。其可分为特异性疗法、抗生素疗法和化学疗法等。

1. 特异性疗法

应用高免血清或单克隆抗体等特异性生物制品进行治疗，因为这些制品只对某种特定的传染病有效，故称为特异性疗法。例如，犬瘟热血清只能治疗犬瘟热，对其他病无效。在临床上，高免血清主要用于某些急性传染病的治疗，例如，犬瘟热、犬传染性肝炎、犬细小病毒病等。在使用高免血清时，应注意以下几点。

(1)早期使用　抗毒素具有中和外毒素的作用,抗病毒血清具有中和病毒的作用,这种作用仅限于未和组织细胞结合的外毒素和病毒,而对已和组织细胞结合的外毒素、病毒及产生的组织损害无作用。因此,用免疫血清治疗时,越早越好,以便使毒素和病毒在未达到侵害部位之前,就被中和而失去毒性。

(2)多次足量　应用免疫血清治疗有收效快、疗效好、维持时间短的特点,因此,多次足量注射才能收到好的效果。

(3)途径适当　免疫血清的使用途径是注射,不能经口使用。静脉注射时吸收最快,易引起过敏反应,应预先加热到30℃左右;皮下注射和肌内注射量较大时应多点注射。

(4)防止过敏　使用异种动物制备的免疫血清可能会引起过敏反应。要注意预防,最好用提纯制品。

2.抗生素疗法

抗生素是治疗细菌性传染病的主要药物,使用抗生素时应注意以下问题。

(1)掌握抗生素的适应证　抗生素各有其主要适应证,可根据临诊诊断,估计致病菌种,依据不同抗菌药物的抗菌谱,选用适当药物。最好用分离的病原菌进行药物敏感试验,选择敏感的药物用于治疗。

(2)考虑用量、疗程、给药途径、不良反应、经济价值　抗菌药在机体内要发挥杀灭或抑制病原菌的作用,必须在靶组织或靶器官内达到有效的浓度,并维持一定的时间。在开始用药时,药物剂量宜大,以便集中优势药力给病原体以决定性打击,以后再根据病情酌减用量。疗程应根据疾病的类型、发病动物的具体情况决定,一般急性感染的疗程不宜过长,可于感染控制后3 d左右停药。同时,血中有效浓度维持时间受药物在体内的吸收、分布、代谢和排泄的影响。因此,应在考虑各药的药物动力学、药效学特征的基础上,结合宠物的病情、体况,制定合适的给药方案,包括药物品种、给药途径、剂量、间隔时间及疗程等。

此外,在使用毒性较大的药物或用药时间较长时,最好进行血药浓度监测,作为用药的参考,以保证药物的疗效,减少不良反应的发生。

(3)不滥用抗生素　滥用抗生素不仅无益于发病动物的治疗,反而会产生种种危害。

(4)联合用药　联合应用抗生素的目的主要在于扩大抗菌谱、增强疗效、减少用量、降低或避免毒副作用,减少或延缓耐药菌株的产生。联合用药在下列情况下应用:①用一种药物不能控制的严重感染或混合感染;②病因未明而又危及生命的严重感染,先进行联合用药,确诊后再调整用药;③容易出现耐药性的细菌感染;④需要长期治疗的慢性疾病,为防止耐药菌的出现,而进行联合用药。

抗生素的联合应用要结合临诊经验控制使用。在联合应用时有可能通过协同作用增进疗效,如青霉素与链霉素、土霉素与红霉素的合用主要表现协同作用。但是不适当的联合用药(如青霉素与红霉素、土霉素与头孢类合用会产生拮抗作用)不仅不能提高疗效,反而可能会影响疗效,而且增加了病菌对多种抗生素的接触机会,更易产生广泛的耐药性。

抗生素和磺胺类药物的联合应用也常用于治疗某些细菌性传染病。如链霉素和磺胺嘧啶合用可防止病菌迅速产生对链霉素的耐药性。这种方法可用于布鲁氏菌的治疗;青霉素与磺胺类药物的联合应用也常比单独使用的效果好。

3.化学疗法

使用有效的化学药物帮助动物机体消灭或抑制病原体的治疗方法,称为化学疗法。治疗宠物传染病常用的化学药物有以下几类。

(1)磺胺类药物　这类化学药物对大多数革兰氏阳性菌和部分革兰氏阴性菌有效,对衣原体和某些原虫也有效。对磺胺药较敏感的病原菌有链球菌、肺炎球菌、沙门氏菌、化脓棒状杆菌、大肠杆菌等;一般敏感菌有葡萄球菌、变形杆菌、巴氏杆菌、产气荚膜杆菌、炭疽杆菌、绿脓杆菌等。某些磺胺药还对球虫、疟原虫、弓形体等有效,但对螺旋体、立克次体、结核杆菌、霉形体等无效。

不同磺胺类药物对病原菌的抑制作用亦有差异。一般来说,其抗菌谱强度的顺序为SMM>SMZ>SD>SDM>SMD>SM2>SDM>SN。

根据磺胺药内服吸收情况,可分为肠道易吸收及局部外用三类,肠道易吸收用于治疗全身感染的磺胺药,如 SMM、SD、SMD 等;肠道难吸收用于治疗肠道感染的磺胺药,如 SG、PST 等;外用的磺胺药主要用于局部软组织和创面感染,如 SN、SD-Ag 等。

(2)抗菌增效剂　抗菌增效剂有甲氧苄啶(TMP)和二甲氧苄氨嘧啶(DVD,敌菌净)等,与磺胺类药物或某些抗生素并用,能显著增加疗效。对多种革兰氏阳性菌及革兰氏阴性菌有抗菌活性,其中较敏感的有链球菌、葡萄球菌、大肠杆菌、变形杆菌、巴氏杆菌和沙门菌等,但对铜绿假单胞菌、结核杆菌、钩端螺旋体无效。

(3)喹诺酮类药　喹诺酮类药物具有抗菌谱广、杀菌力强、吸收快、体内分布广泛、与其他抗菌药无交叉耐药性、本类药物之间无交叉耐药性、使用方便、不良反应小等特点。这类药物主要有恩诺沙星、诺氟沙星、环丙沙星、二氟沙星、单诺沙星(达氟沙星)、氧氟沙星等。

(4)硝基咪唑类药　这类药物主要有甲硝唑、地美硝唑、替硝唑、氯甲硝唑、氟硝唑等,对大多数专性厌氧菌和原虫具有较强的作用,包括拟杆菌属、梭状芽孢杆菌属、产气荚膜梭菌、粪肠球菌等;但对需氧菌或兼性厌氧菌效果差。

(5)抗病毒药　抗病毒药一般毒性较大,应用较抗菌药少。目前应用的抗病毒药可通过干扰病毒吸附于细胞,阻止病毒进入宿主细胞,抑制病毒核酸复制,抑制病毒蛋白质合成,诱导宿主细胞产生抗病毒蛋白等多种途径发挥效应。抗病毒药物常用吗啉胍(病毒灵)、金刚烷胺、利巴韦林、膦甲酸钠、甲红硫脲、聚肌胞、干扰素、黄芪多糖、板蓝根、大青叶、香菇多糖、鱼腥草、金银花、龙胆草等。

(二)针对动物体的疗法

在宠物传染病的治疗过程中,既要考虑针对病原体,消除其致病作用,又要帮助动物机体增强一般抗病能力和调整、恢复生理功能,促使机体战胜疾病,恢复健康。

1.加强护理

对发病宠物护理的好坏直接关系到治疗的效果,护理工作是治疗的基础。宠物传染病的治疗应在严格隔离的场所进行。同时,在冬季注意保暖防寒,在夏季注意防暑降温,隔离舍必须光线充足、安静、干燥、通风良好,并随时进行消毒,防止发病宠物彼此接触,严禁闲人入内观摩;供给发病宠物充足、清洁的饮水,每一发病宠物有单独的饮水用具;给以容易消化的高品量饲料,少喂勤添,根据病情的需要,可人工灌服或注射葡萄糖、维生素或其他营养性物质。此外,根据当时当地的具体情况、传染病性质和发病宠物的临诊特点,对发病宠物进行适当的护理。

2.对症治疗

在传染病治疗中,为了减缓或消除某些严重的症状,调节或恢复机体的生理机能,而进行的内外科疗法，称为对症治疗。退热、止痛、止血、镇静、兴奋、强心、利尿、止泻、防止酸中毒和碱中毒、调节电解质平衡以及进行某些急救手术和局部治疗等都属于对症治疗的范围。

任务四　传染病的预防技术

一、防疫工作的基本原则和内容

(一)防疫工作的基本原则

1.建立健全各级防疫机构，保证宠物传染病防疫措施的贯彻

宠物传染病防疫工作是一项与农业、商业、外贸、卫生、交通等部门都有密切关系的重要工作。只有各有关部门密切配合、紧密合作，从全局出发，统一部署，全面安排，才能把宠物传染病防疫工作做好。

2.贯彻"预防为主"的方针

搞好防疫卫生、饲养驯化、预防接种、检疫、隔离、封锁、消毒等综合性防疫措施，以达到提高宠物健康水平和抗病能力，控制和杜绝传染病的传播蔓延，降低发病率和死亡率。实践证明，只要做好平时的预防工作，就可以防止很多传染病的发生，就是一旦发生传染病，也能很快得到控制。随着宠物饲养量的急剧增加，"预防为主"的方针更显重要，如果防疫重点不放在预防方面，而忙于治疗个别病例，势必会造成发病率不断增加，防疫工作陷入被动局面。

3.贯彻执行兽医法规

1992年4月1日起施行的《中华人民共和国进出境动植物检疫法》对我国动物检疫的主要原则和办法做了详尽的规定。2008年1月1日起施行的《中华人民共和国动物防疫法》(修订版)对动物防疫工作的方针政策和基本原则做了明确而具体的规定。

(二)防疫工作的基本内容

传染源、传播途径、易感动物群三个基本环节的相互联系，导致了传染病的流行。因此，采取适当的防疫措施来消除或切断三个基本环节的联系，就可以使传染病不再流行。但只采取一项防疫措施往往是不够的，必须采取"养、防、检、治"的综合防疫措施。综合防疫措施可分为预防措施和扑灭措施。

1.预防措施

传染病发生前所采取的预防传染病发生的措施。

①加强饲养管理，增强宠物机体的抵抗力。

②宠物养殖场应贯彻自繁自养的原则，实行"全进全出"的生产管理制度。

③搞好免疫接种，加施免疫标识。

④搞好卫生消毒工作，定期杀虫、灭鼠，尸体、粪便进行无害化处理。

⑤认真贯彻执行防疫、检疫工作制度，加强流浪宠物及宠物市场管理。

⑥各地兽医机构调查研究本地疫情分布，普及宠物防疫科学知识。

2. 扑灭措施

当传染病发生后，消灭传染病所采取的措施。

①及时发现、诊断和上报疫情并通知毗邻单位。

②迅速隔离发病宠物，污染地消毒。当发生危害大的疫病时，采取封锁措施。

③紧急免疫接种。对发病宠物进行及时、合理的治疗。

④合理处理死亡宠物和淘汰患病宠物。

二、检疫

检疫就是应用各种诊断方法对动物及动物产品进行疫病检查，并采取相应的措施，防止疫病的发生和传播。通过检疫可以及时发现动物疫病，保护人类健康，控制和消灭某些传染病。

（一）检疫对象

动物检疫对象是指动物检疫中政府规定的动物疫病。在选择动物检疫对象时，主要考虑四个方面的因素：一是人兽共患疫病，如炭疽、布鲁氏菌病等；二是危害性大而目前防控有困难的动物疫病，如高致病性禽流感、痒病等；三是烈性动物疫病，如新城疫等；四是尚未在我国发生的国外传染病，如非洲猪瘟、牛海绵状脑病等。

农业部于 2008 年 12 月 11 日发布第 1125 号公告，发布了新版的《一、二、三类动物疫病病种名录》。一类动物疫病（17 种）是指对人与动物危害严重，需要采取紧急、严厉的强制预防、控制、扑灭等措施的疫病。二类动物疫病（77 种）是指可能造成重大经济损失，需要采取严格控制、扑灭等措施，防止扩散的疫病。三类动物疫病（63 种）是指常见多发、可能造成重大经济损失，需要控制和净化的疫病。

（二）检疫分类

1. 国内检疫

（1）产地检疫　它是宠物生产地的检疫。产地检疫可分两种：一是集市检疫监督，即在集市上对出售的宠物进行的检疫监督。由于宠物集市上的宠物集中，便于检疫与监督工作。遇有无检疫证的宠物要补检；检疫证过期的要重检；发病的要隔离、消毒、治疗或扑杀。二是收购检疫，即宠物饲养场在出售时，由收购部门与当地检疫部门配合进行的检疫。如果产地检疫不进行或不严格进行，就有可能将病原体散播到远方，影响远方宠物的安全。

（2）运输检疫监督　它是对各种运输工具所运送宠物和宠物产品所进行的检疫与监督工作，防止宠物传染病通过运输传播，如火车、汽车、船只、飞机等。

2. 国境口岸检疫

为了维护国家主权和国际信誉，防止国内动物疫病传播到国外和国外动物疫病传入，我国在国境各重要口岸设立动物检疫机构，执行检疫任务。国境口岸检疫按性质不同分为进出境检疫、旅客携带动物检疫、国际邮包检疫和过境检疫。

三、隔离

隔离的目的是控制传染源，便于管理、消毒、切断传播途径，防止健康宠物继续受到传染，以便将疫情控制在最小的范围内加以就地扑灭。为此，在发生传染病时，应先查明传染病在宠物群中蔓延的程度，逐只（条）检查临诊症状，必要时进行血清学和变态反应检查。根据检疫的结果，将全部受检宠物分为发病宠物、可疑病宠物和假定健康宠物三类，以便分别对待。

（一）发病宠物

有明显症状或其他方法诊断呈阳性的宠物，它们是危险性最大的传染源。选择不易撒播病原体、消毒方便的房舍进行隔离。要严格消毒、加强卫生，及时治疗并有专人看管。隔离场所禁止无关人员和其他宠物接近；隔离区内的用具、饲料、粪便等，未经彻底消毒处理，不得运出；没有治疗价值的发病宠物，按有关规定作无害化处理。

（二）可疑感染宠物

无症状、但与发病宠物及其污染的环境有过明显接触的宠物，如同舍、同群、同水源、同用具等。这类宠物可能处于潜伏期，并有排出病原体的危险，应消毒后另选地方隔离，详加观察，出现症状的则按发病宠物处理，经过一个该传染病最长潜伏期无症状的，取消隔离。

（三）假定健康宠物

疫区内上述两种外的其他易感宠物，应与以上两种宠物严格隔离饲养，加强消毒卫生，进行紧急免疫接种和药物预防。同时，我们应该知道，仅靠隔离不能扑灭传染病，需要与其他防疫措施相配合。

四、封锁

根据《中华人民共和国动物防疫法》，发生一类动物疫病或当地新发现的传染病时，必须在隔离的基础上，针对疫源地采取封闭措施，防止疫病由疫区向安全区扩散，称为封锁。

（一）封锁的程序

原则上由县级以上地方人民政府发布和解除封锁令。疫情发生在县级范围内的由县级畜牧兽医行政管理部门划定疫区，报请县级人民政府发布封锁令，并报地级人民政府备案。当地县级以上地方人民政府兽医主管部门应当立即派人到现场，划定疫点、疫区、受威胁区，调查疫源，及时报请本级人民政府对疫区实行封锁。

疫区范围涉及两个以上行政区域的，由有关行政区域共同的上一级人民政府对疫区实行封锁，或者由各有关行政区域的上一级人民政府共同对疫区实行封锁。必要时，上级人民政府可以责成下级人民政府对疫区实行封锁。

（二）封锁区的划分

根据该疫病的流行规律、当时流行的具体情况、宠物分布、地理环境、居民点以及交通等当地的具体条件充分研究，确定疫点、疫区和受威胁区。

（三）封锁的执行

应执行“早、快、严、小”的原则，即发现报告疫情、执行封锁要早，行动要迅速果断，封锁要严密，范围要小。具体措施如下。

1. 封锁区边沿采取的措施

封锁区边沿采取的措施主要包括：①设立标志，指明绕道路线；②设置岗哨，禁止易感动物通过封锁线；交通路口设立检疫、消毒站，对必须通过的车辆、人员和非易感动物进行消毒检疫。

2.封锁区内采取的措施

封锁区内采取的措施主要包括:①发病动物及同群动物在严格隔离的基础上,合理处置(治疗、扑杀);②污染区和污染物严格消毒,死亡动物的尸体应深埋或化制,做好杀虫、灭鼠工作;③暂停动物的集市交易活动,禁止从疫区输出易感动物及其产品和污染的饲料等;④易感动物紧急免疫接种。

3.受威胁区内采取的措施

受威胁区内采取的措施主要包括:①易感动物紧急免疫接种,建立免疫带;②禁止易感动物进出疫区,并避免饮用从封锁区流过的水;③禁止与封锁区进行动物及动物产品的贸易。

(四)解除封锁

疫区内最后一头发病动物死亡或痊愈后,经过该病一个最长的潜伏期,无新病例出现,经终末消毒,由县(市、区)级农牧部门检查合格后,经原发布封锁令的政府发布解除封锁,并通报毗邻地区有关部门。封锁解除后,有些病愈动物在一定时间内有带菌(毒)现象,仍属于传染源,应根据其带菌(毒)时间,控制在原疫区内活动,不能将它们带到安全区去。

五、消毒

根据消毒的目的,消毒可分为预防消毒、随时消毒和终末消毒。预防消毒就是平时对动物舍、场地、用具和饮水等进行定期消毒,以达到预防一般传染病的目的。随时消毒是指在发生传染病时,为了及时消灭发病动物排出的病原体而进行的消毒。终末消毒是指在发病动物解除隔离、痊愈或死亡后,或者在疫区解除封锁之前,为了消灭疫区内可能残留的病原体而进行的全面彻底的消毒。

防疫工作中常用的消毒方法主要有机械清除、阳光、紫外线和干燥、高温等物理消毒法;利用各种化学药品进行消毒的化学消毒法和主要用于粪便消毒的生物热消毒。

【训练目标】

掌握宠物圈舍、笼具、用具、地面和粪便的消毒方法;学会常用消毒液的配制及消毒效果检查的方法。

【仪器与场地】

(1)设备材料

①器材:喷雾消毒器、天平或台秤、盆、桶、缸、清扫及洗刷用具、高筒胶鞋、工作服、橡胶手套等。

②药品:新鲜生石灰、粗制氢氧化钠、漂白粉、来苏儿、高锰酸钾、福尔马林等。

(2)场地　传染病实验室、宠物饲养场等。

【内容与步骤】

(1)常用消毒器材的使用

①喷雾器:手动喷雾器和机动喷雾器。手动喷雾器分为背携式(压力式)和手压式(单管式)两种。它常用于小面积的消毒。喷雾前要对其各部分进行仔细检查,尤其注意喷头部分有无堵塞现象。消毒液必须先在桶内充分溶解,经过滤过后装入喷雾器。消毒完后立即将剩余的药液倒出,并用清水洗净。喷雾器的打气筒及零件应注意维修。

②火焰喷灯:用液化气或煤油做燃料的一种工业用喷灯。喷出的火焰具有很高的温度,消毒效果较好。用于消毒各种病原体污染的金属制品,但应注意不要喷烧太久,以免将被消毒物品烧坏,消毒时应有一定的次序以免发生遗漏。

(2)常用消毒剂配制方法

①消毒剂浓度表示法,即百分比浓度、摩尔浓度等。在消毒工作中常用百分比浓度,即每百克或每百毫升药液中含某种药品的克数或毫升数。

②消毒液稀释计算方法。

浓溶液容量=(稀溶液浓度/浓溶液浓度)×稀溶液容量

【例】若配制0.2%过氧乙酸溶液5 000 mL,需用20%过氧乙酸原液多少毫升?

20%过氧乙酸=(0.2/20)×5 000 mL =50 mL

稀溶液容量=(浓溶液浓度/稀溶液浓度)×浓溶液容量

【例】现有20%过氧乙酸原液50 mL,能配制成0.2%过氧乙酸溶液多少毫升?

0.2%过氧乙酸溶液量=(20/0.2)×50 mL=5 000 mL

稀释倍数=(原药浓度/使用浓度)-1(稀释100倍以上时不必减1)

【例】用20%的漂白粉澄清液,配制5%澄清液时,需加水几倍?

需加水的倍数=(20/5)-1=3倍

增加药液计算公式

需加浓溶液容量=(稀溶液浓度×稀溶液容量)/(浓溶液浓度-使用浓度)

【例】有剩余0.2%过氧乙酸2 500 mL,欲增加药液浓度至0.5%,需加28%过氧乙酸多少毫升?

需加28%过氧乙酸=(0.2×2 500 mL)/(28—0.5)=18.2 mL

(3)圈舍、用具和地面土壤的消毒

①圈舍、用具消毒。第一步先对圈舍地面、用具等进行彻底清理。清理前用清水或消毒液喷洒,以免灰尘及病原体飞扬,随后扫除粪便等污物。水泥地面的圈舍再用清水冲洗。第二步用化学消毒剂进行消毒。消毒液用量一般按500~1 000 mL/m^2计算。消毒时先由远门处开始,对天棚、墙壁、用具和地面按顺序均匀喷洒,后至门口,最后打开门窗通风,用清水洗刷用具等将消毒药味除去。第三步化学药物蒸气消毒。常用福尔马林,其用量按照圈舍空间计算,福尔马林25 mL/m^3、水12.5 mL/m^3,两者混合后再放高锰酸钾(或生石灰)25 g/m^3。消毒前将宠物物移出圈舍,舍内的管理用具、物品等适当摆开,门窗密闭,室温不得低于正常室温(15~18℃)。药物反应可在陶瓷容器中进行,用木棒搅拌,经几秒钟即可产生甲醛蒸气。经12~24 h将门窗打开通风,药气消失后,才能将宠物物迁入。若急需使用圈舍,可用氨气中和,按氯化氨5 g/m^3、生石灰2 g/m^3,加入75℃水7.5 mL/m^3,混合于桶内放入圈舍;也可用氨水代替,按25%氨水12.5 mL/m^3,中和20~30 min,打开门窗通风20~30 min,动物即可迁入圈舍。

②地面土壤消毒。患病动物停留过的圈舍、运动场等，先除去表土，清除粪便和垃圾。小面积的地面土壤，可用消毒液喷洒。大面积的土壤可翻地，在翻地的同时撒上干漂白粉，对一般性传染病的用量为 0.5kg/m^2，炭疽等芽孢杆菌性传染病的用量为 5 kg/m^2，漂白粉与土混合后加水湿润压平。

(4)粪便的消毒

①焚烧法：在地上挖一壕，宽为 75～100 cm，深为 75 cm，长依粪便多少而定，在距离壕底 40～50 cm 处加一层铁梁(以不使粪便漏下为宜)，铁梁下面放置木材，铁梁上面放置欲消毒的粪便，如粪便太湿，可混合一些干草，以便烧毁。

②化学药品消毒法：用含 2%～5%有效氯的漂白粉溶液，或 20%石灰乳，与粪便混合消毒。

③掩埋法：将污染的粪便与漂白粉或生石灰混合后，深埋于地下 2 m 左右。

④生物热消毒法：发酵池法和堆粪法。

A. 发酵池法：在距水源、居民点及养殖场一定距离处(200～250 m)挖池，大小方圆视粪便多少而定，池底池壁可用砖、水泥砌，使之不透水。如土质好，不砌也可。用时池底先垫一层土，每天清除的粪便倒入池内，直到快满时，在粪便表面铺一层干草或杂草，上面盖一层泥土封好。经 1～3 个月发酵后作肥料用。也可利用沼气发酵池进行消毒。

B. 堆粪法：在距场舍 100～200 m 以外地方选一堆粪场。在地面挖一浅沟，深约为 20 cm，宽为 1.5～2 m，长度随粪便多少而定。先将非粪便或蒿草等堆至 25 cm，再堆欲消毒的粪便，高达 1～1.5 m 后，在粪堆的外面铺一层 10 cm 厚的非污染性粪便或谷草，最外层抹上 10 cm 厚的泥土。堆放 3 周到 3 个月，即可作肥料用。

(5)污水的处理　污水的处理有沉淀法、过滤法、化学药品消毒法。常用的消毒方法是漂白粉消毒，用量是每立方米水用漂白粉(含 25%活性氯)6 g(清水)或 8～10 g(混浊的水)。

(6)消毒效果的检查

①房舍机械清除效果检查。以地板、墙壁及房舍内设备的清洁度；管理用具的消毒确实程度及所采取的消毒粪便的方法来评定。

②消毒剂选择正确性的检查。了解工作记录表、消毒剂的种类、浓度、温度及每平方米所用的量。检查浓度时可从剩余消毒液取样品进行化学检查(如测定甲醛、活性氯的含量等)。

A. 检查含氯制剂的消毒效果时用碘淀粉法：取玻璃瓶两个，第一个盛 3%碘化钾和 2%淀粉糊混合液(加等量的 6%碘化钾和 4%淀粉即成 3%碘化钾和 2%淀粉糊混合液，最好用可溶性淀粉配制)；第二瓶装 3%次亚硫酸盐。以上两瓶应贴有标签，存放暗处。

B. 检查方法：将棉花拭子置于第一瓶溶液中浸湿后，接触消毒过的表面，则见被检查对象表面和棉花上都呈现一种特殊的蓝棕色。着色强度取决于游离氯含量及消毒对象表面的性质。表面出现的颜色用另一浸湿了第二瓶溶液的棉花拭子擦拭，则颜色立即消失。此法可在消毒后两昼夜内进行。

③消毒对象的细菌学检查：从消毒过的地板、墙壁、墙角及用具上取样品，在上述地方划 10 cm×10 cm 大小正方形数块，都用灭菌湿润棉花拭子擦拭 1～2 min，随后将其置入中和剂(30 mL)中并沾上中和剂，然后挤压，反复几次后，再放入中和剂中 5～10 min，用镊子将棉签拧干，然后移入装有 30 mL 灭菌水的罐内。

当以漂白粉作为消毒剂时，用 30 mL 次亚硫酸盐中和；碱性消毒剂用醋酸中和；福尔马林用氢氧化钠中和;对于克辽林、来苏儿、硫酸石炭酸合剂及其他消毒剂,没有适当的中和剂时,可应用灭菌水。

样品送到实验室后,要在当天仔细拧干棉签,同时搅拌液体。用灭菌吸管吸取 0.3 mL 接种到远藤氏琼脂培养基上,用灭菌"刮"将其涂布于琼脂表面,然后仍用此"刮"涂布第二个琼脂平板,接种后的培养基 37℃ 培养,24 h 后取出检查初步结果,48 h 后取出检查最后结果。如发现肠道杆菌的可疑菌落,再进行常规鉴定。如无肠道杆菌存在,证明消毒效果良好。

④粪便生物热消毒效果检查。

A. 测温法:用装在金属套管内的最高化学温度表测定粪便的温度,由温度高低评价消毒效果。

B. 细菌学检查法:测定微生物数量及大肠杆菌价。其方法是取被检样品称重后,与砂混合置于研钵内研碎,然后加入 100 mL 灭菌水并一起移入含有玻璃珠的烧瓶内,振荡 10 min 后用纱布过滤,将滤液分别接种到普通琼脂平板和远藤氏琼脂平板上,37℃ 培养 24 h,于普通琼脂平板上计数细菌总数,于远藤氏琼脂平板上测定大肠杆菌价。样品应当在粪便发热时采取。

【注意事项】

①进行消毒时注意人的防护,如配制消毒药时要防止生石灰飞入眼中;②漂白粉消毒时防止引起结膜炎和呼吸道炎;③防止工作人员感染,并注意防止病原微生物散播;④宠物食具及饮水器应选用气味小的消毒药。

六、杀虫

虻、蠓、蚊、蝇、蜱、虱、螨等节肢动物是重要的传播媒介。杀灭这些媒介昆虫和防止它们的出现,在消灭传染源、切断传播途径、保障人和动物健康等方面具有十分重要的意义。杀虫方法主要有以下几种。

(一)物理杀虫法

物理杀虫法包括机械的拍、打、捕、捉,火焰烧、沸水烫、纱网隔离等。

(二)生物杀虫法

生物杀虫法是以昆虫的天敌或病菌及雄虫绝育技术控制昆虫繁殖等办法以消灭昆虫。如用辐射使雄虫绝育;用过量激素抑制昆虫的变态或蜕皮;利用微生物感染昆虫,影响其生殖或使其死亡;消除昆虫滋生繁殖的环境,都是有效的灭虫方法。

(三)药物杀虫法

药物杀虫法主要是应用化学杀虫剂来杀虫,根据杀虫剂对节肢动物的毒杀作用可分为:胃毒作用药剂(如敌百虫)、触杀作用药剂(如除虫菊)、熏蒸作用药剂(如敌敌畏)、内吸作用药剂(如倍硫磷)。

七、灭鼠

鼠类是很多人兽疫病的传播媒介和传染源,它可传播炭疽、鼠疫、结核病、布鲁氏菌病、伪狂犬病、钩端螺旋体病、李氏杆菌病、巴氏杆菌病、立可次体病等。因此,灭鼠在防控人和动物疫病方面具有很重要的意义。灭鼠工作应从两个方面进行:一方面根据鼠类的生态特点防鼠、灭鼠,从宠物舍建筑着手,使鼠无处觅食和无藏身之处;另一方面则采取各种方法直接杀灭鼠类。常用的灭鼠方法有以下三种。

(一)器械灭鼠法

利用物理原理制成各种灭鼠工具杀灭鼠类,如关、笼、夹、压、箭、扣、套、堵(洞)、挖(洞)、灌(洞)、翻(草堆)等。

(二)药物灭鼠法

利用化学毒剂杀灭鼠类,灭鼠药物包括杀鼠剂、绝育剂和驱鼠剂等,以杀鼠剂(杀鼠灵、安妥、敌鼠钠盐、氟乙酸钠)使用最多。在应用此法灭鼠时一定注意不要使宠物接触到灭鼠药物。

(三)生态灭鼠法

利用鼠类天敌捕食鼠类。

八、处理动物尸体

患传染病死亡动物尸体含有大量病原体,及时合理处理动物尸体,在宠物传染病的防控和维护公共卫生方面都有重要意义。

(一)化制

尸体在特定的加工厂中加工处理,既消灭了病原体,又保留了有经济价值的东西,如工业用油脂、骨粉、肉粉等。

(二)深埋

选择干燥、平坦、远离水源和居民区以及其他养殖场的地方掩埋动物尸体,掩埋深度为 2 m 以上。此法简便易行,但处理不彻底,最好根据病原体种类在坑底和尸体表面撒布能杀灭病原体的消毒剂。

(三)腐败

将尸体投入专用的直径为 3 m、深为 6～9 m 的腐败深井,深井要用不透水的材料砌成、要有严密的井盖、内有通气管。此法不能用于炭疽等芽孢菌所致疫病的尸体处理。

(四)焚烧

适用于烈性、特别危险的疫病尸体处理,如炭疽等。此法消灭病原体最彻底,但所须费用高。

九、预防接种

在经常发生某些传染病,或有某些传染病潜在,或经常受到邻近地区某些传染病威胁的地区,平时有计划地给健康动物进行的疫苗接种,称为预防接种。

(一)接种计划

为了做到预防接种有的放矢,应对本地传染病的发生和流行情况进行详细的调查。搞清本地过去曾经发生过哪些传染病,在什么季节流行。针对所掌握的情况,拟订每年的预防接种计划。例如,很多地区为了预防犬瘟热、犬传染性肝炎、犬细小病毒感染、犬副流感、狂犬病等病,要求每年定期接种一次,并且每只犬都要接种。

在预防接种前,应对接种宠物进行详细的检查和调查,了解其健康状况、年龄(日龄或月龄)、配种时间、是否怀孕或处在泌乳期、产卵期以及饲养条件的好坏等情况。健康的、适龄的、饲养条件较好的宠物在接种后可产生较好的免疫力;反之,接种后产生的免疫力较差,甚至不能引起明显的接种反应。怀孕动物由于接种操作和疫苗反应可能导致流产或影响胎儿发育;泌乳期和产卵期的动物由于接种操作和疫苗反应可能导致泌乳量减少和产卵量下降,所以应慎重进行预防接种。

(二)免疫程序

免疫程序是指根据传染病的流行情况及疫苗特性为特定动物制定的免疫接种计划,主要包括疫苗名称、类型,接种次序、次数、途径及间隔时间。

免疫接种必须按合理的免疫程序进行,一个地区、一个宠物饲养场可能发生的传染病不止一种,而用来预防这些传染病的疫苗的性质也不尽相同、免疫期也长短不一,不同宠物饲养场的综合防疫能力相差较大。因此,目前国际上还没有一个可供统一使用的免疫程序,应根据本地和本场的实际情况制定合理的免疫程序。

免疫程序的制定至少考虑以下 8 个方面的因素:①当地传染病的流行情况及严重程度;②饲养场综合防疫能力;③母源抗体的水平或上一次免疫接种引起的残余抗体水平;④动物机体的免疫应答能力;⑤疫苗的种类;⑥免疫接种方法;⑦各种疫苗的配合;⑧对动物健康及生产能力的影响。这八个因素是互相联系,互相制约的,必须统筹考虑。一般来说,免疫程序的制订应先要考虑当地疾病的流行情况及严重程度,据此才能决定需要接种什么种类的疫苗,达到什么样的免疫水平。除了考虑疾病的流行情况外,幼龄宠物首次免疫接种时间的确定主要取决于母源抗体的水平,母源抗体水平低的要早接种,母源抗体水平高的推迟接种效果更好。

(三)预防接种反应

预防接种反应的发生是多方面因素造成的。生物制品对机体来说是异物,其在接种后常有反应过程,不过反应的性质和强度也有所不同。对生产实践有影响的并不是所有的预防接种反应,而是不应有的不良反应或剧烈反应。不良反应是指经预防接种引起的持久的或不可逆转的组织器官损害或功能障碍而导致的后遗症。

1. 正常反应

由生物制品本身的特性引起的反应。其反应的性质和强度因生物制品而异。生物制品本身有一定毒性,接种后引起机体一定反应;某些疫苗是活疫苗,接种实际是一次轻度感染,也引起机体一定反应。要消除正常反应须要改进生物制品质量和接种方法。

2. 严重反应

由生物制品本身的特性引起较重的反应。产生严重反应的原因:生物制品质量较差、接种量大、接种途径不合适、个别动物对某种生物制品过敏。要消除严重反应须严格控制生物制品质量和遵照说明书使用。

3. 并发症

并发症是指与正常反应性质不同的反应。其主要包括超敏症(血清病、过敏休克、变态反应等)、诱发潜伏期感染和扩散为全身感染(由于接种活疫苗后,防御机能不全或遭到破坏时可发生)。

(四)单苗和联苗结合使用

联苗是指由两种或两种以上的细菌或病毒联合制成的疫苗,一次免疫可达到预防几种疾病的目的。如犬三联苗(犬瘟热-犬传染性肝炎-犬细小病毒病)、犬五联苗(犬瘟热、犬传染性肝炎、犬细小病毒感染、犬副流感、钩端螺旋体病)、犬六联苗(犬瘟热、犬传染性肝炎、犬细小病毒感染、犬副流感、犬冠状病毒病、钩端螺旋体病)等。联苗的应用可减少接种次数,进而减少接种动物的应激反应,因而利于动物生产管理。

【训练目标】

掌握免疫接种的方法与步骤;熟悉动物生物制剂的保存、运送和用前检查方法。

【仪器与场地】

1.设备材料

(1)器材　金属注射器(5、10、20 mL 等规格)、玻璃注射器(1、2、5 mL 等规格)、金属皮内注射器、针头(兽用 12～14 号、人用 6～9 号、螺口皮内 19～25 号)、煮沸消毒锅、镊子、毛剪、体温计、脸盆、毛巾、纱布、脱脂棉、搪瓷盘、出诊箱。工作服、登记卡片、保定动物用具。

(2)药品　5%碘酒、70%酒精、来苏儿或新洁尔灭等消毒剂、疫苗、免疫血清等。

2.场地

传染病实验室、宠物饲养场等。

【内容与步骤】

1.预防接种前的准备

①根据动物疫病免疫接种计划,统计接种对象及数目,确定接种日期(应在疫病流行季节前进行接种),准备足够的生物制剂、器材和药品,编订登记表册或卡片,安排及组织接种和保定动物的人员,按免疫程序有计划地进行免疫接种。

②在免疫接种前,对饲养人员进行一般的免疫接种知识教育,包括免疫接种的重要性和基本原理,在接种后饲养管理及观察等。

③在免疫接种前,必须对所使用的生物制剂进行仔细检查,如有不符合要求者,一律不能使用。

④为保证免疫接种的安全和效果,接种前应对预定接种的动物进行了解及临诊观察,必要时进行体温检查。凡体质过于瘦弱的、妊娠后期、未断奶的动物、体温升高者或疑似患病动物均不应接种疫苗。另外,经过长途运输或改换饲养环境或方法的动物也不应接种疫苗。对这类未接种的动物以后应及时补种。

2.免疫接种的方法

根据不同生物制剂的使用要求采用相应的接种方法。

(1)皮下注射法　选择部位应为皮肤松弛,皮下结缔组织丰富的部位。犬常在颈、背部皮下,鸟类在胸部或大腿内侧。根据药液黏稠度及动物大小,适当选用注射针头。

(2)肌肉接种法　选择部位应在肌肉丰富,神经血管分布较少的部位。动物一般采用臀部或颈部肌肉注射,鸟类在胸部肌肉,犬有时可在背部肌肉。一般采用 14～20 号针头。

(3)经口免疫法　将可供口服的疫苗混于水中或食物中,动物通过饮水或采食而获得免疫,称为经口免疫疫。经口免疫时,应按动物头数和每头动物平均饮水量或采食量,准确计算需用的疫苗剂量。免疫前应停饮或停喂数小时,以保证每头动物都能饮用一定量的水或吃入一定量的食物；稀释疫苗的水应纯净，不能含有消毒药(如自来水中有漂白粉等)；混合疫苗的用水和食物的温度，以不超过室温为宜；已经混合好的饮水和食物，进入动物体内的时间越短效果越好。

(4)滴鼻(眼)免疫法　用细滴管吸取疫苗滴一滴于鼻孔(眼)内。

3. 免疫接种用生物制剂的保存、运送和用前检查

(1)生物制品的保存　各种生物制品应保存在低温、阴暗及干燥的场所。灭活菌(疫)苗、类毒素、免疫血清等应保存的温度为2～15℃，防止冻结；弱毒疫苗或冻干活菌苗应放在0℃以下冻结、保存。在不同温度条件下保存，不得超过所规定的期限，超过有效期的制剂不能使用。

(2)生物制品的运送　要求包装完善，防止碰坏瓶子和散播活的弱毒病原微生物。运送途中应避免高温和日光直射，并尽快送到保存地点或预防接种场所。弱毒苗应在低温条件下运送，大量运送应用冷藏车，少量运送可装在装有冰块的广口瓶内，以免降低或丧失疫苗性能。

(3)生物制品的用前检查　各种生物制品用前均需仔细检查，有下列情况之一者不得使用：没有瓶签或瓶签模糊不清，没有经过合格检查者；过期失效者；生物制品的质量与说明书不符者，如色泽、沉淀、制品内异物、发霉和有臭味者；瓶盖不紧或玻璃有裂者；没有按规定方法保存者，如加氢氧化铝的疫苗经过冻结后，其免疫效果降低。

4. 免疫接种前后的护理和观察

(1)接种前的健康检查　在对动物进行免疫接种时，必须注意动物的营养和健康状况，进行一般性检查。检查包括体温检查。根据检查结果将动物分成数组。在自动免疫接种时可按下列各组处理。完全健康的动物可进行自动免疫接种；衰弱、妊娠后期的动物不能进行自动免疫接种，而应注射免疫血清；疑似动物和发热动物应注射治疗量的免疫血清。上述分组的规定，可根据传染病的特性和接种方法而变动。

(2)接种后的观察和护理　动物自动免疫接种后，可发生暂时性的抵抗力降低现象，故应有较好的护理和管理条件，同时必须特别注意必要的休息和营养补充。有时动物在免疫接种后发生反应，故应仔细观察，期限一般为7～10 d。如有反应，可根据情况给以适当的治疗。

(3)免疫接种的注意事项

①工作人员需穿着工作服及胶鞋，必要时戴口罩。工作前后均应洗手消毒，工作中不应吸烟和吃食物。

②在接种时应严格执行消毒及无菌操作。注射器、针头、镊子应高压或煮沸消毒。注射器最好采用一次性注射器或及时调换针头。在针头不足时可每吸液一次调换一个针头，但在每注射一头后，应用酒精棉球将针头拭净消毒后再用。注射部位皮肤用5%碘酊消毒，皮内注射及皮肤刺种用75%酒精消毒，被毛较长的剪毛后再消毒。

③在吸取疫苗时，先除去封口上的火漆或石蜡，用酒精棉球消毒瓶口。瓶上固定一个消毒的针头专供吸取药液，吸液后不拔出，用消毒棉包好，以便再次吸取。给动物注射用过的针头不能吸液，以免污染疫苗。

④在疫苗使用前，必须充分振荡，使其均匀混合后才能应用。免疫血清则不应振荡，沉淀不应吸取，并随吸随注射。须经稀释后才能使用的疫苗应按说明书的要求进行稀释。已经打开瓶盖或稀释过的疫苗必须当天用完，未用完的处理后弃去。

⑤针筒排气溢出的药液应吸积于酒精棉球上，并将其收集于专用瓶内。用过的酒精棉球、碘酒棉球和吸入注射器内未用完的药液都应放入专用瓶内，集中烧毁。

十、药物预防

在正常饲养管理下，给动物投服药物以防止疫病的发生，称为药物预防。目前，相当多的疫病没有疫苗或没有有效的疫苗。因此，在动物饲料或饮水中加入某些药物，调节机体代谢、增强机体抵抗力和预防某些疫病的发生就具有重要的意义。药物预防应注意以下问题。

（一）选择合适的药物

①最好是广谱抗菌药，可对多种病原体有效。

②药物的安全性要好，即对动物毒性低。

③耐药性低，可较长时间使用，不易产生耐药现象。

④性质稳定，不易分解失效，便于长时间保存使用。

⑤价格低廉，经济实用。

（二）根据疫病的发生规律用药

①根据疫病发生规律，在发病年龄前或发病季节前用药预防。

②预防应激用药，如疫苗接种前后用药物预防。

③防止继发感染用药，某些病毒性传染病易继发细菌性传染病。

（三）严禁滥用药物

平时应尽量少用或不用药物，能用一种决不用多种。有疫苗的疫病尽可能使用疫苗来预防，肠道菌感染可试用微生态制剂。

（四）注意用药的剂量、用药期

使用过量或长期使用抗微生物药会对动物产生副作用。副作用主要包括过敏、二重感染、毒性反应，甚至影响其产生主动免疫、降低生产性能等。

（五）合理的联合用药

合理的联合用药能发挥药物的协同作用，扩大抗菌范围，提高抑制或杀灭微生物的效果，降低药物的副作用，减少或延缓耐药性的产生。

思考题

1. 什么叫传染病？传染病有哪些特征？
2. 什么叫感染？感染可分为哪几类？感染的必要条件是什么？
3. 传染病流行的基本环节有哪些？有哪些表现形式？
4. 传染病诊断方法有哪些？传染病有哪些临床特征？
5. 简述传染病免疫学和分子生物诊断方法。
6. 简述防疫工作的基本原则。
7. 平时预防传染病的措施有哪些？发生传染病后应采取哪些措施？
8. 如何隔离？如何封锁？
9. 如何合理制定动物的免疫程序？

项目二

犬猫病毒病的防治技术

学习目标

1.掌握狂犬病、伪狂犬病、犬瘟热、犬传染性肝炎、犬传染性喉头气管炎、犬细小病毒病、犬副流感病毒感染、猫泛白细胞减少症、猫传染性腹膜炎、猫白血病的病原特征、流行特点、主要症状；

2.学会这些病的诊断、治疗和预防方法。

任务一 狂犬病的诊断与防治

一、临床诊断

狂犬病(恐水病)俗称疯狗病,是由狂犬病毒引起的人兽共患的一种急性、自然疫源性的传染病。临诊上以狂躁不安、意识紊乱,继之局部或全身麻痹而死为主要特征。

(一)流行病学诊断

狂犬病能感染人及所有的温血动物,包括多种野生动物,如狼、狐、香猫、松鼠、蝙蝠等。患病和带毒的动物(我国以犬为主)是主要的传染源和病毒储存宿主。病犬在潜伏期时的唾液就可排毒。

狂犬病主要是通过咬伤、损伤的皮肤黏膜、消化道、呼吸道等途径传播,具有明显的连锁性。各种动物的发病比例不同:犬为 72%、牛为 18.4%、鹿为 5.5%、马为 4.2%、猪为 3%。狂犬病一年四季均可发生,但在春夏季发生较多,这与犬的活动期有一定关系。

1.病毒对神经和唾液腺有明显的亲嗜性

病毒经过神经元的途径侵害神经,并存在于有髓神经的轴索内。病毒由中枢沿神经向外周扩散,抵唾液腺,进入唾液。病毒在中枢神经系统繁殖,可损害神经细胞和血管壁,引起血管周围的细胞浸润。神经细胞受到刺激后引起神志扰乱和反射性兴奋性增高;后期神经细胞变性,逐渐引起麻痹症状,最后因呼吸中枢麻痹而死亡。

人和哺乳动物的感染绝大部分是被患犬咬伤,因患犬的唾液中含有病毒。当然外表健康的动物也可能带毒,它们是病毒的贮存宿主。例如,吸血蝙蝠和食虫、食果蝙蝠在病毒的散布中起了重要的作用。因为蝙蝠可感染和排出狂犬病病毒,但它本身并不发生致死性的临诊症状。所有这些都可成为人畜共患病的传染源。

2.非咬伤感染可通过吸入和食入传染性物质

如经呼吸道吸入,或当健康动物的皮肤和黏膜具有原有创伤或磨伤时,再接触含有病毒的唾液即可被感染。在非洲还有从蚊虫体内分离到病毒的报道,说明可能还有另外的散布途径。

(二)症状诊断

潜伏期一般为 15 d,长者可达数月或一年以上。犬、猫、猪的病毒潜伏期一般为 10~60 d,人的病毒潜伏期为 30~90 d。犬的临诊表现分两种类型:狂暴型和麻痹型(或沉郁型)。

1.狂暴型

狂暴型分前驱期、兴奋期和麻痹期。

(1)前驱期　表现精神沉郁,常躲在暗处,不听呼唤,不愿与人接近。食欲反常,喜吃异物,吞咽时颈部伸展,瞳孔散大,唾液分泌增多,后躯软弱,性格变态。此期病程为半天到 2 d。

(2)兴奋期　表现狂暴,常主动攻击人畜,高度兴奋。狂暴之后出现沉郁,病犬卧地,疲劳不动,一会又立起,眼斜视,精神恐慌。稍受刺激就出现新的发作,疯狂攻击,或自咬四肢、尾及阴部,病犬常在外游荡,多不归家。吠声嘶哑,下颌麻痹,流涎。此期病程为 2~4 d。

(3)麻痹期　由于三叉神经麻痹出现下颌下垂，舌脱出，流涎，很快后躯及四肢麻痹，卧地不起，抽搐，最后因呼吸中枢麻痹或衰竭而死。此期病程为1～2 d。

2.麻痹型或沉郁型

病犬只经过短期兴奋即进入麻痹期。表现喉头、下颌、后躯麻痹，流涎，张口，吞咽困难。一般经2～4 d死亡。

猫多为狂暴型，症状与犬相似，但病程较短。在出现症状后，2～4 d后死亡。在发作时，攻击抓伤其他猫、动物和人，对人危害较大。

(三)病理剖检诊断

尸体消瘦，皮肤可见咬伤，撕裂伤。口腔、咽和喉黏膜充血、糜烂，胃内空虚或有异物，胃肠黏膜充血或出血，脑膜及实质中可见充血和出血。病理组织学检查，脑呈非化脓性脑脊髓炎变化。病变以脑干和海马体最明显。特征变化是在多种神经细胞浆内出现嗜酸性包涵体，称内基氏小体。这是病毒寄生于神经元尼氏体部位的标志。应该注意的是，有时死于狂犬病的犬找不到包涵体。

二、病原诊断

(二)病原特征

狂犬病病毒(RV)属弹状病毒科狂犬病毒属成员，核酸型为RNA。病毒颗粒呈弹状，大小为(180～250) nm×75 nm。病毒粒子外有囊膜，内有核蛋白壳。RV具有凝集鹅和1日龄雏鸡红细胞的能力，并可被特异性抗体所抑制，故可用HA和HI试验鉴定。

从自然病例分离的病毒称为街毒，将街毒接种于兔脑，连续传代使潜伏期变短，并稳定不变，称为固定毒，因而可用作疫苗。单克隆抗体研究表明，不同地区分离的“街毒”之间存在着抗原差异，也发现“街毒”与“固定毒”之间在抗原组成上有所不同。

病毒主要存在于患病动物的中枢神经组织、唾液腺和唾液中，其他脏器、血液、乳汁中可能有少量病毒存在。在中枢神经和唾液腺细胞的胞浆内常形成狂犬病特有的包涵体，称内基氏(Negri氏)小体，

病毒能抵抗组织自溶和腐败，在室温中不稳定，反复冻融可使病毒灭活。病毒对酸、碱、石炭酸、福尔马林、升汞等消毒药物敏感。各种脂性溶剂、70%酒精、碘液和pH降低时均可使之灭活。病毒对日光、X射线和湿热(50℃ 15 min、100℃ 2 min)敏感。但在冷冻或冻干状态下可长期保存病毒。

(二)病原诊断方法

1.病理组织学检查

将出现脑炎症状和患病动物扑杀取小脑或大脑海马角部作触片或病理切片，经Giemsa染色或HE染色后镜检，见神经细胞内有Negri小体，即可诊断。病犬脑组织的阳性检出率仅为70%。

2.荧光抗体法

取可疑病脑组织或唾液腺制成触片或冰冻切片，用荧光抗体染色(将纯化的狂犬病高免血清γ-球蛋白用异硫氰荧光素标记)在荧光显微镜下观察，见细胞质内出现黄绿色荧光颗粒即可诊断。此法快速且特异性强，其检出率可90%。

3.动物接种

取脑病料制成乳剂，经脑内途径接种30日龄小鼠，观察3周。若在接种后1～2周内，

小鼠出现麻痹症状和脑膜炎变化即可确诊。另外，也可通过血清中和试验，检验狂犬病抗体而确定。此外，酶联免疫吸附试验、核酸探针技术也可用于本病的诊断。

三、防制措施

捉捕和管理患病动物应极其小心，以免被咬伤感染。如果动物死亡，应将患犬头部送到有条件的实验室作有关项目的检查。当人被可疑的狂犬病犬咬伤时，应尽量挤出伤口中的血液，用肥皂水彻底清洗，并用3%碘酊处理，接种狂犬病疫苗。最好同时在伤口周围浸润注射免疫球蛋白或抗血清，可降低发病率。家畜被病犬或可疑病犬咬伤后，应尽量挤出伤口的血，然后用肥皂水或0.1%升汞水、酒精、醋酸、3%石炭酸、碘酊、硝酸银等消毒药或防腐剂处理，并用狂犬病疫苗紧急接种，使被咬动物在疫病的潜伏期内就产生主动免疫，以免发病。

凡是没做过免疫的病犬，应立即处死。对于免疫的犬，在已知的免疫期内若接触病犬或被咬伤，应彻底处理创伤，再给动物注射疫苗，并将其隔离关养，至少观察30 d。

用灭活或改良的活毒疫苗可预防狂犬病。用改良的活毒疫苗免疫犬，应在3～4月龄时首免，一岁时再免疫，然后每三年免疫一次。灭活苗的免疫期比较短，首免之后3～4周二免，此后每年接种一次。猫用狂犬病疫苗接种，首免应在3周龄，以后每年接种一次。

任务二　伪狂犬病的诊断与防治

一、临床诊断

伪狂犬病(PR)是多种动物和野生动物都可感染的一种急性病毒性传染病，家畜中以猪发生较多，但犬也可感染发病。猪群暴发伪狂犬病时，犬常先于猪或与猪同时发病。伪狂犬病与狂犬病有类似症状，曾被误认为狂犬病，而后启用了伪狂犬病病名。伪狂犬病以奇痒和脑脊髓炎为主要特征。

(一)流行病学诊断

伪狂犬病自然发生于猪、牛、绵羊、犬、猫、野生动物中，鼠可自然发病，其他动物如水貂等也可发生伪狂犬病。在实验动物中，兔最易感，小鼠、大鼠、豚鼠等次之，人不发生伪狂犬病。当猪场猪群暴发伪狂犬病时，犬常先于猪或与猪同时发病。伪狂犬病多散发，有的呈地方性流行。

病猪、带毒猪和带毒鼠类为伪狂犬病重要传染源。伪狂犬病病毒主要存在于病猪体内，并随鼻汁、唾液、尿、乳汁及阴道分泌物向外排毒，犬常因吃食病猪肉或病死鼠肉而感染发病。虽然病犬有很高的致死率，但并不能向外界排毒。伪狂犬病主要经消化道感染，但也可经呼吸道、皮肤创口及配种而感染。不分品种、性别和年龄，犬猫均可感染发病。伪狂犬病一年四季均可发生，但在冬、春季节多发。

(二)症状诊断

感染犬的潜伏期为3～6 d，少数长达10 d。在患病初期，患犬精神不振，对周围事物表现淡漠，见到主人也无表情，不食，蜷缩而卧。之后逐渐发展到情绪不稳，坐立不安，睡不宁，毫无目的的往返运动和乱叫。其特征性症状是不断地舐擦皮肤某处，稍后表现奇痒难忍，有抓、咬、舐、搔等表现，严重时将该处皮肤抓咬得皮开肉绽，甚至发出悲哀的叫声。这种典型形式多取急性经过，常在 2 d 内死亡。

非典型伪狂犬病的病程较长，缺乏典型的奇痒症状，其主要表现沉郁，虚弱，不断呻吟，且时而呆望身体某一处，显示该处疼痛。有节奏性摇尾，面部肌肉抽搐，瞳孔大小不一等症状。

狂躁型伪狂犬病主要表现为情绪激动，乱咬各种物体，有攻击行为，或在室内乱窜，抗拒触摸。因咽部麻痹而不能吞咽，不断地流涎。两眼瞳孔大小不等。反射兴奋性增高，后期降低。不论以上哪一种类型，病后期都会出现头颈部肌肉和唇肌痉挛，最后出现呼吸困难、痉挛死亡，病程常为 24～48 h，病死率高达 100%。

感染猫的潜伏期为 1～9 d。在患病初期表现为嗜睡、沉郁、不安、有攻击动作、抗触摸等症状，之后病情迅速发展，表现为过分吞食，唾液增多、呕吐、无目的乱叫，病后期表现较严重的神经症状，感觉过敏、摩擦脸部。奇痒并导致自咬。这种典型伪狂犬多取急性经过，常在 3 d 内死亡。非典型伪狂犬占感染猫的 40%，病程较长，常无典型的奇痒症状。其主要表现为沉郁、虚弱、吞食等症状。但节奏性摇尾、面部肌肉抽搐、瞳孔不均等现象在两种形式的病程中均能见到。

(三)病理剖检诊断

尸体消瘦，皮肤可见咬伤，撕裂伤。口腔、咽和喉黏膜充血、糜烂，胃内空虚或有异物，胃肠黏膜充血或出血，脑膜及实质中可见充血和出血。病理组织学检查可见，脑呈非化脓性脑脊髓炎变化，病变以脑干和海马角最明显。其特征变化是在多种神经细胞浆内出现嗜酸性包涵体，称内基氏小体(Negri body)。这是病毒寄生于神经元尼氏体部位的标志。

(四)诊断鉴别

识别伪狂犬病以及其与狂犬病进行鉴别。患狂犬病犬攻击人很厉害，虽然患伪狂犬病犬有攻击动作，但并不是真的攻击人。伪狂犬病犬表现为奇痒，而狂犬病犬则无。患狂犬病犬曾有咬伤史，而伪狂犬病无。

二、病原诊断

(一)病原特征

伪狂犬病病毒(PRV)，属疱疹病毒科水痘病毒属成员。病毒粒子呈球形，完整的病毒粒子由核心、衣壳、外膜和囊膜组成，直径为 150～180 nm，核衣壳直径为 105～150 nm，有囊膜，表面有呈放射状排列的长 8～10nm 的纤突。基因组为线性双股 DNA，可编码 70～100 种病毒蛋白，其中有 50 种为结构蛋白。糖蛋白 gE、gC 和 gD 在免疫诱导方面起着重要作用。

PRV 仅有一个血清型，但毒株间存有差异。病毒能在鸡胚和多种哺乳动物的细胞上增殖，产生核内嗜酸性包涵体。当病毒适应鸡胚后，易连续继代。病毒在猪肾细胞、兔肾细胞和鸡胚细胞上能形成蚀斑。

本病毒 pH 为 4～9，保持稳定，8℃存活 46 d，24℃存活 30 d，55～60℃经 30～50 min 才能灭活，80℃经 3 min 灭活。本病毒对外界环境抵抗力很强，在畜舍干草中的病毒，夏季可存活 1 个月，冬季达 1.5 个月。病畜肉中的病毒可存活 5 周以上，腐败 11 d 的肉中病毒才能死亡。在 0.5% 石炭酸中可存活 10 d。病毒对乙醚、氯仿等有机溶剂和紫外线照射等敏感。

常用的消毒药如0.5%石灰乳、0.5%盐酸、1%氢氧化钠、福尔马林、氯制剂等都能很快将其杀灭。

(二)病原诊断方法

1. 病理组织学诊断

取脑干和海马角制作组织切片,在组织切片中可见到神经细胞内核内胞涵体。

2. 荧光抗体试验

用可疑病料制成触片或冰冻切片,直接进行荧光染色,在神经细胞浆及细胞核内见到荧光者,即可确诊。

3. 动物接种试验

将病料用PBS制成10%悬液,经2 000 r/min离心10 min,取上清液1~2 mL经腹侧皮下或肌肉接种家兔,通常在36~48 h后注射部位出现剧痒,病兔啃咬注射部位皮肤,皮肤脱毛、破皮和出血,继之四肢麻痹,体温下降,卧地不起,最后角弓反张,抽搐死亡。但在个别情况下,可能病料中含病毒量过低,潜伏期可能会延长至7 d。

4. 血清学试验诊断

中和试验、琼脂扩散试验、补体结合试验、PCR技术及酶联免疫测定等也常用于本病的诊断,其中中和试验最灵敏,假阳性少。

三、防治措施

防治措施主要为应加强灭鼠,禁止饲喂生猪肉,更不能喂病猪肉。对病犬粪便和尿液要随时冲刷清理,犬舍用2%烧碱进行消毒处理。

伪狂犬病尚无特效疗法。对无治疗价值的患犬、猫应及早扑杀,作无害化处理。对名贵种犬、猫,早期应用抗伪狂犬病高免血清治疗,可取得一定疗效。防止继发感染,可用磺胺类药物。人对PRV一般不易感,仅有个别人感染后可出现皮肤剧痒现象,通常不引起死亡,因此,猫、犬感染对公共卫生不构成危险。由于病毒仅局限于神经组织,所以在猫、犬中不会发生横向传播。在疫区可试用伪狂犬病弱毒疫苗对4月龄以上的犬肌内注射0.2 mL;大于1岁的犬为0.5 mL,3周后再接种1次,剂量为1 mL。

任务三　犬瘟热的诊断与防治

一、临床诊断

犬瘟热(CD)是由犬瘟热病毒引起的犬和其他肉食动物的一种急性、高度接触性、致死性传染病。临诊上以双相热型,急性卡他性鼻炎,随后以支气管炎、卡他性肺炎、胃肠炎和神经症状为特征。在病后期,部分病例可出现鼻翼皮肤和足垫高度角质化(硬脚垫病)。

(一)流行病学诊断

在自然条件下,犬科、鼬科以及浣熊科的浣熊和小熊猫等均有易感性。犬瘟热不分性别、年龄和品种均可发病。以1岁以内的犬多发,特别是3~6月龄的幼犬。纯种犬发病率高于土种犬。犬瘟热一年四季均可发病,但在冬春以及寒冷的季节多发。

病犬和带毒犬是最主要的传染源,其次是患有本病的其他动物和带毒动物。病犬的眼鼻分泌物、唾液、粪、尿及呼出的气体等均含有大量病毒,曾有人报道感染犬瘟热病毒的犬60～90 d后,尿液中仍有病毒被排出。传播途径是病犬与健康犬直接接触,主要经呼吸道感染,其次为消化道感染,也可经眼结膜、口鼻腔黏膜、阴道和直肠黏膜感染。一旦同室犬有犬瘟热发现,无论采取怎样严密防护措施,都不能避免同居一室的犬感染,也有人提出,犬瘟热病毒还能通过胎盘垂直传播,造成流产和死胎。

耐过犬可获得坚强的免疫力。仔犬可通过初乳获得母犬70%～80%的被动免疫。

本病流行常有一定的周期性,一般每隔2～3年出现一次大的流行。近年来,由于养犬业发展迅猛,犬的调运交流频繁,以至犬群的免疫水平不定,发病周期已不再明显。

(二)症状诊断

犬瘟热的潜伏期随传染源来源的不同长短差异较大。来源于同种动物的潜伏期为3～6 d,犬瘟热的潜伏期为3～5 d;来源于异种动物的野毒株,由于需要一段时间适应,其潜伏期可拖延到30～90 d。

由于感染病毒的毒力与数量不一,环境条件、年龄及免疫状态不同,因此表现的症状也有差异。病初精神不振,食欲下降或不食。眼、鼻流出浆性分泌物,1～2 d后转为黏性或脓性,有时混有血丝,发臭。体温升至39.5～41℃,持续约2 d,然后消退至常温。此是时病犬感觉良好,食欲恢复。2～3 d后,体温再次升高,并持续数周,即所谓的双相型发热。可见有流泪、眼结膜发红、眼分泌物由液状变成粘脓性。鼻镜发干,有鼻液流出,开始是浆液性鼻液,后变成脓性鼻液。在发病初期有干咳,后转为湿咳,呼吸困难,呕吐。严重的病例发生腹泻,粪呈水样,恶臭,混有黏液和血液。有的病例发生肠套叠。最终因严重脱水和衰弱死亡。

神经症状大多在上述症状好转后的10 d左右出现。主要以足垫、鼻端皮肤出现角质化的病犬,多发生神经性症状。由于犬瘟热病毒侵害中枢神经系统的部位不同,症状有所差异,常表现为癫痫、转圈、站立姿势异常、步态不稳、共济失调、咀嚼肌及四肢出现阵发性抽搐等其他神经症状,此种神经性犬瘟热多预后不良。虽经胎盘感染的幼犬可在4～7周龄时发生神经症状,且成窝发作。

在发热初期,少数幼犬下腹部、大腿内侧和外耳道发生水疱性或脓疱性皮疹,康复时干枯消失,这可能是继发细菌引起的、因为单纯性病毒感染不见这种皮疹。

犬瘟热病毒可导致部分犬眼睛损伤,临诊上以结膜炎、角膜炎为特征,角膜炎大多是在发病后15 d左右多见,角膜变白,重者可出现角膜溃疡、穿孔、失明。

幼犬死亡率很高,死亡率可达80%～90%,并可继发肺炎、肠炎、肠套叠等症状。临诊上一旦出现特征性犬瘟热症状,常预后不良,特别是未免疫的犬。尽管临诊上进行对症治疗,但对病情的发展很难控制,大多以神经症状及衰竭死亡。部分恢复的犬一般都可留下不同程度的后遗症,如舞蹈病和麻痹症等。

仔犬在7 d内感染时常出现心肌炎,双目失明。幼犬在永久齿长出之前感染本病,则有牙釉质严重损害,表现牙齿生长不规则。警犬、军犬发生犬瘟热后,常因嗅觉细胞萎缩而导致嗅觉缺损。妊娠母犬感染犬瘟热可发生流产、死胎和仔犬成活率下降等现象。

(三)病理剖检诊断

犬瘟热的病理解剖缺乏特征性变化。可见有不同程度的上呼吸道和消化道卡他性炎症。上呼吸道有黏液性或脓性渗出物。肺充血、出血。胃肠黏膜肿胀、充血和出血，大肠常有过量黏液。肝脾瘀血、肿大。胸腺萎缩并有胶冻样浸润。脑膜充血出血，脑室扩张及脑脊液增多，呈非化脓性脑膜炎变化。肾上腺皮质变性。轻度间质性附睾炎和睾丸炎。

二、病原诊断

(一)病原特征

犬瘟热病毒(CDV)属于副黏病毒科麻疹病毒属，病毒基因组为单分子负股 RNA，只有一个血清型。病毒呈圆形或不整形，直径 110～550 nm，多数在 150～330 nm 之间，有囊膜，囊膜表面有纤突，具有吸附细胞的作用。病毒粒子中含有核衣壳蛋白(N)、磷蛋白(P)、大蛋白(L)、基膜蛋白(M)、融合蛋白(F)、附着或血凝蛋白(H)，其中 N 蛋白和 F 蛋白与麻疹病毒和牛瘟病毒具有很高的同源性，可引起交叉免疫保护。F 蛋白能引起动物的完全免疫应答。

病毒存在于肝、脾、肺、脑、肾、淋巴结等多种器官和组织中。病毒可在犬、犊牛肾细胞以及鸡成纤维等细胞上生长，但初次分离培养比较困难，一旦适应细胞后，易在其他细胞上生长，其中以犬肺巨噬细胞最为敏感，可形成葡萄串状的典型细胞病变。病毒在鸡胚尿囊膜上能形成特征性痘斑，常被用作测定病毒中和抗体的标准体系。

病毒对低温有较强的抵抗力，在－10℃的条件下可存活几个月，在－70℃或冻干条件下可长期存活，在 0℃以上的条件下，感染力迅速丧失，干燥的病毒在室温中较稳定，32℃以上的条件下易被灭活。病毒对可见光、紫外线、有机溶剂和碱性溶液敏感。在临诊上常用 3%氢氧化钠溶液、3%福尔马林、5%石炭酸作为消毒剂有较好的杀灭病毒作用。

(二)病原诊断方法

1. 白细胞检查

在病毒感染期，病犬白细胞数减少[(4×1)×10^9个/L]。当继发感染时，白细胞数增多[可达(4～8)×10^{10}个/L]。

2. 包涵体检查

在检查时取洁净玻片，滴加一滴生理盐水，用刀片在病犬的鼻黏膜、阴道黏膜上刮取上皮细胞，混于玻片上的生理盐水中，置空气中自然干燥，用甲醛固定，经苏木素－伊红染色镜检。细胞核染成蓝色，细胞质为淡玫瑰色，包涵体为红色。一个细胞可能有 1～10 个多形性包涵体，呈椭圆形或圆形，直径为 1～2 μm。

3. 荧光抗体试验

取发病后 2～5 d 的血液白细胞层或病后 5～21 d 的眼结膜或生殖道上皮细胞做涂片，直接进行荧光抗体染色镜检，检查到病毒抗原者判为阳性。也可采用中和试验、补体结合试验、酶标抗体技术和 CD 病毒抗原快速检测试纸进行诊断。

4. CDV 诊断试剂盒诊断法

用棉签采集犬眼、鼻分泌物，在专用的诊断稀释液中充分挤压洗涤，然后用小吸管将稀释后的病料滴加到诊断试剂盒的检测孔中任其自然扩散，3～5 min 后判定结果。若 C、T 两条线均为红色，则判为阳性；若 T 线颜色较淡，则判为弱阳或可疑；若 C 线为红色而 T 线为无色，则判为阴性；若 C、T 两条线均无颜色，则应重做。应注意的是用此法诊断有时可能出现假阳性。故还应结合其他诊断方法，如中和试验、补体结合试验、荧光抗体试验等进行确诊。

三、防治措施

(一)治疗

一旦发生犬瘟热,为了防止疫情蔓延,必须迅速将病犬严格隔离,病舍及环境用火碱、次氯酸钠、来苏儿等消毒剂进行彻底消毒,严格禁止病犬和健康犬接触。对尚未发病,但有感染可能的假定健康犬及受疫情威胁的犬,应立即用犬瘟热高免血清进行被动免疫或用小儿麻疹疫苗做紧急预防注射,待疫情稳定后,再用犬瘟热疫苗进行免疫。

在出现临诊症状之后,可用大剂量的犬瘟热高免血清进行注射,可控制病情发展。在犬瘟热最初发病期间给予大剂量的高免血清,可以使机体增加足够的抗体,防止出现临诊症状,以达到治疗目的。对于犬瘟热临诊症状明显,出现神经症状的中、后期,即使注射犬瘟热高免血清也很难治愈。

对症治疗的方法为:补糖、补液、退热,防止继发感染和酸中毒,加强饲养管理等方法,对犬瘟热有一定的治疗作用。

(二)预防

犬瘟热的预防办法是定期进行免疫接种犬瘟热疫苗。目前我国生产的犬瘟热疫苗是细胞培养弱毒疫苗。

1.免疫程度

其免疫程序为首免在 6 周龄进行;二免为 8 周龄;10 周龄进行三免。以后每年免疫 1 次,每次的免疫剂量为 2 mL,可获得一定的免疫效果。鉴于 12 周龄以下幼犬的体内存在有母源抗体,可明显影响犬瘟热疫苗的免疫效果,因此,对 12 周龄以下的幼犬,最好应用麻疹疫苗(犬瘟热病毒与麻疹病毒同属麻疹病毒属,有共同抗原性)。

2.免疫方法

当幼犬在 1 月龄及两月龄时,各用麻疹疫苗免疫 1 次,其免疫剂量为每犬肌内注射 1 mL (2.5 人份),至 12～16 周龄时,用犬瘟热疫苗免疫。据报道,用此免疫程序免疫时,可获得较好的免疫效果。目前市场上出售的六联苗、五联苗、三联苗等均可按以上程序进行免疫。

任务四　犬传染性肝炎的诊断与防治

一、临床诊断

犬传染性肝炎(ICH)是指由犬传染性肝炎病毒引起的犬的一种急性、高度接触性、败血性传染病。在临诊上以马鞍型高热、严重血凝不良、肝脏受损、角膜混浊等为主要特征。

(一)流行病学诊断

在自然条件下,病毒由口腔和咽上皮侵入附近的扁桃体,由淋巴液和血液扩散至全身。犬和狐狸均是自然宿主,尤其是病犬及带毒犬是犬传染性肝炎的重要传染源。病毒于患病初期就存在于血液中,在病犬和隐性感染犬的病程中病毒均可随分泌物和排泄物被排出体外而污染外界环境。康复犬经尿中排毒可达 6～9 个月之久。易感犬通过接触被病毒污染的用具、饮水、食物等经消化道、呼吸道及眼结膜感染发病，感染病毒的怀孕母犬也可经胎盘将病毒传染给胎儿。体外寄生虫可成为传播媒介。

犬传染性肝炎不分性别和品种的犬均可感染发病，但常见于以1岁以内的幼犬多发，尤以断奶前后的仔犬发病率最高。幼犬的病死率高达25%～40%。成年犬很少出现症状。康复犬可产生坚强的免疫力。犬传染性肝炎发生无明显季节性，但以冬季多发。

(二)症状诊断

自然感染犬传染性肝炎的犬潜伏期6～9 d。

1.最急性型

多见于初生仔犬至1岁内的幼犬。病犬突然出现严重腹痛和体温明显升高，有时呕血或血性腹泻。发病后多在24 h内死亡，如能耐过48 h，多能康复。

2.急性型

此型病犬可出现本病的典型症状，多能耐过而康复。在发病初期，精神轻度沉郁，有多量浆液性鼻汁，畏光流泪，寒战怕冷，体温高达41℃，持续1～3 d，然后降至正常体温，稳定1 d左右，接着又第二次体温升高，呈“马鞍”形体温曲线。在体温上升的早期，血液学检查可见白细胞减少，常在2.5×10^9个/L以下。随后出现腹痛、食欲不振、口渴、呕吐、腹泻，病犬可视黏膜苍白，有的齿龈和口腔黏膜有斑状或点状出血，扁桃体和全身淋巴结肿大。心跳加快，呼吸急促，多数病例出现蛋白尿。病犬血凝时间延长，如有出血，往往流血不止。有的病例出现步态踉跄、过敏等神经症状。可视黏膜有轻度黄疸。在急性症状消失后，约有20%的恢复期病犬出现单侧或双侧间质性角膜炎和角膜水肿，甚至呈蓝白色的角膜翳，这称之为“肝炎性蓝眼病”，在1～2 d内可迅速出现白色混浊，持续2～8 d后逐渐恢复，也有的由于角膜损伤造成犬永久性视力障碍的。病犬重症期持续4～7 d后，多很快康复。

3.慢性型

多见于流行后期，基本无特定的临诊症状，可见轻度至中度食欲不振，精神沉郁，水样鼻汁及流泪，便秘与下痢交替，体温达39℃。有的病犬狂躁不安，边叫边跑，可持续2～3 d。此类病犬死亡率低，但生长发育迟缓，有可能成为长期排毒的传染源。

4.亚临诊(无症状)型

无临诊症状，但在血清中可检测有特异性抗体。

(三)病理剖检诊断

皮下常有水肿，肝脏肿大，包膜紧张，质脆，呈淡棕色或血红色，表面呈颗粒状，肝小叶清晰。腹腔积液，暴露空气后常发生凝固，液体中含有大量血液。肠系膜可有纤维蛋白渗出物，并常与腹膜粘连。胆囊呈黑红色，胆囊壁水肿、增厚、出血，胆囊黏膜有纤维蛋白沉着。体表淋巴结、颈淋巴结和肠系膜淋巴结肿大、出血。脾脏肿大，有点状出血。经组织学检查可显示，肝小叶中心心坏死，常见肝细胞、枯否氏细胞和静脉内皮细胞有核内包函体。在具有眼色素层炎症病犬中，可在其色素层的沉淀物中查到病毒抗原与抗体形成的免疫复合物。

(四)鉴别诊断

犬传染性肝炎与犬瘟热有相似之处，其鉴别要点为：肝炎病例易出血，且出血后凝血时间延长，而犬瘟热没有这种现象；肝炎病例解剖时有特征性的肝和胆囊病变以及腹腔中的血样渗出液，而犬瘟热无此现象；肝炎病毒感染后在感染组织中发现核内包涵体，而犬瘟热主要为胞质内包涵体；肝炎病毒人工感染能使犬、狐发病，而不能使雪貂发病，犬瘟热极易使雪貂发病，且病死率高达100%。

二、病原诊断

(一)病原特征

犬传染性肝炎病毒(ICHV)属于腺病毒科哺乳动物腺病毒属成员。病毒子为球形,无囊膜,直径为70~80 nm,二十面体对称,有纤突,纤突顶端有一个直径4 nm的球状物,具有吸附细胞和凝集红细胞的作用。基因组为双股线状DNA。依据DNA各基因转录时间先后顺序不同,区分为E1~E4、L1~L5等基因区段,分别编码病毒早期转录蛋白和结构蛋白。

犬的腺病毒分为CA-Ⅰ型和CA-Ⅱ型。CA-Ⅰ型是引起犬传染性肝炎的病原,称为犬传染性肝炎病毒(ICHV)。CA-Ⅱ型是引起犬传染性喉气管炎的病原。两者具有70%的基因亲缘关系,所以在免疫上有交叉保护作用。CA-Ⅰ型在4℃pH7.5~8.0时能凝集鸡红细胞,在pH 6.5~7.5时能凝集豚鼠、大白鼠和人体的O型红细胞,这种现象能被特异性血清所抑制。利用这种特性可进行HA和HI试验。CA-Ⅱ型不能凝集豚鼠的红细胞,利用此特性可与CA-Ⅰ型相区别。

病毒易在犬肾和犬睾丸细胞内增殖,也可在猪、豚鼠的肺细胞和肾细胞中增殖,出现细胞病变,并可形成直径1~3 μm的蚀斑,常有核内胞涵体,初为嗜酸性,而后变为嗜碱性。

犬传染性肝炎病毒与人的乙型肝炎病毒无关。对外界抵抗力较强,对有机溶剂和酒精有抗性,污染的注射器和针头仅用酒精消毒仍可传播犬传染性肝炎。但紫外线照射可灭活病毒,甲酚和有机碘类消毒剂可杀灭病毒。病毒不耐高温,在50~68℃时,5 min即失去活力。常用消毒药为苯酚、甲醛、碘酊和3%的苛性钠。

(二)病原诊断方法

1. 病毒分离

生前采取发热期病犬血液,或用棉笺黏取扁桃体;死后采取全身各脏器及腹腔液体,特别是肝或脾最为适宜,将病料接种犬肾原代细胞或幼犬眼前房中(角膜浑浊并产生包涵体),可出现腺病毒所具有的特征性细胞病变,并可检出核内包涵体。

2. 血凝和血凝抑制反应

利用传染性肝炎病毒能凝集人的O型红细胞、鸡红细胞的特性进行HA和HI试验。

3. 皮内变态反应

将感染的脏器制成乳剂,进行离心沉淀,取其上清液用福尔马林处理后作为变态反应原。将这种变态反应原接种于皮内,然后观察接种部位有无红、肿、热、痛现象,若有为阳性,反之为阴性。也可选用补体结合试验、荧光抗体试验和ICH病毒抗原快速检测试纸进行诊断。

三、防治措施

(一)治疗

在发病初期,可用传染性肝炎高免血清治疗有一定的作用。一旦出现明显的临诊症状,即使使用大剂量的高免血清也很难有治疗作用。对症治疗的方法为:静脉补葡萄糖、补液及三磷酸腺苷、辅酶A对本病康复有一定作用。全身应用抗生素及磺胺类药物可防止继发感染。

患有角膜炎的犬对其可用0.5%利多卡因和氯霉素眼药水交替点眼。如果出现角膜混浊，一般认为是对病原的变态反应，多可自然恢复。若病变发展使前眼房出血时，用3%～5%碘制剂(碘化钾、碘化钠)、水杨酸制剂和钙制剂以3∶3∶1的比例混合静脉注射，每日1次，每次5～10 mL，3～7 d为1个疗程，或肌内注射水杨酸钠，并用抗生素点眼液。注意防止紫外线刺激，不能使用糖皮质激素。

贫血严重的犬对其可输全血，间隔48 h以每千克体重17 mL的量连续输血3次。为防止继发感染，结合广谱抗生素，以静脉滴入为宜。

表现肝炎病状的犬可按急性肝炎进行治疗。葡醛内酯按每千克体重5～8 mg肌内注射，每天1次。辅酶A 50～700 IU/次，稀释后静脉滴注。肌苷100～400 mg/次口服，每天2次。核糖核酸6 mg/次，肌内注射，隔天1次，3次为1个疗程。

(二)预防

防止犬传染性肝炎发生最好的办法是定期给犬做健康免疫。国外最早使用的是犬腺病毒Ⅰ型感染犬肝脏制备的脏器灭活苗，后来研制成功的犬腺病毒Ⅰ型细胞培养弱毒苗，因其可使部分免疫犬发生“蓝眼”，现已逐步为犬腺病毒Ⅱ型弱毒疫苗所代替。这两种弱毒疫苗，免疫性、安全性都很好，接种14 d后即可产生免疫力。目前多数是采用多联苗联合免疫的方法。国内生产的灭活疫苗免疫效果较好，且能消除弱毒苗产生的一过性症状。幼犬7～8周龄第1次接种、间隔2～3周第2次接种，成年犬每年免疫2次。

任务五　犬传染性喉头气管炎的诊断与防治

一、临床诊断

犬传染性喉头气管炎是指由犬腺病毒Ⅱ型引起犬的传染性喉气管炎及肺炎的传染病。其临诊特征表现为持续性高热、咳嗽、浆液性至黏液性鼻漏、扁桃体炎、喉气管炎和肺炎。该病多见于4月龄以下的幼犬。在幼犬可以造成全窝或全群咳嗽。

(一)流行病学诊断

犬和狐、狼易感，多见于4月龄以下的幼犬。在幼犬可以造成全窝或全群咳嗽，故又称“犬窝咳或仔犬咳嗽”。犬传染性喉头气管炎主要通过呼吸道分泌物散毒，经空气尘埃传播，引起呼吸道局部感染。

(二)症状诊断

犬腺病毒Ⅱ型感染潜伏期为5～6 d。持续性发热为1～3 d，体温为39.5℃左右。其主要表现为肺炎症状，呼吸困难，肌肉震颤。鼻部流浆液性或脓性鼻液，可随呼吸向外喷射水样鼻液。其病初表现为6～7 d的阵发性干咳，之后表现为湿咳，有痰液，呼吸急促，人工压迫气管即可出现反射性咳嗽。听诊有气管音，肺部可听到广泛性啰音。口腔咽部检查可见扁桃体肿大，咽部红肿。病情继续发展可引起坏死性肺炎。病犬表现为精神沉郁、不食。并有呕吐和腹泻症状出现。犬传染性喉头气管炎往往易与犬瘟热病毒、犬副流感病毒、犬疱疹病毒及支气管败血波氏杆菌等混合感染。混合感染的犬预后大多不良。

(三)病理剖检诊断

犬传染性喉头气管炎无特征性病理变化,主要表现为咽部肿大,扁桃体炎、喉气管炎和肺炎等病变。鼻腔和气管有多量黏液性和脓性分泌物,咽喉部黏膜肿胀并有出血点,扁桃体肿大,肺脏膨胀不全,有与正常肺组织界线分明的肝变区,部分肺组织实变,有的支气管内积有脓性分泌物和血样分泌物,肺门淋巴结肿大。有的小肠段浆膜有出血点,肠系膜淋巴结肿胀、充血,肠黏膜充血、出血,部分肠黏膜有脱落现象,有的肠管内有血样内容物。其他脏器不见有肉眼可见病变。

二、病原诊断

犬传染性喉头气管炎病毒属于腺病毒科哺乳动物腺病毒属犬腺病毒Ⅱ型(CAV-Ⅱ)。该病毒在形态、结构和理化特性方面与犬传染性肝炎病毒(CAV-Ⅰ)基本一致,且两者具有70%的基因亲缘关系,在免疫上能交叉保护。CAV-Ⅱ仅能凝集人体O型红细胞,不能凝集豚鼠红细胞,而CAV-Ⅰ既能凝集人体O型红细胞,也能凝集豚鼠红细胞。CAV-Ⅱ与CAV-Ⅰ的抵抗力相似,在犬舍中可存活数月,一般消毒剂均可杀灭病毒。病原诊断依赖于病毒分离和鉴定,也可通过双份血清中特异性抗体升高的程度确定。

三、防治措施

(一)治疗

目前我国还没有犬腺病毒Ⅱ型高免血清,所以发现犬传染性喉头气管炎一般均采用对症疗法,常用镇咳药、祛痰剂、补充电解质、葡萄糖等,并防止继发感染。

(二)预防

①发现本病后应立即隔离病犬。犬舍及环境用2%氢氧化钠液、3%来苏儿消毒。

②预防接种:目前多采用多联苗联合进行免疫,其免疫程序同犬瘟热。

任务六　犬细小病毒病的诊断与防治

一、临床诊断

犬细小病毒病(CP)是指由犬细小病毒引起的犬的一种急性、高度接触性传染。以急性出血性肠炎和非化脓性心肌炎为其临诊特征。本病多发生于幼犬,其病死率为10%～50%。

(一)流行病学诊断

犬细小病毒对犬具有高度的传染性,各种年龄和不同性别的犬都有易感性,但以刚断乳至90日龄的犬更为易感,其发病率和病死率都高于其他年龄组,往往以同窝暴发为其表现特征。依据临诊发病犬的种类来看,纯种犬及外来犬比土种犬的发病率更高。

病犬、隐性带毒犬是犬细小病毒病的主要传染源，感染后7～14 d可经粪便向外界排毒。康复犬也可长期带毒。病犬的粪便中含病毒量最高。感染途径主要为病犬与健康犬直接或间接接触感染。病毒随粪便、尿液、呕吐物及唾液排出体外，污染食物、垫料、饮水、食具和周围环境，主要经消化道感染。苍蝇、蟑螂和人也可成为犬细小病毒病的机械传播者。3～4周龄犬感染后常呈急性致死性心肌炎为多；8～10周龄的犬以肠炎为主。小于4周龄的仔犬和大于5岁的老犬发病率低，其发病率分别为2%和16%。

犬细小病毒病多为散发，在养犬比较集中的单位常呈地方流行性。本病一年四季均可发生，但以冬、春季节多发，天气寒冷，气温骤变，拥挤，卫生水平差和并发感染，可加重病情和提高死亡率。

(二)症状诊断

犬细小病毒病在临诊上可分为肠炎型和心肌炎型。

1.肠炎型

自然感染的潜伏期为7～14 d，在发病初期表现症状为发热(40℃以上)、精神沉郁、不食、呕吐。发病初期的呕吐物为食物，之后为黏稠、黄绿色黏液或有血液。发病1 d左右开始腹泻，发病初期的粪便为黄色或灰黄色稀粪，常覆有多量黏液和伪膜，随病情发展，粪便呈咖啡色或番茄酱汁样的含血稀粪。以后排便次数增加，出现里急后重，血便带有特殊的腥臭气味。血便数小时后病犬表现严重脱水症状，眼球下陷、鼻境干燥、皮肤弹力高度下降、体重明显减轻。对于肠道出血严重的病例，由于肠内容物腐败可造成内毒素中毒和弥散性血管内凝血，使机体休克、昏迷死亡。血象变化，病犬的白细胞数可少至60%～90%(由正常犬的1.2×10^{10}个/L减至4×10^{9}个/L以下)。病程短的4～5 d，长的一周以上。成年犬发病一般不发热。

2.心肌炎型

多见于50日龄以下的幼犬。常发病突然，数小时内死亡。病犬常出现无先兆性症状的心力衰竭，脉搏快而弱，心律不齐。心电图R波降低，S-T波升高。有的病犬突然呼吸困难。有的犬可见有轻度腹泻后而死亡。其病死率为60%～100%。

(三)病理剖检诊断

1.肠炎型

自然死亡犬极度脱水、消瘦，腹部卷缩，眼球下陷，可视黏膜苍白，肛门周围附有血样稀便或从肛门流出血便。其主要表现为以胃肠道广泛出血性变化，小肠出血明显，肠腔内含有大量血液，特别是空肠和回肠的黏膜潮红，肿胀，散布有斑点状或弥漫性出血，严重时肠管外观为紫红色。淋巴结充血、出血和水肿，切面呈大理石样。在小肠黏膜上皮细胞中可见有核内包涵体。

2.心肌炎型

心脏扩大，心房和心室有瘀血块，心肌或心内膜有非化脓性坏死灶和出血斑纹，心肌纤维严重损伤。肺水肿，局灶性充血和出血，肺表面色彩斑驳。在病变的心肌细胞中有时可发现包涵体。

二、病原诊断

(一)病原特征

犬细小病毒(CPV),属于细小病毒科细小病毒属成员。核酸为单股线状 DNA,病毒粒子直径为 20～24 nm,呈 20 面体对称,无囊膜,可在犬肾原代细胞或传代细胞中生长。病毒能在猫胎肾,犬胎肾、脾,牛胎脾等原代或次代细胞中增殖。目前常用 MDCK 和 F81 等传代细胞分离病毒。病毒应在细胞培养后不久或同时接种,才可达到增殖的目的。在感染细胞核内能检出包涵体。

病毒粒子有 VP1、VP2、VP3 三种多肽,其中 VP2 为衣壳蛋白主要成分,具有血凝活性,在温度为 4℃和 25℃时,可凝集罗猴和猪的红细胞,但不凝集其他动物的红细胞。CPV 与猫的泛白细胞减少症病毒(FPV 猫细小病毒)有极近的亲缘关系,抗原性很相近,因此,FPV 疫苗具有抗本病毒感染的效能。

犬细小病毒对各种理化因素有较强的抵抗力,所以一旦发病,很难彻底消除。病毒在室温下能存活 3 个月,60℃耐受 1 h,pH3 处理 1 h 后仍有感染性。但对福尔马林、氧化剂和紫外线敏感。对乙醚、氯仿等有机溶剂不敏感。

(二)病原诊断方法

1. 包涵体检查

取病死犬小肠后段和心肌做组织切片,查到肠上皮细胞或心肌细胞内有包涵体即可确诊。

2. 电镜检查

取发病后 2～5 d 的病犬粪便,加等量的 PBS 后,混匀,以 3 000 rpm/min 离心 15 min,再取上清液加等量氯仿振荡 10 min,离心取上清液,用磷钨酸负染后进行电镜观察。可见有直径约 20 nm 的圆形或六边形病毒粒子。在发病后 6～8 d 的粪便中,由于抗体的产生,病毒粒子常被凝集成块而不易观察。

3. 病毒分离鉴定

将病犬粪便材料做无菌处理,再经胰蛋白酶消化后,同步接种猫肾或犬肾等易感细胞培养,通过荧光或血凝试验鉴定病毒。

4. HA、HI 试验诊断法

本法检查犬细小病毒有两种情况:一是检查病原,二是检查抗体。在检查病原时,取分离到的疑似病料进行血凝试验检测其血凝性,如凝集再用 CP 标准阳性血清进行血凝抑制试验可达确检。在检查抗体时,需采取疑似犬细小病毒急性期和康复后期的双份血清,即间隔 10 d 的双份血清,用血凝抑制试验,证实抗体滴度增高可达确检。

5. CPV 诊断试剂盒诊断法

用棉签采集犬排泄物,在专用的诊断稀释液中充分挤压洗涤,然后用小吸管将稀释后的病料滴加到诊断试剂盒的检测孔中任其自然扩散,在 3～5 min 后,若 C、T 两条线均为红色,则判为阳性,若 T 线颜色较淡,则判为弱阳或可疑;若 C 线为红色而 T 线为无色,则判为阴性;若 C、T 两条线均无颜色,则应重做。应注意的是用此法诊断有时可能出现假阳性。故还应结合其他诊断方法进行确诊。

三、防治措施

(一)治疗

犬细小病毒病早期应用犬细小病毒高免血清治疗。目前我国已有厂家生产，临诊应用有一定的治疗效果。犬细小病毒高免血清按每千克体重 0.5～1.0 mL，皮下或肌内注射，每日或隔日注射 1 次，连续 2～3 次。

对症治疗的方法为：补液常用林格氏液与 10%葡萄糖生理盐水加入维生素 C、维生素 B_1 及 5%碳酸氢钠注射液给予静脉注射，每日 2 次，可根据脱水的程度决定补液量的多少。防止继发感染可选用庆大霉素、卡那霉素、红霉素等静脉注射，同时口服泻痢停等。止吐可肌注爱茂尔、甲氧氯普胺或阿托品等。便血严重者可用维生素 K 或酚磺乙胺等。

(二)预防

预防在犬细小病毒病主要依靠免疫接种疫苗和严格犬的检疫制度。目前国内使用的疫苗有犬细小病毒弱毒和灭活疫苗、犬二联苗(犬细小病毒病、犬传染性肝炎)、犬三联苗(犬瘟热、犬细小病毒病、犬传染性肝炎)、犬五联苗等。对 30～90 日龄的犬应注射 3 次，90 日龄以上的犬注射两次，每次间隔 2～4 周。每次注射 1 个头份剂量(2 mL)，以后每半年加强免疫 1 次。

在犬细小病毒病流行季节，严禁将个人养的犬带到犬集结的地方。当犬群暴发本病后，应及时隔离，对犬舍和饲具应反复消毒。对轻症病例应采取对症疗法和支持疗法。对于肠炎型病例，因脱水失盐过多，及时适量补液显得十分重要。为了防止继发感染，应按时注射抗生素。发现本病应立即进行隔离饲养，防止病犬及病犬饲养人员与健康犬接触，对犬舍及场地用 2%～4%烧碱水或 10%～20%漂白粉等反复消毒。目前犬细小病毒肠炎单苗少见，多为与其他病毒性传染病混在一起的联苗，免疫程序可同犬瘟热疫苗。

任务七　犬副流感病毒感染的诊断与防治

一、临床诊断

犬副流感病毒感染(CPI)是由副流感病毒Ⅴ型引起犬的一种主要的呼吸道性传染性疾病。其临诊表现为发热、流涕和咳嗽，其病理变化以卡他性鼻炎和支气管炎为特征。

(一)流行病学诊断

CPIV 可感染玩赏犬、实验犬和军警犬，在军犬中是常发生的呼吸道疾病之一，在实验犬中可产生犬瘟热样症状。成年犬和幼龄犬均可感染发病，但幼龄犬病情较重。本病传播迅速，常突然暴发。急性期病犬是最主要的传染来源。本病毒主要存在于呼吸系统，自然感染的途径主要是呼吸道。在临诊上常与支气管波氏菌、支原体混合感染。

(二)症状诊断

潜伏期为 3～6 d。患犬突然发热，精神沉郁、厌食，并流出大量浆液性或黏液性甚至脓性鼻液，结膜发炎，部分病犬出现咳嗽和呼吸困难现象，扁桃体红肿。单纯的 CPIV 感染常可在 3～7 d 自然康复。若与支气管败血波氏菌混合感染时，犬的症状更加严重，成窝犬咳嗽、并出现肺炎现象，病程一般在 3 周以上，11～12 周龄犬死亡率较高。成年犬症状较轻，死亡率较低。有些犬感染后可表现后躯麻痹和运动失调等症状。有的病犬后肢可支撑躯体，但不能行走。膝关节和腓肠肌腱反射和自体感觉不敏感。

（三）病理剖检诊断

可见鼻孔周围有浆液性、黏液性或脓性分泌物，结膜炎，扁桃体炎，气管、支气管炎和肺炎病变，有时肺部有点状出血。出现神经症状的主要表现为急性脑脊髓炎和脑内积水，整个中枢神经系统和脊髓均有病变，前叶灰质最为严重。经组织学检查可显示，鼻上皮细胞变性，纤毛消失，黏膜和黏膜下层、肺、气管及支气管有大量炎性细胞浸润。神经型可见脑周围有大量淋巴细胞浸润及非化脓性脑膜炎。

二、病原诊断

（一）病原特征

犬副流感病毒（CPIV）核酸类型为单股 RNA。病毒直径为 100～180 nm。CPIV 粒子为多形性，一般呈球形。有囊膜，其表面有 H（血凝素）抗原和 N（神经氨酸酶）抗原。CPIV 只有一个血清型，但不同毒株间的毒力有所差异。在温度为 4℃和 24℃条件下可凝集人体 O 型、鸡、豚鼠、大鼠、兔、犬、猫和羊的红细胞。CPIV 可在原代和传代犬肾、猴肾细胞中增殖。CPIV 可在鸡胚羊膜腔中增殖，鸡胚不死亡，羊水和尿囊液中均含有病毒，血凝效价可达 1∶128。

病毒存在于患犬的鼻黏膜、气管黏膜和肺中，咽、扁桃体含病毒量较少。血液、食道、唾液腺、脾脏、肝脏和肾脏不含病毒。

病毒对热不稳定，在温度为 4℃的条件下保存，感染性很快下降。在酸、碱性溶液中易破坏，在中性溶液中较稳定，对脂溶剂、非离子去污剂、甲醛和氧化因子均敏感。在 0.5%水解乳蛋白和 0.5%牛血清 Hank′s 液中 24 h 感染性不变。－70℃条件下 5 个月内稳定。

（二）病原诊断方法

细胞培养是分离和鉴定 CPIV 的最好方法，取呼吸道病料，适当处理后接种犬肾细胞，每隔 4～5 d 进行一次豚鼠红细胞吸附试验，盲传 2～3 代可出现 CPE，再用特异性抗血清进行 HI 试验鉴定病毒。利用血清中和试验和血凝抑制试验，检查双份血清（发病初期和恢复期）的抗体效价是否上升，血清抗体滴度增高 2 倍以上者，即可判为 CPIV 感染阳性，此法具有回顾性诊断价值。另外，也可使用荧光抗体技术或 CPIV 快速检测试纸卡进行检测。

三、防治措施

（一）治疗

犬副流感病毒感染目前尚无特异性疗法。可采用增强机体免疫机能，抗病毒感染、抗继发感染，补充体液等方法进行对症治疗。抗病毒感染常用利巴韦林、双黄连等；防止继发感染和对症治疗，常结合使用抗生素和止咳化痰药物；注射犬用高免血清或犬用免疫球蛋白，具有紧急预防作用,对发病初期的犬也有一定的治疗效果。

(二)预防

接种副流感病毒疫苗对预防本病有积极作用。加强饲养管理,特别注意犬舍周围的环境卫生,可减少本病的诱发因素。对新购入犬要进行检疫、隔离和预防接种。发现病犬应及时隔离、消毒,病重犬应及时淘汰。

任务八 猫泛白细胞减少症的诊断与防治

一、临床诊断

猫泛白细胞减少症(FP)又名猫传染性肠炎或猫瘟热、猫瘟,是由猫细小病毒引起的猫的一种急性、高度接触性、致死性传染病。该病主要发生于1岁以内的幼猫,其临诊表现为突然发热、呕吐、腹泻、高度脱水和明显的白细胞数减少。猫泛白细胞减少症是家猫最常见的传染病之一。

(一)流行病学诊断

猫泛白细胞减少症主要感染猫和虎、豹等猫科动物,各种年龄的猫都可感染发病,但主要发生于1岁以下的小猫,尤其是2~5月龄的幼猫最易感。病毒随呕吐物、唾液、粪便和尿液被排出体外,污染食物、食具、猫舍以及周围环境,使易感猫接触后感染发病。侵入门户主要是消化道和呼吸道。病猫康复后的几周或者一年以上还可以从粪尿中向外界排毒。在病毒血症期间,跳蚤和一些吸血昆虫亦可传播此病。孕猫感染后,还可经盘胎垂直传染给胎儿。

此病多见于冬、春季节,12月至翌年3月,发病率占55.8%以上,其中3月份的发病率达19.5%,病程多为3~6 d。如能耐过7 d,多能康复。其病死率一般为60%~70%,有的病死率可高达90%以上。

(二)症状诊断

潜伏期一般为2~9 d。在易感猫群中,感染率高达100%,但并非所有感染猫都出现症状。根据其临诊表现可分为以下三种临诊类型。

1.最急性型

病猫来不及出现症状,就突然死亡,常误判为中毒病。

2.急性型

病猫仅表现精神委顿、食欲不振等前驱症状,很快于24 h内死亡。

3.亚急性型

在发病初期,病猫精神委顿,食欲不振,体温高达40℃以上,24 h后下降至常温。2~3 d后,体温再度上升到40℃以上,呈明显的双相热。第二次发热时,症状加剧,病猫高度沉郁,衰弱,伏卧,头搁于前肢。呕吐物开始为食物,后为胃液,呈黄绿色,属于顽固性呕吐。病后3天左右发生腹泻,排出带血的水样稀粪,并迅速脱水。当病猫高热时,白细胞数可减少到2.0×10^{9}个/L以下(正常猫为12.5×10^{9}个/L)。一般减少到5.0×10^{9}个/L以下为重症,

2.0×10^9 个/L 以下多预后不良。

妊娠母猫感染后可发生胚胎吸收、死胎、流产、早产；有的产出小脑发育不全的畸形胎儿，并常出现神经症状；有的视网膜发育异常。

(三)病理剖检诊断

病死猫可见尸体明显脱水和消瘦。猫泛白细胞减少症的主要病变在消化道，可见小肠黏膜肿胀、炎症、充血、出血，严重的呈伪膜性炎症变化，特别是空肠和回肠更为显著，内容物呈灰黄色，水样，恶臭。肠系膜淋巴结肿胀、充血、出血、坏死。肝大，呈红褐色。脾肿胀、出血。肺充血、出血、水肿。多数病例长骨的红髓呈液状或胨胶状，此点具有一定的诊断价值。

其组织学变化主要是肠黏膜和肠腺上皮细胞与肠淋巴滤泡上皮细胞变性，并可见到嗜酸性和嗜碱性 2 种包涵体，但病程超过 3～4 d 及以上者，其组织变化往往消失。

二、病原诊断

猫细小病毒(FPV)仅有一个血清型。该病毒与犬细小病毒(CPV)、水貂肠炎病毒(MEV)有抗原相关性。FPV 血凝性较弱，仅能在 4℃和 37℃条件下凝集猴和猪的红细胞。病毒能在猫肾、肺和睾丸等原代细胞中增殖，传代 5 次以上可产生明显的 CPE 和核内包涵体。

病毒对乙醚、氯仿、胰蛋白酶、0.5%石炭酸及 pH3.0 的酸性环境具有一定抵抗力，耐热，50℃ 1 h、66℃ 30 min 可被灭活。低温或甘油缓冲液内能长期保持感染性。0.2%甲醛处理 24 h 即可失活。次氯酸、戊二醛、漂白粉溶液等对其也有杀灭作用。病毒对季铵盐类、碘酊和酚消毒剂具有抵抗性。经实验室诊断，该病毒具有凝集猪红细胞的特性，可采用血凝抑制试验进行血清学诊断。

三、防治措施

(一)治疗

目前对本病尚无特效药物，亦缺乏有效疗法。一般多采取以下综合措施。

1.特异疗法

通常在病初注射大剂量猫瘟免疫血清，可获得一定疗效。其用法为：每千克体重 2 mL，肌内注射，隔日一次。

2.抗菌疗法

注射庆大霉素、卡那霉素等广谱抗生素，以控制混合感染或继发感染。如肌内注射庆大霉素 20 mg 或卡那霉素 200 mg，每天 2 次，连用 4～5 d。

3.对症疗法

(1)脱水　静脉注射加有维生素 B、维生素 C、5%葡萄糖生理盐水 50～100 mL，分 2 次注射。

(2)呕吐不止　按猫每千克体重肌内注射爱茂尔、维生素 B_1 各 0.5 mL，每天分 2 次注射。

(二)预防

①平时应搞好猫舍及其周围环境卫生，新养的猫必须进行免疫接种，隔离观察 6 d 未见异常时，方可混群饲养。

②免疫接种。目前已有 FPV 的灭活疫苗和弱毒疫苗 2 种，其中弱毒疫苗免疫效果好于灭活疫苗，但因其对幼猫的脑部组织发育具明显影响，故不能用于妊娠猫和小于 4 周龄的猫。

A. FPD 弱毒疫苗：45～60 日龄断乳幼猫首免，4～5 月龄二免，一年后再免疫 1 次。成年猫每 3 年免疫 1 次。

B. 灭活疫苗：首免在猫断奶前后(6～8 周龄)进行，10～16 周龄时二免，以后每年免疫注射 1 次。

③病死猫和中后期病猫扑杀后均应深埋或焚烧。用 2%福尔马林溶液彻底消毒污染的饲料、水、用具和环境，以切断传播途径，控制疫情发展。

任务九　猫传染性腹膜炎的诊断与防治

一、临床诊断

猫传染性腹膜炎(FIP)是指由猫传染性腹膜炎病毒(FIPV)引起的猫科动物的一种慢性进行性高度致死性的传染病。其主要表现有渗出型和非渗出型。以腹膜炎，大量腹水积聚或以各种脏器出现肉芽肿为主要特征。

(一)流行病学诊断

在自然条件下，不同年龄的猫均可感染，但老龄猫和 2 岁以内的猫发病率较高。仔猫的母源抗体一般在 8 周时消失。该病无品种性别差异，但纯种猫发病率高于一般家猫。

本病主要与病猫接触传染，健康带毒猫也是重要传染源之一。本病自然感染的确切途径尚不完全清楚，一般认为经消化道感染、呼吸道或经吸血昆虫叮咬传播，蚤、虱等昆虫是主要传播媒介。病猫从粪尿中可排出病毒，也可经胎盘垂直感染胎儿。本病多呈地方性流行，在污染猫群中有 85%～97%的猫临诊上正常，但血清抗体为阳性。初次发病猫群的发病率可达 25%以上，但从整体上看，发病率较低。猫群一旦发病，病死率几乎为 100%。

(二)症状诊断

渗出型以体腔积液为特征；非渗出型以各种脏器出现肉芽肿病变为特征。

1. 渗出型

病初食欲减退，精神沉郁，体重减轻，体温升高并维持在 39.7～41℃(黄昏时较高，入夜后会慢慢下降)，血液白细胞总数增加。持续 1～6 周后腹部膨大，雌猫常被误认为是妊娠。腹部触诊有波动感(腹腔积液)，但病猫无痛感。有的出现呕吐或下痢。中度至重度贫血。雄猫可能会阴囊肿大。其病程可延续到 2 个月，呼吸困难、贫血、衰竭，很快死亡。25%的病猫还可出现胸腔渗出液，心包液增多，导致呼吸困难和心音沉闷。有的病例，尤其是疾病晚期可出现黄疸现象。

2. 干燥型

有些病例不出现腹水症状。其主要表现为眼、中枢神经、肾和肝脏损害，眼角膜水肿，虹膜睫状体炎，眼房液变红，眼前房中有纤维蛋白凝块，渗出性内膜炎，甚至视网膜脱落。干燥型病例在初期多见有炎焰状网膜出血。中枢神经症状为后躯运动障碍，运动失调，背部感觉过敏、痉挛。当肝脏受损时，其会出现黄疸。肾功能衰竭，腹部触诊可及肾脏。少数干性FIP可发展成湿性形式。雄猫有睾丸周围炎或副睾炎。此型病例多在5周内死亡。

(三)病理剖检诊断

渗出型主要是腹水增多，有时可达1 L，呈淡黄色透明液体，常混有纤维蛋白絮状物，接触空气后即发生凝固。腹膜表面覆有纤维素性渗出物，肝、脾、肾表面也附有纤维蛋白。肝表面常有直径为1～3 mm的坏死灶，并向内深入肝实质中，有的伴有胸腔积液和心包积液。肠系膜淋巴结和盲肠淋巴结肿大。

干燥型病例眼部病变为坏死性和脓性肉芽性眼色素层炎；角膜炎性沉淀和眼前房出血；视网膜出血，血管炎，局部脉络膜视网膜炎。常见脑水肿，肾表面凹凸不平，有肉芽肿样变化。

二、病原诊断

(一)病原特征

猫传染性腹膜炎病毒(FIPV)为冠状病毒科冠状病毒属成员。病毒核酸成分为单链RNA，能在活体内连续传代增殖，亦可在猫肺细胞、腹水等组织中培养。经乳鼠脑内接种病毒3 d后，病毒滴度最高。病毒粒子呈多形性，大小为90～100 nm，螺旋状对称，有囊膜，囊膜表面长约为15～20 nm的花瓣状纤突。在抗原性上，其与猪传染性胃肠炎病毒有密切关系，也与犬冠状病毒及人冠状病毒229E有关。

(二)病原诊断方法

1. 病毒分离

采取病猫鼻腔分泌物或病变组织接种于猫组织细胞培养，依据产生的病变，并经中和试验或荧光抗体试验检测病毒抗原。

2. 动物接种

将组织培养毒经口或鼻接种小猫，极易复制本病，但也有症状表现较轻的感染猫。

3. 血清学诊断

补体结合试验、琼脂扩散试验、中和试验等均可用于检测血清抗体滴度的升高。

三、防治措施

目前对此病无疫苗可供应用。在发病初期可用皮质类固醇药物治疗，有一定疗效。应消灭吸血昆虫(如虱、蚊、蝇等)及老鼠，防止病毒传播。病猫和带毒猫是本病的主要传染源，健康猫应力避与之接触。一旦发生本病，应立即将病猫隔离，对污染的环境应立即消毒。目前尚无有效的治疗药物。一旦出现典型症状后，大多预后不良。

任务十　猫白血病的诊断与防治

一、临床诊断

猫白血病(FeL)是指因造血系统和淋巴系统肿瘤化引起的在病理形态上表现不同类型的恶性肿瘤性疾病的总称。其主要分为两种:一种表现为淋巴瘤、红细胞性或成髓细胞性白血病;另一种是免疫缺陷性疾病。此种与前一种细胞异常增殖相反,它主要以细胞损害和细胞发育障碍为主,表现为由胸腺萎缩、淋巴细胞减少、嗜中性白细胞减少、骨髓红细胞发育障碍而引起的贫血。

(一)流行病学诊断

本病仅发生于猫,无品种、性别差异,幼猫较成年猫易感,4 月龄以内的猫对本病的易感性最强。病毒主要通过呼吸道、消化道传播。潜伏期的猫可通过唾液排出高浓度的病毒,进入猫体内的病毒可在气管、鼻腔、口腔上皮细胞和唾液腺上皮细胞内复制。一般认为,在自然条件下,消化道比呼吸道传播更易进行,除水平传播外,也可垂直传播,妊娠母猫可经子宫感染胎儿。吸血昆虫也可起到传播媒介作用。本病病程短,病死率高,约有半数病猫在发病后 4 周内死亡。

(二)症状诊断

本病潜伏期较长,一般为 2 个月或更长,症状各异,一般可分为肿瘤性疾病和免疫抑制疾病两类。

1. 肿瘤性(增生性)疾病

(1)消化道淋巴瘤型　主要以肠道淋巴组织或肠系膜淋巴结出现 B 细胞淋巴瘤组织为特征。腹外触压内脏可感觉到有不同形状的肿块,肝、肾、脾肿大。临诊上可视黏膜苍白、贫血、体重减轻、食欲减退,有时有呕吐和腹泻。此型的比例约占全部病例的 30%。

(2)多发淋巴瘤型　全身多处淋巴结肿大,体表淋巴结均可触及(颌下、肩前、膝前及腹股沟等)肿大的硬块。患猫表现消瘦、贫血、减食、精神沉郁等症状。此型约占全部病例的 20%。

(3)胸腺淋巴瘤型　瘤细胞常具有 T 细胞特征,严重的整个胸腺组织被肿瘤组织所代替。有的波及纵隔前部和膈淋巴结。纵隔膜及淋巴形成肿瘤,压迫胸腔并形成胸腔积液,可造成严重呼吸困难,患猫张口呼吸,致循环障碍,表现十分痛苦。经 X 光拍片可见胸腔有肿物的存在。临诊解剖可见猫纵隔淋巴肿瘤可达 300～500 g。此型多见于青年猫。

(4)淋巴白血病　该类型常有典型临诊症状。初期表现为骨髓细胞异常增生。由白细胞引起脾脏红髓扩张会导致恶性病变细胞的扩散,脾脏肿大、肝脏肿大、淋巴结轻度至中度肿大。在临诊上,常出现间歇热、食欲下降、机体消瘦、黏膜苍白、黏膜及皮肤上出现出血点,血液检查可见白细胞总数增多。

2. 免疫抑制型疾病

此类型病猫死亡的主要原因是贫血、感染和白细胞减少。

它主要是病毒对 T 细胞，尤其是未成熟的胸腺淋巴细胞有较强的致病作用，T 细胞数量减少及功能下降，胸腺萎缩，T 细胞对促有丝分裂原的母细胞化反应降低。病毒的囊膜蛋白抗原具有免疫抑制作用。这些原因造成了机体的防卫功能丧失，白细胞下降，机体无能力防护外来病原菌的侵入，最终全身感染死亡。病猫常出现体重下降、恶性、贫血、发热、下痢、血便、多尿等现象。

（三）病理剖检诊断

在对病死猫进行尸检时，可见鼻腔、鼻甲骨、喉和气管黏膜有弥漫性出血及坏死灶。扁桃体及颈部淋巴结肿大，并有出血小点。慢性病例常有鼻窦炎病变。有的病例在相应脏器上可见到肿瘤。本病致病模式与猫免疫缺陷病（FAIDS）病毒类似，均会引发免疫抑制作用，并导致肿瘤的形成及细胞病变。

二、病原诊断

（一）病原特征

猫白血病病毒（FeLV）和猫肉瘤病毒（FeSV）均属反转录病毒科正反转录病毒亚科哺乳动物 C 型反转录病毒属成员。两种病毒结构和形态极其相似，病毒粒子呈圆形或椭圆形，直径为 90～110 nm，单股 RNA 及核心蛋白构成的类核体位于病毒粒子中央，含有反转录酶，类核体被衣壳包围，最外层为囊膜，表面有糖蛋白构成的纤突。当病毒进入机体复制时，囊膜表面的抗原成分可刺激机体产生中和抗体。FeLV 为完全病毒，其遗传信息存在于病毒 RNA 上，可不依赖于其他病毒而完成自身的复制过程。

（二）病原诊断方法

1. 间接荧光抗体试验

间接荧光抗体试验（IFA）对病毒抗原敏感、特异，但检测出的 IFA 阳性仅能表明被检猫感染了病毒，不能证明是否发病。

2. 酶联免疫吸附试验

酶联免疫吸附试验（ELISA）应用较为广泛，且比 IFA 方便，其阴性结果的符合率较高，为 86.7%，但阳性结果的符合率较低，仅有 40.8%。因此，ELISA 检测出的结果须经 IFA 验证。

三、防治措施

目前已研制出 FeLV 活疫苗。该疫苗可诱导产生高滴度的中和抗体以及 FOCMA（猫肿瘤病毒相关细胞膜抗原）抗体，但个别猫不能抵抗野毒感染和强毒攻击。

目前尚无特效药物进行治疗。发现病猫都要扑杀，对可疑病猫应在隔离条件下进行反复的检查，尽量做到早确诊。

国外多用血清学疗法。在对症治疗及支持治疗的基础上，大剂量输注正常猫的全血浆和血清，或小剂量输注含高滴度 FOCMA 抗体血清可使患猫淋巴肉瘤完全消退。因患猫可带毒和散毒，有的学者不赞成治疗，建议施行安乐死。

思考题

1. 狂犬病有哪些主要症状？如何预防狂犬病？
2. 如何区别狂犬病和伪狂犬病？
3. 犬瘟热有哪些特征？如何治疗犬瘟热？
4. 犬传染性肝炎有哪些主要症状？如何治疗犬传染性肝炎？
5. 如何治疗犬细小病毒病？
6. 犬副流感病毒感染的主要症状有哪些？
7. 猫传染性腹膜炎有哪些发病类型？
8. 猫白血病有哪些主要症状？如何诊断猫白血病？

项目三

犬猫细菌病的防治技术

【学习目标】

1. 掌握犬猫大肠杆菌病、沙门菌病、布鲁氏菌病、坏死杆菌病、结核病、钩端螺旋体病、衣原体病和支原体病的病原、流行特点、症状和剖检特征；

2. 学会其诊断、治疗和预防方法。

任务一 犬猫大肠杆菌病的诊断与防治

一、临床诊断

犬猫大肠杆菌病是由大肠埃希菌引起的人畜共患的传染病。本病的特征为严重的腹泻和败血症，主要侵害仔幼犬猫。

(一)流行病学诊断

1 周龄以内的犬和猫最易感犬猫大肠杆菌病，成年犬和猫很少发病。幼仔主要经污染的产房(室、窝)传染发病，且多呈窝发。该病的流行没有季节性，一年四季均可发生。大肠杆菌病的发生与流行均和各种应激因素有关。如阴雨潮湿、冷热不定、卫生状况差及饲养管理不良，机体抵抗力降低或周围环境突变等都是诱发本病的重要因素。

(二)症状诊断

潜伏期一般为 1～2 d，新生仔有的突然发病死亡。有的病例出现精神沉郁，吮乳停止，体温升高至 40℃以上。其最明显的症状是腹泻，排绿色、黄绿色或黄白色、黏稠度不均、带腥臭味的粪便，并常混有未消化的凝乳块和气泡，肛门周围及尾部常被粪便所污染。在发病后期，常出现脱水症状，可视黏膜发绀，全身无力，行走摇晃，皮肤缺乏弹性。有的病例在临死前发生抽搐、痉挛等神经症状，病死率比较高。

(三)病理剖检诊断

尸体消瘦，污秽不洁。其特征性的病变是胃肠道卡他性炎症和出血性肠炎变化，大肠段尤为严重，肠内容物混有血液呈血水样，肠黏膜脱落，外观似红肠，肠系膜淋巴结出血、肿胀。实质器官出现血性败血症变化，脾脏肿大、出血。肝脏肿胀、有出血点。

二、病原诊断

(一)病原特征

大肠埃希菌又名大肠杆菌，是所有温血动物肠道后端的常在菌。肉食动物和杂食动物带菌量远比草食动物带菌量多，部分菌株有致病性或条件致病性。本菌为革兰阴性无芽孢的直杆菌，大小为(0.4～0.7) μm×(2～3) μm，两端钝圆，有的致病菌近似球杆状，散在或成对，大多数菌株以周身鞭毛运动，但也有无鞭毛的变异株。有些致病菌株有荚膜或微荚膜。多数致病的菌株表面上有一层具有与毒力相关的特殊菌毛。兼性厌氧菌在普通培养基上生长良好，在液体培养基内呈均匀混浊，管底常有絮状沉淀，有特殊粪臭味；在营养琼脂上培养 24 h 后，形成圆形、隆起、光滑、湿润、半透明、灰白色菌落易分散于盐水中；一些致病性菌株在绵羊血平板上呈 β-溶血；在 SS 琼脂上一般不生或生长较差，生长者呈红色。

(二)病原诊断方法

1.涂片镜检

采集急性病例的肝、脾、心血、肠系膜淋巴结以及肠内容物等。作触片或涂片；血液、尿液可以用一次性注射器取一滴涂片。自然干燥，将干燥好的抹片，涂抹面向上，做加热，进行固定。革兰氏染色镜检。

2. 分离培养

取上述病料接种于麦康凯琼脂平板、伊红美兰、远藤氏培养基上，置于 37℃恒温箱中培养 18～24 h 后，观察。如在麦康凯琼脂平板形成粉红的菌落在伊红美兰培养基上形成黑色具有金属光泽的菌落，在远藤氏培养基上形成深红色，并有金属光泽的，即为阳性。

3. 生化试验

本菌对碳水化合物发酵能力强并产酸产气。它能分解葡萄糖、乳糖、麦芽糖、甘露醇，不产生硫化氢，不分解尿素，不利用丙二酸钠，不液化明胶，吲哚和 M. R 试验为阳性，VP 试验和枸橼酸盐利用试验均为阴性。

4. 动物接种

取病料悬液或纯培养物，皮下或腹腔接种小鼠或家兔，可发病死亡后做进一步的涂片镜检和鉴定。

5. 琼脂扩散试验(用于产肠毒素大肠杆菌肠毒素的测定)

(1)制备琼脂平板　取 pH 6.4 的 0.01 mol/L PBS 溶液 100 mL 放于三角瓶中，加入 0.8～1.0 g 琼脂糖，8 g 氯化钠。三角瓶在水浴中煮沸使琼脂糖等熔化，再加 1%硫柳汞 1 mL 冷至 45～50℃时，将洁净干热灭菌直径为 90 mm 的平皿置于平台上，每个平皿加入 18～20 mL。加盖待凝固后，把平皿倒置以防水分蒸发，放普通冰箱中保存备用(时间不超过 2 周)。

(2)打孔　在制备的琼脂板上，用直径为 4 mm 的打孔器按六角形图案打孔，或用梅花形打孔器打孔外周孔距离为 3 mm。将孔中的琼脂用 8 号针头斜面向上从右侧边缘插入，轻轻向左侧方向将琼脂挑出，勿破坏边缘，避免琼脂层脱离平皿底部。

(3)封底　用酒精灯轻烤平皿底部到琼脂微熔化为止，封闭孔的底部，以防侧漏。

(4)加样　用微量移液器吸取用灭菌生理盐水稀释的抗原悬液滴入中间孔，标准阳性血清分别加入外周的第 1 个孔和第 4 个孔中，标准阴性血清(每批样品仅做一次)和受检血清按顺序分别加入外周的第 2 个孔、第 3 个孔、第 5 个孔和第 6 个孔中。每孔均以加满不溢出为度，每加一个样品应换一个吸头。

(5)感作　加样完毕后，静止 5～10 min，将平皿轻轻倒置，放入湿盒内置 37℃温箱中反应，分别在 24 h 和 48 h 观察结果。

(6)结果判定　将琼脂板置日光灯或侧强光下观察，标准阳性血清与抗原孔之间出现一条清晰的白色沉淀线，标准阴性血清与抗原孔之间不出沉淀线，则试验可成立。

若被检血清孔与中心孔之间出现清晰沉淀线，并与阳性血清孔与中心孔之间沉淀线的末端相吻合，则被检血清判为阳性；若被检血清孔与中心孔之间不出现沉淀线，但阳性血清孔与中心孔之间的沉淀线一端在被检血清孔处向抗原孔方向弯曲，则此孔的被检样品判为弱阳性，应重复试验，如仍为可疑，则判为阳性；若被检血清孔与中心孔之间不出现沉淀线，阳性血清孔与中心孔之间的沉淀线直向被检血清孔，则被检血清判为阴性；若被检血清孔与中心抗原孔之间沉淀线粗而混浊和标准阳性血清孔与中心孔之间的沉淀线交叉并直伸，待检血清孔为非特异性反应，应重复试验，若仍出现非特异性反应，则被判为阴性。

三、防治措施

犬猫大肠杆菌病最有效的治疗方法是分离菌株做药敏试验，选择最敏感药物进行治疗。常用的治疗方法为：取抗病血清 200 mL，加入新霉素和青霉素各 50 万 u、加维生素 B_{12} 2 000 μg，维生素 B_1 30～40 mg 制成合剂，皮下注射 0.5～2 mL，必要时个 1 周重复数次；卡那霉素 25 mg/kg，肌内注射，每天 2 次，连用 3～5 d；阿米卡星，5～10 mg 每天 2 次，肌内注射；磺胺二甲基嘧啶，每日 150～300 mg/kg，分 3 次口服，连服 3～5 d；氟苯尼考 20～25 mg/kg 肌内注射，每天 2 次，连用 3～5 d 等。

预防犬猫大肠杆菌病发生的关键是做好日常的卫生防疫、消毒工作，减少应激因素，提高抗病力等综合性措施。新生幼仔尽早吃到初乳，最好全部幼仔都能吃到。常发病的场区在流行季节和产仔季节可用抗病血清做被动免疫，也可用多价灭活疫苗进行预防注射。

任务二　犬猫沙门菌病的诊断与防治

一、临床诊断

犬猫沙门菌病是由沙门菌属细菌引起的人畜共患传染病的总称，其临床上主要以败血症和肠炎为特征。犬和猫的沙门菌病不多见，但健康犬和猫可以携带多种血清型的沙门菌，这就会对公共卫生安全构成一定的威胁。

(一)流行病学诊断

鼠伤寒沙门菌在自然界分布较广，易在动物、人和环境间传播，通过直接或间接接触传播。该病主要经消化道感染，偶尔可经呼吸道途径感染，空气中含沙门菌的尘埃和饲养员等都可成为传播媒介。沙门菌的带菌现象非常普遍，当机体抵抗力降低时，可发生内源性感染。

仔幼犬猫对犬猫沙门菌病易感性最高，多呈急性爆发；成年犬猫多呈隐性带菌，少数隐性带菌的成年犬猫也会发病。本病无明显的季节性，但与卫生条件低下、阴雨潮湿、环境污秽、饥饿和长途运输等因素密切相关。

(二)症状诊断

患病犬猫症状严重程度取决于感染细菌数量、年龄、营养状况、是否有应激因素、有无并发感染等有关。在临床上，其可分为如下几种类型。

1.菌血症和内毒素血症

此型多见于幼龄、老龄及免疫抑制的犬猫。精神极度沉郁，食欲减退乃至废绝，体温升高到 40～41℃，虚弱，毛细血管充盈不良，严重时出现休克和抽搐等神经症状，甚至死亡。有的病例会出现胃肠炎症状，表现出腹痛和剧烈腹泻，排出带有黏液的血样稀粪，有恶臭味，严重脱水。少数犬不见任何症状而死于循环虚脱。

2. 胃肠炎型

胃肠类型在临床上最常见。往往幼龄及老龄犬猫较为严重。潜伏期 3～5 d,开始表现为精神委顿,食欲下降,继之可出现呕吐,在发病初期,患病的犬猫体温升高至 40℃以上,随后出现腹泻。粪便初呈稀薄水样,后转为黏液性,严重者胃肠道出血而使粪便混有血迹。腹泻猫还可见流涎。数天后患病犬猫体重减轻,迅速脱水,黏膜苍白,贫血,虚弱,休克,可发生死亡。成年犬多表现为 1～2 d 的一过性剧烈腹泻。

3. 局部脏器感染

当细菌侵害肺脏时,可出现肺炎症状,咳嗽、呼吸困难和鼻腔出血。出现子宫内感染的犬猫还可引起流产、死产或产弱仔。在出现菌血症后,细菌可能转移侵害其他脏器而引起与该脏器病理有关的症状。

4. 无症状感染

无症状感染多见于感染少量沙门菌或抵抗力较强的犬猫,可能仅出现一过性或不显任何临床症状,但可成为带菌者。患病犬猫仅有少部分在急性期死亡,大部分患病犬猫在 3～4 周后恢复,少部分患病犬猫继续出现慢性或间歇性腹泻。无论患病、隐性感染,还是康复犬猫,均带菌排菌,长的达数周甚至数月。

(三)病理剖检诊断

最急性死亡的病例可能见不到病变。病程稍长的可见到尸体消瘦,黏膜苍白,脱水。有明显的黏液性、出血性或坏死性肠炎变化主要在小肠后段、盲肠和结肠黏膜出血坏死、大面积脱落,肠内容物含有黏液、脱落的肠黏膜,严重的混有血液。肠系膜及周围淋巴结肿大出血,切面多汁。局部血栓形成和组织坏死可在大多数组织器官,如肝、脾、肾出现密布的出血点和坏死灶。肝肿大,呈土黄色,有散在的坏死灶。肺脏常水肿有硬感,脑实质水肿,心肌炎和心外膜炎等。

二、病原诊断

(一)病原特征

沙门菌属是一群寄生于人和动物肠道内的生化特性和抗原结构相似的革兰阴性杆菌。沙门菌属包括近 2 000 个血清型,绝大多数沙门菌对人和动物有致病性,能引起多种不同临床表现的沙门菌病,并成为人类食物中毒的主要原因之一。犬猫沙门菌病主要是由鼠伤寒沙门菌、肠炎沙门菌、亚利桑那沙门菌及猪霍乱沙门菌引起,其中以鼠伤寒沙门菌最常见。鼠伤寒沙门菌以周鞭毛运动,无芽孢和荚膜。本菌为兼性厌氧菌,在普通培养基上生长良好,在固体培养基上培养 24 h 后长成表面光滑、半透明、边缘整齐的小菌落。在液体培养基中呈均匀混浊生长。除具有硫化氢(三糖铁琼脂)阳性,VP 阴性,靛基质阴性,M.R 阳性,赖氨酸脱羧酶阳性,发酵葡萄糖产酸和不发酵乳糖等沙门菌属的共性外。其生化特征为阿拉伯糖、卫矛醇、左旋酒石酸、黏液酸试验呈阳性。

本菌对外界环境有一定的抵抗力,在水中可存活 2～3 周,粪便中存活 1～2 个月,在土壤中存活数月,在含有机物的土壤中存活更长。本菌对热和大多数消毒药很敏感,在 60℃的温度下,经 5 min 可杀死肉类的沙门菌。常用消毒剂均能达到消毒目的。

(二)病原诊断方法

1.细菌的分离鉴定

这是确诊的最可靠的方法。肝、脾、肠系膜淋巴结和肠道取病料,接种于SS琼脂培养基或麦康凯培养基上。SS琼脂上长成圆形、光滑、湿润、灰白色菌落,在麦康凯琼脂上呈无色小菌落。但必须注意的是,培养结果阴性并不能排除沙门菌感染的可能性。因为在其他细菌共存的条件下,很难培养出沙门菌。为此,肠道及粪便所取材料应接种在选择性培养基或增菌培养基,如四硫磺酸盐增菌液、亚硒酸钠增菌液、亮绿-胱氨酸-亚硒酸钠肉汤或亮绿-胱氨酸-四磺酸钠肉汤培养液,24 h后再在选择性培养基如SS琼脂、HE琼脂、麦康凯琼脂等上传代。获得纯培养后,再进一步鉴定,可做生化鉴定。

2.粪便检查

通过检验粪便中白细胞数量的多少,可以判断肠道病变情况。粪便中大量白细胞的出现,是沙门菌性肠炎及其他引起肠黏膜大面积破溃疾病的特征。否则,粪中缺乏白细胞,则应怀疑病毒性疾患或不需特别治疗的轻度胃肠道炎症。

3.血清学诊断

采集血液分离血清做凝集试验及间接血凝试验诊断沙门菌感染。但用于亚临床感染及处于带菌状态的宠物,其特异性则较低。荧光抗体和酶联免疫吸附试验等方法也可用于本病的诊断。

三、防治措施

(一)治疗

沙门菌对多种抗生素、呋喃及磺胺类药物敏感,但沙门菌易形成耐药性,最好治疗前进行药敏试验,以确定用药。常用的药物有恩诺沙星2.5～5 mg/kg ,每天2次,内服,连用3～5 d;磺胺嘧啶50～70 mg /kg,首次量可加倍,分2次喂服,连用5～7 d;呋喃唑酮2.5～5 mg/kg,分2次内服,连用1周。此外同时做对症治疗。对心脏功能衰竭者,肌内注射0.5%强尔心1～2 mL(幼犬减半);有肠道出血症者,可内服卡巴克洛,每次2.5～5 mg,每天2～4次;清肠止酵,保护肠黏膜,亦可用0.1%高锰酸钾液或活性炭和碱式硝酸铋混悬液做深部灌肠。

(二)预防

预防犬猫沙门菌病需要加强饲养管理,保持饲料和饮水的清洁卫生,消除发病原因。如果发现病猫或犬,就应立即隔离,加强给予易消化富有营养的食物。对圈舍、用具仔细消毒,特别要注意及时清除粪便,焚烧消毒。

犬猫沙门菌病可传染给人,潜伏期多为12～48 h。其主要症状为体温升高,恶心、呕吐,腹胀,腹痛,便秘或严重的腹泻等,严重的震颤及部分病例胸腹部出现少数玫瑰疹。大多数患者可于数天内恢复健康。为防止本病由犬猫及其他动物传给人,应加强食品卫生检验,接触患病犬猫注意个人防护,加强清洁和消毒工作。

任务三　犬猫布鲁氏菌病的诊断与防治

一、临床诊断

布鲁氏菌病又名布病，是由布鲁氏杆菌引起的一种人兽共患传染病。犬猫布鲁氏菌病的特征为生殖器官和胎膜发炎、流产、不育和多种组织器官的局部病灶。犬猫布鲁氏菌病属自然疫源性疾病。

(一)流行病学诊断

多种动物(羊、牛、猪、鹿、马、骆驼、犬猫、兔等)和人均对布鲁氏菌病易感或带菌。因此，犬猫布鲁氏菌病的传染源十分广泛。犬是犬布鲁氏菌病的主要宿主，也是马耳他、流产、猪布鲁氏菌病携带者。马耳他、牛、猪布鲁氏菌病可由其他种属的动物传染给犬猫。犬布鲁氏菌则主要是在犬群中传播。受感染的母犬在分娩或流产时将大量布鲁氏菌随着胎水、胎儿和胎衣排出，流产后的阴道分泌物及乳汁中都含有布鲁氏菌。感染的公犬猫可自精液及尿液排菌，成为犬猫布鲁氏菌病的传染源，在发情季节非常危险，到处扩散传播。有些犬在感染后 2 年内仍可通过交配散播本病。排出的病原菌不仅可通过污染的饲料、饮水经消化道感染，还可以通过损伤的黏膜、皮肤、呼吸道、眼结膜等途径感染，也可经胎盘垂直传播。

(二)症状诊断

犬猫布鲁氏菌病潜伏期长短不一，短的半月，长的 6 个月。犬猫在感染布鲁氏菌病后多呈隐性感染，或仅表现为淋巴结炎，少数经潜伏期后表现全身症状。怀孕母犬猫感染布鲁氏菌病最显著的症状是流产。其常在怀孕 2～3 月时发生流产。流产前表现分娩预兆象征，阴唇和阴道黏膜红肿，生殖道炎症引起阴道内流出淡褐色或灰绿色分泌物。流产胎儿常发生部分组织自溶、皮下水肿、淤血和腹部皮下出血。部分母犬感染后并不发生流产，而是怀孕早期胚胎死亡并被母体吸收。流产后可能发生慢性子宫炎，引起长期屡配不孕。有的公犬和公猫被感染后不显症状，有的公犬和公猫被感染后出现睾丸炎、附睾炎、前列腺炎、阴囊肿大及包皮炎、精子异常等也可导致不育。除生殖系统症状外，被感染的公犬和公猫还可能出现嗜睡、消瘦、脊髓炎、眼色素层炎等症状，也有的病例发生关节炎、腱鞘炎，有的病例出现跛行。

(三)病理剖检诊断

隐性感染病例见不到明显的病理变化，或仅见淋巴结炎性肿胀。流产母犬和猫及孕犬、孕猫可见到阴道炎及胎盘、胎儿部分溶解，并伴有脓性、纤维素性渗出物和坏死灶。发病的公犬和公猫可见到包皮炎和睾丸、附睾可能有炎性坏死灶和化脓灶，也有时有关节炎、腱鞘炎或滑液囊炎。布鲁氏菌除了定居于生殖系统组织器官外，它还可随血流到其他组织器官而引起相应的病变，如椎间盘炎、眼前房炎、脑脊髓炎的变化等。

二、病原诊断

(一)病原特征

布鲁氏菌又名布氏杆菌，是布鲁氏菌属的革兰阴性小杆菌。长期以来，大家将布鲁氏菌属分为马耳他布鲁氏菌(我国称为羊布鲁氏菌)、流产布鲁氏菌(牛布鲁氏菌)、猪布鲁氏菌、绵羊布鲁氏菌、沙林鼠布鲁氏菌和犬布鲁氏菌,最近又报道海豚布鲁氏菌及海豹布鲁氏菌。在自然条件下引起犬猫布鲁氏菌病的病原主要是犬布鲁氏菌、马耳他布鲁氏菌、流产布鲁氏菌和猪布鲁氏菌,呈显性或隐性感染,这些病菌都能成为重要的传染源。

布鲁氏菌呈球形、球杆状或短杆状,大小为(0.5～0.7) μm×(0.6～1.5) μm,多单在。它不形成芽孢和荚膜,无鞭毛,无运动性。经柯滋罗夫斯基和改良 Ziehl-Neelsen 染色,布鲁氏菌染成红色,背景及杂菌染成蓝色或绿色。它是专性需氧菌,对培养基的营养要求比较高,初代分离培养时需要 5%～10%的 CO_2,加血液、血清、组织提取物等,而且生长缓慢,经数代培养后才能在普通培养基、大气环境中生长,且生长良好。在固体培养基上,光滑型菌落无色透明、表面光滑湿润,菌落一般直径为 0.5～1.0 mm,在光照下,菌落表面有淡黄色的光泽;粗糙型菌落不太透明,呈多颗粒状,有时还出现浑浊不透明、黏胶状的黏液型菌落。在培养中还会出现这些菌落的过渡类型。

布鲁氏菌对自然因素的抵抗力较强,在适当的环境条件下,布鲁氏菌在污染的水和土壤中可存活 1～4 个月,在皮毛上可存活 2～4 个月,在乳、肉中可存活 60 d,在粪中可存活 120 d,在流产胎儿中可存活至少 75 d,在子宫渗出物中可存活 200 d。布鲁氏菌对热敏感,巴氏消毒法可以杀死,煮沸立即死亡。在直射日光下 0.5～4 h 也可杀死布鲁氏菌。常用的消毒药均能在 15 min 内将其杀死,如 0.1%升汞数分钟,3%～5%来苏儿、2%福尔马林、5%生石灰乳。

(二)病原诊断方法

1.细菌学检查

几乎从布鲁氏菌感染犬猫的组织和分泌物的涂片中都可检出菌。常用的是采取流产胎衣、胎儿胃内容物或有病变的肝、脾、淋巴结等病变组织,制成涂片或触片后染色镜检。在有条件的情况下,也可以进行布鲁氏菌的分离培养。

2.动物接种

取新鲜病料或制成病料匀浆悬浮液给无特异抗体的豚鼠腹腔接种 0.5～0.8 mL,于 14～21 d 后进行心脏采血分离血清做凝集试验,根据凝集价做出判定,于 20～30 d 后迫杀,采取肝、脾、淋巴结进行分离培养。

3.血清学检验

动物在感染布鲁氏菌 7～15 d 后可出现抗体,检测血清中的抗体是布鲁氏菌病诊断和检疫的主要手段。国内常用平板凝集试验用于本病的筛选,以试管凝集试验和补体结合试验进行实验室最后确诊。疑难病例还可选用抗球蛋白试验、巯基乙醇凝集试验和酶联免疫吸附试验等作为辅助诊断方法,也可用 PCR 法做快速诊断。

三、防治措施

预防犬猫布鲁氏菌病尚无合适的疫苗可供使用,主要预防措施是加强检疫并及时淘汰阳性犬猫。新购入的犬猫应先隔离观察一个月,经检疫确认健康后才继续饲养;种公犬猫在配种前要进行检疫,阴性者用于配种,阳性者立即处理;发现患病犬猫立即隔离,污染的场地、栏舍及其他器具均应彻底消毒。流产物、阴道分泌物等要严格消毒并深埋处理,同时工作人员要做好兽医卫生防护工作。

因为布鲁氏菌进入机体后，巨噬细胞和其他吞噬细胞吞噬并运送到淋巴结和生殖道，细菌在单核吞噬细胞内持续存在，因此，临床治疗使用链霉素、卡那霉素、利福平等抗生素结合维生素治疗。但这种治疗方法一般只能达到临床治愈，很难清除病原。在进行治疗时必须反复进行血液培养以检验疗效，停药几个月后感染还可能反复。抗菌治疗费用较高，并且本病在公共卫生上也有重要意义，所以一旦出现患病犬猫，就应立即隔离和逐步淘汰。

任务四　犬猫坏死杆菌病的诊断与防治

一、临床诊断

坏死杆菌病是由坏死杆菌引起的多种哺乳动物、禽类和龟蛇类的一种慢性传染病。其特征为损害部分皮肤、皮下组织和消化黏膜使其发生坏死，有的病菌在内脏形成转移性坏死灶。

(一)流行病学诊断

本病易感动物十分广泛，犬猫均易感。患病和带菌动物是传染源。它们通过分泌物、排泄物和坏死组织污染土壤、场地、饲料、垫料、圈舍和尘埃等，经损伤的皮肤、黏膜而侵入组织，经血流而散播，特别是局部坏死灶中的坏死杆菌随着血流散布至全身其他组织或器官，并形成新的坏死病变。低洼地、烂淤泥、死水塘和沼泽地都是本菌的长久生存地，也是本病的疫源地。

在犬猫多发的发情季节，争斗、相互撕咬、损伤频繁极易发生坏死杆菌病。不良的环境因素，机体抵抗力降低等均可使动物易感。

(二)症状诊断

新生犬猫经脐部伤口感染表现弓腰排尿，脐部肿硬，并流出恶臭的脓汁。有的患病犬猫由四肢关节损伤感染而发生关节炎，出现局部肿胀，跛行。严重的患病犬猫出现全身症状。如果局部转移至内脏器官，则可发生败血症，死亡。

成年犬猫多表现为坏死性皮炎和坏死性肠炎。坏死性皮炎多以猎犬发生为主。其主要由四肢损伤感染引起。在病初，出现瘙痒，肿胀，有热痛，继而病部变软，皮肤变薄，形成脓肿，破溃后流出脓汁，坏死区不断扩大。若治疗得当，则逐渐形成瘢痕，愈合。否则，蔓延和侵害深部会造成严重的危害。坏死性肠炎则由肠黏膜损伤感染所致，表现为出现严重的腹泻，排出带血脓样或坏死黏膜的稀便，迅速消瘦。

(三)病理剖检诊断

剖检可见大小肠黏膜坏死与溃疡，坏死部有伪膜，膜下有溃疡。病变严重者波及肠壁全层，甚至形成穿孔。

二、病原诊断

(一)病原特征

坏死杆菌又名坏死梭杆菌，是一种多形性杆菌，多呈短杆状、梭状或球状，在感染组织中常呈长丝状，无鞭毛，不运动，不形成芽孢和荚膜。革兰染色阴性在培养基上培养 24 h 后，用石炭酸复红或碱性亚甲蓝染色，着色不匀，宛如佛珠。本菌为严格厌氧菌，在加有血液、血清、葡萄糖、半胱氨酸和肝块的培养基上生长良好。本菌在血液琼脂平板上，多数呈 β-溶血，在血清琼脂平板上形成圆形，边缘呈波状的小菌落。本菌能产生内毒素和杀白细胞素。内毒素可使组织发生坏死，杀白细胞毒素可使巨噬细胞死亡，释放分解酶，组织溶解。

（二）病原诊断方法

1. 涂片镜检

取坏死病灶的病变与健康交界采取病料制作涂片，苯酚复红或碱性亚甲蓝染色后，镜检可见佛珠状的菌丝或长丝状菌体。

2. 分离培养与鉴定

未被污染的肝、脾和肺等病料可直接接种于葡萄糖血琼脂平板进行分离培养。从坏死部皮肤等开放性病灶采取的病料最好先通过易感动物，再采取死亡动物的坏死组织进行分离培养。获纯培养物后，通过生化试验进一步鉴定。

3. 动物接种

在兔耳背部做成一个人工皮囊，将病料埋入其中，在其接种部位将会产生大量的皮下坏死、脓肿、消瘦、死亡。从死亡兔的内脏坏死病灶中极易获得纯培养物，也可将病料悬液耳静脉注射家兔或皮下接种小鼠。

三、防治措施

（一）治疗

在进行局部治疗时，先扩创清洗，然后用高锰酸钾溶液消毒，再涂擦龙胆紫、高锰酸钾、炭末混合剂或锰酸钾、磺胺粉合剂，也可在创面直接涂搽龙胆紫。在进行全身治疗时，常用磺胺类药物或抗生素进行治疗，如磺胺二甲基嘧啶、四环素、氟苯尼考、阿米卡星等均有效，还应进行相应的对症治疗。

（二）预防

预防本病的关键在于避免皮肤、黏膜损伤，同时应经常保持环境、圈舍、用具的清洁和干燥，粪便、污水常清除干净，定期消毒。防止互相咬斗，发现外伤及时进行处理。当动物患病时，消除发病诱因，及时隔离治疗。污染场地、圈合、用具应对其进行彻底消毒，改善饲养管理和卫生条件。

任务五　犬猫结核病的诊断与防治

一、临床诊断

结核病是由分枝杆菌引起的人、畜、禽类和野生动物共患的慢性传染病，偶尔出现急性病例。其特征是在机体多种组织器官形成肉芽肿和干酪样或钙化病灶。

(一)流行病学诊断

结核分枝杆菌有牛型、人型和禽型3型。犬猫的结核病主要是由人型结核分枝杆菌和牛型结核分枝杆菌所致,极少数犬猫的结核病由禽型结核分枝杆菌所引起。人型结核分枝杆菌主要作为人的结核病病原,呈世界性分布,患病率总体呈下降趋势。近年来,该菌的耐药性明显增强,尤其在人口稠密、卫生和营养条件较差地区的人群。一般认为,犬和猫结核分枝杆菌感染由人传播而来。草食动物和某些野生动物是牛型结核分枝杆菌的感染来源。猫和犬可能因采食感染牛未经消毒的奶液、生肉或内脏而感染。猫还可能因捕食被感染的啮齿类动物而感染结核分枝杆菌牛变异株(M. tuberculosis var. boris)。当犬猫的消化道或呼吸道有该菌定植时,其可通过粪便、尿、皮肤病灶分泌物和呼吸道分泌物,排出细菌成为病原散播者。

结核病主要通过呼吸道和消化道感染。结核病患者(畜)可通过痰液排出大量结核杆菌,咳嗽形成的气溶胶或被这种痰液污染的尘埃就成为主要的传播媒介。据介绍,直径小于3～5 μm的尘埃微粒才能通过上呼吸道而到达肺泡,造成感染,体积较大的尘埃颗粒则易于沉降在地面,危害性相对较小。由于结核杆菌的侵袭力和感染性不如其他细菌性病原强烈,长期、经常性和较多量细菌感染才能引起易感动物发病。

经研究证实,猫感染牛型结核分枝杆菌的概率远大于其感染人型结核分枝杆菌的概率,这可能跟猫饮食结核病牛的乳汁或肉等机会较多有关。在临床诊断上,犬猫感染禽型结核杆菌则极少。

(二)症状诊断

犬结核病常缺乏明显的临诊表现和特征性的症状,只是逐渐消瘦,体躯衰弱,易疲劳。食欲明显降低。有时则在病原侵入部位引起原发性病灶。犬常表现为支气管肺炎,胸膜上有结节形成和肺门淋巴结炎,并引起发热、初期干咳而后转为湿咳、听诊有啰音,痰液为黏性或脓性,鼻有脓性分泌物。有的还表现呼吸困难、可视黏膜发绀和右心衰竭现象。如果病理损伤发生于口咽部,常表现为吞咽困难、干呕、流口水及扁桃体肿大等。皮肤结核可发生皮肤溃疡。骨结核可表现为运动障碍,跛行,并易出现自发性骨折,有时还可看到杵状趾的现象,特别是足端的骨骼常两侧对称性增大。有的还出现咯血、血尿及黄疸等症状。

猫的原发性肠道病灶比犬多见,主要表现为消瘦、贫血、呕吐、腹泻等消化道吸收不良症状,肠系膜淋巴结常肿大,有时在腹部体表就能触摸到。某些病例腹腔渗出液增多。胸膜炎和心包炎性结核病,引起呼吸困难和肺胸粘连。骨结核病引起跛行。

禽型结核分枝杆菌感染主要表现为全身淋巴结肿大、食欲减退、消瘦和发热,实质性脏器形成结节或肿大。

(三)病理剖检诊断

剖检时可见患结核病的犬及猫极度消瘦,在许多器官出现多发性的灰白色至黄色有包囊的结节性病灶。犬常可在肺及气管、淋巴结,猫则常在回、盲肠淋巴结及肠系膜淋巴结见到原发性病灶。犬的继发性病灶一般较猫常见,多分布于胸膜、心包膜、肝、心肌、肠壁和中枢神经系统。猫的继发性病灶则常见于肠系膜淋巴结、脾脏和皮肤。一般来说,继发性结核结节较小(1～3 mm),但在许多器官亦可见到较大的融合性病灶。有的结核病灶中心积有脓汁,外周由包囊围绕,包囊破溃后,脓汁排出,形成空洞。当肺结核时,常以渗出性炎症为主。其在初期表现为小叶性支气管炎,进一步发展则可使局部干酪化,多个病灶相互融合后则出现较大范围病变,这种病变组织切面常见灰黄与灰白色交错,形成斑纹状结构。随着病程进一步发展,干酪样坏死组织还能够进一步钙化。

组织学检查可见到结核病灶中央发生坏死,并被炎性浆细胞及巨噬细胞浸润。病灶周围常有组织细胞及成纤维细胞形成的包膜,有时中央部分发生钙化。在包囊组织的组织细胞及上皮样细胞内常可见到短链状或串珠状具抗酸染色性的结核杆菌。

二、病原诊断

(一)病原特征

分枝杆菌群包括结核分枝杆菌(*Mycobacterium tuberculosis*)、牛分枝杆菌(*M. boris*)及鸟分枝杆菌(*M. avium*)。感染犬猫的病菌主要是结核分枝杆菌和牛分枝杆菌。结核分枝杆菌呈细长略弯曲,有时有分枝或出现丝状体,大小(1～4) μm×(0.3～0.6) μm。牛分枝杆菌较结核分枝杆菌短而粗,组织内菌体较体外培养物细而长。革兰氏染色呈阳性,但不易染色,常用 Ziehl-Neelsen 抗酸染色,以5%石炭酸复红加温染色后,用3%盐酸乙醇不易脱色,再用亚甲蓝复染,则分枝杆菌呈红色,而其他细菌和背景中的物质为蓝色。结核分枝杆菌为专性需氧菌,生长缓慢,最适生长温度为37℃。其被初次分离时,需要营养丰富的培养基,常用 Lowenstein- Jensen 固体培养基,内含蛋黄、甘油、马铃薯、无机盐和孔雀绿等。一般2～4周可见菌落生长。菌落呈颗粒、结节或菜花状,乳白色或米黄色,不透明。

结核分枝杆菌对干燥和湿冷的抵抗力较强。黏附在尘埃上可保持传染性8～10 d,在干燥痰内能存活6～8个月。结核分枝杆菌对高温的抵抗力差,在60℃的温度下,经过30 min即可将其杀死。常用消毒药需经4 h才可将其杀死。70%酒精、10%漂白粉溶液、次氯酸钠等均有可靠的消毒效果。结核分枝杆菌对紫外线敏感。

(二)病原诊断方法

1. 血液、生化及X射线检查

患结核病动物常伴有中等程度的白细胞增多和贫血,人血白蛋白含量偏低及球蛋白血症,但无特异性。X射线检查胸腔可见气管支气管淋巴结炎、结节形成、肺钙化灶或空洞影。腹腔触诊、放射检查或超声波检查可见脾、肝等实质性脏器肿大或有硬固性团块,肠系膜淋巴结钙化。腹腔可能有积液。

2. 皮肤试验

结核菌素试验对于病犬的诊断具有一定的意义。在试验时,可用提纯结核菌素,于大腿内侧或肩胛上部皮内注射0.1 mL,经48～72 h后,结核病犬注射部位可发生明显肿胀,即为阳性反应。据报道,犬接种卡介苗试验更敏感可靠。皮内接种0.1～0.2 mL卡介苗,阳性犬48～72 h后出现红斑和硬结。因为被感染犬可能出现急性超敏反应,所以试验有一定的风险。猫对结核菌素反应微弱,故一般此法不应用于猫。

3. 血清学检验

血清学检验包括血凝(HA)及补体结合反应(CF),常作为皮肤试验的补充,尤其是补体结合反应的阳性检出符合率可达50%～80%,具有较大的诊断价值。

4. 细菌分离

用以细菌分离的病料常用4% NaOH 处理15 min,用酸中和后再离心沉淀集菌,接种于

Lowenstenin-Jensen 氏培养基培养需较长时间。根据细菌菌落生长状况及生化特性来鉴定分离物，也可将可疑病料接种于豚鼠、兔、小鼠和仓鼠，以鉴定分枝杆菌的种别，如淋巴结、脾脏和肉芽肿腹腔。有时直接取病料，如痰液、尿液、乳汁、淋巴结及结核病灶制成抹片或触片，抗酸染色后镜检，可直接检到细菌。近年来，用荧光抗体法检验病料中的结核杆菌也收到了满意的效果。目前已将 PCR 技术用于结核分枝杆菌 DNA 鉴定，每毫升只需几个细菌即可获得阳性，且 1～2 d 就可得出结果。

三、防治措施

(一)治疗

犬结核病已有治愈的报道，但对犬猫结核病而言，应先考虑其对公共卫生构成的威胁。在治疗过程中，患病犬猫(尤其开放性结核患者)可能将结核病传给人或其他动物，因此，建议施以安乐死并进行消毒处理。确有治疗价值的犬猫可选用异烟肼，每千克体重 4～8 mg，2～3 次/d；利福平，每千克体重 10～20 mg，分 2～3 次内服；链霉素每千克体重 10 mg，肌内注射，1 次/8 h (猫对链霉素较敏感，故不宜用)。

应该提及的是，化学药物治疗结核病在于促进病灶愈合，停止向体外排菌，防止复发，而不能真正杀死体内的结核杆菌。由于抗结核药对肝、肾损害较严重，对听神经和视神经也有影响，所以应定期检查肝功和肾功能以及眼、耳功能。在治疗过程中，应给动物以营养丰富的食物，增强机体自身的抗病能力。冬季应注意保暖。

(二)预防

定期对犬猫进行检疫，可疑及患病的动物应尽早隔离。对开放性结核患病的犬猫而言，无治疗价值者应立即淘汰，尸体焚烧或深埋。除少数名贵品种外，结核菌素阳性犬也应及时淘汰，绝不能再与健康犬混群饲养。当人或牛发生结核病时，与其经常接触的犬、猫应及时检疫。平时，不用未消毒牛奶及生杂碎饲喂犬、猫。对犬舍及犬经常活动的地方要进行严格的消毒。严禁结核病人饲喂和管理犬。国外有人应用活菌疫苗预防犬结核病取得初步成效，但是这种方法尚未普遍推广与应用。

任务六　犬猫钩端螺旋体病的诊断与防治

一、临床诊断

钩端螺旋体病(简称钩体病)是指由一群致病性的钩端螺旋体引起的一种急性或隐性感染的犬和多种动物及人共患的传染病。其主要表现为短期发热，黄疸，血红蛋白尿，母犬流产和出血性素质等。

(一)流行病学诊断

犬猫感染后大多数为隐性感染，无任何表现。只有感染黄疸出血型和犬型等致病能力强的钩端螺旋体时，其才表现出症状。犬的发病率较猫高。根据血清学调查，有些地区

20%～30%犬曾感染过钩端螺旋体病。

钩端螺旋体几乎遍布世界各地，尤其气候温暖、雨量充沛的热带、亚热带地区，而且动物宿主的范围非常广泛，啮齿类动物，特别是鼠类为本病最重要的自然宿主。几乎所有温血动物均可感染，为该病的传播提供了条件。国外已从 170 多种动物中分离出钩端螺旋体。我国广大地区钩端螺旋体的储存宿主也十分广泛。其已从 80 多种动物中分离到病原，包括哺乳类、鸟类、爬行类、两栖类及节肢动物，其中哺乳类的啮齿目、食肉目和有袋目以及家畜等。南方稻田型钩端螺旋体病的主要传染源是鼠类和食虫类。当鼠类被感染后，其多呈健康带菌状态，带菌时间可长达数年，是钩端螺旋体病自然疫源的主体。感染后发病或带菌的家畜就构成了自然界牢固的疫源地。猪是北方钩端螺旋体病的主要传染源，也是南方洪水型钩端螺旋体病流行的重要宿主。钩端螺旋体可以在宿主肾中长期存活，并经常随尿排出而污染水源。

钩端螺旋体主要通过直接接触感染动物，穿过完整的黏膜或经皮肤伤口和消化道传播。交配、咬伤、食入污染有钩端螺旋体的肉类等均可感染本病，有时亦可经胎盘垂直传播。这种垂直传播方式只能引起个别发病，通过被污染的水的间接感染方式可导致大批动物发病。某些吸血昆虫和其他非脊椎动物可作为传播媒介。

患病犬可以从尿液间歇地或连续性排出钩端螺旋体，污染周围环境，如饲料、饮水、圈舍和其他用具，甚至在临诊症状消失后，体内有较高滴度抗体时，仍可通过尿液间歇性排菌达数月至数年，犬成为危险的带菌者。

犬猫钩端螺旋体病流行有明显季节性，一般夏秋季节为流行高峰季节，特别是发情交配季节更多发，犬猫钩端螺旋体病在热带地区可长年发生。雄犬的发病率高于雌犬的发病率，幼犬发病率高于老年犬的发病率，其症状也较严重。饲养管理好坏与本病发生有密切关系，均可使原为隐性感染的动物表现出临诊症状，甚至死亡，如饲养密度过大、饥饿或其他疾病使机体衰弱。

(二)症状诊断

犬猫钩端螺旋体病的潜伏期为 5～15 d，在临诊上据其表现可分为急性出血型、黄疸型、血尿型 3 种。

1. 急性出血型

在发病初期，体温可升高到 39.5～40℃，表现为精神委顿，食欲减退或废绝，震颤和广泛性肌肉触痛，心跳加快，心律不齐，呼吸困难乃至于喘息，继而出现呕血、鼻出血、便血等出血症状，精神极度萎靡，体温降至正常以下，很快死亡。

2. 黄疸型

在发病初期，体温可升高到 39.5～41℃，持续 2～3 d，食欲减退，间或发生呕吐，随后出现可视黏膜甚至皮肤黄疸，出现率在 25%以上。严重者全身呈黄色或棕黄色乃至于粪便也呈棕黄色。肌肉震颤，四肢无力，有的不能站立。重病例因肝脏、肾脏的严重机能障碍，而出现尿毒症症状，口腔恶臭、昏迷或出现出血性、溃疡性胃肠炎，大多重病例以死亡告终。

3. 血尿型

有些病例主要出现肾炎症状，表现为肾脏、肝脏被入侵病原严重损伤，致使肾功能和肝功能严重障碍，从而出现呼出尿臭气体。口腔黏膜发生溃疡，舌坏死溃烂，四肢肌肉僵硬，难以站立，尤以两后肢为甚，站立时弓腰缩腹，左右摇摆。呕吐、黄疸、血便。后期腰部触压敏感，出现尿频，尿中含有大量蛋白和血红色素。病犬多死于极度脱水和尿毒症。当猫感染钩端螺旋体时，其体内有抗多种血清型钩端螺旋体的抗体，故临诊症状较温和，剖检仅见肾和肝的炎症。

(三)病理剖检诊断

病犬及病死犬常见于黏膜呈黄疸样变化，还可见浆膜、黏膜和某些器官表面出血。舌及颊部可见局灶性溃疡，扁桃体常肿大，呼吸道黏膜水肿，肺充血、淤血及出血变化，胸膜常见出血斑点。腹水增多，且常混有血液。

肝大、色暗、质脆，胆囊充满带有血液的胆汁。肾肿大，表面有灰白色坏死灶，有时可见出血点，慢性病例可见肾萎缩及发生纤维变性。心脏呈淡红色，心肌脆弱，切面横纹消失，有时杂有灰黄色条纹。胃及肠黏膜水肿，并有出血斑点。全身淋巴结，尤其是肠系膜淋巴结肿大，呈浆液性卡他性以至增生性炎症。肺组织学变化包括微血管出血及纤维素性坏死等。

二、病原诊断

(一)病原特征

钩端螺旋体属包括寄生性的问号钩端螺旋体和腐生性的双曲钩端螺旋体。对人和动物致病的主要是寄生性的问号钩端螺旋体。迄今，从人和动物中分离到的寄生性的问号钩端螺旋体有25个血清群，270多个血清型。本病菌能产生一种具有溶血活性的神经鞘磷脂酶C及对淋巴系统有破坏作用的内毒素。引发犬发病的钩端螺旋体主要是黄疸出血型和犬型，其他血清型也能感染犬。猫血清中也能检查出钩端螺旋体的多种血清型的抗体，但猫的发病率很低。我国是发现钩端螺体血清型最多的国家。

本菌菌体纤细，呈螺旋状弯曲，一端或两端弯曲呈钩状，长为6～20 μm，宽为0.1～0.2 μm，革兰氏染色阴性，但很难着色。Fontana镀银染色法着色较好，菌体呈褐色或棕褐色。

钩端螺旋体运动非常活泼，在暗视野显微镜或相差显微镜下观察活菌体效果最好，可见钩端螺旋体沿长轴方向旋转滚动式或屈曲式前进。当其旋转活动时，两端较柔软，而中段较僵硬，有利于区别血液或组织内假螺旋体。

钩端螺旋体为严格需氧，最适合的生长温度为28～30℃，但当从感染组织中初次分离时，温度为37℃的效果最佳。本菌为有机化能营养型，生长需要长碳链的脂肪酸、维生素B_1和维生素B_{12}。当人工培养时，培养基常以林格氏液、磷酸盐缓冲液为基础，加入7%～20%的新鲜灭活的兔血清或牛血清白蛋白、油酸蛋白提取物V组分及吐温-80。通常多用柯索夫培养基或切尔斯基培养基培养。本菌生长缓慢，通常在接种后2～3周才可观察到明显的生长现象。当从动物组织中分离钩端螺旋体时，可以使用加0.2%～0.5%琼脂的半固体培养基。

本菌生化反应极不活泼，不发酵糖类，而糖类也不足以维持该菌生长。本菌的抗原结构有两类：一类为S抗原，位于菌体中央，菌体被破坏后即表现出其抗原性；另一类为菌体表面的P抗原，具有群和型的特异性。

钩端螺旋体对外界环境的抵抗力较强，在污染的河水、池水和湿土中可存活数月，在尿中存活28～50 d。但是一般消毒剂和pH6.2～8.0之外的干燥的酸碱度敏感在50℃的温度下，经过 10 min，在 60℃的温度下，经过 10 s 可将其杀死，对多种抗生素敏感。但致病性钩端螺旋体在 pH6.8 以上湿润的体外环境中可存活数天，动物组织中的钩端螺旋体在低温条件下存活时间较长。

(二)病原诊断方法

1. 直接镜检

将新鲜的血液、脊髓液、尿液(4 h 内)、新鲜肝和肾组织悬液制成悬滴标本在暗视野显微镜下观察，可见螺旋状、运动着的细菌，或取病料做吉姆萨染色或镀银染色后镜检，可见着色菌体。

2. 分离培养

取新鲜病料接种于柯托夫或切尔斯基培养基(加有 5%～20%灭能兔血清)，置于 25～30℃进行培养，每隔 5～7 d 用暗视野显微镜观察一次，初代培养一般时间较长，有时可达 1～2 个月。

3. 动物接

取病料标本接种于 150～200 g 的乳兔，剂量为 1～3 mL/只，每天测体温、观察一次，每 2～3 d 秤重一次；接种后一周内隔天直接镜检和分离培养。通常在接种后 4～14 d 出现体温升高，体重减轻，活动迟钝，黄疸，天然孔出血等。病死兔剖检可进行直接镜检和分离培养。

4. 血清学检查

犬猫在感染后不久血清中即可检出特异性抗体，且水平高、持续时间长，通常用以下方法检查。

(1)玻片凝集试验　采用的是染色抗原玻片凝集法，其中抗原有单价和多价 2 种，多为 10 倍浓缩抗原。使用 10 倍浓缩玻片凝集抗原在以 1∶10 血清稀释度进行检查时与微量凝集试验符合率为 87.7%。

(2)显微凝溶试验　当抗原与低倍稀释血清反应时，出现以溶菌为主的凝集溶菌，而随血清稀释度的增高，则逐渐发生以凝集为主的凝集溶菌，故称之为凝溶试验(也可称为显微凝集试验或微量凝集试验)。本法既可用于检疫定性，也可用于定型。抗原为每 400 倍视野含 50 条以上活菌培养物。滴度判定终点以血清最高稀释度孔出现 50%菌体凝集者为准。如果康复期的血清的抗体滴度比发病初期的血清的滴度高 4 倍以上，则可进行确诊。

三、防治措施

(一)治疗

犬的急性钩端螺旋体病主要应用抗生素治疗和支持疗法。首选青霉素和四环素衍生物，如青霉素每千克体重 4 万～8 万 IU，每天肌注 2 次，连用 2 周；阿莫西林每千克体重 2 mg，每天口服 2～3 次，连用 2 周。表青霉素无法消除带菌状态，因此，在应用青霉素治疗时可多西环素霉素和红霉素，可消除带菌状态。四环素、氨基糖甙类或氟喹诺酮类。多西环素可用于急性病例或跟踪治疗。

肾病者主要采用输液疗法，也有个别病例可用血液透析。部分病犬因慢性肾衰竭或弥散性血管内凝血而死亡，严重病例可对其施安乐死术。

（二）预防

预防犬猫钩端螺旋体病主要应包括3个方面的内容：首先，消除带菌排菌的各种动物（传染源），如通过检疫及时处理阳性及带菌动物，消灭犬舍中的啮齿动物等；其次，消毒和清理被污染的饮水、场地、用具，防止疾病传播；最后，进行预防接种。目前常用的有钩端螺旋体的多联菌苗和用于犬的包括犬钩端螺旋体和出血性黄疸钩端螺旋体二价菌苗以及再加上流感伤寒钩端螺旋体和波摩那钩端螺旋体的四价菌苗，间隔2～3周，进行3～4次注射，一般可保护1年。

接触患病犬猫注意个人防护，加强清洁和消毒。

任务七　犬猫衣原体病的诊断与防治

一、临床诊断

衣原体病是由鹦鹉热衣原体引起的人畜共患传染病。鹦鹉热衣原体是引起猫结膜炎的重要病原之一，偶尔可引起上呼吸道感染。与其他细菌或病毒并发感染时，鹦鹉热衣原体可引起角膜溃疡。犬的衣原体感染的病例报道较少，但其也可能引起结膜炎、肺炎及脑炎综合征。

（一）流行病学诊断

鹦鹉热衣原体可感染禽类引起禽衣原体病，又名鹦鹉热或鸟疫，也感染其他脊椎动物如猫、牛、猪、山羊、绵羊、犬等。因为正常猫也可分离到鹦鹉热衣原体，所以该病原体有可能作为结膜和呼吸道上皮的栖身菌群。易感猫主要通过接触具有感染性的眼分泌物或污物而发生水平传播，也可能发生由鼻腔分泌物引发的气溶胶传播，但较少见。鹦鹉热衣原体很少引起上呼吸道症状。根据猫的生理结构特点不容易形成含有衣原体的感染性气溶胶，而打喷嚏形成的含有感染性衣原体的大水滴传播距离往往超过1.2 m。当妊娠母猫泌尿生殖道被感染时，可将病原垂直传给小猫。

病发猫免疫缺陷病毒（FIV）可促进和加重临诊症状及病原体的排放。当感染FIV的猫人工接种鹦鹉热衣原体后，病原排放可持续270 d，而FIV阴性猫则为7 d。

（二）症状诊断

当易感猫感染鹦鹉热衣原体后，经过3～14 d的潜伏期，可表现明显的临诊症状，最常表现为结膜炎。而人工感染的猫发病较快，潜伏期仅为3～5 d。新生猫可能发生新生儿眼炎，引起闭合的眼睑突出及脓性坏死性结膜炎。其原因可能是被感染母猫在分娩时经产道将病原传染给仔猫，病原经鼻泪管上行至新生猫眼睑间隙附近的结膜基底层所致。5周龄以内幼猫的感染率通常比5周龄以上的猫感染率低。

在急性感染初期，出现急性球结膜水肿、睑结膜充血和睑挛，眼部有大量浆液性分泌物。结膜起初暗粉色，表面闪光，单眼或双眼同时感染。如果先发生单眼泪感染，一般在5～21 d后，另一只眼也会被感染。当并发其他条件性病原菌感染时多形核炎性细胞进入被感染组织，浆液性分泌物可转变为黏液脓性或脓性分泌物。急性感染猫可能表现为轻度发热，但在自然感染病例中并不常见。

患鹦鹉热衣原体结膜炎的猫很少表现出上呼吸道症状。即使表现出上呼吸道症状，也是多发生于5周龄至9月龄猫，并以患有结膜炎并打喷嚏者往往以疱疹病毒1型(FHV-1)阳性猫居多。如果猫没有出现结膜炎症状，一般不考虑鹦鹉热衣原体感染。

(三)病理剖检诊断

自然感染的病例大多数为自限性发展。轻度感染的幼猫一般在2～6周内恢复，而年龄较大的猫在2周内即可自行恢复。严重感染或持续性感染病例在结膜穹隆和瞬膜后侧，形成结膜淋巴滤泡。结膜感染持续发展，巨噬细胞和淋巴细胞增多，球结膜水肿和睑痉挛减缓。慢性感染的猫结膜炎和结膜水肿主要限于睑结膜处，眼分泌物减少，在急性期的症状消退之后，眼有间歇性黏液性分泌物，并持续数月。成年猫被感染后可成为无症状病原携带者，或者在某些因素作用下间歇性发生结膜炎，如应激或感染FIV后。这种症状的病原携带者可持续数月至数年，在分娩等生理应激因素作用下即向外界排出病原。

二、病原诊断

(一)病原特征

鹦鹉热衣原体是指一类严格的细胞内寄生、具有特殊的发育周期、能通过细菌滤器的原核型微生物。革兰氏染色阴性含有DNA和RNA 2类核酸，衣原体在细胞胞质内可形成包涵体，易被碱性染料着染。衣原体具有特殊的发育周期，形成原体和网状体(始体)2种不同的结构形式。EB从感染破裂细胞中释放后通过内吞作用进入另一个细胞，形成膜包裹吞噬体并在其中发育形成直径为0.5～1.5 μm、无细胞壁和代谢活跃的RB。RB以二分裂方式繁殖，发育成多个子代原体，最后，成熟的子代原体从细胞中释放，再感染新的易感细胞，开始新的发育周期。衣原体从感染细胞开始的发育周期为40～48 h。RB是衣原体发育周期中的繁殖型，不具有感染性。含有EB和繁殖型RB的膜包裹噬体或胞浆吞噬泡称之为衣原体包涵体。

衣原体可在6～8日龄鸡胚卵黄囊中生长繁殖，也能在McCoy细胞、鼠L细胞、Hela细胞、Vero细胞、BHK21细胞、BGM细胞、Chang氏人肝细胞内生长繁殖，并可使小鼠感染。另外McCoy、BHK、Hela细胞等传代细胞系适合其生长。衣原体对四环素类抗生素、红霉素、夹竹桃霉素、泰乐菌素、多西环素、氯霉素及螺旋霉素敏感，对庆大霉素、卡那霉素、新霉素、链霉素及磺胺嘧啶钠不敏感。

衣原体含有2种抗原：一种是耐热的抗原，具有属特异性；一种是不耐热的抗原，具有种特异性。除含有外膜LPS外，鹦鹉热衣原体还含有一层蛋白质外膜(MOM P)。其主要由几种多肽组成，其在抗原的分类方面及血清学诊断上非常重要，与其他哺乳动物和禽源分离株明显不同。

衣原体对季胺化合物和脂溶剂等特别敏感，对蛋白变性剂、酸和碱的敏感性较低，对甲苯基化合物和石灰有抵抗力。碘酊溶液、70%酒精、3%过氧化氢在几分钟内便能将其杀死，0.1%甲醛溶液、0.5%石炭酸经24 h使其灭活。在干燥情况下，衣原体在外界至多存活5周，而室温和日光下至多存活6 d，在60℃的温度下，经过10 min失去感染性。20%的组织匀浆悬液中的衣原体在56℃的温度下，经过5 min，在37℃的温度下，经过48 h，在22℃的温度下，经过 12 d，在 4℃的温度下，经过 50 d 后被灭活。衣原体在 50% 甘油中于低温中可生活 10～20 d。−20℃及其以下的温度可长期保存，−70℃的温度下可保存数年，液氮中保存 10 年以上，冻干保存 30 年以上。

（二）病原诊断方法

1. 光学显微镜检查

光学显微镜检查是指通过细胞学方法检查急性感染猫结膜上皮细胞胞浆内衣原体包涵体。一般在出现临诊症状 2～9 d 采集结膜刮片最有可能观察到包涵体。疾病的早期以多形核细胞为主，在眼结膜上皮细胞内发现嗜碱性核内包涵体可诊断为鹦鹉热衣原体感染，鹦鹉热衣原体多位于核附近。急性感染猫衣原体包涵体检出率往往低于 50%，慢性感染病例更低。

2. 细胞分离法

用无衣原体抗体的胎牛血清和对衣原体无抑制作用的抗生素，制成标准组织培养液，培养出盖玻片单层细胞，然后将病料悬液 0.5～1.0 mL 接种于细胞，2～7 d 后取出感染细胞盖玻片，Gim enez 染色镜检，如万古霉素、硫酸卡那霉素、链霉素、杆菌肽、庆大霉素和新霉素等。

3. 鸡胚分离法

将样品悬液 0.2～0.5 mL 接种于 6～7 日龄鸡胚卵黄囊内，在 39℃的温度下孵育。接种后 3～10 d 内死亡的鸡胚卵黄囊血管充血。无菌取鸡胚卵黄囊膜涂片，若镜检发现大量衣原体原生小体，则可确定。

4. 小鼠接种

将病料经腹腔（较常用）、脑内或鼻内接种 3～4 日龄小鼠。腹腔接种小鼠，腹腔中常积有多量纤维蛋白渗出物，脾脏肿大。镜检时可取腹腔渗出物和脾脏。脑内和鼻内接种小鼠可制成脑膜、肺脏印片。

5. PCR 技术

运用 PCR 技术检测衣原体是一种比较敏感的方法，可用刮取或无菌棉拭子采集样本进行 PCR 扩增，检测其特异性的 DNA 片段。

6. 血清学诊断方法

（1）补体结合试验（CFT） CFT 是一种特异性强的经典血清学方法，被广泛地应用于衣原体定性诊断及抗原研究。此法要求抗原及血清必须是特异性的，补体血清必须来源于无衣原体感染动物。当血清与相应抗原结合后不能与补体结合时，就会出现假阳性结果。

（2）间接血凝试验（IHA） IHA 是用纯的衣原体致敏绵羊红细胞后，用于动物血清中衣原体抗体检测。此法简单快捷，敏感性较高。

（3）免疫荧光试验（IFT） 若标记抗体的质量很高，可大大提高检测衣原体抗原或抗体的灵敏度和特异性，能用于临诊定性诊断。微量免疫荧光法（MIF）是一种比较常用的回顾性诊断方法。

三、防治措施

（一）治疗

发病猫可使用四环素类和一些新的大环内酯类敏感抗生素。如果使用多西环素，每千克体重 5 mg，口服，每天 2 次，连用 4 周可迅速改善临诊症状，用 6 d 可消除排菌现象。妊娠母猫和幼猫应避免使用四环素，以防牙釉质变黄。有结膜炎的猫可用四环素眼药膏点眼，每天4次，用药7～10 d。猫外用含四环素的眼药膏制剂常发生过敏性反应，主要表现为结膜充血和睑痉挛加重，有些发展为睑缘炎。一旦出现过敏反应，应立即停止使用该药。

(二)预防

幼猫可以从感染过本病的母猫初乳中获得抗鹦鹉热衣原体的母源抗体，母源抗体对幼猫的保护作用可持续9～12周龄。无特定病原体猫在人工感染鹦鹉热衣原体前4周接种疫苗可以明显降低结膜炎的严重程度，但不能防止和减少结膜病原的排出量。免疫接种不能阻止人工感染衣原体在黏膜表面定植和排菌。本病主要是易感猫与感染猫直接接触传染，因此，预防本病的重要措施是将感染猫隔离，并进行合理的治疗。

任务八　犬猫支原体病的诊断与治疗

一、临床诊断

犬支原体病是由犬支原体和犬尿道支原体引起的，以犬表现为肺炎为特征的传染病；猫支原体病是由猫支原体引起的，以猫表现为结膜炎为特征的传染病。

(一)流行病学诊断

本菌为犬猫上呼吸道和外生殖器的正常菌，偶尔引起感染发病。

(二)症状诊断

犬猫支原体病的潜伏期较长，可达2～3周。犬支原体主要引起犬肺炎，剖检可见病犬呈典型的间质性支气管肺炎变化。犬尿道支原体主要引起犬生殖器官疾病，表现为子宫内膜炎、阴道前庭炎、精子异常等。猫支原体主要引起猫结膜炎，关节炎，关节液贮留，纤维素析出，并发腱鞘炎。

在发病初期，发生单侧结膜炎，7～14 d后，对侧眼发病。发病早期眼的分泌物为浆液性，并伴有球结膜水肿，前房积血，眼睑痉挛等症状。随着病程发展，分泌物增多，分泌物变为黏液脓性，结膜水肿更加严重。黏稠的分泌物会粘到结膜上，形成伪膜。瞬膜充血、肿胀且突出，结膜可发生乳头状增生。

二、病原诊断

病原为支原体，属支原体科支原体属中的犬支原体和犬尿道支原体。猫支原体病的病原为猫支原体。支原体的大小为0.2～0.3 μm，可通过滤菌器。无细胞壁，不能维持固定的形态而呈现多形性。革兰氏染色阴性。细胞膜中的胆固醇含量较多，约占36%，对保持细胞膜的完整性具有一定作用。凡能作用于胆固醇的物质(如两性霉素B、皂素等)均可引起支原体膜的破坏而使支原体死亡。支原体对热的抵抗力与细菌相似，对环境渗透压敏感，渗透压的突变可致细胞破裂，对重金属盐、石炭酸、来苏儿和一些表面活性剂较细菌敏感，但对醋酸铊、结晶紫和亚锑酸盐的抵抗力比细菌大，对影响细胞壁合成的抗生素等不敏感，如青霉素。诊断本病可进行支原体分离培养，同时注意混合感染。

三、防治措施

犬猫支原体病没有特殊的预防方法。发病动物可使用敏感抗生素进行治疗，如林可霉素、多西环素、红霉素、两性霉素、支原净、替米考星药物等。

思考题

1. 犬猫大肠杆菌病有哪些主要症状？如何预防和治疗大肠杆菌病？
2. 犬猫布鲁代氏菌病有哪些主要症状？
3. 结核病有哪些特征？
4. 如何诊断和治疗犬猫钩端螺旋体病？
5. 如何诊断和治疗衣原体病？
6. 如何诊断和治疗支原体病？

项目四

观赏鸟传染病的防治技术

【学习目标】

1. 掌握鸟类禽流感、新城疫、鸟痘、巴氏杆菌病、大肠杆菌病、沙门菌病、结核病和鹦鹉热的病原、流行特点、症状和剖检特征；
2. 学会诊断、治疗和预防方法。

任务一　鸟类禽流感的诊断与防治

一、临床诊断

禽流感(AI)是由禽流感病毒(AIV)引起的一种从无症状的隐性感染到接近100%死亡率的禽(鸟)类传染病。禽流感可分为高致病性禽流感和低致病性禽流感2种。世界动物卫生组织(OIE)将高致病性禽流感列为A类传染病,在我国为一类动物疫病。

(一)流行病学诊断

禽流感病毒能自然感染多种禽(鸟)类。感染禽(鸟)经呼吸道和粪便排出病毒,主要通过易感鸟与感染鸟的直接接触传播,或通过病毒污染物(如被污染的饮水、飞沫、饲料、设备、物资、笼具、衣物和运输车辆等)的间接接触传播。在自然传播过程中经呼吸道、消化道、眼结膜及损伤皮肤等途径感染。

禽流感一年四季都可发生,但以冬季和早春季节发生较多。气候突变、骤冷骤热、饲料中营养物质缺乏等均能促进该病的发生。

(二)症状诊断

潜伏期为几小时到几天不等。临诊症状从无症状的隐性感染到接近100%的死亡率,差别较大,这主要与病毒的致病性、感染强度、传播途径、感染禽(鸟)的种类和日龄等有关。

1. 高致病性禽流感

发病率和死亡率可高达90%以上。病鸟体温升高,精神沉郁,采食量明显下降,甚至食欲废绝。头部及下颌部肿胀,皮肤及脚鳞片呈紫红色或紫黑色,粪便黄绿色并带多量的黏液。呼吸困难,张口呼吸。产蛋鸟产蛋下降或几乎停止。也有的出现抽搐,头颈后扭,运动失调,瘫痪等神经症状。

2. 低致病性禽流感

呼吸道症状表现明显,流泪,排黄绿色稀便。产蛋鸟产蛋下降明显,甚至绝产,一般下降幅度为20%～50%。发病率高,死亡率较低。

(三)病理剖检诊断

由于病毒的致病力、病程的长短和鸟种类的不同,所产生的病理变化也存在差异。

1. 高致病性禽流感

高致病性禽流感主要表现为全身多个组织器官的广泛性出血与坏死。心外膜或冠状脂肪有出血点,心肌纤维坏死呈红白相间。胰腺有出血点或黄白色坏死点。腺胃乳头、腺胃与肌胃交界处及肌胃角质层下出血。输卵管中部可见乳白色分泌物或凝块。卵泡充血、出血、破裂,有的可见"卵黄性腹膜炎"。喉头、气管出血;头颈部皮下胶冻样浸润。

2. 低致病性禽流感

低致病性禽流感主要是喉气管充血、出血,有浆液性或干酪性渗出物,气管分叉处有黄色干酪样物阻塞。肠黏膜充血或出血。产蛋鸟常见卵泡出血、畸形、萎缩和破裂。输卵管黏膜充血水肿,内有白色黏稠渗出物。

二、病原诊断

(一)病原特征

禽流感病毒(AIV)属正黏病毒科 A 型流感病毒属成员。本病毒的核酸型为单股 RNA,病毒粒子一般为球形,直径为 80～120 nm。病毒粒子表面有长为 10～12 nm 的 2 种纤突覆盖,病毒囊膜内有螺旋形核衣壳。2 种不同形状的纤突是血凝素(HA)和神经氨酸酶(NA)。HA 和 NA 是病毒表面的主要糖蛋白,具有种(亚型)的特异性和多变性,在病毒感染过程中起着重要作用。HA 是决定病毒致病性的主要抗原成分,能诱发感染宿主产生具有保护作用的中和抗体,而 NA 诱发的对应抗体无病毒中和作用,但可减少病毒增殖和改变病程。流感病毒的基因组极易发生变异,其中以编码 HA 的基因的突变率最高,次为 NA 基因。迄今已知有 16 种 HA 和 10 种 NA。不同的 HA 和 NA 之间可能发生不同形式的随机组合,从而构成许许多多不同的亚型。据报道现已发现的流感病毒亚型至少有 80 多种,据其致病性的差异,可分为高致病性毒株、低致病性毒株和不致病性毒株。目前发现的高致病性禽流感病毒仅是 H5 和 H7 亚型中的少数毒株,其中某些毒株可感染人,甚至致人死亡。低致病性禽流感主要流行毒株为 H9 亚型。

禽流感病毒具有血凝性,能凝集鸡、鸭、鹅、马属动物及羊的红细胞。病毒可在鸡胚中繁殖,并引起鸡胚死亡。高致病力的毒株在接种后 20 h 左右即可使鸡胚致死。死胚的尿囊液中含有病毒,而特异性抗体可抑制 AIV 对红细胞的凝集作用,故根据鸡胚尿囊液的血凝试验(HA)和血凝抑制试验(HI)可鉴定病毒。

禽流感病毒对热较敏感,通常在 56℃的温度下经 30 min 灭活,对低温抵抗力较强,粪便中的病毒的传染性在 4℃的温度下可保持 30～35 d 之久,在 20℃的温度下可存活 7 d,冻干后在－70℃可存活 2 年,对脂溶剂敏感,肥皂、去污剂也能破坏其活性,一般消毒药能很快将其杀死。

(二)病原诊断方法

通常可取病死鸟的肝、脾、脑或气管接种鸡胚分离病毒,取 18 h 后死亡的鸡胚收取尿囊液或绒毛尿囊膜,并对病毒进行鉴定。先用琼脂扩散试验确定该病毒是否为禽流感病毒,再用 HA 和 HI 试验鉴定其亚型,也可用分子生物学方法,如反转录-聚合酶链反应(RT-PCR)、荧光定量 RT-PCR 检测法和依赖核酸序列的扩增技术(NASBA)等。

近年来,在临床上常用禽流感病毒抗原胶体金快速诊断试纸条进行禽流感病毒的快速检测及禽流感的快速诊断。

三、防治措施

(一)高致病性禽流感处置措施

立即向有关部门报告疫情,迅速划定疫区(由疫点边缘向外延伸 3 km 的区域)、封锁疫区,扑杀疫区内所有禽类,所有死亡禽(鸟)尸及产品作无害化处理,对疫区内可能受到污染的物品及场所进行彻底的消毒,受威胁区(疫区边缘向外延伸 5 km 的区域)内禽只按规定强制免疫,建立免疫隔离带,关闭疫区和威胁区内所有禽(鸟)类及其产品交易市场。经过 21 d 以上、疫区内未发现新的病例,经有关部门验收合格由政府发布解除封锁令。

(二)低致病性禽流感防治措施

1. 加强生物安全措施

搞好卫生消毒工作 严格执行生物安全措施,加强鸟场的防疫管理,饲养场门口要设消毒池,严禁外人进入鸟舍,工作人员出入要更换消毒过的胶靴、工作服,用具、器材、车辆要定时消毒。粪便、垫料及各种污物要集中作无害化处理。建立严格的检疫制度,严禁从疫区或可疑地区引进鸟类或鸟用品,种蛋、种鸟等的调入,要经过严格检疫。在疫病流行期,不外出遛鸟。

2. 免疫预防

禽流感病毒的血清型多且易发生变异,给疫苗的研制带来很大困难。目前预防禽流感的疫苗有弱毒疫苗、灭活油乳剂疫苗和病毒载体疫苗,常用疫苗是灭活油乳剂苗(H5N1、H5N2 和 H9),可在 2 周龄首免,4～5 周龄时加强免疫,以后间隔 4 个月免疫一次。

3. 药物治疗

在严密隔离的条件下,进行必要的药物治疗及控制细菌继发感染,可明显地减少死亡。如盐酸金刚烷胺,利巴韦林等混饲或混饮,可使鸟死亡率降低。也可应用清热解毒的中药如板蓝根、大青叶和连翘等。禽流感常继发大肠杆菌和支原体感染,如果将氟本尼考、多西环素、泰妙菌素和阿米卡星等抗菌药物与抗病毒药物联合使用,效果更好。

任务二　鸟类新城疫的诊断与治疗

一、临床诊断

新城疫(ND)又称亚洲鸡瘟,是由新城疫病毒(NDV) 引起的一种侵害禽(鸟)类的高度接触性、致死性传染病。其主要特征是呼吸困难、下痢、神经机能紊乱、成鸟生产性能严重下降、黏膜和浆膜出血。

(一)流行病学诊断

NDV 可感染 50 个鸟目中 27 个目 240 种以上的鸟类,主要发生在鸡和火鸡。鸽、斑鸠、乌鸦、麻雀、八哥、老鹰、燕子以及其他自由飞翔的或笼养的鸟类。大部分鸟类能自然感染本病并伴有临诊症状或呈隐性经过。不同年龄的鸟类易感性存在差异。幼鸟和中鸟的易感性最高,2 年以上的成鸟的易感性较低。好几个国家因进口观赏鸟类而招致了本病的流行。

新城疫的主要传染源是病禽(鸟)和带毒禽(鸟),它们通过粪便及口鼻分泌物排毒,污染空气、尘土、饲料和饮水,主要经呼吸道、消化道和眼结膜传播。人、器械、车辆、饲料、垫料、种蛋、昆虫、鼠类及非易感的鸟也对本病起到机械性传播作用。

新城疫一年四季均可发生,以冬春寒冷季节较易流行。不同年龄、品种和性别的鸟均能感染,但幼鸟的发病率和死亡率明显高于大龄鸟的发病率和死亡率。纯种鸟较易感,死亡率也高,某些观赏鸟(如虎皮鹦鹉)对本病有相当抵抗力,常呈隐性或慢性感染,成为重要的病毒携带者。

(二)症状诊断

新城疫的潜伏期为 2～15 d,平均为 5～6 d。发病的早晚及症状表现因病毒的毒力、宿主年龄、免疫状态、感染途径及剂量、并发感染、环境及应激情况而有所不同。

1. 最急性型

多见于流行初期和幼鸟，突然发病，无特征症状而突然死亡。

2. 急性型

病初体温升高，精神萎靡，食欲减退或废绝。随着病程的发展，出现咳嗽，呼吸困难，张口伸颈呼吸，并发出"咯咯"的喘鸣声；排黄绿色或黄白色稀粪；产蛋鸟产蛋率下降甚至停止，病死率高。

3. 亚急性或慢性型

多发生于流行后期的成年鸟，病死率低。其初期症状与急性型的症状相似，不久后逐渐减轻，同时出现神经症状，表现为翅腿麻痹、头颈扭曲，康复后遗留有神经症状。

(三)病理剖检诊断

其主要病变是全身黏膜和浆膜出血，气管出血，心冠脂肪有针尖大的出血点，腺胃黏膜水肿、乳头有出血点，肌胃角质层下有出血点，小肠、盲肠和直肠黏膜有出血，肠壁淋巴组织枣核状肿胀、出血、坏死，有的形成假膜；盲肠扁桃体常见肿大、出血和坏死；产蛋鸟的卵泡和输卵管充血，卵泡破裂发生"卵黄性腹膜炎"。

在免疫鸟群发生新城疫时，其病变不典型，仅见黏膜卡他性炎症、喉头和气管黏膜充血，有多量黏液；腺胃乳头出血少见，直肠黏膜和盲肠扁桃体出血相对明显。

二、病原诊断

(一)病原特征

新城疫病毒(NDV)属副黏病毒科副黏病毒属中的禽副黏病毒-1型(PMV-1)，核酸为单链RNA。成熟的病毒粒子呈球形，直径为120～300 nm，由螺旋形对称盘绕的核衣壳和囊膜组成。囊膜表面有放射状排列的纤突，纤突中含有血凝素和神经氨酸酶。血凝素可与鸡、鸭、鹅等禽类以及人、豚鼠、小白鼠等哺乳类动物的红细胞表面受体结合，引起红细胞凝集(HA)。这种血凝特性能被抗血清中的特异性抗体所抑制(HI)，因此，在实践中可用HA试验来测定疫苗或分离物中病毒的量，用HI试验来鉴定病毒、诊断疾病和免疫监测。

NDV只有一个血清型，但不同毒株的毒力差异很大。根据对鸟的致病性，可将病毒株分为3个类型：速发型(强毒力型)、中发型(中等毒力型)和缓发型(低毒力型)。病毒存在于病鸟的所有器官和组织，其中以脑、脾、肺含毒量为最高，而骨髓的带毒时间最长。NDV能在鸡胚中生长繁殖，将其接种于9～11日龄鸡胚，强毒株在30～60 h可导致鸡胚死亡，胚体全身出血，以头和肢端最为明显。

NDV对自然界理化因素的抵抗力相当强，在室温条件下可存活一周左右，在56℃的温度下存活30～90 min，在−20℃的温度下可存活10年以上。NDV对消毒药较敏感，常用的消毒药，可将NDV杀死，如2%氢氧化钠、5%漂白粉、75%酒精20 min。

(二)病原诊断方法

确诊要进行病毒分离和鉴定，常用的方法是鸡胚接种、HA和HI试验、中和试验(SN)、酶联免疫吸附试验(ELISA)、免疫荧光抗体技术等。

近年来，临床上常用新城疫病毒抗原胶体金快速诊断试纸条进行新城疫病毒的快速检测及新城疫的快速诊断。

三、防治措施

新城疫是危害严重的禽(鸟)病,在《国际动物卫生法典 2002》中被列入 A 类疾病。我们必须严格按国家有关法令和规定,认真执行预防传染病的总体卫生防疫措施,以减少新城疫暴发的危险。尤其是在每年的冬季,养鸟场应采取严格的防范措施。一旦发生疫情,更应严格处理。

(一)采取严格的生物安全措施,防止 NDV 强毒进入鸟群

生物安全措施主要包括加强日常的隔离、卫生、消毒制度;防止一切带毒动物(特别是鼠类和昆虫)和污染物进入鸟群;进出的人员和车辆及用具消毒处理;饲料和饮水来源安全;不从疫区引进种蛋和种鸟,新购进的鸟须隔离观察 2 周以上才可合群等。

(二)预防接种

预防接种是防制 ND 的重要措施之一,它可有效提高禽群的特异免疫力,减少 NDV 强毒的传播。可在抗体监测的基础上,采用弱毒苗滴鼻点眼与油乳剂灭活苗肌内注射相结合的方法。

(三)发病后的控制措施

当怀疑暴发典型新城疫时,应及时报告当地兽医部门。在确诊后,立即由当地政府部门划定疫区,扑杀所有病鸟,采取封锁、隔离和消毒等防疫措施。当免疫鸟群发生非典型新城疫时,可及时应用 ND 疫苗进行紧急接种,以减少损失。可选用Ⅳ系苗,按常规剂量 2～4 倍滴鼻、点眼,同时注射油乳剂苗 1 羽份。对于早期病鸟和可疑病鸟而言,注射 ND 高免血清或卵黄抗体也能控制本病发展,待病情稳定后,再接种疫苗。

任务三 鸟痘的诊断与防治

一、临床诊断

鸟痘是指由鸟痘病毒引起的家禽和鸟类的一种高度接触性传染病。该病传播较慢,以在体表无毛部位出现散在的、结节状的痘疹,或表现为呼吸道、口腔和食管部黏膜的纤维素性坏死性增生病灶为特征。

(一)流行病学诊断

鸟痘主要发生于鸡和火鸡。金丝雀、麻雀、鸽、鹌鹑、野鸡、鹦鹉、孔雀和八哥等鸟类都有易感性。本病属世界性分布,已报道有发病记录的鸟类约为 232 种。各种龄期、性别的鸟都能感染,但以幼鸟和中鸟为最常发病,且病情严重,死亡率高。成鸟较少患病。

鸟痘的传染常通过病鸟与健康鸟的直接接触而发生。脱落和碎散的痘痂是鸟痘病毒散播的主要形式之一。鸟痘的传播一般是通过损伤的皮肤和黏膜而感染,常见于头部、冠和肉垂外伤或经过拔毛后从毛囊侵入。库蚊、疟蚊和按蚊等吸血昆虫在传播本病中起着重要的作用。蚊虫吸吮过病灶部的血液之后即带毒,带毒时间可长达 10～30 d,其间易感染的鸟被带毒的蚊虫刺吮后而被传染。

鸟痘一年四季都可发生,夏秋季多发生皮肤型鸟痘,冬季则以白喉型鸟痘最为多见。南方地区的春末夏初由于气候潮湿，蚊虫多，更易发生，病情也更为严重可使鸟痘加速发生或病情加重。某些不良环境因素，如拥挤、通风不良、阴暗、潮湿、体外寄生虫、啄癖或外伤、维生素缺乏等。

(二)症状诊断

鸟痘的潜伏期多为 4～10 d，有时可长达 2 周。根据症状及病变部位的不同，其分为皮肤型、黏膜型和混合型，偶有败血型的发生。

1. 皮肤型

常出现在身体的无羽毛部位，如冠、肉垂、口角、眼睑和耳球。起初为细薄的灰色麸皮状覆盖物，迅速长出结节，初呈灰色或略带红色，后呈黄灰色，逐渐增大如豌豆，表面凹凸不平，有时相互融合形成大块的厚痂。如果痘痂发生在眼部，可使眼缝完全闭合；如果发生在口角，则影响采食。从痘痂的形成至脱落约需 3～4 周，一般无明显的全身症状。

2. 黏膜型

病初呈鼻炎症状，病鸟委顿厌食，流鼻汁，有时出现眼睑肿胀，结膜充满脓性或纤维蛋白渗出物，甚至引起角膜炎而失明。在鼻炎症状出现 2～3 d 后，口腔、鼻、咽、喉等处黏膜发生痘疹，初呈圆形黄色斑点，逐渐扩散成为大片的沉着物(假膜)，随之变厚而成为棕色痂块，表面凹凸不平且有裂缝，痂块不易剥落，若强行撕裂，则留下易出血的表面，假膜伸入喉部可引起窒息死亡。

3. 混合型

有些病鸟在皮肤、口腔和咽喉黏膜同时发生痘斑。

4. 败血型

病鸟腹泻、逐渐消瘦，衰竭死亡，身上无明显痘疹。吸血型多发生于流行后期，或大群正在流行。个别鸟会出现此型。

二、病原诊断

(一)病原特征

鸟痘病毒属痘病毒科鸟痘病毒属。目前认为引起鸟痘的病毒最少有 5 种，包括鸡痘病毒、火鸡痘病毒、鸽痘病毒、金丝雀痘病毒和燕八歌痘病毒等。各种鸟痘病毒彼此之间在抗原性上有一定的差别，对同种宿主有强致病性，对异种宿主致病力弱。

鸟痘病毒是一种比较大的 DNA 病毒，呈砖形或长方形，大小平均为 258 nm×354 nm。能在患部皮肤或黏膜上皮细胞的胞浆内形成包涵体。

鸟痘病毒可在鸡胚的绒毛尿囊膜上增殖，并在鸡胚的绒毛尿囊膜上产生致密的增生性痘斑，呈局灶性或弥漫性分布。鸡痘病毒在接种后的 3～5 d，其病毒感染效价达最高峰，第 6 天绒毛尿囊膜上产生灰白色致密而坚实的、约 5 mm 厚的病灶，并有一个中央坏死区。鸽痘病毒的毒力较鸡痘病毒弱，病变的形成不像鸡痘病毒明显和普遍，在接种后的第 8 天病变厚为 5～6 mm，但无坏死。金丝雀痘病毒的病变在第 8 天时与鸽痘病毒的病变相似，但病变的形成较小。

痘病毒对外界的抵抗力很强，上皮细胞屑和痘结节中的病毒可抗干燥数年之久，阳光照射数周仍可保持活力，对热的抵抗力差，将裸露的病毒悬浮在生理盐水中，加热到 60℃，经

8 min 可被灭活，但在痂皮内的病毒经 90 min 的处理仍有活力。一般消毒药在常用浓度下均能迅速灭活病毒。

(二)病原诊断方法

黏膜型鸟痘在开始时较难诊断，可将病料做常规处理后，接种于 10～11 日龄鸡胚绒毛尿囊膜上，5～7 d 后在绒毛尿囊膜上可见有致密的增生性痘斑，即可确诊。此外，我们也可采用琼脂扩散试验、中和试验(SN)、酶联免疫吸附试验(ELISA)和免疫荧光技术等方法进行诊断。

在鉴别诊断上，鸟痘应与白念珠菌病、生物素和泛酸缺乏症等相区别。

三、防治措施

(一)做好平时的卫生防疫工作

在蚊子等吸血昆虫活动期的夏秋季，应加强鸟舍内的驱杀昆虫工作，避免各种原因引起啄癖或机械性外伤，养鸟场定期消毒。

(二)预防接种

在常发生本病的地区，对易感鸟接种鸟痘疫苗。目前国内的鸟痘弱毒疫苗有鸡胚化弱毒疫苗、鹌鹑化弱毒疫苗和组织培养弱毒疫苗。疫苗的接种方法可采用翼膜刺种法，即用接种针蘸取经 1：100 稀释的疫苗刺种在翅膀内侧翼膜无血管处。在接种后 3～5 d 即可发痘疹，7 d 后达高峰，以后逐渐形成痂皮，3 周内完全恢复。一般在接种后 7～10 d 检查发痘情况。如果发痘好，说明免疫有效；如果发痘差，则应重新接种。在一般情况下，疫苗在接种后 2～3 周产生免疫力，免疫期可持续 4～5 个月。

(三)发病后的控制措施

一旦发生本病，应严格隔离病鸟，进行治疗。病鸟舍、运动场和用具要进行严格的消毒。由于残存于鸟体内的鸟痘病毒对外界环境因素的抵抗力很强，不易杀灭，所以当鸟群发病时，经隔离的病鸟应在完全康复 2 个月后才能合群。目前尚未有治疗鸟痘的特效药物，我们可采用对症疗法，以减轻病鸟的症状和防止继发细菌感染。

皮肤上的痘痂在用消毒剂如 0.1%高锰酸钾溶液冲洗后，用镊子小心剥离痘痂，然后在伤口处涂上碘伏、龙胆紫或石炭酸凡士林。口腔、咽喉黏膜上的病灶可用镊子将假膜轻轻剥离，用高锰酸钾溶液冲洗，再用碘甘油涂擦口腔。当病鸟眼部发生肿胀时，可将眼内的干酪样物挤出，然后用 2%硼酸溶液冲洗，再滴入 5%的蛋白银溶液。

改善鸟只的饲养管理。在饲料中增加维生素 A 或饲喂含胡萝卜素丰富的饲料。若用鱼肝油或其他维生素制剂作补充时，剂量应是正常量的 3 倍，这将有利于促进组织和黏膜的新生，提高机体的抗病力。

任务四　鸟巴氏杆菌病的诊断和治疗

一、临床诊断

鸟巴氏杆菌病是由多杀性巴氏杆菌引起鸟类的一种接触性传染病。急性型以败血症和剧烈下痢为主要特征；慢性型以肉垂水肿和关节炎为特征。本病是危害鸟类的重要传染病之一。

(一)流行病学诊断

在禽(鸟)类中，鸭、鸡、鹅和火鸡易感，野禽、黑天鹅、鸽、鹦鹉和各种鸟类均可感染发病。幼鸟对本病有抵抗力，16 周龄的幼鸟以前很少发病。发病的高峰期多在性成熟后。

病鸟和带菌鸟为本病的主要传染来源。它们的排泄物和分泌物中的多杀性巴氏杆菌污染饲料、饮水、用具和外界环境，经消化道而传染给健康鸟，或通过飞沫经呼吸道而传染，也可经吸血昆虫和皮肤、黏膜的伤口传播。

鸟巴氏杆菌病四季均可发生，但秋季多发。寒冷、闷热、气候剧变、潮湿、拥挤、通风不良、营养缺乏、突然换料、过度疲劳、长途运输等不良因素均能诱发本病。

(二)症状诊断

鸟巴氏杆菌病潜伏期为 2～9 d。由于鸟的抵抗力和病菌致病力强弱不同，其临诊表现可分为最急性型、急性型和慢性型 3 种病型。

1. 最急性型

最急性型常见于流行初期，无前驱症状而死，有时见病鸟神情沉郁，倒地挣扎，拍翅抽搐，迅速死亡。其病程为几分钟到几小时。

2. 急性型

急性型最为常见。病鸟体温升高到 43～44℃，精神沉郁，食欲下降至不食，羽毛松乱，头缩在翅膀下，呼吸困难，口鼻分泌物增加。剧烈腹泻，开始为白色水样粪便，稍后为绿色带黏液的粪便。有冠及肉髯的鸟的冠及肉髯变为青紫色。其病程为 0.5～3 d。

3. 慢性型

慢性型由急性转变而来，多见于流行后期。以慢性肺炎、慢性呼吸道炎和慢性胃肠炎较为多见。有些病鸟肉髯显著肿大，内有脓性干酪样物质，或干结、坏死、脱落；有的病鸟关节肿大，脚趾麻痹，跛行；有的病鸟呼吸困难，其食欲不振，长期拉稀。病程长达 1 个月以上，生长发育和产卵下降。

(三)病理剖检诊断

1. 最急性型

无特殊病变，偶尔在心外膜有少许出血点。

2. 急性型

病鸟的腹膜、皮下组织及腹部脂肪常见小点出血。心包变厚，心包内积有多量不透明淡黄色液体，有的含纤维素性絮状液体，心外膜、心冠脂肪出血尤为明显。肺有充血和出血点。肝的病变具有特征性，稍肿，质脆，呈棕色或黄棕色，肝表面散布有许多灰白色、针头大的坏死点。脾一般不见明显变化，或稍微肿大，质地较柔软。肠道，尤其是十二指肠呈卡他性和出血性肠炎，有的肠内容物含有血液。雌鸟成熟的卵泡变得松弛，雌鸟未成熟的卵泡和卵巢的间质常充血，有时在腹腔中发现破裂的卵黄物质。

3. 慢性型

因侵害的器官不同而有差异。其表现为呼吸道症状的病鸟，鼻腔和鼻窦内有多量黏性分泌物，某些病例见肺硬变。局限于关节炎和腱鞘炎的病鸟主要见关节肿大变形，有炎性渗出物和干酪样坏死。雌鸟的卵巢明显出血，有时在卵巢周围有一种坚实、黄色的干酪样物质，附着在内脏器官的表面。

二、病原诊断

(一)病原特征

多杀性巴氏杆菌为两端钝圆,中央微凸的短杆菌,大小为(0.2～0.4)μm×(0.6～2.5)μm,革兰氏染色阴性,不形成芽孢,无鞭毛,有荚膜。本菌为兼性厌氧菌,能在普通培养基上生长,加少量血清则生长良好,菌落为灰白色,半透明。病料涂片用瑞氏或亚甲蓝染色、镜检,可见菌体多呈卵圆形,两端着色深,中央部分着色较浅。本菌对外界的抵抗力较弱,一般的消毒药均能杀死,对多种抗菌药物敏感。

(二)病原诊断方法

1. 直接镜检

取病鸟的肝、脾触片,经亚甲蓝或瑞氏染色,置于油镜下观察可见到两极染色的卵圆形杆菌。

2. 分离培养

接种鲜血琼脂培养基,置37℃温箱中培养24 h,可长出灰白色、露珠样小菌落。必要时可进行生化鉴定和小鼠接种实验。

三、防治措施

(一)治疗

1. 紧急预防接种

当发生本病时,应将病鸟隔离,严密消毒。同群的假定健康鸟可用疫苗进行紧急预防接种。在免疫2周后,一般不再出现新的病例。被污染的鸟舍和用具可用5%漂白粉消毒。

2. 药物治疗

通过药敏试验筛选有效药物。土霉素、磺胺类药物、氟苯尼考、红霉素、庆大霉素、恩诺沙星等均有较好的疗效。在治疗过程中,剂量要足,疗程合理。当鸟死亡明显减少后,再继续投药2～3 d以巩固疗效,防止复发。

(二)预防

1. 加强饲养管理,避免应激因素

平时应注意饲养管理,密度要适中,温度要适宜,消除可能降低机体抗病力的因素。鸟舍、用具等要定期消毒,可用5%漂白粉或3%来苏儿等。

2. 免疫接种

临床上应用最多的是蜂胶灭活疫苗,90日龄左右免疫,免疫保护时间为6个月。

任务五　鸟大肠杆菌病的诊断与治疗

一、临床诊断

鸟大肠杆菌病是指由某些致病性大肠杆菌引起的鸟类不同类型疾病的总称。它包括大肠杆菌性败血症、肉芽肿、气囊炎、输卵管炎、滑膜炎、脐炎、脑炎、输卵管炎等。

(一)流行病学诊断

多数鸟类对大肠杆菌病易感，鸡、火鸡和鸭对大肠杆菌最易感，鹌鹑、野鸡、鸽、珠鸡、鸵鸟、鸸鹋、鹦鹉、百灵、燕八哥和多种水鸟也能自然感染发病。幼鸟对大肠杆菌最为易感且发病严重。

病鸟和带菌者是本病的主要传染源。它们通过粪便排出病菌，散布于外界，污染水源、饲料，消化道和呼吸道为常见的传染门户。随粪便排出的大肠杆菌污染蛋壳使鸟胚在孵育过程中死亡或出壳发病和带菌，这也是该病传播的重要途径。

鸟大肠杆菌病的发生与多种因素有关。潮湿、通风不良的环境，温差很大的气候，长期存在的有毒有害气体(氨气或硫代氢等)，营养不良以及其他病原微生物感染所造成的应激等均可促进本病的发生。

(二)症状和病理剖检诊断

1. 鸟胚和幼鸟早期死亡

该病型主要通过垂直传播，鸟胚卵黄囊感染。鸟胚死亡多发生在孵化后期。发病幼鸟突然死亡或表现为柔弱、发抖、昏睡、腹胀、畏寒聚集，白色或黄绿色下痢等。受感染的卵黄囊内容物，从黄绿色黏稠物质变为干酪样物或黄棕色水样物。除卵黄囊病变外，病雏多数发生脐炎、心包炎及肠炎。不死的感染鸟常表现为卵黄吸收不良及生长发育受阻。

2. 大肠杆菌性败血症

鸟大肠杆菌病常引起幼鸟或成鸟急性死亡。其特征性病变是肌肉淤血，呈紫红色；肝大，呈紫红色，表面散布白色的小坏死灶；肠黏膜弥漫性充血、出血，整个肠管呈紫色；心脏体积大，心肌变薄，心包腔充满大量淡黄色液体；肾肿大，呈紫红色。

3. 气囊炎

气囊炎主要发生于2～12周龄幼鸟，经常伴有心包炎、肝周炎，偶尔可见败血症、眼球炎和滑膜炎等。病鸟表现为精神沉郁，打喷嚏，呼吸困难等症状。剖检可见气囊壁增厚，表面有黄白色纤维素渗出物被覆，由此继发心包炎和肝周炎，心包膜和肝被膜上附有纤维素性伪膜。心包膜增厚，心包液增量、混浊；肝大，被膜增厚，被膜下散在大小不等的出血点和坏死灶。

4. 大肠杆菌性肉芽肿

病鸟消瘦贫血，减食，拉稀。在肝、肠(十二指肠及盲肠)、肠系膜或心肌上有针头大至核桃大不等、白色或黄白色的结节，心脏常因肉芽结节而变形。

5. 输卵管炎

输卵管炎常通过交配或人工授精时而被感染，多呈慢性经过，并伴发卵巢感染。雌鸟呈企鹅姿势，腹下垂、恋巢、消瘦死亡。其病变主要是输卵管扩张，内有干酪样团块。

6. 关节炎及滑膜炎

关节炎及滑膜炎表现为关节肿大，关节腔内有混浊的关节液。

7. 眼球炎

眼球炎多为一侧性，少数为双侧性。病初畏光流泪，随后眼睑肿胀，前房有黏液性脓性或干酪样分泌物，最后角膜穿孔，失明。病鸟减食或废食经7～10 d后，衰竭死亡。

8. 脑炎

脑炎表现为昏睡、斜颈、歪头转圈、共济失调、生长受阻等症状。其主要病变是脑膜充血、出血、脑脊髓液增加。

9.肿头综合征

肿头综合征表现为眼周围、头部、颌下水肿，剖检可见头部、眼部、下颌皮下有黄色胶冻样渗出。

二、病原诊断

(一)病原特征

大肠杆菌是革兰氏染色阴性中等大小的杆菌，大小为(1.0～3.0) μm×(0.5～0.7) μm，有鞭毛，不形成芽孢，有的菌株可形成荚膜。

本菌需氧或兼性厌氧，对营养要求不严格，易于在普通营养琼脂培养基上生长。在血液琼脂平板上，某些致病性菌株形成β溶血。它在麦康凯培养基和远藤氏琼脂培养基上形成红色菌落。

抗原构造复杂的大肠杆菌由菌体抗原(O)、鞭毛抗原(H)、和表面抗原(K)3个部分组成。目前发现本菌有154个O抗原、89个K抗原和49个H抗原血清型，其中对鸟类有致病性的血清型常见的有O1、O2、O35和O78。

大肠杆菌能分解葡萄糖、麦芽糖、甘露醇、木糖、甘油、鼠李糖、山梨醇和阿拉伯糖，产酸和产气。多数菌株能发酵乳糖，有些菌株能发酵蔗糖，产生靛基质，不分解糊精、淀粉、肌醇和尿素，不产生硫化氢，不液化明胶，VP试验呈阴性，M.R试验呈阳性。

本菌在鸟类粪便及被其污染的土壤、饮水、饲料和空气中广泛存在。禽舍灰尘中的大肠杆菌含量为10^5～10^6个/g，鸟肠道后段内容物大肠杆菌含量约为10^6个/g，甚至更高。本菌对不良环境抵抗力较强，对一般化学消毒药品敏感。

(二)病原诊断方法

1.病原分离

初始分离可同时使用普通营养琼脂培养基和麦康凯培养基。在普通琼脂培养基上长出中等大小、半透明、露珠样菌落，在麦康凯培养基上的菌落呈红色。

2.染色镜检

将分离到的菌进行革兰氏染色、镜检，可见革兰氏阴性的短小杆菌。

3.生化试验

本菌分解乳糖和葡糖糖，产酸产气，不分解蔗糖，不产生硫化氢，VP试验呈阴性，利用枸橼酸盐阴性，不液化明胶，靛基质及M.R试验为阴性，动力试验不定。但生化试验不能鉴别分离到菌株有无致病力。

4.致病性试验

经上述步骤鉴定的大肠杆菌用其24 h的肉汤培养物注射于小鼠，即可测知其致病力。

三、防治方法

(一)治疗

由于大肠杆菌耐药现象比较严重，最好将分离到的大肠杆菌进行药敏试验，筛选敏感药物对其进行治疗。常用的药物有氟苯尼考、阿米卡星、土霉素、磺胺甲基嘧啶、恩诺沙星、氧氟沙星和庆大霉素和头孢噻呋等，同时辅以对症治疗。

（二）预防

1. 加强饲养管理，避免应激因素

养鸟场应建立在地势高燥、水源充足、水质良好、排水方便、远离居民区，特别是远离家禽屠宰加工厂的地方。鸟舍温度、湿度、密度、光照和管理均应按规定要求进行，加强消毒工作，防止水源和饲料污染。

2. 防止垂直传播

加强种蛋的收集、存放和孵化的卫生消毒工作。

3. 预防性投药

在鸟类为3～5日龄及2～3周龄时，分别给予对大肠杆菌敏感药物进行预防。

4. 免疫接种

可采用自家（或优势菌株）灭活苗。

任务六 鸟沙门菌病的诊断与治疗

鸟沙门菌病（Salmonellosis avium）是指由沙门菌属中的一种或多种细菌所引起鸟类的一类急性或慢性疾病。沙门菌属包括了2 400多个血清型，由鸡白痢沙门菌所引起的疾病称之为鸡白痢，由鸡伤寒沙门菌引起的疾病称之为禽伤寒，由其他有鞭毛能运动的沙门菌所引起的禽（鸟）类疾病则统称为禽副伤寒。

一、鸡白痢的诊断与防治

（一）临床诊断

鸡白痢是由鸡白痢沙门菌引起的传染病。该病特征为幼鸟感染后常呈急性败血症，发病率和死亡率都高；成年鸟感染后，多呈慢性或隐性带菌，产蛋率和孵化率降低。

1. 流行病学诊断

鸡最易感，火鸡、珍珠鸡、雉鸡、鹌鹑、麻雀、鹦鹉、金丝雀和红腹灰雀也能被感染而发病。以2～3周龄以内幼鸟的发病率与病死率为最高。随着日龄的增加，鸟的抵抗力也增强，成年鸟感染常呈慢性或隐性经过。

病鸟、带菌鸟是主要的传染源。鸡白痢有多种传播途径，最常见的传播途径是通过带菌卵而传播。有的带菌卵是带菌母鸟所产，有的带菌卵是健康卵壳污染有病菌。当带菌卵孵化时，有的形成死胚，有的孵出病幼鸟。病幼鸟的粪便和飞绒中含有大量病菌，污染饲料、饮水、孵化器、育雏器等。因此，与病幼鸟共同饲养的健康幼鸟又可通过消化道、呼吸道或眼结膜来感染。被感染的幼鸟若不加以治疗，则大部分幼鸟会死亡。而耐过的被感染的幼鸟则会长期带菌，其在成年后又产带菌卵，若以此作为种蛋，则可周而复始地代代相传。

2. 症状诊断

鸡百痢在幼鸟和成年鸟中所表现的症状和病程有显著的差异。

(1)幼鸟　潜伏期为4～5 d,出壳后感染的幼鸟多在孵出后几天才出现明显症状。在7～10 d后,病鸟逐渐增多,在14～21 d后达高峰。其症状表现精神委顿,绒毛松乱,两翼下垂,缩颈闭眼昏睡,不愿走动,拥挤在一起。病初食欲减少,而后停食,多数病鸟出现软嗉症状。同时腹泻,排稀薄如糨糊状粪便,肛门周围绒毛被粪便污染,有的病鸟因粪便干结封住肛门周围,影响排粪,常发生尖锐的叫声。脐孔愈合不良,脐孔周围的皮肤溃疡,最后因呼吸困难及心力衰竭而死。有的病鸟出现眼盲,或肢关节肿胀,呈跛行症状。其病程一般为4～7 d,20 d以上的鸟病程较长,且极少死亡。生长发育不良的耐过的病鸟成为慢性患者或带菌者。

(2)成年鸟　成年鸟鸡白痢多呈慢性经过或隐性感染。病鸟有时下痢,生产能力下降。极少数病鸟表现出精神委顿,头翅下垂,腹泻,排白色稀粪,产卵停止。有的病鸟由卵黄囊炎引起腹膜炎而呈"垂腹"现象。

3.病理剖检诊断

(1)幼鸟　出壳后5 d内死亡的幼鸟一般无明显变化,仅表现为肝脾略大,卵黄不退缩。病程长的幼鸟在心肌、肺、肝、盲肠、大肠及肌胃中有坏死灶或结节,盲肠中有干酪样物堵塞肠腔,肺有灰黄色结节和灰色肝变,有时见出血性肺炎;肝、脾肿大,呈紫红色,表面可见散在或弥漫性的小红点或黄白色的粟粒大小的坏死灶。

(2)成年鸟　慢性带菌的雌鸟最常见的病变为卵子变形,变色、变性的卵子或仍附在卵巢上,常有长短粗细不一的卵蒂(柄状物)与卵巢相连,脱落的卵子深藏在腹腔的脂肪性组织内。有些卵子则自输卵管逆行而坠入腹腔,有些卵子则阻塞在输卵管内,引起广泛的腹膜炎及腹腔脏器粘连。

成年雄鸟的病变常局限于睾丸及输精管。睾丸极度萎缩,同时出现小脓肿。输精管管腔增大,充满稠密的均质渗出物。

(二)病原诊断

1.病原特征

鸡白痢沙门菌为两端稍圆的细长杆菌(0.3～0.5) μm×(1.0～2.5)μm,不产生芽胞,亦无荚膜,没有鞭毛,革兰氏阴性。

该属细菌是兼性厌氧菌,对营养要求不高,在普通琼脂、SS琼脂、麦康凯琼脂培养基上生长良好,形成圆形、光滑、无色呈半透明、露珠样的小菌落。

鸡白痢沙门菌不分解乳糖、蔗糖,不能利用枸橼酸盐,吲哚试验呈阴性,M.R试验呈阳性,VP试验呈阴性。

鸡白痢沙门菌只有O抗原(O1、O9、O12),O12有9、121、122、123,不同菌株的122和123抗原量不同。

鸡白痢沙门菌对不良环境抵抗力较强,在尸体内存活3个月以上,在干燥的粪便和分泌物中可存活4年。鸡白痢沙门菌对消毒药敏感,常用消毒药可将其杀死。

2.病原诊断方法

确诊须从病鸟的血液、肝、脾分离沙门菌并鉴定。近年来,单克隆抗体技术和酶联免疫吸附试验已用来进行本病的快速诊断。

鸟感染沙门菌后的隐性带菌较为多见,检出隐性感染鸟,是防制本病的重要一环。目前在实践中,常用平板凝集试验进行血清学诊断。鸡白痢沙门菌和鸡伤寒沙门菌具有相同的O抗原,因此,鸡白痢标准抗原也可用来对禽伤寒进行凝集试验。

(三)防治措施

1.治疗

(1)使用抗生素类药物　可选用磺胺甲基嘧啶、磺胺二甲基嘧啶、土霉素、四环素、氟苯尼考、庆大霉素、安普霉素、阿卡米星、诺氟沙星、恩诺沙星等药物。

(2)使用微生物制剂　近年来,微生物制剂在防治下痢方面有较好效果,常用的有促菌生、调痢生和乳酸菌等。在用这些微生物制剂前后 4～5 d,禁用抗菌药物。

(3)使用中草药方剂　白头翁、白术、茯苓各等份共研细末,每只幼鸟每天 0.1～0.3 g,中鸟每天 0.3～0.5 g,连喂 10 d,治疗幼鸟白痢,疗效很好,病鸟在 3～5 d 内病情得到控制而痊愈。用氯制剂稀释 30 倍作为消毒剂可有效地杀灭环境中的病毒。

2.预防

(1)加强饲养管理,消除发病诱因　加强育雏管理,育雏室保持清洁干燥,温度要维持恒定,垫草勤晒勤换,幼鸟不能过分拥挤,饲料要配合适当,防止幼鸟发生啄癖,饲槽和饮水器防止被鸟粪污染。

(2)加强消毒　重视常规消毒,孵化室、孵化器、鸟舍及一切用具要经常清洗消毒,搞好鸟舍的环境卫生。

(3)检疫净化　定期对种鸟检疫是消灭带菌者、净化鸡白痢的最有效措施。

(4)种蛋消毒　及时收集种蛋并及时消毒。

(5)药物预防　在出壳后开食幼鸟时,按饲料比例加入 0.02%的复方敌菌净,连用 3 d。新购进的鸟应也选用合适的药物对其进行预防。

二、鸟伤寒的诊断与防治

(一)临床诊断

鸟伤寒是由鸡伤寒沙门菌引起青年鸟、成年鸟的一种急性或慢性传染病,以下痢,肝大、呈青铜色为特征。

1.流行病学诊断

鸡最易感,火鸡、珍珠鸡、雉鸡、鹌鹑、麻雀、鹦鹉、斑尾斑鸠、孔雀、鸵鸟也感染发病。本病主要发生于成年鸟和 3 周龄以上的青年鸟,3 周龄以下的鸟偶尔可发病。

病鸟和带菌鸟的粪便内含有大量病菌,污染土壤、饲料、饮水等,经呼吸道、消化道和眼结膜而传播,也可经蛋垂直传播给下一代。

2.症状诊断

(1)幼鸟　鸟伤寒在幼鸟中见到的症状与鸡白痢相似。

(2)青年鸟与成年鸟　最初表现为采食量下降、精神萎靡、羽毛松乱、头部苍白、产卵下降。感染后的青年鸟与成年鸟 2～3 d 内,体温上升 1～3℃,并一直持续到死前的数小时,在感染后 4 d 内出现死亡,多数感染的青年鸟与成年鸟经 5～10 d 死亡。

3.病理剖检诊断

最急性病例眼观病变轻微或不明显。病程稍长的病鸟常见肝大,呈青铜色;心肌、肺、肝有灰白色粟粒状坏死灶;腺胃黏膜易脱落,肌胃内角质膜易撕下;十二指肠溃疡严重;卵子及腹腔病变与鸡白痢相同。雄鸟睾丸萎缩,有坏死灶。

(二)病原诊断

鸡伤寒沙门菌与鸡白痢沙门菌在形态与染色、生长需要、菌落形态、对理化因素的抵抗力等方面基本一致，区别主要在生化特性和抗原结构。在生化特性方面的重要区别是鸡伤寒沙门菌发酵卫矛醇和利用枸橼酸盐而鸡白痢沙门菌不能，在抗原结构方面的重要区别是鸡白痢沙门菌有 O 抗原 12 的变异而鸡伤寒沙门菌没有。

确诊须从病鸟的血液、肝、脾分离沙门菌并鉴定。

(三)防治措施

鸟伤寒的防治措施基本同鸡白痢。

三、鸟副伤寒的诊断与防治

(一)临床诊断

鸟副伤寒是由有鞭毛能运动的沙门菌所引起的传染病，引起鸟副伤寒的沙门菌能广泛地感染各种动物和人类，因此在公共卫生上有重要意义。

1. 流行病学诊断

各种禽(鸟)类均易感，常在孵化后 2 周之内感染发病，6～10 d 达最高峰，呈地方流行性，病死率从很低到 10%～20%不等，严重者高达 80%以上。成年鸟往往不表现临诊症状。

病鸟和带菌鸟的粪便内含有大量病菌，通过污染土壤、饲料、饮水经消化道、呼吸道和眼结膜而传播。副伤寒沙门菌可偶尔经卵巢直接传递，但卵感染率低，而产蛋过程中蛋壳被粪便污染或产出后被污染，对本病的传播具有更重要的意义。

2. 症状诊断

(1)幼鸟　经带菌卵感染或出壳幼鸟在孵化器感染病菌，常呈败血症经过，往往不显任何症状迅速死亡。日龄稍大的幼鸟则常取亚急性经过，主要表现为水样下痢。其病程为 1～4 d。1 月龄以上幼鸟一般很少死亡。幼龄水鸟感染本病常见颤抖、喘息及眼睑浮肿等症状，常突然倒地而死。

(2)成年鸟　成年鸟一般为慢性带菌者，常不出现症状。成年病鸟有时可出现水泄样下痢、精神沉郁、倦怠、两翅下垂、羽毛松乱等症状。

3. 病理剖检诊断

最急性病例通常不见明显病理变化。病程稍长的病例可见肝、脾显著肿大，呈淡绿棕色或古铜色；肝和心肌常可见散在的灰白色小坏死点；脾和肾显著充血、肿大；卵泡充血、出血、变形、变色，由破裂引起腹膜炎；肠道卡他性炎症，常见干酪样盲肠栓子，个别有出血性肠炎。

(二)病原诊断

鸡禽副伤寒沙门菌是平直的杆菌，大小一般为(0.7～1.5) μm×(2.0～5.0) μm，不产生芽孢，亦无荚膜，有鞭毛，革兰氏阴性。

禽副伤寒沙门菌为兼性厌氧菌，能在多种培养基中生长，容易在牛肉汁和牛肉浸液琼脂以及肉汤培养基中首次分离培养成功(除粪便外的其他样本)。

本菌对热及多种消毒剂敏感，在自然条件下容易生存和繁殖，在垫料、饲料中副伤寒沙门菌可生存数月、数年。确诊须从病鸟的血液、肝、脾分离沙门菌并鉴定。

(三)防治措施

鸟副伤寒的防治措施基本同鸡白痢。

任务七 鸟结核病的诊断与治疗

一、临床诊断

鸟结核病是指由禽分枝杆菌引起的一种慢性传染病。其特征是在多种组织器官形成结核性肉芽肿,继而结节中心干酪样坏死或钙化。

(一)流行病学诊断

所有的禽(鸟)类都可被禽分枝杆菌感染。在家禽中,以鸡最为敏感,火鸡、鸭、鹅和鸽也可患结核病,其他鸟类也曾有结核病的报道。如麻雀、乌鸦、天鹅、鹦鹉、白鹦、燕雀、燕八哥、牛鸟、黑鸟、美洲鹤、孔雀和猫头鹰等。各品种的不同年龄的鸟类都可以感染本病。因为结核病的病程发展缓慢,早期无明显的临诊症状,故在老龄鸟中能发现较多患鸟结核病的病例。

结核病的主要传染源是病鸟和带菌鸟,尤其是开放型患者,其痰液、粪尿和生殖道分泌物中都可带菌。其传播途径主要是经呼吸道和消化道传染,前者是病菌随病鸟咳嗽、打喷嚏排出体外,飘浮在空气飞沫中,健康鸟吸入后即可感染;后者则是病鸟的分泌物、粪便污染饲料、水,被健康鸟吃进而引起传染。病鸟与其他哺乳动物一起饲养,也可传给其他哺乳动物,如牛、猪、羊等。人也可把分枝杆菌带给健康的鸟只。

(二)症状诊断

人工感染鸟出现临诊症状要在 2～3 周以后。自然感染的鸟因开始感染的时间不好确定,故潜伏期不能确定,但多数人认为潜伏期在 2 个月以上。

结核病的病情发展很慢,早期感染看不到明显的症状。待病情进一步发展,可见到病鸟不活泼,易疲劳,精神沉郁。虽然食欲正常,但出现明显的渐进性消瘦。全身肌肉萎缩,胸肌最明显,胸骨突出,脂肪消失。面色苍白,严重贫血。若感染鸟有肠结核或肠道溃疡病变,可见下痢,时好时坏,最后衰竭而死。

患有关节或骨髓结核的病鸟可见有跛行,一侧翅膀下垂。当肝受到侵害时,可见有黄疸。脑膜结核可见有呕吐、兴奋、抑制等神经症状。当肺结核病时,病鸟咳嗽、呼吸道啰音、呼吸次数增加。

(三)病理剖检诊断

病变的主要特征是在内脏器官,如肝、脾、肺、肠上出现不规则的、灰黄色或灰白色的、从针尖大到数厘米大小的结核结节。将结核结节切开,可见其结核外面包裹一层纤维组织性的包膜,内有黄白色干酪样坏死,通常不发生钙化,有的可见胫骨骨髓结核结节,可取中心坏死与边缘组织交界处的材料,制成涂片,可发现抗酸性染色的细菌,或经病原微生物分离和鉴定,即可确诊本病。

二、病原诊断

(一)病原特征

禽分枝杆菌属于分枝杆菌属,普遍呈杆状,两端钝圆,也可见到棍棒样、弯曲和钩形的菌体,长为 1～3 μm,不形成芽孢和荚膜,无运动力。禽分枝杆菌为革兰氏染色阳性菌,用一般染色法较难着色,常用的方法为 Ziehl-Neelsen 氏抗酸染色法,本菌染成红色,其余染成蓝色。

禽分枝杆菌为专性需氧菌,对营养要求严格,最适生长温度为 39～45℃,在培养基上生长缓慢,初次分离培养时更是如此,需用牛血清或鸡蛋培养基在固体培养基上接种,在 10～20 d 后,出现粟粒大圆形菌落。

本菌对干燥和湿冷的抵抗力很强,在干痰中能存活 10 个月,在病变组织和尘埃中能生存 2～7 个月或更久,在水中可存活 5 个月,在粪便、土壤中可存活 6～7 个月。但是本菌对热的抵抗力差,在 60℃的温度下经 30 min 即可杀死,在直射阳光下经数小时死亡,对季铵盐类消毒药物抵抗力较强,对 75%酒精、漂白粉、碘制剂、来苏儿、氯制剂、福尔马林等敏感性高。

(二)病原诊断方法

1. 病原学诊断

采取病鸟的器官病灶、痰、粪尿等,做抹片检查(直接涂片镜检或集菌处理后涂片镜检,可用抗酸性染色法),分离培养和动物接种试验。采用免疫荧光抗体技术检查病料,具有快速、准确,检出率高等优点,对开放性结核病的诊断具有实际意义。

2. 结核菌素试验

可用提纯结核菌素做变态反应诊断。

三、防治措施

(一)预防措施

1. 加强消毒

严格执行卫生防疫制度,定期消毒。常用消毒药为 5%来苏儿,10%漂白粉,3%福尔马林或 3%苛性钠溶液。

2. 建立无结核病鸟群

定期进行结核检疫(可用结核菌素试验),淘汰感染鸟,净化鸟群。

(二)治疗措施

鸟结核病一旦发生,通常无治疗价值。但价值高的鸟类可在严格隔离状态下进行药物治疗。选择异烟肼(30 mg/kg)、乙二胺二丁醇(30 mg/kg)等进行联合治疗的方法可使病鸟的临诊症状减轻。

任务八 鹦鹉热的诊断与防治

一、临床诊断

鹦鹉热又名鸟疫，是指由鹦鹉热衣原体引起的鸟类的一种接触性传染病。其以高热、嗜睡、腹泻和呼吸道症状为特征。

(一)流行病学诊断

多种鸟类可感染本病，鹦鹉、鸽、鸭、火鸡等可呈显性感染，海鸥、相思鸟、鹭、黑鸟、鹩哥、麻雀、鸡、鹅、野鸡等多呈隐性感染。一般来说，幼龄鸟比成年鸟易感，也易出现临诊症状，死亡率也高。

患鸟可通过血液、鼻腔分泌物、粪尿大量排出病原体，污染水源和饲料等，健康鸟可经消化道、呼吸道、眼结膜、伤口等途径感染衣原体，其中吸入有感染性的尘埃是衣原体感染的主要途径。吸血昆虫(如蝇、蜱、虱等)可促进衣原体在动物之间的迅速传播。

(二)症状诊断

患病鹦鹉精神委顿，不食，眼鼻有黏性脓性分泌物；拉稀，后期脱水、消瘦。幼龄鹦鹉常常会死亡，成年者则症状轻微，其在康复后长期带菌。

病鸽精神沉郁，厌食，拉稀，结膜炎，眼睑肿胀，鼻炎，呼吸困难，发出“咯咯”声。雏鸽大多死亡，成鸽多数可康复成为带菌者。

(三)病理剖检诊断

患病鹦鹉在剖检时可发现气囊增厚，结膜炎，鼻炎，浆液性或浆液纤维素性心包炎，肝脾肿大，肝周炎，有时肝脾上可见灰黄色坏死灶。病鸽肝、脾肿大，变软、变暗，气囊增厚，胸腹腔浆膜面、心外膜和肠系膜上有纤维蛋白渗出物。如发生肠炎，可见泄殖腔内容物内含有较多尿酸盐。

二、病原诊断

(一)病原特征

衣原体是一类具有滤过性、严格细胞内寄生，并有独特发育周期，以二等分裂繁殖和形成包涵体的革兰氏阴性原核细胞型微生物。衣原体是一类介于立克次体与病毒之间的微生物。

衣原体在宿主细胞内生长繁殖时有独特的发育周期。不同发育阶段的衣原体在形态、大小和染色特性上均有差异。衣原体在形态上可分为个体形态和集团形态2类。个体形态又有大、小2种：一种是小而致密的形态，称为原体；另一种是大而疏松的形态，称为网状体。

包涵体是衣原体在细胞内繁殖过程中所形成的集团形态。它内含无数子代原体和正在分裂增殖的网状体。鹦鹉热衣原体在细胞内可出现多个包涵体，成熟的包涵体经吉姆萨染色呈深紫色。

鹦鹉热衣原体对理化因素的抵抗力不强，对热较敏感，在56℃的温度下经过5 min或在37℃温度下经过48 h均失去活力。一般消毒剂可在几分钟内破坏其活性，如75%酒精、3%～5%碘酊溶液、3%过氧化氢。

(二)病原诊断方法

临床样品染色后直接观察病原体；从临床样品中分离出病原体并鉴定；检测样品中特定衣原体抗原或基因；血清学试验检测抗体。

三、防治措施

(一)预防

为有效防制衣原体病，应采取综合措施，特别是杜绝引入传染源，控制感染动物，阻断传播途径。

1. 防止引入新传染源

加强鸟类的检疫，保持鸟舍的卫生，发现病鸟要及时隔离和治疗。

2. 搞好卫生消毒

带菌鸟类排出的粪便中含有大量衣原体，故鸟舍要勤于清扫、消毒，清扫时要注意个人防护。

(二)治疗

鹦鹉热衣原体对青霉素、红霉素和四环素类抗生素敏感，其中以四环素类药物的治疗效果最佳。在进行大群治疗时，在饲料中添加四环素0.4 g/kg，充分混合，连续饲喂给1～3周，效果较好。

思考题

1. 鸟类禽流感如何诊断？
2. 鸟类新城疫有哪些主要症状？如何预防鸟类新城疫？
3. 如何诊断和预防鸟痘？
4. 鸟大肠杆菌病有哪些主要症状？如何预防和治疗大肠杆菌病？
5. 如何诊断和治疗鸟巴氏杆菌病？

项目五

观赏兔传染病的防治技术

【学习目标】

1. 掌握兔类病毒性出血症、黏液瘤病、兔痘、传染性水疱性口炎、巴氏杆菌病、兔大肠杆菌病、沙门菌病和兔魏氏梭菌性肠炎的病原、流行特点、症状和剖检特征；
2. 学会诊断、治疗和预防方法。

任务一　病毒性出血症的诊断与防治

一、临床诊断

兔病毒性出血症被俗称为“兔瘟”，是兔的出血症病毒引起家兔的一种急性、高度接触性传染病，以呼吸系统出血、肝脏坏死、实质脏器水中、淤血、出血和高死亡率为特征。

（一）流行病学诊断

病毒性出血症一年四季均可发生，以春、秋、冬季发病较多，炎热夏季也有发病。病毒性出血症主要危害青年兔和成年兔，40 日龄以下幼兔和部分老龄兔不易感，哺乳仔兔不发病。病兔和带毒兔为本病的传染源，病兔、带毒兔通过排泄物、分泌物、死兔的内脏器官、血液、兔毛等污染饮水、饲料、用具、笼具、空气，引起易感兔发病流行。病毒性出血症的主要传播途径是消化道，皮下、肌肉、静脉注射、滴鼻和口服等途径的人工接种均易感染成功。病毒性出血症是家兔的一种烈性传染病，主要危害青、壮年兔，死亡率高。乳兔不易感，但近期流行趋势是幼龄化。

（二）症状诊断

病毒性出血症的潜伏期为 30～48 h，依病状可分为最急性型、急性型和慢性型。

1. 最急性型

健康兔感染病毒后 10～20 h 即突然死亡，死亡不表现任何病状，只是在笼内乱跳几下，即刻倒地死亡。死后勾头弓背或“角弓反张”，少数兔鼻孔流出红色泡沫样液体，肛门松弛，肛周有少量淡黄色黏液附着。此类常发生在新疫区。

2. 急性型

其病程一般为 12～48 h，体温升高至 41℃左右，精神沉郁，不愿动，食欲减退、喜饮水、呼吸迫促。病兔在临死前突然兴奋，在笼内狂奔，然后四肢伏地，后肢支起，全身颤抖倒向一侧，四肢乱划或惨叫几声而死。少数死兔鼻孔流出少量泡沫状血液。此类多发生在流行中期。

3. 慢性型

一般发生在流行后期，多发生 2 月龄以内的幼兔，兔体严重消瘦，被毛无光泽，病程为 2～3 d 或更长，而后死亡。

（三）病理剖检诊断

本病最多见的剖检变化是全身实质器官淤血、水肿和出血。气管软骨环淤血，气管内有泡沫状血液；胸腺水肿，并有针帽至粟粒大小出血点；肺有出血、淤血、水肿、大小不等的出血点；肝脏肿大、间质变宽、质地变脆、色泽变淡；胆囊充满稀薄胆汁；脾脏肿大、淤血呈黑紫色；部分肾脏淤血、出血；十二指肠、空肠出血，肠腔内有黏液；怀孕兔子宫充血、淤血和出血；多数雄性睾丸淤血。

二、病原诊断

(一)病原特点

兔出血症病毒属杯状病毒科，兔病毒属。病毒颗粒无囊膜，直径为25～40 nm，表面有短的纤突。本病毒仅能凝集人的红细胞，而不能凝集马、牛、羊、犬、猪、鸡 、鸭、兔、大鼠、豚鼠、棕鼠和仓鼠的红细胞。这种凝集特性比较稳定，在一定范围内不受温度、pH、有机溶剂及某些无机离子的影响，但可以被RHDV抗血清特异性抑制。病毒在病兔所有的组织器官、体液、分泌物和排泄物中存在，以肝、脾、肾、肺及血液中的含量为最高，其主要通过粪、尿排毒，并在恢复后的3～4周仍然向外界排毒。

本病毒在感染家兔的温度为4℃血液中可存活9个月，或温度为20℃的感染脏器组织中仍保持3个月活性，在温度为－20～－8℃肝脏含毒病料，经过560 d和室温内污染环境下经过135 d仍然具有致病性，能耐pH 3.0和在50℃的温度下经40 min处理，对紫外线及干燥等不良环境抵抗力较强，对乙醚、氯仿等有机溶剂抵抗力强。1%氢氧化钠溶液4 h、1%～2%的甲醛溶液或1%的漂白粉悬液经3 h才被灭活，常用0.5%次氯酸钠溶液消毒。

(二)病原诊断方法

1.病毒检查

取肝脏等病料处理提纯病毒，负染后电镜检查病毒形态结构。

2.血凝和血凝抑制试验

RHDV病毒可凝集人的O型红细胞，取病死兔的肝脏或脾脏研磨，加生理盐水制成1∶5或1∶10的悬液进行血凝试验，可检出病死兔体内的病毒，然后通过特异性的血清进行血凝抑制试验确证。

3.酶联免疫试验

双抗体夹心ELISA可用于本病的诊断。

4.反转录聚合酶链反应

根据病毒特异性核酸序列设计的RT-PCR技术可检出病料组织中的病毒核酸。

三、防治措施

以预防为主，严禁从疫区购入种兔，定期对兔舍、兔笼及食盆等进行消毒。为防止病毒性出血症的扩散，死兔应深埋或烧毁，带毒的病兔应绝对隔离，排泄物及一切饲养用具有均需彻底消毒。接种疫苗可有效防止病毒性出血症的发生，繁殖母兔使用双倍量疫苗注射。其他成年兔使用单苗或多联苗免疫注射，一年2次。紧急预防应用3～4倍量单苗进行注射，或用抗兔瘟高免血清每兔皮下注射4～6 mL，7～10 d后再注射疫苗。

任务二 黏液瘤病的诊断与防治

一、临床诊断

兔黏液瘤病是指由黏液瘤病毒引起兔的一种高度接触传染性、高度致死性传染病。以全身皮肤,特别是颜面部和天然孔周围皮肤发生黏液瘤样肿胀为其发病特征。本病有极高的致死率,常给养兔业造成毁灭性的损失。

(一)流行病学诊断

兔黏液瘤病只侵害兔,其他动物和人缺乏易感性。病兔和带毒兔是传染源,病毒存在于病兔全身体液和脏器中,尤以眼垢和病变部皮肤渗出液中含量最高。其主要通过节肢动物叮咬传播,能够传播该病的常见节肢动物包括按蚊、伊蚊、库蚊、刺蝇和兔蚤等易感兔也可通过直接接触病兔或病兔污染的饲料、饮水和器具等方式感染和发病,另外,兔体外寄生虫也可传播本病。兔黏液瘤病多发生于夏秋昆虫滋生繁衍季节

(二)症状诊断

急黏液瘤病潜伏期一般为3～7 d,最长可达14 d。以全身黏液性水肿和皮下胶胨样肿瘤为特征。通过吸血昆虫叮咬感染时,初期局部皮肤形成原发性病灶,经过5～6 d可在全身各处皮肤出现次发性肿瘤样结节,病兔眼睑肿胀、流泪,有黏性或脓性眼垢,严重的上下眼睑互相粘连,眼睑肿胀可蔓延整个头部和耳朵皮下组织,使头部皮肤皱褶呈狮子头外观;口、鼻和眼流出黏脓性分泌物;上下唇、耳根、肛门及外生殖器显著充血和水肿,开始时可能硬而突起,最后破溃流出淡黄色的浆液。其病程1～2周,死前可能出现神经症状,病死率几乎达100%。

(三)病理剖检诊断

死后剖检可见皮肤上的特征性肿瘤结节和皮下胶冻样浸润,额面部和全身天然孔皮下充血、水肿及脓性结膜炎和鼻漏。淋巴结肿大、出血,肺肿大、充血,胃肠浆膜下、胸腺、心内外膜可能有出血点。

二、病原诊断

(一)病原特征

黏液瘤病毒属痘病毒科,兔痘病毒属。病毒颗粒呈卵圆形或砖形,大小为280 nm×250 nm×110 nm。本病毒能在10～12日龄鸡胚绒毛尿囊膜上生长并呈现上皮增生的痘样病变,鸡胚的头部和颈部也可能发生水肿。不同毒株在鸡胚中形成的痘斑,大小各异,南美毒株产生的痘斑大,加州毒株产生的痘斑小,纤维瘤病毒不产生或产生的痘斑很小。

本病毒对干燥具有较强的抵抗力,在干燥的黏液瘤结节中可存活2周,在温度为8～10℃的潮湿环境中可存活3个月以上,在温度为26～30℃的环境中能存活1～2周。在室温下,于50%甘油盐水中可存活4个月。本病毒对热敏感,在温度为55℃下经过10 min;在温度为60℃的环境中经数分钟可被灭活,对高锰酸钾、升汞和石炭酸有较强的抵抗力,0.5%～

2%的甲醛溶液需要 1 h 才能灭活该病毒。

(二)病原诊断方法

1. 琼脂扩散试验

可取病料悬液经超声波裂解后制备抗原,然后与阳性血清进行琼脂扩散试验进行诊断。

2. 免疫荧光试验

也可将病料悬液接种兔肾原代细胞和传代细胞系,24～48 h 观察细胞病变,通过免疫荧光试验证实。

3. 其他血清学试验

常用的方法有补体结合试验、中和试验、酶联免疫吸附试验以及间接免疫荧光试验等。通常在感染 8～13 d 后产生抗体,在感染 20～60 d 时抗体滴度最高,然后逐渐下降,在 6～8 个月后消失。

(三)病理组织学诊断

取病变组织进行切片,经显微镜观察可见黏液瘤细胞及病变部皮肤上皮细胞内的胞浆包涵体。

三、防治措施

应加强国境检疫,严防从兔黏液瘤病流行的国家或地区引进兔及其产品,必须引进时应进行严格检疫,禁止将血清学阳性或感染发病兔引入国内。进口兔毛皮等产品要进行严格的熏蒸消毒以杀灭兔皮中污染的黏液瘤病毒。发生兔黏液瘤病时,扑杀病兔和同群兔,并进行无害化处理,彻底消毒被污染的环境、用具等。

兔黏液瘤病尚无有效的治疗方法。疫区主要通过疫苗接种进行该病的预防。常用的疫苗有异源性的纤维瘤病毒苗和同源性的黏液瘤病毒疫苗 2 种,二者免疫预防效果均较好。

任务三　兔痘的诊断与防治

一、临床诊断

兔痘是一种由痘病毒引起的兔的一种高度接触性致死性传染病。其特征是皮肤痘疹和鼻眼内流出多量分泌物。

(一)流行病学诊断

兔痘只有家兔能自然感染发病,各年龄家兔均易感,但幼兔和妊娠母兔的致死率较高。病兔为主要传染源,其鼻腔分泌物中含有大量病毒,污染环境,通过呼吸道、消化道、皮肤创伤和交配而感染。兔痘发生较少,一旦发病,传播极为迅速,常呈地方性流行或散发,幼兔死亡率可达 70%,成年兔的死亡率为 30%～40%。

(二)症状诊断

兔痘在新疫区的潜伏期为 3～5 d,在老疫区的潜伏期为 1～2 周。其可分为痘疱型和非痘疱型 2 类。

1. 痘疱型

病初发热至 41℃，食欲下降，精神沉郁，流鼻液，呼吸困难。全身淋巴结尤其是腹股沟，腘淋巴结肿大坚硬。一般发病第 5 天皮肤出现红斑，发展为丘疹，丘疹中央凹陷坏死成脐状，最后干燥结痂，病灶多见于耳、口、腹背和阴囊处。结膜发炎，流泪或化脓；公母兔生殖器均可出现水肿，发生尿潴留，孕兔可流产。病兔一般在感染后 5～10 d 内死亡。

2. 非痘疱型

病兔不出现皮肤损害，仅表现为不食、发热和不安，有时出现眼结膜炎和下痢等症状，一般于感染后 1 周内死亡。

(三)病理剖检诊断

最显著的变化是皮肤损害，皮肤、口腔、呼吸道及肝、脾、肺等出现丘疹或结节；淋巴结、肾上腺、唾液腺、睾丸、卵巢和子宫均出现灰白色坏死结节；皮下水肿，以口和其他天然孔的水肿最为多见。

二、病原诊断

(一)病原特征

兔痘病毒为痘病毒科，正痘病毒属。兔痘病毒大多没有凝集红细胞的作用。兔痘病毒易在鸡胚绒毛尿囊膜上生长，产生的痘斑经常呈现出血性，但也常见大小不一的白色混浊状。其在鸡胚中生长的温度上界为 41℃，也曾分离到不产生痘斑的变异株，这种变异株常能凝集鸡的红细胞。显微镜检查痘斑切片，可在感染细胞胞浆内发现弥漫型包涵体。兔痘病毒可在多种组织培养细胞内生长，包括兔肾细胞、牛胚肾、鼠肾、仓鼠肾以及 Hela 细胞等，产生嗜酸性胞浆内包涵体，并引起胞核变化。

该病毒耐干燥和低温，但不耐湿热，对紫外线和碱敏感，常用消毒药可将其杀死。

(二)病原诊断方法

可用荧光抗体检查组织切片或压片，或用琼脂扩散试验和补体结合试验，亦可通过取病料接种鸡胚绒毛尿囊膜或通过来自兔、鼠和其他动物的细胞培养对病毒进行分离鉴定。

三、防治措施

兔痘的预防应加强兽医卫生制度，避免传入传染源，严格消毒，隔离检疫等措施。当受疫情威胁时，可用牛痘苗作预防注射。在进行治疗时，采取对症疗法，应用抗生素或磺胺类药物控制并发症。

任务四　传染性水疱性口炎的诊断与防治

一、临床诊断

传染性水疱性口炎又称兔流涎病，是指由兔传染性水泡口炎病毒引起的以口腔黏膜发生水泡性炎症并大量流涎为特征的一种急性传染病。

(一)流行病学诊断

传染性水疱性口炎只感染兔,其他动物均不感染。其主要侵害1～3月龄的幼兔,最常见于断奶后1～2周龄的仔兔。病兔是主要的传染源。病毒存在于病兔的口腔黏膜及唾液中,主要通过消化道传播,也可通过损伤的皮肤和黏膜传染,双翅目昆虫为其传播媒介。传染性水疱性口炎春秋两季多发。饲养管理不当、饲喂霉变、有刺的饲料和口腔损伤等均可诱发本病。

(二)症状诊断

传染性水疱性口炎的潜伏期为5～7 d。病初口腔黏膜潮红、充血,随后在唇、舌、硬腭及口腔黏膜等处出现大小不等的水泡。水泡内充满含纤维素的清澈液体,破溃后形成烂斑和溃疡,同时大量流涎并伴有恶臭味。随着流涎,下颌、肉髯、颈、胸部和前爪沾湿,该处绒毛变湿,粘连成片。由于经常被浸湿和受刺激,沾湿处的皮肤常发生炎症和脱毛。外生殖器也可见溃疡性损害。由于口腔损害,患兔食欲减退或废绝,精神不振,发热,腹泻,渐进性消瘦,终因衰竭而死亡。其病程为5～10 d,死亡率常达50%以上。

(三)病理剖检诊断

口腔黏膜、舌、唇出现水泡、糜烂和溃疡;咽喉部聚集多量泡沫状液体;唾液腺肿大呈红色;胃肠黏膜常出现卡他性炎症;病尸十分消瘦。

二、病原诊断

(一)病原特征

兔传染性水泡口炎病毒,属于弹性病毒科水疱病毒属。外观呈子弹状,长为150～180 nm,宽为50～70 nm,病毒粒子表面具有囊膜,囊膜上有均匀密布的纤突。病毒分为2个血清型,二者之间不能交互免疫。病毒几乎能在一般所用的细胞培养中生长,如鸡的成纤维细胞,牛、猪、恒河猴、豚鼠及其他动物的原代肾细胞,而形成病变。在7～13日龄的鸡胚绒毛尿囊膜和尿囊内生长,并在绒毛尿囊膜上形成痘斑样病变。

本病毒在37℃的温度下存活不到4 d,在58℃的温度下30 min即可灭活,在直射阳光和紫外线下可迅速灭活。在4～6℃的土壤中能长期存活。20%氢氧化钠溶液、1%甲醛溶液在数分钟内可杀死本病毒。在50%甘油磷酸盐缓冲液中能长期(3～4个月)保存本病毒。

(二)病原诊断方法

进行病毒分离鉴定或做血清学中和试验,保护试验。

三、防治措施

注意饲养管理,特别要注意加强春秋两季的卫生防疫措施,防止引进病兔。检查饲草质量,以免过于粗糙的饲草、芒刺、尖锐物等损伤口腔黏膜。首先,病兔要进行隔离,并对兔舍、用具和污染物进行消毒,对病兔可用2%硼酸液或明矾水冲洗;其次,涂撒碘甘油或青黛散,同时投服磺胺类药物,还可配合中药金银花或野菊花煎剂,拌料喂给。同时需注意的是,应喂给优质柔嫩易消化饲料。当严重脱水时,可腹腔补液。

任务五　兔巴氏杆菌病的诊断与防治

一、临床诊断

巴氏杆菌病又称兔出血性败血症，是指由多杀性巴氏杆菌引起的一种急性、热性、败血性传染病。其临床主要表现出鼻炎、地方流行性肺炎、全身性败血症、中耳炎、结膜炎、子宫积脓和睾丸炎等特征。

（一）流行病学诊断

各个品种、不同年龄的家兔对巴氏杆菌病均有易感性，其中以2～6月龄的兔最为易感。患病动物和带菌动物为主要传染源，主要经消化道和呼吸道传播，也可通过吸血昆虫的叮咬、皮肤和黏膜的损伤发生感染。饲养管理不善、营养缺乏、饲料突变、过度疲劳、长途运输、寄生虫感染以及寒冷、闷热、潮湿、拥挤、圈舍通风不良和阴雨绵绵等都可使兔子抵抗力降低。而存在于兔鼻、咽喉黏膜等处的多杀性巴氏杆菌可乘机侵入体内，发生内源性感染。本病是引起9周龄至6月龄兔死亡的一种最主要的传染病。

（二）症状诊断

兔巴氏杆菌病的潜伏期一般为数小时至5 d或更长，在临床诊断上可表现以下几种类型。

1. 败血症型

病兔表现精神萎靡不振，食欲减退，体温40℃以上，鼻腔流出浆液性、黏液性或脓性鼻液，有时腹泻。临死前体温下降，四肢抽搐，常在1～3 d内死亡。最急性的常无明显症状而突然死亡。病程稍长的病兔表现出呼吸困难、急促，鼻腔流出黏性或脓性鼻液，常打喷嚏，体温稍高，食欲减退，偶有腹泻，关节肿胀，结膜发炎，最终衰竭死亡。其病程为1～3 d。

2. 鼻炎型

鼻炎型的病程一般数日至数月不等，病死率低。患兔鼻腔流出浆液性、黏液性或脓性分泌物，呼吸困难，打喷嚏、咳嗽，鼻液在鼻孔处结痂，堵塞鼻孔，使呼吸更加困难，并出现呼噜声。患兔经常用爪挠抓鼻部，使鼻孔周围的被毛潮湿、黏结甚至脱落，如病菌侵入眼内、皮下等，可诱发其他病症。

3. 肺炎型

肺炎型常呈急性经过，患兔很快死亡，患兔表现出食欲不振、体温升高、精神沉郁，有时会出现腹泻或关节肿胀症状。

4. 中耳炎型

中耳炎型又称斜颈病（歪头症），是指由病菌扩散到内耳和脑部的结果。严重的患兔向头倾斜的一方翻滚，一直到被物体阻挡为止。由于两眼不能正视，患兔饮食极度困难，因而逐渐消瘦。如果脑膜和脑实质受害，就会出现运动失调和其他神经症状。

5. 结膜炎型

结膜炎型多为双侧性。其临床诊断表现为流泪，结膜充血、红肿，眼内有浆液性、黏液性或脓性分泌物，常将眼睑黏住。当其转为慢性时，红肿消退，但流泪经久不止。

6. 脓肿

脓肿可以发生在身体各处。体表脓肿易于查出。当内脏器官发生脓肿时，往往不表现症状。

(三)病理剖检诊断

1. 败血症型

病程短者，无明显症状，病程稍长的病兔全身性出血、充血或坏死。鼻腔黏膜充血，鼻腔内有许多黏性、脓性分泌物，喉头、气管黏膜充血、出血、水肿。肺严重充血、出血、高度水肿；心内、外膜有出血斑点，肝变性、肿大、淤血、并有许多坏死小点，肠黏膜充血、出血，脾和淋巴结肿大、出血。胸、腹腔积液，有较多淡黄色液体。

2. 鼻炎型

鼻黏膜潮红、肿胀或增厚，有时发生糜烂，鼻窦和鼻旁窦黏膜也充血、红肿，鼻腔和鼻旁窦内有多量分泌物。

3. 肺炎型

病变多发生于肺的尖叶、心叶、膈叶前下部。其临床表现为肺充血、出血、实变、膨胀不全、脓肿和出现灰白色小结节病灶。肺胸膜、心包膜覆盖有纤维素。鼻腔和气管黏膜充血、出血，有黏稠的分泌物。淋巴结充血肿大。

4. 中耳炎型

剖检可见初期鼓膜和鼓室内膜成红色，病程稍长的病兔的一侧或两侧鼓室腔内充满白色、奶油状渗出物。若炎症向脑部蔓延，就可造成化脓性脑膜炎。

5. 脓肿

剖检可见全身各部皮下、内脏器官有脓肿形成。

二、病原诊断

(一)病原特征

多杀性巴氏杆菌，为两端钝圆，中央微突的革兰氏阴性短杆菌，大小为(0.2～2) μm×(0.22～0.4) μm 。无芽孢，不运动，新分离的强毒菌株具有荚膜。病料涂片用瑞氏染色、吉姆萨染色或亚甲蓝染色呈明显的两极浓染，但其培养物的两极着色不明显。

多杀性巴氏杆菌为需氧及兼性厌氧菌，能在普通营养琼脂培养基上生长，在添加血清或血液的培养基上生长良好，在麦康凯和含有胆盐的培养基中不生长。在血琼脂上生成灰白色、湿润而黏稠的菌落不溶血，在普通琼脂上形成细小透明的露珠状菌落，在普通肉汤中，初期呈均匀混浊状，24 h 以后形成白色絮状沉淀，轻摇时呈絮状上升，表面形成附壁菌环。

(二)病原诊断方法

1. 涂片镜检

取新鲜血液、肝、脾、渗出液或脓汁涂片经瑞氏染色或吉姆萨染色镜检，可见两极染色的卵圆形杆菌。

2. 细菌培养

将病料接种于鲜血琼脂或血清琼脂培养基，放置于 37℃ 的温度下培养 24 h，观察培养结果。

3. 动物试验

取病料研磨，用生理盐水作成 1∶10 悬液，取上清液或用 24 h 肉汤纯培养物 0.2 mL 接种于小鼠，接种动物在 1～2 d 后发病，呈败血症死亡，再取其病料涂片镜检和培养，即可确诊。

三、防治措施

平时加强饲养管理，改善环境卫生，注意保暖防寒，防治寄生虫病等以提高其抗病力。定期进行检疫。兔舍、用具要严格消毒。定期对兔群采用兔巴氏杆菌灭活苗免疫接种，可用兔巴氏杆菌氢氧化铝菌苗或禽巴氏杆菌菌苗免疫注射，或用兔瘟、兔巴氏杆菌二联苗免疫注射，每年 2 次，对预防本病有一定效果。病兔可用链霉素、诺氟沙星、增效磺胺及头孢菌素等治疗。

任务六　兔大肠杆菌病的诊断与防治

一、临床诊断

兔大肠杆菌病是指由致病性大肠埃希菌及其毒素引起的兔的一种暴发性、死亡率很高的肠道传染病。其临床主要表现为病兔拉稀或便秘，粪便中常有胶冻样黏液，稍带腥臭味。这些临床症状还可引起败血症及胸膜肺炎等。

(一)流行病学诊断

一年四季均可发生，各年龄兔都易感，在阴雨潮湿的环境和秋末春初的多变季节里多发，多侵害断奶前后幼兔，发病率和病死率很高，成年兔偶尔可能发生。外源性感染的传染源主要是病兔。通过病兔的粪便排出病原菌污染母兔乳头、场地、用具饲料饮水等，经消化道传播。此外，环境卫生条件差、寒冷、高温饲料突然转变等应激因素可以引起家兔肠道正常菌群紊乱而诱发本病。

(二)症状诊断

1. 腹泻型

以 2 月龄以下的幼兔，尤其是断奶前后的兔容易发病，成年兔也偶可发生。病初表现为被毛无光，精神沉郁，呆立一隅，食欲减退甚至废绝；腹部鼓胀，排出稀软无形粪便，部分病兔粪便干燥呈球状，粪便表面常带有少量的肠黏膜。随着病程发展，病兔表现为水样腹泻，肛门周围、后肢、下腹等处被毛沾有多量的水样便，腥臭。病兔恶寒怕冷，眼球下陷，迅速消瘦，多在典型症状出现后 1～2 d 死亡，病程为 7～10 d。个别病例不见症状而突然死亡。

2. 败血型

不同日龄兔均可发生。本型病兔无明显症状，有时可见饮食减少或废绝，呼吸促迫。

3. 混合型

一般由腹泻型转化而来。在病兔腹泻的过程中，当机体抵抗力减弱时，大肠杆菌很容易侵入实质脏器造成全身性感染。

(二)病理剖检诊断

腹泻型剖检可见胃臌大,充满多量液体和气体,胃黏膜上有针尖大的出血点;胃黏膜脱落,胃壁有大小不一的黑褐色溃疡斑;十二指肠充满气体并被胆汁黄染;结肠、盲肠的浆膜和黏膜充血或出血,肠内充满气体和胶胨样物。肝脏肿大质脆;肺炎性水肿,有出血点;肾肿大,呈暗褐色或土黄色,有的病例肝脏和心脏有局灶性坏死病灶。败血型因发病急剧,剖检缺乏特征性病变,一般表现为肺气肿。

二、病原诊断

(一)病原特征

大肠埃希菌通常称为大肠杆菌,中等大小杆菌,其大小为(0.4~0.7) μm×(2~3) μm,革兰氏染色阴性,需氧或兼性厌氧,周身鞭毛,能运动,无芽孢,有的菌株可形成荚膜;麦康凯琼脂培养基菌落呈红色,伊红亚甲蓝琼脂培养菌落呈深黑色,并有金属光泽;可发酵葡萄糖、麦芽糖、甘露醇、木糖、鼠李糖、山梨醇和阿拉伯糖,产酸产气,多数发酵乳糖,少数不发酵;几乎均不产生硫化氢,不分解尿素,不液化明胶;多数不分解蔗糖;吲哚试验、M.R 试验呈阳性,VP 试验呈阴性。

本菌对外界环境具有中等程度的抵抗力,在潮湿阴暗而温暖的环境中可存活 1 个月,在寒冷而干燥的环境中生存时间较长。本菌对一般消毒剂敏感,对抗生素及磺胺类药等极易产生耐药性。

(二)病原诊断方法

1.涂片镜检

无菌取病死兔的结肠、盲肠及蚓突内容物等,涂片经革兰氏染色后镜检,镜下可见大量革兰氏阴性短杆菌。

2.分离培养

取上述病料接种于麦康凯和伊红亚甲蓝琼脂平板培养基上,在37℃的温度下培养 24 h,在麦康凯琼脂平板培养基上生长为红色菌落;在伊红亚甲蓝琼脂平板上生长为黑色的带有金属光泽的菌落。

3.生化反应

大肠杆菌能发酵葡萄糖、麦芽糖、甘露醇、木糖、阿拉伯糖等,均产酸产气。

三、防治措施

在治疗时可选用庆大霉素,每千克体重 1~1.5 mg,肌内注射,每天 3 次;螺旋霉素,每天每千克体重 20 mg,肌内注射;多黏菌素 E,每天每千克体重 0.5~1 mg,肌内注射;硫酸卡那霉素,每千克体重 5 mg,肌内注射,每天 3 次。为了提高治疗效果,应与补液同时进行。

做好饲养管理及卫生工作,应合理搭配饲料,保证一定的粗纤维,控制能量和蛋白水平不可太高;饲料不可突然改变,应有一个适应期;加强饮食卫生和环境卫生,消除蚊子、苍蝇和老鼠对饲料和饮水的污染;经常发生该病的兔场可用本场分离出的大肠杆菌制成氢氧化铝灭活苗进行预防，20～30 日龄的小兔每只注射 1 mL。及时隔离病兔；对圈舍、器具进行彻底消毒。

任务七　兔沙门菌病的诊断与防治

一、临床诊断

兔沙门菌病又称兔副伤寒病，是指由鼠伤寒沙门杆菌或肠炎沙门杆菌引起的一种传染病。其主要侵害怀孕母兔，以发生败血症、急性死亡、腹泻和流产为特征。

(一)流行病学诊断

不同年龄、性别和品种均可发病，怀孕母兔多发。本病主要经过消化道感染，健康兔吃了被污染的饲料、饮水而感染发病。当饲养管理不良、气候突变、卫生条件不好或患有其他疾病等，使机体抵抗力降低，兔肠道内寄生的本菌可趁机繁殖，毒力增强而发病。幼兔也有在子宫内被感染的，还可能经脐带感染。

(二)症状诊断

兔沙门菌病的潜伏期为 1～3 d，急性病例不显任何症状而突然死亡，多数病兔腹泻并排出有泡沫的黏液性粪便，体温升高，有的达 41℃以上，废食，渴欲增加，消瘦。母兔从阴道排出黏液或脓性分泌物，阴道潮红、水肿，流产胎儿皮下水肿，很快死亡。孕兔常于流产后死亡，康复兔不能再怀孕产仔。

(三)病理剖检诊断

剖检可见病兔胸、腹腔脏器有瘀血点，腔中有多量浆液或纤维素性渗出物。肝脏出现弥漫性或散在性黄色针尖大小的坏死灶，胆囊胀大，充满胆汁，脾脏肿大 1～3 倍，大肠内充满黏性粪便，肠壁变薄。流产母兔子宫肿大，浆膜和黏膜充血，并有化脓性子宫炎，局部黏膜覆盖一层淡黄色纤维素性污秽物。

二、病原诊断

(一)病原特征

病原为鼠伤寒沙门杆菌和肠炎沙门菌，卵圆形小杆菌，长为 1～3 μm，宽为 0.6 vm，革兰氏阴性，有鞭毛，不形成芽孢，嗜氧兼厌氧。本菌能分解葡萄糖、麦芽糖、甘露醇和山梨醇，并产酸产气，不分解乳糖、蔗糖，也不产生靛基质，可产生硫化氢，M.R 试验呈阳性，VP 试验呈阴性，不分解尿素。

本菌对外界环境抵抗力较强，在干燥环境中能存活 1 个月以上，在垫草上可活 8～20 周，在腌肉中须经 75 d 后才能死亡，在干粪中可以存活 2 年 7 个月，在干土中则为 6 个月，在湿土中 12 个月，在冻土中可以过冬，在水中 3 周。本菌在酸性介质中迅速死亡，对消毒药的抵抗力不强，3%来苏儿、5%石灰乳及福尔马林等可在几分钟内将其杀死。

(二)病原诊断方法

1. 染色镜检

采取血液、肝脏、脾脏及流产胎儿内脏器官作为被检材料，将病料涂片或触片，革兰氏染色，镜检可见到革兰氏阴性、散在的卵圆形细小杆菌；拉埃氏染色，镜检可见到卵圆形紫蓝色小杆菌。

2. 分离培养

将病料接种于SS琼脂平板培养基或麦康凯琼脂平板培养基或HE琼脂平板培养基，在SS琼脂平皿上呈无色透明或半透明的菌落，菌落呈中等大小，边缘整齐、光滑，稍凸起；在麦康凯琼脂平板培养基上呈无色透明或半透明，边缘整齐，光滑，稍凸起的中等大小的菌落；在HE琼脂平板培养基上呈蓝绿色中等大的菌落，多数形成带黑色的菌落。

3. 生化试验

将被检的菌株做以下一般生化反应，如葡萄糖、甘露醇、麦芽糖、乳糖、蔗糖等发酵试验，靛基质试验，M.R试验，VP试验和枸橼酸盐、硫化氢、运动力、尿素试验等。

三、防治措施

加强饲养管理，增强母兔抵抗力，消除引发该病的应激因素。本病的传播与野鼠和蝇有很大的关系，因此，要大力消灭老鼠和苍蝇。兔群发病要迅速确诊，及时淘汰重病兔。症状较轻的病兔可用抗生素或抗菌药物进行治疗，兔舍、兔笼和用具等进行彻底消毒。

在治疗时常用磺胺嘧啶每千克体重0.2～0.5 g内服，每天2次，连用3～5 d。

任务八　兔魏氏梭菌性肠炎的诊断与治疗

一、临床诊断

兔魏氏梭菌性肠炎又称兔魏氏梭菌病，是指由A型魏氏梭菌及其毒素引起的兔的一种以消化道症状为主的全身性疾病。其在临床上以急性腹泻、排黑色水样或胶冻样粪便、盲肠浆膜出血斑和胃黏膜出血、溃疡为主要特征。其发病率与死亡率较高。

(一)流行病学诊断

除哺乳仔兔外，不同年龄、品种、性别的家兔对本病均有易感性，但多发生于断奶仔兔、青年兔和成年兔，1～3月龄毛兔及獭兔发病率最高。其主要经消化道或伤口传染。病兔排出的粪便中大量带菌，极易污染食具、饲料、饮水、笼具、兔舍和场地等，经消化道感染健康兔，病菌在肠道中产生大量外毒素，引起发病和死亡。本病一年四季均可发生.尤以冬、春季发病率较高。在饲养管理不当、突然更换饲料、气候骤变、长途运输等应激因素影响下极易导致本病的发生。

(二)症状诊断

最急性病例常突然发病，几乎看不到明显症状即突然死亡。多数病例呈急性经过，以下痢为特征，病兔精神沉郁，食欲废绝，排黑色水样粪便，有特殊腥臭味，并污染臀部及后腿。此时，病兔的体温一般偏低，在水泻的当天或第二天即死亡。少数病例病程稍长，可拖延 1 周，极个别的病例可拖延 1 个月，最终死亡。

(三)病理剖检诊断

尸体外观无明显消瘦，但眼球下陷，显出脱水症状，肛门附近及下端被毛染有黑褐色或绿色稀粪。剖开腹腔即可闻到特殊的腥臭味。胃底黏膜脱落，有大小不一的溃疡。肠黏膜弥漫性出血，小肠内充满气体，肠壁薄而透明。盲肠和结肠内充满气体和黑绿色稀薄内容物，有腐败臭味。肝质脆；膀胱多充满深茶色尿液；心脏表面血管怒张，呈树枝状充血。

二、临床诊断

(一)病原特征

魏氏梭菌又称产气荚膜杆菌，为厌氧性粗大杆菌，通常单个独立，革兰氏菌阳性，无鞭毛，不能运动，在动物体内能形成荚膜，很少形成芽孢。厌氧培养在鲜血琼脂或葡萄糖鲜血琼脂平皿上，形成圆形、半透明、表面光滑、边缘整齐、凸起的单个菌落，大小为 2～4 mm，；有些菌株，菌落中心凹陷，表面呈放射性条纹状，边缘呈锯齿状，菌落周围出现双溶血圈。在乳糖-牛奶-卵黄琼脂平皿上，菌落周围和下面出现乳浊带，由于发酵乳糖，菌落周围呈红色晕环，但表面不形成虹彩层。魏氏梭菌能发酵葡萄糖、乳糖、麦芽糖、蔗糖等，靛基质阴性，硫化氢阳性。

(二)病原诊断方法

1. 涂片镜检

采取病兔或死兔的空肠、回肠、盲肠内容物、肠黏膜或粪便等直接涂片，革兰氏染色镜检，可见有革兰氏阳性大肠杆菌，一般很少见到芽孢。

2. 分离培养

取空肠或回肠内容物加热至 80℃ 10 min，2 000 r/min 离心 5 min，上清液接种厌氧肉肝汤培养 5～6 h，可见培养液混浊并产生大量气体。接种血平板，厌氧培养 24 h 可见菌落呈正圆形，边缘整齐，表面光滑隆起，菌落周围出现双重溶血环。

3. 毒素检验

取大肠内容物做 1∶3 稀释，3 000 r/min 离心 10 min，上清液过滤除菌接种于体重为 18～22 g 的小白鼠，每只腹腔注射 0.1～0.5 mL，24 h 内死亡即可证明有毒素存在。

三、防治措施

(一)治疗

在发病初期，可用特异性高免血清进行治疗，每千克体重 2～3 mL 皮下或肌内注射，每天 2 次，连用 3 d，疗效较显著。配合药物治疗，可选用喹乙醇，每千克体重 5 mg 口服，每天 2 次，连用 4 d；卡那霉素，每千克体重 20 mg 肌内注射，每天 2 次，连用 3 d；金霉素，每千克体重 20～40 mg 肌内注射，每天 2 次，连用 3 d。对症治疗，静脉或腹腔注射 5％葡萄糖生理盐水并加入维生素 B_1 和维生素 C 补充体液，内服干酵母(每只兔 5～8 g)和胃蛋白酶(每只兔 1～2 g)等。

(二)预防

加强饲养管理,消除应激因素,少喂含有高蛋白质的饲料和过多的谷物类饲料。当发生疫情时,应立即隔离或淘汰病兔,兔舍、兔笼及用具严格消毒,病死兔及其分泌物和排泄物一律深埋或烧毁。并注意灭鼠灭蝇。

思考题

1. 兔病毒性出血症有哪些主要症状?如何诊断兔病毒性出血症?
2. 兔痘有哪些主要症状?
3. 兔巴氏杆菌病用哪些药物治疗?
4. 兔大肠杆菌病有哪些主要症状?
5. 兔魏氏梭菌性肠炎如何确切诊断?

模块三　宠物寄生虫病

内容提要

寄生虫病的诊断和防治技术；犬猫线虫病的防治技术；犬猫绦虫病的防治技术；犬猫吸虫病的防治技术；犬猫原虫病的防治技术；犬猫蜘蛛昆虫病的防治技术；观赏鸟寄生虫病的防治技术。

项目一

寄生虫病的诊断和防治技术

【学习目标】

1. 掌握生物之间的相互关系、寄生虫对寄生生活的适应性及环境对寄生生活的影响；
2. 掌握寄生虫的种类、寄生虫的生活史和寄生虫对宿主的影响；
3. 掌握宿主的类型和宿主对寄生虫的影响；
4. 掌握寄生虫病的危害性和寄生虫病流行的基本环节；
5. 认识吸虫、线虫、绦虫、原虫、蜘蛛昆虫及其中间宿主的形态结构特征，肉眼或显微镜下能识别典型的吸虫、线虫、绦虫、原虫、蜘蛛昆虫；
6. 掌握宠物寄生虫病的主要诊断和预防方法。

任务一　认识寄生虫和寄生虫病

一、寄生生活

(一)生物间的相互关系

在自然界的各种生物中,有些生物适应自由生活,另一些生物则适应共生生活(简称共生)。根据共生双方的利害关系不同,可将共生生活分为3种类型。

1. 共栖(偏利共生)

一种生物因生态上的需要而生活于另一种生物的体内或体表,以取得营养或受其保护而生存,在寄居生活过程中,既不酬谢对方,亦不损害对方。这种共生生活类型就叫共栖(偏利共生)。如在摄食生活中,人与其口腔中共同生活的齿龈内阿米巴原虫被残留在口腔中,食物残渣为齿龈内阿米巴原虫提供了营养来源;齿龈内阿米巴原虫吞食食物颗粒等,但并不侵入人的口腔组织。对人来说,齿龈内阿米巴原虫的存在与否都没有关系,这种共生生活类型就是共栖(偏利共生)。其特点是共生生活双方中的一方受益,而另一方既不受益,也不受害。

2. 互利共生

2种生物在营养上相互依赖,彼此得益。如果二者分开,彼此的营养上都会受到损失,甚至死亡。例如,反刍动物和寄居于其瘤胃中的纤毛虫,反刍动物为纤毛虫提供了适宜的生存环境和植物纤维来源,而纤毛虫则以反刍动物吃进去的植物纤维为食,供给自己营养,同时,纤毛虫对植物纤维的分解,又有利于反刍动物的消化,另外,纤毛虫本身的迅速繁殖和死亡,还可为反刍动物提供蛋白质。这种共生生活类型就是互利共生。互利共生常常是专性的。在绝大多数情况下,生理上的依赖进化到如此程度,即共生的一方没有另一方则不能生活。互利共生的特点是共生生活的双方互相利用,彼此受益。

3. 寄生

在自然界的一类低等动物的全部或部分的生活过程中,它们必须短暂地或长时间地寄居在另一种动物的体内或体表,夺取对方的营养物质、体液或组织,维持自身的生命活动,同时以各种形式给对方造成不同程度的危害。这种生活方式称为寄生生活,简称寄生。在寄生生活的双方,其中一方得到利益,另一方则受其害。

在寄生生活过程中,营寄生生活的生物称为寄生物。寄生物包括动物和微生物2类;营寄生生活的微生物在动物微生物学中阐述;营寄生生活的动物(动物性寄生物)称为寄生虫。被寄生虫寄生的动物称为宿主。如寄生于犬猫的弓首蛔虫,弓首蛔虫称为寄生虫,犬猫等称为宿主。寄生的特点是在共同生活的双方中,一方受益,而另一方受害。

寄生虫暂时或永久地寄生在宿主的体内或体表。由于寄生虫已经失去了一部分分解与合成营养物质的能力,所以它所需要的营养物质主要依靠夺取宿主制造好的物质,即以宿主机体的组织液、血液、组织细胞或胃肠内容物等为营养,并在宿主体内或体表进行生长、发育和繁殖,宿主遭受其生理活动及新陈代谢产物等所造成的危害而引起宿主机体发生不同程度的免疫或病理过程，甚至死亡。

寄生虫是由自立生活动物在特定的条件下演化而来的。由一个自立生活的种类演变为一个寄生生活的种类必定在经过一个长时间的、复杂的代谢变化，甚至演变为对宿主的完全依赖性。某些寄生虫和宿主相互间有良好的适应性和生理生化上的依赖性表明此种关系经历了漫长的演化，其中有的具有对寄生生活的早期适应性，有一些则显示出较为晚期才演化为从事寄生生活，有的则兼营寄生，此种尚具可逆性。

上述 3 种生活类型只是人为的划分，实际上并没有严格的界限。因为有许多种寄生物在大多数情况下处于共栖状态，没有致病性。只有当它们的数量异常增多，或当宿主的抵抗力下降，或当寄生物发生某种生理变化时，这种寄生物才由共栖物转化为病原体。概括起来就是，当共栖生活的生物之间相互制约的关系上发生某种变化时，寄生物才由共栖物转化为病原体。

(二)寄生虫对寄生生活的适应性

1.形态构造的适应性

寄生虫在向寄生生活演变过程中为适应在宿主体内外寄生的生活环境，其形态构造发生了相适应的变化。

(1)附着器官的发展　普遍存在于各类寄生虫之中的适应性变化是附着器官的发展，寄生于动物体内的寄生虫为了不被宿主机体排出体外，产生了许多新器官(如吸虫和绦虫的吸盘、小棘、小钩等，线虫的唇、齿板、口囊等，消化道原虫的鞭毛、纤毛、伪足等)起附着作用。体外寄生虫为了能牢固吸附于宿主体表，其附着器官也很发达，如节肢动物末端的爪、吸盘等。

(2)体形的变化　为了适应寄生生活，有些寄生虫的体形也发生了变化。如虱子和臭虫的背腹扁平的身体，跳蚤的两侧扁平的身体和特别发达的适于跳跃的腿等等；各种节肢动物寄生虫的口器都发生了适于吸血或啮食皮屑毛发的形态变化。

(3)运动器官的退化　寄生生活使许多寄生虫失去了运动器官。吸虫的第一个幼虫阶段——毛蚴，以纤毛作为运动器官，在水中游动并侵入螺体；吸虫的最后一个幼虫阶段——尾蚴，游出螺体，以其尾部作为运动器官，此后，当它们侵入第二中间宿主或终末宿主体内之后，就不再有专门的运动器官了。属于双翅目昆虫的虱蝇失去了双翅，但加强了足和爪，以使其更加适应于寄生生活。

(4)消化器官简化或消失　寄生虫易从宿主吸取丰富的营养物质，不再需要进行复杂的消化过程，其消化器官变得简单，甚至完全退化。某些以宿主组织、血液、淋巴等为主要营养的寄生虫还长出新的器官(如线虫口腔中的齿、切板等)，以利于在宿主机体采取食物。

(5)生殖器官特别发达　寄生虫最明显的变化是生殖器官特别发达。吸虫身体的 1/3 以上被生殖器官占据；线虫生殖器官的长度超过身体若干倍；绦虫由若干节片组成，每个节片几乎完全被生殖器官充满。

2.生理机能的适应性

由自由生活演化为寄生生活，这是生活方式的一个很大变化，虫体除形态结构的变化外，发育、营养、繁殖等生理机能也会发生很大的变化，以适应寄生生活。

(1)生殖能力的加强　寄生虫最特出的变化是具有强大的繁殖力，以适应在复杂的生活过程中各种不利因素对其延续后代带来的不良影响。强大的繁殖力一方面表现在虫卵变小，产卵或产幼虫数量增多，卵及幼虫的抵抗力增强；另一方面表现在某些寄生虫可在外界环境中继续繁殖，如吸虫的一个毛蚴可在螺体内形成百余条尾蚴。

(2)对体内体外环境抵抗力的增强　蠕虫体表一般都有一层较厚的角质膜，这些角质膜具有抵抗宿主消化液的作用；线虫的感染性幼虫有一层外鞘膜，绝大多数蠕虫的虫卵和原虫的卵囊都具有特质的壁，这层特质的壁能抵抗不良的外界环境。

(3)营养关系的变化　主要表现在消化器官的简单化，甚至完全消失。如吸虫仅有一根食道连接两根盲肠管，通常无肛门，不同的种类其简单程度又各不相同。而绦虫和棘头虫全然无消化器官，仅依靠体表直接从宿主吸取营养。营养物质的吸收主要靠具有微毛的皮层来进行。

(4)寄生虫代谢机能的适应　氧在寄生虫一些物质的合成中起重要作用，如卵壳合成。寄生虫依靠扩散进行氧的吸收，虫体内的氧靠体液扩散。有的寄生虫可借助于血红蛋白、铁卟啉等化合物将氧扩散到虫体各部。二氧化碳对寄生虫起着重要的作用，如线虫虫卵的激活、吸虫囊蚴脱囊、线虫卵和幼虫的孵化和脱鞘等都需要二氧化碳的参与。

寄生虫合成蛋白质所需的氨基酸来源于分解食物或分解宿主组织，也可直接摄取宿主游离氨基酸。合成核酸的碱基、嘌呤需从宿主获取，嘧啶则可由自身合成。脂类主要来源于宿主，寄生虫可能只有加长脂肪链的功能。某些寄生虫因缺乏某些消化酶而必须从消化道中获取。

(三)外界环境对寄生生活的影响

1.对寄生虫的影响

寄生虫的外界环境具有双重性。当寄生虫处于寄生生活状态时，宿主是寄生虫直接的外界环境。当寄生虫某一个发育阶段处于自立生活阶段时，自然界便是其生活的直接外界环境。少数永久性寄生虫不离开宿主，在宿主体内或体表完成其全部发育过程，多数寄生虫必须在外界环境中完成一定的发育阶段。因此，外界环境条件直接影响这些发育阶段，甚至决定其生存与死亡。

在外界条件中，起决定作用的因素是温度和水分。只有在适宜的温度下，寄生虫的体外发育阶段才能完成，温度过高或过低都会使其发育停止，甚至死亡。多数寄生虫的虫卵或幼虫需要潮湿的环境，甚至有些还必须在水中发育到感染期。因此，地势的高低、降雨量的大小、河流湖泊的有无等都影响着寄生虫的发育。

2.对中间宿主和生物媒介的影响

有些寄生虫的发育必须有中间宿主的参加，有些寄生虫病的传播必须依靠生物媒介完成。因此，在一定区域内，某些寄生虫的中间宿主和生物媒介的存在与否是该种寄生虫病能否发生的重要原因。外界环境直接影响中间宿主的生存、发育和繁殖，间接影响寄生虫病的发生。如华支睾吸虫的中间宿主为淡水螺，补充宿主为淡水鱼、虾。这两种宿主的生活必须依赖于水，这就决定了本病发生在水源丰富的地区。有些宠物感染原虫必须有生物媒介传播，气候、地理条件等均影响生物媒介的出没、消长，因此，原虫病具有明显的地区性和季节性。

二、寄生虫与宿主

(一)寄生虫

1.寄生虫生活史

寄生虫的生活史又称发育史，是指寄生虫完成一代生长、发育和繁殖的全过程，包括寄生虫的感染与传播。寄生虫的种类繁多，生活史形式多样，简繁不一。

(1)寄生虫生活史类型

①直接发育型。寄生虫完成生活史不需要中间宿主，虫卵或幼虫在外界发育到感染期后直接感染动物或人，此类寄生虫称为土源性寄生虫，如蛔虫、犬猫消化道线虫等。

②间接发育型。寄生虫完成生活史需要中间宿主，幼虫在中间宿主体内发育到感染期后再感染动物或人，此类寄生虫称为生物源性寄生虫，如旋毛虫、华支睾吸虫等。

寄生虫的生活史分为若干发育阶段，各个阶段都有自己固有的形态和生理特性，以及完成各发育阶段所需的条件和时间。如线虫生活史一般分为卵、幼虫、成虫 3 个阶段，其中幼虫又可分为若干期。原虫生活史可分为无性繁殖和有性繁殖 2 个阶段。因此，明确寄生虫的生活史是防治寄生虫病的生物学基础。

(2)寄生虫完成生活史的条件　寄生虫的生长、发育和繁殖的全过程即寄生虫生活史的完成必须具备一系列的条件。这些条件受到生态平衡机制的制约和调节。

①寄生虫必须有适宜的宿主，甚至是特异性的宿主，这是寄生虫生活史建立的前提。

②虫体必须发育到感染性阶段(或叫侵袭性阶段)，才具有感染宿主的能力。

③寄生虫要有与宿主接触的机会。

④寄生虫必须有适宜的感染途径。

⑤寄生虫进入宿主体内后，往往有一定的移行路径，才能最终到达其寄生部位。

⑥寄生虫必须战胜宿主的抵抗力。

现以犬弓首蛔虫为例，说明其生活史完成所需的条件：犬弓首蛔虫的感染必须有犬的存在；虫卵必须在外界适宜的温度和湿度下发育到感染性虫卵阶段；犬必须通过粪便或土壤接触到这些感染性虫卵；感染性虫卵经口吞食后进入犬体内；感染性虫卵在犬肠内孵出幼虫，幼虫钻入肠壁，然后经血液到达肝脏，再随血流到达肺，幼虫经肺泡、细支气管、支气管、气管，再经咽入胃，到小肠进一步发育为成虫，完成其整个发育史。

2.寄生虫类型

在寄生虫与宿主形成寄生生活的长期演化适应过程中，各寄生虫和宿主间适应程度不同以及特定的生态环境差别等因素，它们之间的关系呈现多样性，寄生虫显示为不同类型。例如，宿主的数目和种类、寄生的适应程度、寄生时间的长短、寄生部位、寄生期等。

(1)内寄生虫与外寄生虫　根据寄生部位来分，寄生在宿主体表的寄生虫称为外寄生虫，如虱和螨都属于外寄生虫。寄生于体液、组织和内脏的寄生虫称为内寄生虫，如蛔虫等。

(2)暂时性寄生虫与固定性寄生虫　根据寄生虫寄生于宿主的时间来分，有些寄生虫只在吸血时与宿主接触，吸血后很快离开宿主，称为暂时性寄生虫(也称间歇性寄生虫)，此类寄生虫在整个生存期中只短暂侵袭宿主，解除饥饿，获得营养，如吸血昆虫。有些寄生虫必须在宿主体内或体表经过一定发育期，这类寄生虫称固定性寄生虫。固定性寄生虫又可分为永久性寄生虫和周期性寄生虫:前者是指整个生活史中的各个发育阶段都在宿主体上度过,终生不离开宿主的寄生虫,如螨、旋毛虫等;后者是指一生中只有一个或几个发育阶段在宿主的体表或体内完成的寄生虫,如蛔虫、肝片吸虫等。

(3)固需寄生虫与兼性寄生虫　固需寄生虫是指在寄生虫生活史中,寄生生活的那部分时间是必须的,没有这部分时间,寄生虫的生活史就不能完成,如绦虫、吸虫和大多数寄生线虫。有些自由生活的线虫和原虫如遇到合适机会时,其生活史中的一个发育期也可以进入宿主体内营寄生生活,这类寄生虫称之为兼性寄生虫,如类圆线虫。

(4)单宿主寄生虫与多宿主寄生虫　寄生于一种特定宿主的寄生虫,即在寄生虫的全部发育过程中只需要一个宿主的寄生虫称为单宿主寄生虫(又叫专性寄生虫),如犬弓首蛔虫只寄生于犬等。能寄生于许多种宿主的寄生虫,即发育过程中需要多个宿主的寄生虫称为多宿主寄生虫,如肝片吸虫可以寄生于绵羊、山羊、牛和另外许多种反刍兽,还有猪、兔、海狸鼠、象、马、犬、猫、袋鼠和人等多种动物。多宿主寄生虫是一种复杂的生物学现象,它涉及多种脊椎动物,有时包括人,由此导出了人畜共患寄生虫病的概念。

(5)机会致病寄生虫和偶然寄生虫　有些寄生虫在宿主体内通常处于隐性感染状态,但当宿主免疫功能受损时,虫体出现大量的繁殖和强致病力,称为机会致病寄生虫,如隐孢子虫。有些寄生虫进入一个不是其正常宿主的体内或黏附于其体表,这样的寄生虫称为偶然寄生虫,如啮齿动物的虱偶然叮咬犬或人。

(6)假寄生现象　某些本来是自由生活的动物偶尔主动地侵入或被动地随食物带进宿主体内。当发生这种情形时,有的"寄生虫"能在宿主体内生活一段时间,如粉螨科的某些螨类正常生活于谷物、糖和乳制品中,当被误入人的肠、泌尿和呼吸道时,可能会引起相应器官的一时性出血性炎症,当它们死亡以后,其躯壳便随分泌物排出。有一些假寄生虫对宿主不引起任何危害,但当他们被发现时,可能被缺乏经验的化验人员误诊为某种无名的寄生虫。

3.寄生虫对宿主的影响

(1)夺取营养　掠夺宿主的食物营养,如线虫、绦虫、吸虫;吸取宿主的血液、体液,如钩虫、螨虫,锥虫;破坏红细胞或其他组织细胞以血红蛋白、组织液等作为自己的食物,如球虫、焦虫等。

(2)机械性损伤　如虫体的吸盘、小钩、口囊、吻突等附着器官,造成局部损伤;幼虫体在移行过程中形成虫道,导致出血、炎症,如肝片吸虫;某些寄生虫在生长过程中还可刺激和压迫周围组织脏器,导致一系列继发症,如棘球蚴。某些虫体堵塞肠管或其他组织腔道(胆管、支气管、血管等),如蛔虫。

(3)继发感染

①接种病原。某些昆虫在叮咬动物时将病原微生物注入其体内,如蚊虫传播乙型脑炎。

②携带病原。某些蠕虫在感染宿主时将病原微生物或其他寄生虫携带到宿主体内,如猪毛尾线虫携带副伤寒杆菌,鸡异刺线虫携带火鸡组织滴虫等。

③协同作用。某些寄生虫的侵入可以激活宿主体内处于潜伏状态的病原微生物和条件性致病菌,如仔猪感染食道口线虫后可激活副伤寒杆菌。

(4)虫体毒素和免疫损伤作用　寄生虫在寄生生活期间排出的代谢产物、分泌的物质及虫体崩解后的物质对宿主是有害的。这些物质可引起宿主体局部或全身性的中毒或免疫病理反应,导致宿主组织及机能的损害,如锥虫、蜱、血吸虫。

4.寄生虫的命名

寄生虫命名采用国际公认的双名制命名法。用双名制命名法给一种寄生虫规定的名称，叫作这种寄生虫的学名，即科学名。寄生虫的学名均由2个不同的拉丁文或拉丁化文字单词组成，包括属名(在前)和种名(在后)。第一个单词是寄生虫的属名，其第一个字母要大写；第二个单词是寄生虫的种名，全部字母小写。在学术资料中，寄生虫的属名和种名需要斜体书写。有时种名之后还有亚种名，种名或亚种名之后是命名者的姓和命名年份(论文发表的年份)。命名人的名字和命名年份常常可以略去不写。

例1：*Schistosoma japonicum* katsurada，1904

说明：中译名为日本分体吸虫。*Schistosoma* 是属名，译为分体，属名的第一个字母应大写；*japonicum* 是种名，即日本，种名的第一个字母小写。第三个字是命名人的名字，最后是命名年份。

例2：*Trypanosoma brucei brucei*

说明：中译名为布氏锥虫布氏亚种。第3个字 brtlcei 为亚种名。

有时在人们已经知道是那个属时或文章中第一次出现时已写过全称的，以后再出现时，属名可以简写。如日本分体吸虫 *S. japonicum*。

(二)宿主

1.宿主的类型

寄生虫的发育过程是很复杂的，有的寄生虫只适应在一种动物体内生活，有的是幼虫和成虫阶段分别寄生于不同的宿主，有的甚至需要3个宿主。根据寄生虫的发育特性，将宿主分成以下类型。

(1)中间宿主　幼虫或无性繁殖阶段寄生的宿主称之为中间宿主。如姜片吸虫的幼虫寄生于扁卷螺，扁卷螺即为姜片吸虫的中间宿主；弓形虫的无性繁殖阶段(裂殖生殖)寄生于人、犬、猪、鼠等，人、犬、猪、鼠等即为弓形虫的中间宿主。

有的寄生虫的幼虫有较多阶段，而不同阶段的幼虫又寄生于不同的宿主，这时便依其发育阶段的前后，分别称之为第一中间宿主和第二中间宿主，第二中间宿主也称为补充宿主。如华支睾吸虫其幼虫发育经过为毛蚴、胞蚴、雷蚴、尾蚴、囊蚴等阶段，其中在胞蚴、雷蚴阶段寄生于淡水螺，在囊蚴阶段寄生于鱼，则淡水螺为华支睾吸虫第一中间宿主，鱼是它的第二中间宿主。

(2)终末宿主　成虫或有性繁殖阶段寄生的宿主称之为终末宿主。所谓成虫一般是指性成熟阶段的虫体，也就是能产生幼虫或虫卵的虫体。如多头带绦虫的成虫寄生于犬的小肠，犬即为此绦虫的终末宿主；弓形虫的有性繁殖阶段(配子生殖)寄生于猫，猫即为弓形虫的终末宿主等。

(3)保虫宿主　在多宿主寄生虫所寄生的动物中，把那些不常被寄生的动物称为保虫宿主，如肝片吸虫可寄生于多种家畜和野生动物体内，那些野生动物就是肝片吸虫的保虫宿主。但当某些寄生虫在医学上既可寄生于人，又可寄生于动物时，通常把动物称为保虫宿主。

(4)贮藏宿主　有时某些寄生虫的感染性幼虫转入一个并非它们生理上所需要的动物体内，并不发育繁殖，但保持着对宿主的感染力，这个动物被称作贮藏宿主(有些资料上将贮藏宿主称为传递宿主)。例如，犬弓首蛔虫的感染性虫卵既可以直接感染犬，又可以被啮齿动物或鸟类摄食，发育为具有感染性的第二期幼虫。犬摄食了啮齿动物或鸟类也可被感染，这些啮齿动物或鸟类称为犬弓首蛔虫的贮藏宿主。

(5)带虫宿主(带虫者)　有时一种寄生虫病在自行康复或治愈之后或当处于隐性感染之时，宿主对寄生虫保持着一定的免疫力，临床上没有明显的症状，但也保留着一定量的虫体感染，这时称这种宿主为带虫者。如小牛感染双芽巴贝斯虫后，仅出现极轻微的症状即自行康复，但却可以成为带虫者，并成为传染源；当蜱吸此牛血液时，即可将此病传给健康的牛。

(6)传播媒介　通常是指在脊椎动物宿主之间传播寄生虫病的一种低等动物，更常指传播血液原虫的吸血节肢动物。根据其传播疾病的方式不同，可分为生物性传播和机械性传播：前者是指虫体需要在媒介体内发育，如蜱在犬与犬之间传播巴贝斯虫，库蠓在鸡与鸡之间传播卡氏住白细胞虫等等；后者是指虫体不在昆虫体内发育，媒介昆虫仅起搬运作用，如虻、螫蝇传播伊氏锥虫等。此外，某些吸虫的发育需要借助水生植物形成囊蚴，这种水生植物即称之为媒介物。

(7)超寄生宿主　许多寄生虫也是其他寄生虫的宿主，此种情况称为超寄生。如疟原虫寄生在蚊子体内，绦虫幼虫寄生于跳蚤体内等。

2.宿主对寄生虫的影响

被寄生虫感染的宿主可表现出不同程度的病变和不同的症状，或无症状或幼龄动物表现为生长发育受阻等。寄生虫及其产物也能诱导宿主产生免疫应答。其目的是力图阻止虫体侵入以及将其消灭、抑制或排出。

(1)局部组织的抗损伤反应　当寄生虫侵入宿主机体后，宿主组织对寄生虫的刺激产生炎性充血和免疫活性细胞浸润，在虫体寄生的局部进行吞噬和溶解，或形成包囊和结节将虫体包围起来。机体的网状内皮细胞和白细胞都具有吞噬寄生虫的作用。

(2)先天性免疫　先天性免疫又称为天然免疫，包括种免疫、年龄免疫和个体免疫，是动物在长期的进化过程中逐渐建立起来的天然防御能力，受遗传因素的控制，具有相对稳定性。它对各种寄生虫的感染均具有一定程度的抵抗力，但不是十分强烈，也没有特异性，故又称非特异性免疫。这种免疫的构成主要有皮肤黏膜的屏障作用、吞噬细胞的吞噬作用以及一些体液因素对寄生虫的杀伤作用等，这些作用大多与机体的组织结构和生理功能密切相关。

(3)特异性免疫　寄生虫及其分泌物、代谢产物都具有抗原性，可引起动物机体产生免疫应答。这种获得性免疫对寄生虫可发挥清除或杀伤的效应，对同种寄生虫的再感染具有抵抗力，是寄生虫免疫的主要形式。此获得性免疫具有抗原特异性，因此，它又称特异性免疫。

宿主对寄生虫的免疫是一个复杂的动态过程，因宿主、寄生虫的种类以及宿主与寄生虫在长期进化过程中互相作用和互相适应时间的长短而异。在宿主产生免疫应答的过程中，有些寄生虫可出现免疫逃避，而不受免疫效应的作用。获得性免疫对宿主有不同程度的保护作用，但是在发挥免疫效应过程中也可能损伤宿主组织，从而产生有害的免疫病理变化。

(4)免疫逃避　所谓免疫逃避是指寄生虫可以侵入免疫功能正常的宿主体内，逃避宿主的免疫效应，而在宿主体内发育、繁殖和生存。其原因包括寄生虫寄生部位的解剖学隔离、表面抗原的改变、破坏免疫和代谢抑制等。

三、寄生虫病

寄生虫病主要研究寄生虫对动物机体的致病作用、疾病的流行病学、临诊症状、病理变化、免疫、诊断、治疗和防治措施。

(一)寄生虫病的研究历史和现状

公元6世纪,在后魏贾思勰所著的《齐民要术》中就记载了治疗马、牛、羊疥癣的方法,并已认识到寄生虫病的传染性;1683年,荷兰人雷文虎克发明了显微镜,发现了兔肝球虫的卵囊;19世纪中叶德国人Leuckart发现了肝片形吸虫的生活史,同时代的一位比利时学者Von Beneden揭示了绦虫生活史等等。

近代科学技术的发展对寄生虫的研究已经由对寄生虫的客观描述和实验寄生虫学阶段,步入免疫寄生虫学与生化—分子寄生虫学的领域。

自新中国成立以来,我国寄生虫病的研究和防治方面已取得了显著的进展。广泛或严重流行的寄生虫病都已经建立了免疫学诊断方法,如弓形虫病、梨形虫病、伊氏锥虫病、血吸虫病、猪囊尾蚴病和旋毛虫病等。研制和生产出许多种新型、低毒、高效的抗原虫药、抗绦虫药、抗线虫药和杀蜱螨药。但是也应该看到,我国对寄生虫病的研究水平与先进国家相比尚有差距,存在许多急需填补的空白。

(二)寄生虫病的命名

原则上以引起疾病的寄生虫属名定病名,如姜片属吸虫引起的姜片吸虫病。在某属寄生虫只引起一种动物发病时,常在病名前冠以动物种名,如犬弓首蛔虫病。但习惯上也有突破这一原则的情况,如鸟的胃线虫病就是许多属线虫引起疾病的统称。

(三)宠物寄生虫病的危害性

1. 降低机体抵抗力,引发其他疾病

据统计,幼犬肠道寄生虫感染率达70%~80%,这些寄生虫感染严重影响幼犬体质和抵抗力,幼犬容易感染和发生犬瘟热、犬细小病毒病、犬冠状病毒病等传染病。

2. 影响人类健康

宠物与人类关系密切,因此,人畜共患病对人类的威胁也最直接。除一些传染病外,寄生虫病中的弓形虫病、黑热病和肉用犬的旋毛虫病等威胁着人类健康。

3. 影响宠物主人的审美观

寄生虫对宠物营养的掠夺和对体质的影响常使宠物消瘦、被毛粗糙无光泽,尤其是体表寄生虫导致皮肤脱毛、红斑、皮屑和瘙痒等。

(四)寄生虫病的流行病学

1. 寄生虫病流行病学的概念

寄生虫病的流行病学(寄生虫病流行学)是研究某种寄生虫病在动物群体(包括畜、禽、宠物、鱼类等)中的发生、传播、流行及转归的客观规律。其研究范围是动物群体中的一切寄生虫病,研究对象是动物群体,主要为畜、禽、宠物、鱼类,也涉及人和野生动物群体。其主要研究方法是对动物群体中的寄生虫病进行调查研究,收集、分析和解释资料,做作生物学推理。其任务是确定病因和传播途径,阐明发生发展规律,制定防治对策并评价其效果,以达到预防、控制和消灭动物寄生虫病的目的。

流行病学调查包括定性调查和定量调查 2 项内容:定性调查是对病因假设进行定性检验;定量调查涉及动物群体中疾病的数量及数量资料的表达和分析。最广泛应用的流行病学统计是感染的测算,包括感染率和感染强度的测算:感染率是用来表明在宿主种群中感染某一种寄生虫的宿主比例或百分比;宿主感染的寄生虫数被称为感染强度,其症状严重程度常与感染的寄生虫数有关。

感染率和感染强度经常以动物群体中不同的动物年龄来表示,以便查明哪些年龄组别感染的危险性最大。这样的资料常可绘制成年龄感染率和感染强度曲线,此外,还可以做其他或更细的分组,例如,性别、品种等在某些寄生虫病都是重要的因素。

2. 寄生虫病发生的基本环节

寄生虫病发生的基本环节包括感染源、感染途径和易感动物等 3 个方面。

(1)感染源　寄生虫病的感染源是指体内外有寄生虫寄生的宿主(包括患病动物、带虫宿主,保虫宿主与贮藏宿主)以及有寄生虫分布的外界环境,包括土壤、水、中间宿主或昆虫媒介等。人畜共患寄生虫病的病人和带虫者也是动物寄生虫的重要感染源。带虫动物是重要的感染源。病原体(虫卵或幼虫)通过宿主的粪、尿、血液等不断排出体外污染环境,在自然环境中或转入中间宿主体内发育到感染期,然后经一定途径转移给易感宿主。因此,饲料、饮水、牧场,或其他无脊椎动物或脊椎动物就成为寄生虫传播的主要来源。根据其传播来源不同,可把寄生虫分为土源性寄生虫和生物源性寄生虫。

①土源性寄生虫。土源性寄生虫是指随土、水或食物而感染的寄生虫在发育过程中不需要中间宿主。例如,寄生于犬盲肠和结肠的犬毛首线的虫卵随粪便排出体外,在外界适宜的湿度、温度条件下,经 3 周发育为具有感染性的虫卵。犬由于摄食了被感染性虫卵污染的饲料和饮水而感染。预防土源性寄生虫的关键措施是粪便管理与环境卫生,当然也是很难彻底预防的。

②生物源性寄生虫。生物源性寄生虫是指通过中间宿主或昆虫媒介而传播的寄生虫。例如,寄生于猫细支气管和肺泡的猫圆线虫、成虫排出的虫卵在肺中孵化,幼虫经气管、肠道,最后随粪便排出体外。幼虫须被中间宿主——蜗牛、蛞蝓及其他啮齿动物吞食。猫由于吞食了带有感染性幼虫的中间宿主而被感染。预防生物源性寄生虫的关键措施是消灭中间宿主或媒介昆虫。一般情况而言,与土源性寄生虫相比,这类寄生虫较易于防治。

(2)感染途径　感染途径是指寄生虫通过什么方式或什么门户感染宿主。动物感染寄生虫的途径因寄生虫的种类,传播来源而有所不同。其主要有以下几种。

①经口感染。经口感染是动物感染土源性寄生虫的主要途径,如寄生蠕虫的虫卵或幼虫随粪便排出体外,污染养殖场、饲料和饮水。有时还要通过中间宿主发育,当动物采食含有感染性虫卵或幼虫(或它们的中间宿主)的饲料和饮水时,即可感染某种寄生虫病。另外,许多作为中间宿主或补充宿主的动物是终宿主的食物。这些感染性幼虫随其中间宿主经口进入终宿主体内引起感染,如旋毛虫病、绦虫病等。

②经皮肤感染。有些寄生虫的感染性幼虫自动钻入宿主的健康皮肤而引起感染,如日本血吸虫的尾蚴,类圆线虫的感染性幼虫都有很强的感染力。当动物进入上述幼虫分布的沼泽、潮湿地带时,它们即可穿透皮肤而感染宿主。有些寄生虫的感染性阶段借其媒介昆虫刺螯宿主皮肤而引起感染,如大多数血液原虫病。

③胎盘感染。胎盘感染又称垂直感染,是指某些蠕虫在妊娠动物体内的移行期幼虫或

血液内寄生虫可通过胎盘由母体将寄生虫传给胎儿，如先天性弓形虫病、犬弓首蛔虫病等。日本血吸虫病也有经胎盘感染的情况。

④接触感染。接触感染是指通过宿主相互间的皮肤或黏膜的直接接触，或通过其他用具如垫料草、饲槽等的间接接触而感染。如寄生在动物体表的螨可由患畜与健畜的直接接触引起感染，也可由污染螨的用具间接接触而传播。

⑤经生物媒介感染。生物媒介主要是节肢动物，其中有的是某些寄生虫的必须宿主，有的是某些寄生虫的机械传播者通过它们侵袭动物把感染期寄生虫注入宿主体内而感染。如锥虫、梨形虫等。

(3)易感动物　易感动物是指对某种寄生虫缺乏免疫力或免疫力低下的动物，当有感染机会时，即易于感染该种寄生虫。一种情况是通常某种动物只对特定种类的寄生虫有易感性，而不感染其他蛔虫，例如，犬只感染弓首蛔虫；另一种情况是多种动物对同一种寄生虫都有易感性。据统计有 200 种动物可感染弓形虫。此外，动物对寄生虫的易感性常受年龄、品种、体质等因素的影响。

综上所述，一种寄生虫病的流行必须同时具备 3 个条件，即感染源、传播途径和易感动物，缺一不可。

3.寄生虫病流行特点

(1)地区性　寄生虫的地理分布称为寄生虫区系。寄生虫病的传播流行常呈明显的区域性或地方性即寄生虫的区系有明显差异。在某一地区的动物的感染率虽有季节性变化，但一般较为稳定，具有地方性流行的特点。寄生虫病分布的地区性是由许多因素所决定的。

①自然条件对动物种群分布的影响。动物种群包括寄生虫的终末宿主、中间宿主和生物媒介。不同的各地区的自然条件，不同的动物种群决定了不同的与其相关的寄生虫分布。例如，我国血吸虫病的流行区与钉螺的地理分布是一致的。

②寄生虫对自然条件的适应性。各种寄生虫对自然条件的适应性有很大差异。如有的寄生虫适应于高湿度条件，有的恰恰相反；某些寄生虫适应于较温暖的气候，另一些寄生虫适应于较寒冷条件。温暖潮湿的气候有利于寄生虫卵或幼虫在外界的发育，因此，有些寄生虫病在南方更为猖獗，如球虫病。

③寄生虫本身的生物学特性。一般规律是土源性寄生虫地理分布较广，生物源寄生虫地理分布受到严格限制。

④与人们的生活习惯和生活条件有关。在有吃生鱼习惯的地区，华支睾吸虫病经常流行，如广东和广西；在喜食生肉的云南少数民族，旋毛虫病常有发生。

(2)季节性　寄生虫病的发生往往具有明显的季节性或季节性差异。寄生虫的发育史比较复杂，各种寄生虫都有自己固有的发育过程，多数寄生虫要在外界环境中完成一定的发育阶段，因此，气温、降水量等自然条件的季节性变化，体外阶段的发育也具有了季节性的变化，动物感染发病的时间也具有季节性特征。生活史中需要中间宿主或媒介昆虫的寄生虫的流行季节常与中间宿主或昆虫出现的季节相一致。例如，华支睾吸虫病的流行与纹绍螺活动的季节一致。

(3)散发性　动物寄生虫病大多呈散发性，不像传染病的病原体具有迅速繁殖、传播地区广，并引起急性病程等特点。散发性的寄生虫病多以慢性经过致使动物消瘦、贫血、降低生产性能，从而给动物饲养带来巨大的经济损失。

(4)自然疫源性　自然疫源地的定义是“病原体、特定的传播媒介和病原体的贮藏宿主，在其世代更迭中无限制地长期存在于自然条件中，在其已往的进化过程和现今自然界中，都不取决于人的旨意。”

目前，国际上已普遍承认自然疫源地是一种普遍的生物现象，并给其赋予新的含义。按世界卫生组织专家委员会的意见，“自然疫源地可视为在某些大小不等的地理环境中，有经长期进化过程发展形成的生物群，作为成员之一的感染来源在该生物群中的循环，并能到达人或人饲养的家畜。”

在兽医寄生虫中，有些虫种可寄生于家养动物以外的其他脊椎动物体内，在流行病学上，这些动物系保虫宿主。有些保虫宿主分布在未开发的原始森林或荒漠地区，其体内寄生虫在野生动物之间互相传播，动物只要进入这种地区时就有可能获得感染，这种地区常称为原始性自然疫源地。有些保虫宿主分布在动物的生活区内，其体内寄生虫除在野生动物之间传播以外，还可在家养动物与野生动物之间互相传播，这种地区称为次生性疫源地。例如，在某些地区，特别是灌木丛生的河滩、草垛为蜱类滋生地带往往成为梨形虫病的疫源地。寄生虫病的这种自然疫源性不仅反映寄生虫在自然界的进化过程，同时也说明了某些寄生虫病在流行病学和防治方面的复杂性。

4.影响流行过程的因素

除了必须具备3个基本环节之外，某种寄生虫病之所以能在某一地区流行还受其他许多因素的影响。其受影响的因素可分为外界环境、社会条件。

(1)外界环境　对寄生虫而言，宿主是其最直接的外界环境，而广大自然界包括地理条件、气候、水土等是其间接的外界环境，这些环境因素的变化都会影响到寄生虫病的流行。

①宿主。不同的宿主条件对寄生虫的入侵、生活与繁衍有很大影响，而且决定着寄生虫感染后的命运(生存或死亡)。不同的动物对同一种寄生虫的易感性有显著差异。即使同种动物，因个体抵抗力而不同，有的易感且发病较重，有的则感染较轻。此外，不同的宿主年龄对寄生虫的易感性也有很大差异。一般而言，越是幼龄动物，越易感染，且发病较重，如蛔虫，幼犬感染普遍而严重，6月龄以上的犬则较少感染。

②地理因素。地理因素可以直接影响寄生虫的分布，也可以通过影响生物种群的分布及其活动而影响寄生虫病的流行。如人畜的日本血吸虫主要在南方流行而在北方见不到。一些土源性寄生虫分布于世界各地，如球虫、蛔虫等有些需要中间宿主的寄生虫分布也较为普遍，如肝片吸虫、多头带绦虫。

一方面，在生活史中不需要中间宿主或传播媒介的寄生虫往往是世界性分布。如果在有易感动物的地方带进病原体，或有病原体的地方引入易感动物，就有可能发生这类寄生虫病，如蛔虫病、球虫病等；另一方面，在生活史中需要中间宿主或传播媒介的寄生虫往往是地区性分布，其分布范围常受到动物区系和植被的影响。寄生于人畜的日本血吸虫主要分布于我国的长江流域的13个省区市，这与它们的中间宿主——钉螺的分布是相一致的。蜱的分布常和植被的状况密切相关，如硬蜱多散布于潮湿的森林地带，血蜱多在平原山麓草原，革蜱常在半沙漠地带等。不同的蜱种分布又造成了梨形虫分布的差异，如犬巴贝斯虫以硬蜱为媒介，故它们的分布就与各自的媒介相一致。

然而，上述情况并不是一成不变的，动物的移动可以改变寄生虫的地理分布。某些鱼类和鸟类的迁移可以引起寄生虫区系的变化。人类的迁移也把一些寄生虫带到新的地方。通常当在具备适宜的气候，必要的中间宿主具有相似的生活习惯时，这些寄生虫便扩散到了新的区域。现代发达的交通工具为动物的移动创造了有利条件，人类的旅行以及家养动物与野生动物的运输可以将许多寄生虫病带往新的地区。因此，研究寄生虫的地理分布对于寄生虫病的防治和检疫工作具有指导意义。

③气候。气候条件包括温度、湿度、降水量、风力、气压、光照等各种因素的变化对寄生虫病的流行有着直接和间接的影响。恶劣或异常的气候可造成宿主的抵抗力下降，增加感染的机会。在外界发育的寄生虫以及中间宿主或媒介昆虫各有其所需的最适的气候条件。气候的变化直接影响着它们的发育与存活。一般寄生虫的虫卵和幼虫对直射阳光和干燥的抵抗力很弱。

④水土。土壤的理化性状与寄生虫的生存有密切关系。对外界环境中的寄生虫来说，土壤是它们的培养基，土壤水的化学组成、ph、土壤的多孔性等的变化都可影响寄生虫在外界环境中的生长、发育与存活。一般疏松的沙质土壤比坚硬的黏质土壤更适合于寄生虫的生活，有腐殖质的浅表层土壤也比深层土壤更适合寄生虫的生活，一些寄生虫的中间宿主也喜居于这类土壤中，如地螨、金龟子等。

⑤生物群。外界环境中的寄生虫与生态系中的植物、脊椎动物和无脊椎动物等关系密切，尤其是与兽医寄生虫有关的媒介物（植物或动物）、中间宿主及人。有些吸虫（如肝片吸虫和华支睾吸虫等）需要以水生植物作为媒介物而形成囊蚴，一些寄生虫需要昆虫、蜱类、贝类及其他动物作为中间宿主，另一些寄生虫需要节肢动物作为传播媒介。如果缺少这种动物群体之间的联系，寄生虫就中断了发育而无法生存。

(2)社会条件　社会条件包括社会制度、经济状况、生活方式、风俗习惯，生产方式及饲养管理条件等都对寄生虫病的流行产生影响。

①人类的物质生产活动及随着从人口增长和生活水平的提高，人类不断利用尚未开发的地区或自然资源，人兴办水利、铺设交通、建立居民区、开垦和灌溉土地、建立畜禽饲养基地等都可带入某些新的寄生虫，或原始自然疫源地的疾病感染动物和人类。

随着科学技术的发展，集约化和工厂化动物饲养业的兴起，新的小生态环境被建立。新的小生态环境有利于切断某些寄生虫病的传播，其引起的疾病得到控制和消灭。为了提高动物生产的经济效益，不断从国外输入高产的动物品种，国内也频繁进行品种交流。这种动物种群的流动可使某些寄生虫病被带到国内或从一个地区被带到另一个地区。

环境污染是当今世界的重要问题。人类居住条件的城市化，城市污水，养殖业和屠宰加工业废弃物都可污染环境，造成寄生虫病的流行。

②人类的精神生活及文化素质。由于生活水平的提高，宠物进入了家庭并成为某些人畜共患寄生虫病的感染来源。

某些地区和少数民族保持有生食或半生食鱼、肉、乳的习惯，感染经食物传播的寄生虫病。如人的旋毛虫病的流行与吃生猪肉的习惯相关。我国云南、西藏有吃生猪肉的习惯，所以流行本病。由此看来，这些疾病的流行可以说完全是人为的。因此，动员群众学科学，讲卫生，改善饲养管理方法，改变不良的风俗习惯是预防寄生虫病很重要的一环。

交通、旅游业和现代娱乐（如钓鱼、狩猎）的发展，可将某些寄生虫病带入新的地区，或从一个地区带到另一个地区。

任务二 重要寄生虫及其中间宿主的形态构造观察

一、吸虫及其中间宿主的形态构造观察

吸虫是扁形动物门吸虫纲的动物。其包括单殖吸虫、盾殖吸虫和复殖吸虫3大类。寄生于宠物的吸虫以复殖吸虫为主，可寄生于宠物肠道、结膜囊、肠系膜静脉、肾和输尿管、输卵管和皮下等部位，引起动物组织器官机械损伤，虫体夺取宿主营养，分泌毒素，阻塞肠道、胆囊等使宿主致病，甚至死亡。

【训练目标】

通过对华支睾吸虫的详细观察，能描述吸虫构造的特征，并绘制出形态构造图；通过对比的方法，能指出主要吸虫的形态构造特点；认识主要吸虫的中间宿主；能识别吸虫卵的主要特征。

【材料准备】

(1)形态构造图　吸虫构造模式图，华支睾吸虫、日本分体吸虫、并殖吸虫以及其他主要吸虫的形态构造图，中间宿主形态图。

(2)标本　上述吸虫以及其他主要吸虫的浸渍标本和染色标本。各种吸虫中间宿主的标本，如椎实螺、扁卷螺、陆地蜗牛等；严重感染吸虫的病理标本。

(3)仪器及器材　多媒体投影仪、显微投影仪、显微镜、实体显微镜、放大镜、毛笔、培养皿和尺子等。

【方法】

(1)教师带领观察　教师用投影仪带领学生观察华支睾吸虫的图片和染色标本，描述形态和内部器官的形状和位置；再观察其他吸虫，说明各吸虫的形态构造特点。

(2)学生分组观察

①用毛笔挑取华支睾吸虫的浸渍标本(注意不要用镊子夹取虫体，以免破坏内部构造)置于培养皿中，在放大镜下观察其一般形态，用尺测量大小。然后取染色标本在显微镜下观察，注意观察口、腹吸盘的位置和大小；口、咽、食道和肠管的形态；睾丸数目、形状和位置；雄茎囊的构造和位置；卵巢、卵模、卵黄腺和子宫的形态与位置；生殖孔的位置等。

②取各种吸虫的浸渍标本和制片标本，按上述方法观察，并找出形态构造上的特征。

③取各种中间宿主在培养皿中观察其形态特征，测量其大小。

④观察病理标本，认识主要病理变化。

【内容与步骤】

1.吸虫的形态

吸虫多寄生于宿主的内部器官，属内寄生虫。虫体多背腹扁平，呈叶状、线状，有的似圆形或圆锥形的长度为0.1～70 mm，最大的吸虫的长度可达75 mm，如姜片吸虫，最小的吸虫的长度只有0.3 mm左右(图3-1)，如异形吸虫。体表光滑或有小刺、小棘等，体色一般呈淡红色、乳白色或肉红色。通常具有2个肌肉质的杯状吸盘，一个为环绕口的口吸盘，另一个为位于虫体腹部某处的腹吸盘。腹吸盘的位置前后不定或缺失，有的位于虫体后端称为

后吸盘。生殖孔通常位于腹吸盘的前缘或后缘处。排泄孔位于虫体的末端，无肛门。虫体背面常有劳氏管的开口。吸虫的构造如图 3-2 所示。

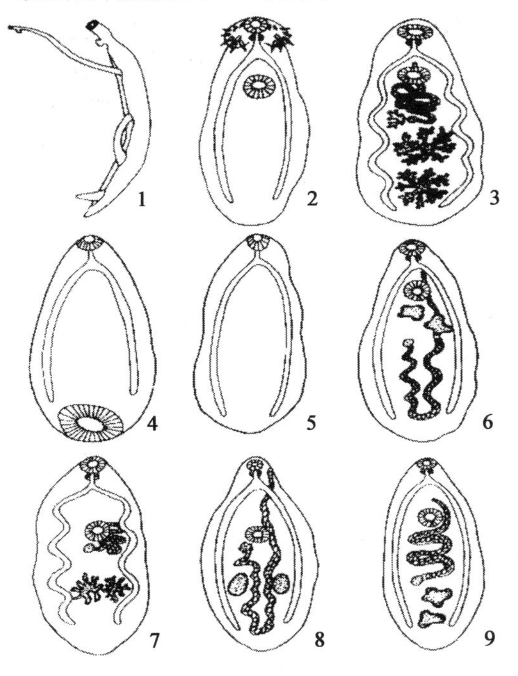

1. 分体科；2. 棘口科；3. 片形科；4. 前后盘科；5. 背孔科；6. 歧腔科；7. 并殖科；8. 前殖科；9. 后睾科。

图 3-1 吸虫主要科的形态

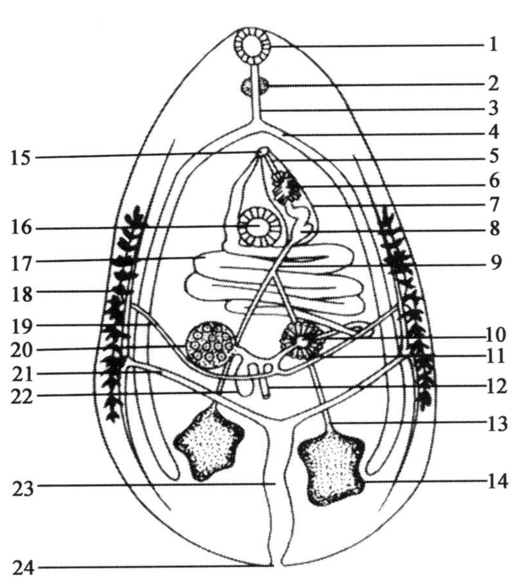

1. 口吸盘；2. 咽；3. 食道；4. 肠；5. 雄茎；6. 前列腺；7. 雄茎囊；8. 贮精囊；9. 输精管；10. 卵模；11. 梅氏腺；12. 劳氏管；13. 输出管；14. 睾丸；15. 生殖孔；16. 腹吸盘；17. 子宫；18. 卵黄腺；19. 卵黄管；20. 卵巢；21. 排泄管；22. 受精囊；23. 排泄囊；24. 排泄孔。

图 3-2 吸虫的构造

2. 体壁

表面平滑或具有小刺、小棘。体壁没有表皮，是由皮肤、基底膜、肌层组成的皮肌囊和实质2部分组成，皮肌囊包裹着内部柔软组织，内脏器官包埋在柔软组织中。体壁显示出明显的代谢活性，含有线粒体、内质网、杆状体、空泡和其他细胞器等。肌肉层由3层构成：外层为环肌，中间为斜肌，内层为纵肌。此外，还有背腹肌连接背腹两面，吸盘肌使吸盘产生吸附作用。

体壁实质由许多细胞及纤丝组成网状体构成，其中细胞膜界限有的已经消失，构成多核的合胞体。在实质有不少的游走细胞中，有的类似淋巴细胞，它们可能有输送营养的作用。此外，部分吸虫，还有腺细胞埋置在实质中，特别是在体前端或口附近，多与口吸盘相连。如毛蚴的穿刺腺、尾蚴的成囊腺等。

3. 内部构造

(1)消化系统　消化系统包括口、前咽、咽、食道及肠管。除少数在腹面外，口通常在虫体的前端口吸盘的中央；前咽短小或缺，无前咽时，口后即为咽；咽为肌质构造，呈球状，也有咽退化者(同盘科)；食道或长或短，食道后为肠；肠管常分为左右2条长短不一的盲管称为盲肠，绝大多数吸虫的2条肠管不分枝。有的肠管分枝，如肝片吸虫；有的左右2条后端合成一条，如血吸虫；有的末端连接成环状如嗜气管吸虫。无肛门。有些种类的吸虫肠退化，如部分异形吸虫科的吸虫有逐渐过渡到以体表吸收营养为主的情况。

吸虫的营养物质包括宿主的上皮细胞，黏液、肝分泌物(胆汁)、消化管的内含物及血液等。末被消化吸收的废物可经口排出体外。

(2)排泄系统　排泄系统为原肾管型，由焰细胞、毛细管、前后集合管、排泄总管、排泄囊和排泄孔组成(图3-3)。排泄囊形状不一，呈圆形、管状、"Y"形或"V"形；其前端发出左右两条排泄管，后者再分为前集合管和后集合管，然后又再分枝若干次，最后为毛细管；毛细管的末端为焰细胞，焰细胞为凹形细胞，在凹入处有一撮不停摆动的细纤毛(图3-4)。排泄囊的形状与焰细胞的数目和位置，在分类上具有一定意义。

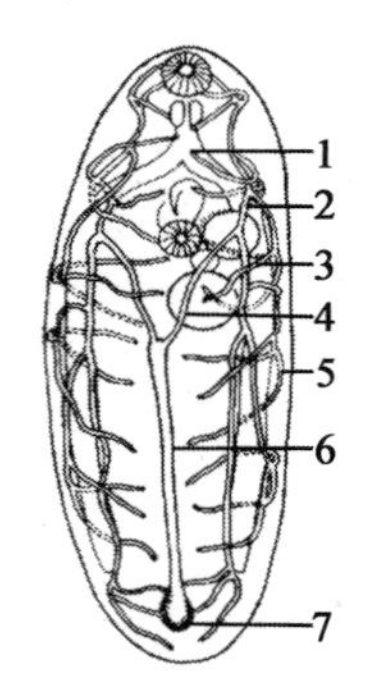

1. 焰细胞；2. 前集合管；3. 后集合管；4. 排泄总管
5. 毛细管；6. 排泄囊；7. 排泄孔。

图3-3　复殖吸虫的排泄系统

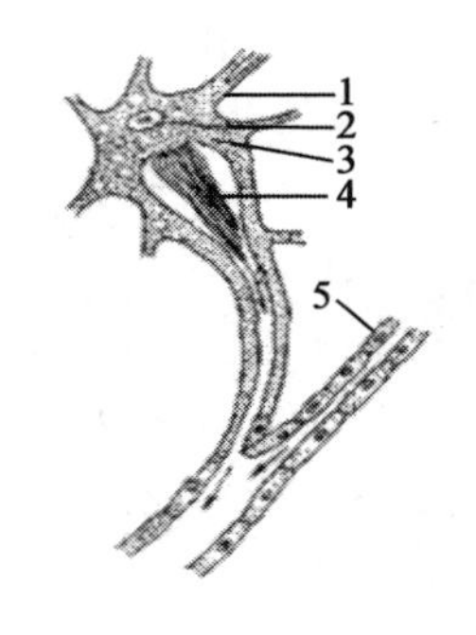

1. 胞突；2 胞核；3. 胞质；4.. 纤毛；5. 毛细管。

图3-4　焰细胞的结构

(3)淋巴系统　在单盘类及对盘类吸虫中有类似淋巴系统的构造，其由体侧2～4对纵管及分枝和淋巴窦相接(图3-5)。由于虫体的伸缩，淋巴液不断地被输送列各器官去，管内淋巴液中有浮游的实质。淋巴系统可能具有营养物质的输送功能。

(4)神经系统　在咽两侧各有一个神经节，相当于神经中枢。从两个神经节各发出前后3对神经干，分布于背、腹和侧面。向后延伸的神经干在几个不同的水平线上皆有神经环相连，由前后神经干发出的神经末梢分布于口吸盘、咽及腹吸盘等器官（图3-6）。

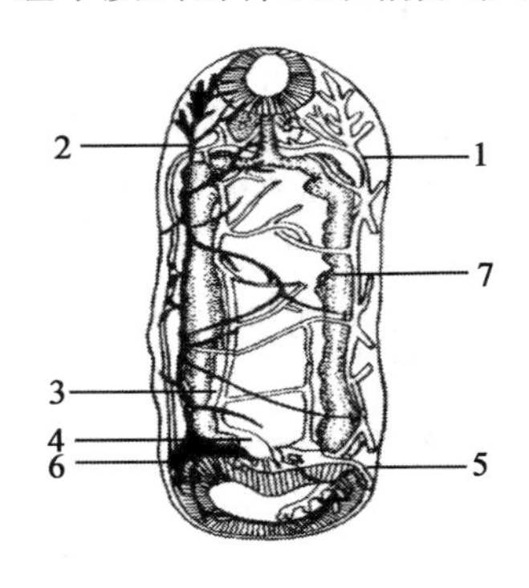

1.背淋巴管；2.腹淋巴管；3.中淋巴管；4.后中淋巴窦；5.后背淋巴窦；6.后腹淋巴窦；7.盲肠。

图3-5　殖盘吸虫的淋巴系统

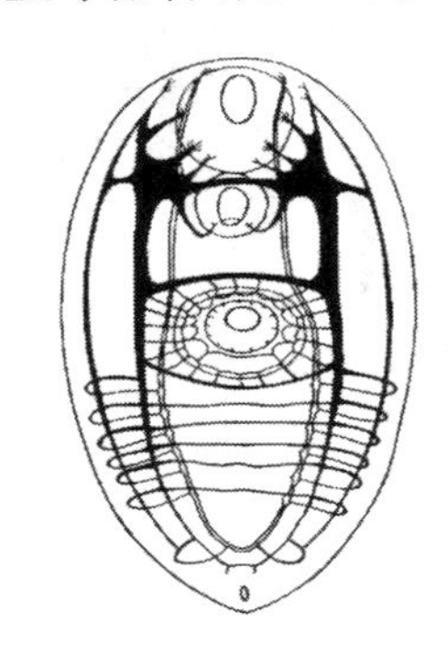

图3-6　吸虫的神经系统

吸虫一般没有感觉器官。有些吸虫的自由生活期幼虫常具有眼点，如毛蚴和尾蚴。这些眼点具有感觉器官的功能。

(5)生殖系统　除分体科是雌雄异体外，生殖系统均为雌雄同体。

①雄性生殖系统。它包括睾丸、输出管、输精管、贮精囊、雄茎囊、雄茎、射精管、前列腺和生殖孔等（图3-7）。

睾丸的数目、形态、大小和位置随吸虫的种类而不同。通常有两个睾丸（个别种类有两个以上），圆形、椭圆形或分叶左右排列或前后排列在腹吸盘下方或虫体的后半部；睾丸发出的输出管汇合为输精管，其末端可以膨大或弯曲成为贮精囊；贮精囊的末端通常接雄茎，二者之间常围绕着一簇由单细胞组成的前列腺；雄茎开口于生殖窦或向生殖孔开口；上述的贮精囊、前列腺和雄茎可以一起被包围在雄茎囊内。当贮精囊被包在雄茎囊内时，被称为内贮精囊（如肝片吸虫等多种吸虫）；当贮精囊在雄茎囊外时被称为外贮精囊（如背孔吸虫）。还有不少吸虫没有雄茎囊（如同盘吸虫）。在交配时，雄茎可以伸出体外，与雌性生殖器官相交接。

②雌性生殖系统。它包括卵巢、输卵管、卵模、受精囊、梅氏腺、卵黄腺、子宫、劳氏管及雌性生殖孔等（图3-8）。卵巢的形态、大小及位置常因种而异，卵巢的位置常偏于虫体的一侧。卵巢发出输卵管，管的远端与受精囊及卵黄总管相接。劳氏管一端接着受精囊或输卵管，另一端向背面开口或成为盲管。有人认为劳氏管是一个退化的阴道，卵黄总管是由左右两条卵黄管汇合而成，汇合处可能膨大形成卵黄囊。卵黄腺的位置与形状也因种而异，但一般多在虫体两侧，由许多卵黄滤泡组成。卵黄总管与输卵管汇合处的囊腔即卵模，其周围由一群单细胞腺——梅氏腺包围着，成熟的卵细胞由于卵巢的收缩作用而移向输卵管，与受精囊中的精子相遇受精，受精卵向前移入卵模。卵黄腺分泌的卵黄颗粒进入卵模与梅氏腺的分泌物相结合形成卵壳。子宫起始处以子宫瓣膜为标志。子宫的长短与盘旋情况随虫种而异，接近生殖孔处多形成阴道，阴道与阴茎多数开口于一个共同的生殖窦或生殖腔．再经生殖孔通向体外。

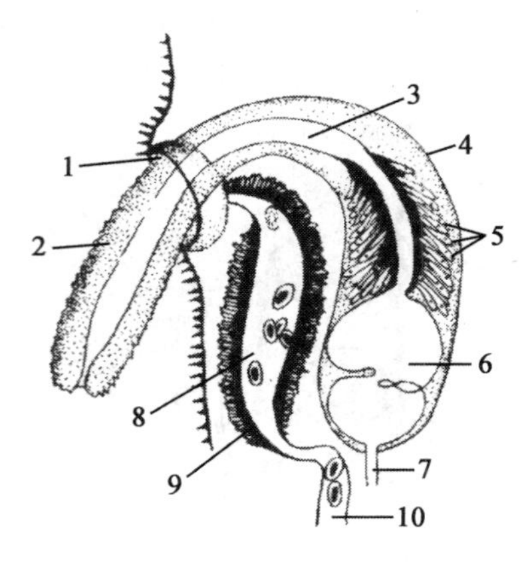

1. 生殖腔；2. 雄茎；3. 射精管；4. 雄茎囊；5. 前列腺；6. 贮精囊；7. 输精管；8. 子宫颈；9. 子宫茎腺；10. 子宫孔。

图 3-7　复殖吸虫的雄性生殖器官

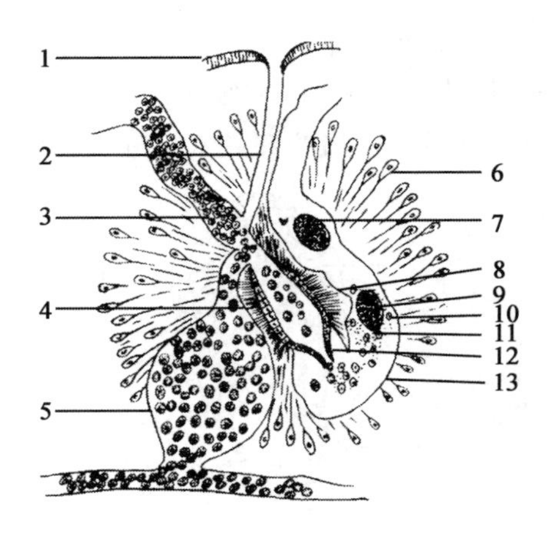

1. 外角皮；2. 劳氏管；3. 输卵管；4. 梅氏腺分泌物(厚壁)；5. 卵黄总管；6. 梅氏腺细胞；7. 卵；8. 卵模；9. 卵黄细胞；10. 卵的形成；11. 腺分泌物；12. 子宫瓣；13. 子宫孔。

图 3-8　复殖吸虫的雌性生殖器官

4. 吸虫的发育史

(1)宿主　吸虫的发育过程中均需要中间宿主，中间宿主的种类和数目因不同吸虫而异。有的吸虫只需一个中间宿主(螺类为主)；有的需要两个中间宿主，第一中间宿主为螺类，第二中间宿主依虫种不同可为节肢动物或鱼类等；还有的吸虫除需两个中间宿主外，还有一个转续宿主。

(2)发育史　吸虫的发育经虫卵、毛蚴、胞蚴、雷蚴、尾蚴、囊蚴和成虫等各期(图 3-9、图 3-10)。

①卵。吸虫的卵多呈椭圆形或卵圆形，淡黄色或深棕色。除日本分体吸虫和嗜眼吸虫的虫卵外，吸虫的卵都有卵盖。有的虫卵两端各有一条卵丝(如背孔吸虫)。当卵产出时，依虫种不同可以是单、多细胞胚胎或成熟的胚胎即含毛蚴的胚胎。有的虫卵在子宫内孵化，有的虫卵必须被中间宿主吞食后才孵化，且孵化前须经一段长短不同的发育期。

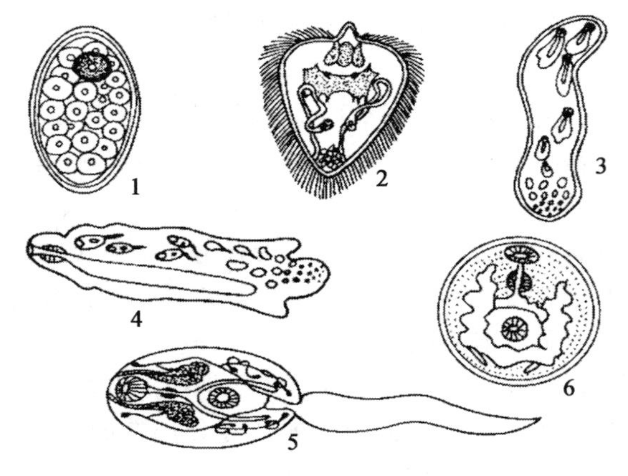

1. 虫卵；2. 毛蚴；3. 胞蚴；4. 雷蚴；5. 尾蚴；6. 囊蚴。

图 3-9　吸虫各期的幼虫形态

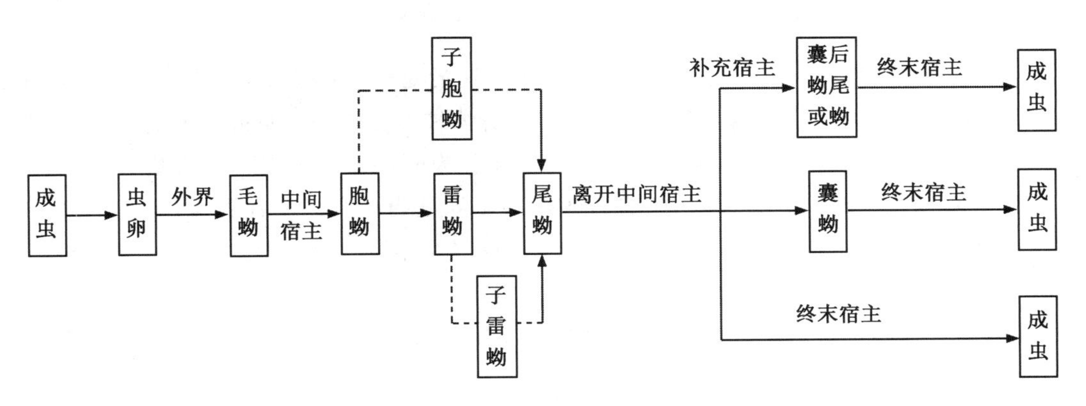

图 3-10　吸虫的发育

②毛蚴。毛蚴体形因运动与否而变化很大，多呈圆柱形，外被纤毛，运动十分活泼。前端宽，有头腺，后端狭小。体内有简单的消化道、胚细胞、神经元和排泄系统。排泄孔多为一对。毛蚴游于水中，在 1～2 d 内，如遇到适当的中间宿主，即用其前端的头腺钻入螺体的柔软组织，脱去被有纤毛的外膜层，移行到螺的淋巴管内，发育为胞蚴，并逐渐移行到螺的内脏。有些吸虫的中间宿主为陆地螺，虫卵随终末宿主的粪便排出后，被陆地螺吞食，毛蚴从卵内孵出，由螺的消化道移行到肝内发育。

③胞蚴。胞蚴呈包囊状构造，内含胚细胞和简单的排泄器。胞蚴多寄生于螺的肝脏，营无性繁殖。胞蚴体内的胚细胞逐渐增大，并分裂为各期的胚细胞，形成胚团，并逐渐发育为雷蚴。分体属吸虫没有雷蚴阶段，由胞蚴直接形成尾蚴。

④雷蚴。雷蚴也呈囊状结构，前端有肌质的咽，下接袋状盲肠，还有胚细胞和排泄器。有的吸虫仅有一代雷蚴，有的则存在母雷蚴和子雷蚴两期，母雷蚴体内含有子雷蚴和胚细胞，子雷蚴体内含尾蚴和胚细胞。雷蚴有产孔，尾蚴由产孔排出。缺产孔的雷蚴、尾蚴由母体破裂而出。尾蚴在螺体内停留一定时间，成熟的尾蚴逸出螺体，游于水中。

⑤尾蚴。尾蚴由体部和尾部构成，能在水中活泼地运动。体部的体表常有小棘，有吸盘 1～2 个，消化道包括口、咽、食道、肠管、排泄器、神经元、分泌腺和未分化的原始生殖器官。尾部的构造依种类的不同而有差异。尾蚴在成熟后，从螺体逸出，游于水中，在某些物体上形成囊蚴或直接钻入宿主的皮肤，脱去尾部，移行到寄生部位，发育为成虫。有不少吸虫的尾蚴须进入第二中间宿主体内发育为囊蚴。

⑥囊蚴。囊蚴系尾蚴脱去尾部，发育形成包囊的时期。体呈圆形或卵圆形，其他内部构造均与尾蚴的体部相似。体表常有小棘，有口吸盘、腹吸盘、口、咽、肠管和排泄囊等构造。生殖系统的发育各有不同，有的为简单的生殖原基细胞，有的则已发育为完整的雌雄性器官。囊蚴都通过其附着物或第二中间宿主（作为终末宿主的食物）进入终末宿主体内，当到达宿主的消化道后，囊壁被胃肠的消化液所溶解，幼虫即破囊而出，经过移行，到达其寄生部位，发育为成虫。

5. 吸虫中间宿主——螺

螺属于软体动物门腹足纲，其身体腹面具有发达的足（图 3-11）、发达的头部，背面有 1 对或 2 对触角和眼，腹面有口，内有颚片及齿舌。身体被贝壳包裹。贝壳不对称，呈陀螺形、圆锥形、塔形或耳形，多为右旋，少数为左旋。贝壳分为螺旋部和体旋部。螺旋部是内脏盘存之处，一般分几个螺层。其顶部为壳顶，各螺层交界处为缝合线。计数螺层数时，螺口向下，缝合线数加 1 即为螺层数。体旋部有壳口，是身体外伸的出口。螺的大小从壳顶至壳底的垂线为高，左右的最大距离为宽。当软体部分缩入贝壳底后，足的后端常分泌一个角质的或石灰质的薄片（厣）封信壳口，以起保护作用。主要吸虫中间宿主形态见图 3-11、图 3-12。

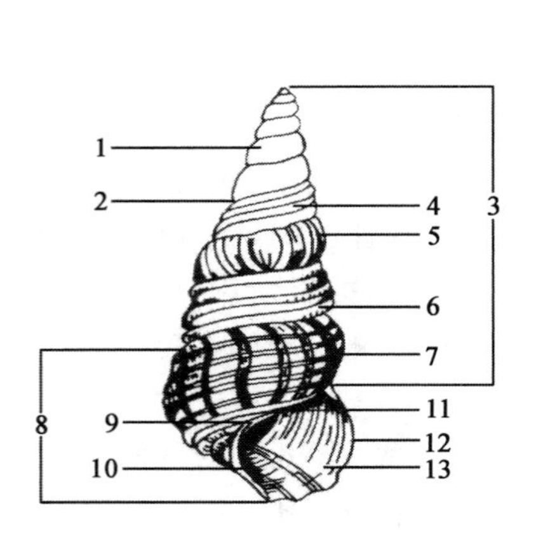

1. 螺层；2. 缝合线；3. 螺旋部；4. 螺旋纹；5. 纵肋；6. 螺棱；7. 瘤状结节；8. 体螺层；9. 脐孔；10. 轴唇（缘）；11. 内唇（缘）；12. 外唇（缘）；13. 壳口。

图 3-11　螺贝壳的基本构造

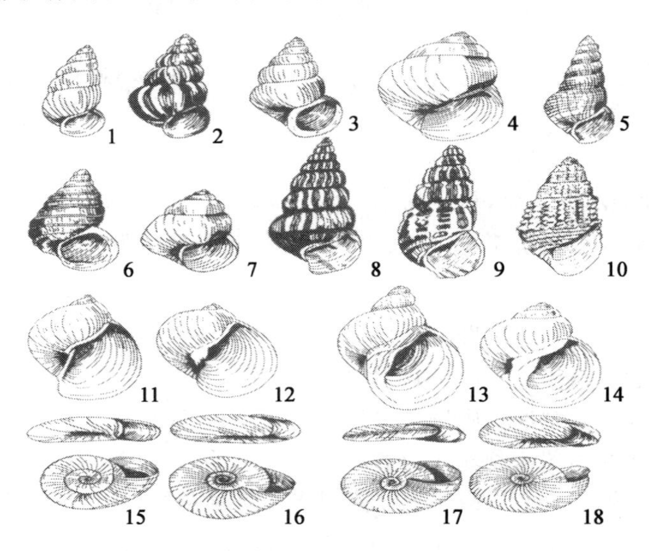

1. 泥泞拟钉螺；2. 钉螺指名亚种；3. 钉螺闽亚种；4. 赤豆螺；5. 放逸短沟蜷；6. 中华沼螺；7. 琵琶拟沼螺；8. 色带短沟蜷；9. 黑龙江省短沟蜷；10. 斜粒粒蜷；11. 椭圆萝卜螺；12. 卵萝卜螺；13. 狭萝卜螺；14. 小土蜗；15. 凸旋螺；16. 大脐圆扁螺；17. 尖口圆扁螺；18. 半球多脉扁螺。

图 3-12　主要吸虫的中间宿主

【训练报告】

①绘制华支睾吸虫形态的构造图，并标出各个器官名称。

②将各种标号标本所见特征填入主要吸虫的鉴别表 3-1，做出鉴定，并绘制该吸虫最具特征部分的简图。

表 3-1　主要吸虫的鉴别

标本号码	形状	大小	吸盘大小及位置	肠管形态	睾丸形状位置	卵巢形状位置	卵黄腺位置	子宫形状位置	生殖孔位置	其他特征	鉴定结果

二、绦虫的形态和发育史

寄生于宠物的绦虫种类很多，属于扁形动物门绦虫纲的多节绦虫亚纲，以圆叶目绦虫最为多见，假叶目绦虫其次，其常导致宠物严重的疾病。

【实训目标】通过对主要绦虫蚴的详细观察，能描述绦虫各类型幼虫的形态构造；通过对比的方法，描述绦虫成虫形态构造特点；认识主要绦虫蚴患病器官的病理变化。

【材料准备】

(1)形态构造图　绦虫蚴构造模式图；棘球蚴、多头蚴、裂头蚴、细颈囊尾蚴、豆状囊尾蚴及其成虫的形态构造图。

(2)标本　上述绦虫蚴的浸渍及病理标本；绦虫蚴的头节染色标本；细粒棘球绦虫、多头绦虫、泡状带绦虫、豆状带绦虫、犬复孔绦虫和孟氏迭宫绦虫的浸渍标本、头节及节片染色标本。

(3)仪器及器材　多媒体投影仪、显微投影仪、显微镜、实体显微镜、放大镜、毛笔、培养皿和尺子等。

【方法】

(1)教师带领观察　教师用投影仪带领学生观察上述绦虫蚴及其成虫的图片和染色标本，并明确指出各种绦虫蚴及其成虫形态构造的特点。

(2)学生分组观察

①取绦虫蚴的浸渍标本置于培养皿中，观察囊泡的大小、囊壁的厚薄、透明程度、头节的有无和多少，然后取染色标本在显微镜下观察头节的构造。

②取绦虫成虫的染色标本在显微镜或实体显微镜下，详细观察头节及节片的构造。应特别注意，孕卵节片的外形与子宫分枝。

③观察绦虫蚴病理标本，指出其主要病理变化。

【内容与步骤】

1.绦虫的形态

多节绦虫亚纲的绦虫呈扁平带状，多为乳白色，虫体大小自数毫米至十余米。整个虫体可分为头节、颈节、体节(链体)3个部分。

(1)头节　头节为吸附器官.又称固着器，呈球形或梭形。其顶端多数有一顶突，顶突上有不同形状的顶钩或缺顶钩，有的绦虫不具顶突。头节一般分为3种类型(图3-13)。

①吸盘型　此类头节具有4个圆形或杯状吸盘，排列在头节前端侧面，由强韧的肌肉组成。如裸头科绦虫、带科绦虫、戴文科绦虫等都具有吸盘型头节。

②吸槽型　此类头节背，腹面内陷形成浅沟状或沟状吸槽，数目一般为2个，某些种类多达6个。如假叶目绦虫具有吸槽型头节。

③吸叶型　此类头节前端具4个喇叭状或耳状结构，称为吸叶，有的上面具有小钩或棘。如四叶目绦虫都有这一型头节。

(2)颈节　头节的基部较为纤细，通常称之为颈节，是产生节片的部位，故又称之为生长区。

(3)体节　体节又称链体，可由数个至数千个数目节片组成，各节片之间一般有明显的界限。少数绦虫(如假叶目)节片间界限不明显或甚至没有。节片因发育程度不同可分为3类。

①幼节。前端靠颈的节片内部性器官尚未成熟,称之为未成熟节片或幼节。

②成节。幼节逐渐发育,性器官发育成熟而成为成熟节片或成节。

③孕节。后端的节片子宫高度发育并充满虫卵,称为孕卵节片或孕节。幼、成、孕节之间没有明显的界线,是一个连续发育的过程。最老的节片距头节最远,老孕节逐节或逐段从虫体后端脱离,新的节片不断形成,绦虫一般保持相对较为恒定的节片数。

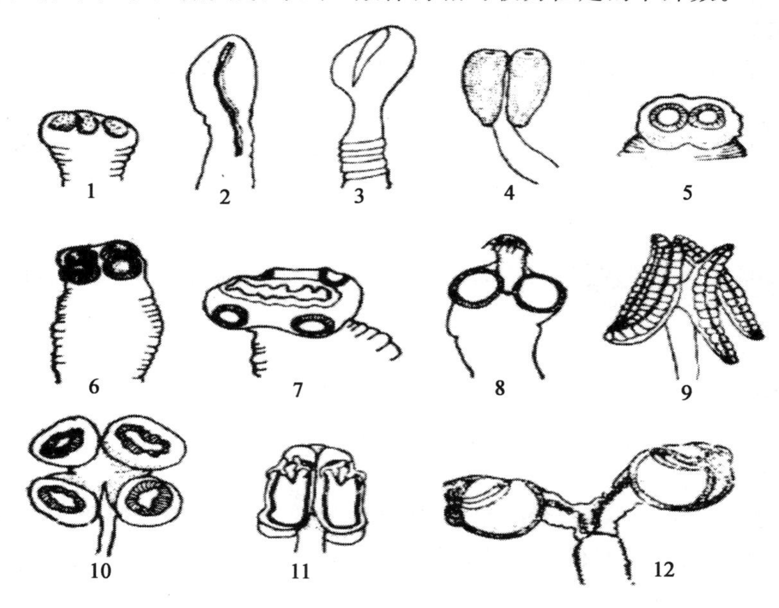

1～4.吸槽型头节;5～8.吸盘型头节;9～12.吸叶型头节。

图 3-13　绦虫的各型头节

2.体壁

绦虫与吸虫一样无体腔和呼吸器官,而且没有消化系统,营养物质靠体壁的渗透作用吸收,之后合成和运输到各器官。与吸虫相似,体壁的结构由皮层、肌肉组织和实质组成。皮层的外缘有大量细小的指状细胞质突起,称为微绒毛。微绒毛的下面是皮层的胞质区,其内充满小颗粒状的胞质、电子致密层和线粒体等内含物。整个皮层胞质区连成一片,没有细胞核和细胞界限,称为合胞体。皮层胞质区的外界为外质膜,内界有明显的基底膜与肌肉组织截然分界,并有孔道贯穿通入实质。肌肉组织埋在实质结构中,其外层为环肌,中间为斜肌,内层为纵肌。纵肌较强,贯穿整个链体,唯节片成熟后逐渐萎缩退化,越往后端退化越为显著,孕节最后端经常能自动从链体脱落。肌层下面是深埋入实质结构内的巨大电子致密细胞及较小的电子疏松细胞。电子致密细胞由一些连接小管和皮层相通,这些小管的管壁和线粒体间有着原生质的连接。其细胞本身具有一个大而有双层膜的细胞核,核的外壁连接着大而复杂的内质网。此外,细胞内还含有线粒体、蛋白质类晶体和脂肪或糖原微滴,实质组织内充满着海绵状组织,也称为髓区,生殖器官等均埋置于其中。整个体壁构造很像一个翻转的肠壁。

3. 内部构造

(1)循环和呼吸系统　循环和呼吸系统均无，行厌氧呼吸。

(2)神经系统　神经中枢在头节中由几个神经节和神经联合构成。自中枢部分发出两条大的和几条小的纵神经干，贯穿各个体节，直达虫体后端。纵神经干之间由横向联合神经相连，形成神经环，发出细神经支配肌肉组织和生殖器官等。

(3)排泄系统　排泄系统开始于焰细胞，由焰细胞发出细管汇集成排泄管与链体两侧的纵排泄管相连。纵排泄管的每侧有背、腹两条排泄管，位于腹侧的那条较大。纵排泄管在头节内形成蹄系状联合，纵排泄管在每个节片的后缘处有横管相连。总排泄孔开口于首次出现的最后节片的游离边缘的中部。此头一个节片在脱落后就会失去总排泄营。有学者认为绦虫的排泄系统还有平衡体内水分的作用。

(4)生殖系统　雌雄同体的生殖器官特别发达，每个成熟节片内有一组或两组雌性和雄性生殖器官，链体就是由一连串的生殖器官构成的。生殖器官的发育从紧接颈节的幼节开始，最初的节片尚未出现任何性器官，继后逐渐发育，开始先见到节片中出现雄性生殖器官，当雄性生殖器官逐步发育完成后，接着出现雌性生殖器官的发育，再后形成成节。在圆叶目绦虫的节片受精后，雄性生殖器官渐趋萎缩而后消失，雌性生殖器官则加快发育，至子宫扩大充满虫卵时，雌性生殖器官中的其他部分也逐渐萎缩消失，至此即成为孕节，充满虫卵的子宫占据了整个节片。而在假叶目绦虫中，虫卵成熟后可由子宫孔排出，其子宫不如圆叶目绦虫的子宫发达(图 3-14、图 3-15)。

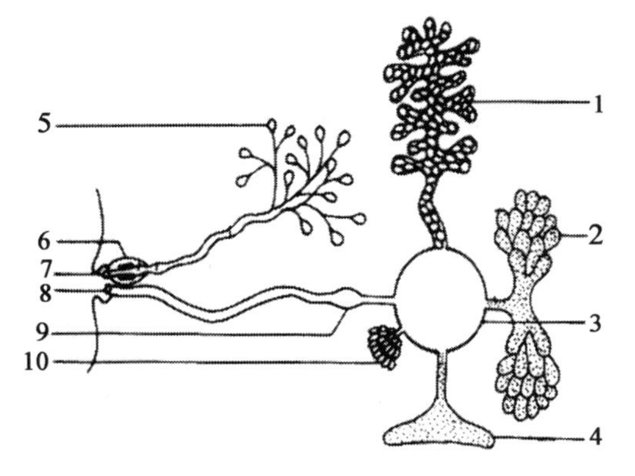

1. 子宫；2. 卵巢；3. 卵模；4. 卵黄腺；5. 睾丸；6. 雄茎囊；7. ♂生殖孔；8. ♀生殖孔；9. 受精囊；10. 梅氏腺。

图 3-14　圆叶目绦虫的构造

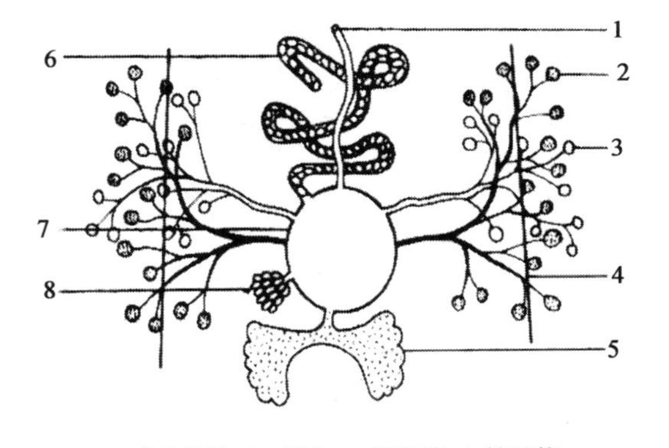

1. ♀生殖孔；2. 睾丸；3. 卵黄腺；4. 排泄管；5. 卵巢；6. 子宫；7. 卵模♂生殖孔；8. 梅氏腺。

图 3-15　假叶目绦虫的构造

①雄性生殖器官。雄性生殖器官包含一个至数百个睾丸，埋在近背侧的髓质区(实质)，呈圆形和椭圆形，连接着输出管；当睾丸多时，输出管互相连接而成网状，至节片中部附近汇合成输精管；输精管曲折蜿蜒向边缘推进，并有两个膨大部，一个在未进雄茎囊之前，称为外贮精囊；一个在进入雄茎囊之后，称为内贮精囊。与输精管末端相连的部分为射精管及雄茎，雄茎可自生殖腔向边缘伸出。雄茎囊多为肌肉质椭圆囊状物，贮精囊、射精管、前列腺及雄茎的大部分都包含在雄茎囊内。雄茎囊及阴道分别在上下位置向生殖腔开口。生殖腔开口处被称为生殖孔。生殖孔可位于节片侧缘的不同部位，也可位于节片的腹面中央，因种属不同而异。

②雌性生殖系统。卵模在雌性生殖器官的中心区域，其他雌性器官（卵巢、卵黄腺、子宫、阴道等）均有管道（如输卵管、卵黄管等）与之相连，如卵巢、卵黄腺、子宫、阴道等。卵巢位于节片的后半部。一般呈两瓣状，均由许多细胞组成，各细胞有小管，先后汇合成一条输卵管，与卵模相通，其远端通连阴道（包括受精囊—受精囊为阴道的膨大部）。阴道末端开口于生殖腔。卵黄腺分为两叶或一叶，在卵巢附近（圆叶目），或成泡状散在髓质中（假叶目），由卵黄管通往卵模。子宫的结构除因绦虫的种别不同各有特征外，还因虫卵的积聚与压力的影响而形成各种不同类型。一般单管状的子宫由于长度不断增加，变成螺旋状，从而能容纳更多的卵。袋状的子宫又可有袋状分枝。有的子宫到了相当时候还不会因退化而消失，而虫卵则散布在由实质形成的袋状腔内。假叶目绦虫的子宫有孔通向外界，虫卵成熟后可自动排出。圆叶目绦虫的子宫为盲囊状，不向外开口，虫卵不能自动排出，故必须等到孕节脱落破裂时，方散出虫卵。

4.绦虫发育史

绦虫的生活史较为复杂，各种绦虫的发育都需要一个或两个中间宿主，才能完成其整个发育史。中间宿主的种类十分广泛，包括无脊椎动物中的环节动物、软体动物、甲壳类、昆虫和螨等以及各种脊椎动物。

绦虫在终末宿主体内的受精方式有异体受精或异体节受精的可能，但大部分绦虫都是自体受精。精子经阴道进入受精囊，受精作用多在受精囊或输卵管内进行。整个生活史可分为虫卵、中绦期和成虫 3 个时期。

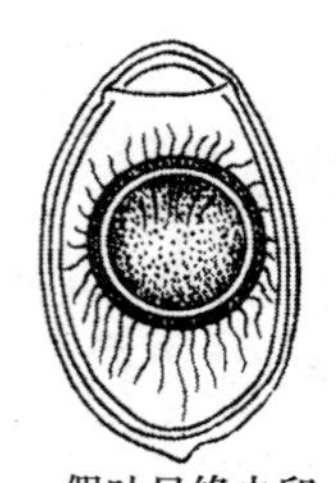
假叶目绦虫卵

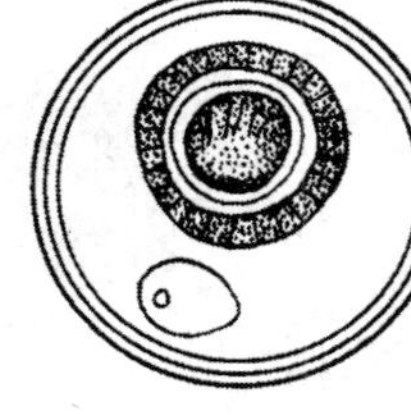
圆叶目绦虫卵

图 3-16　绦虫卵的模式构造

（1）虫卵期　假叶目绦虫的虫卵具有卵盖。成熟的虫卵含有一个受精的卵细胞（或已分裂为多个细胞）和围绕在卵细胞外的卵黄细胞。成熟的虫卵经子宫孔排入宿主肠腔，随粪便排出体外（图 3-16 左）。在外界适宜环境中，经一定时间的发育，虫卵内的卵细胞发育成外表有纤毛的幼虫，这个幼虫就被称为钩毛蚴。成熟的钩毛蚴破卵盖而出，悬浮于水中缓慢滚动，经 12～24 h 自由生活后，被中间宿主吞食，在其体腔内发育为幼虫。

圆叶目绦虫的虫卵在子宫中已发育成熟，无卵盖，一般有 3 层卵膜（图 3-16 右）。第一层（最外层很薄）为卵外膜，第二层称为胚膜，也是一层薄的透明膜，外膜与胚膜之间含有卵黄，为幼虫发育提供营养。第三层是内胚膜，实为真正的卵壳，较厚，起着保护作用。在卵囊内含有一个或多个虫卵。卵内含有一个六钩蚴，无纤毛，不能活动，须经中间宿主吞食后，才能从胚膜内孵出，并在中间宿主体腔中发育为幼虫。

（2）幼虫期或中绦期　假叶目绦虫的幼虫期为两期：第一期为钩毛蚴在第一中间宿主（主要为水生甲壳类）体腔内发育形成的原尾蚴，原尾蚴体部较大，后端尚留有球形或囊形的小尾部，内残留有原腔及 6 个胚钩。原尾蚴与其宿主共存亡。第二期内为第二中间宿主在吞食了受染的第一中间宿主后，原尾蚴通过穿刺腺的作用穿过宿主消化道到体腔，再移行到皮下肌肉组织内发育为实尾蚴或称裂头蚴，该幼虫的前端形成沟槽形的头节，后端呈扁平的长条形，有的种类已有早期的分节现象（图 3-17）。圆叶目绦虫的幼虫分为两种（图 3-18）：第一种是似囊尾蚴；第二种是囊尾蚴。

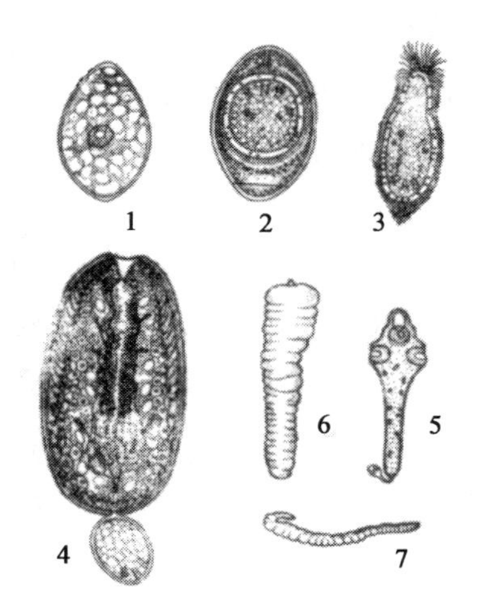

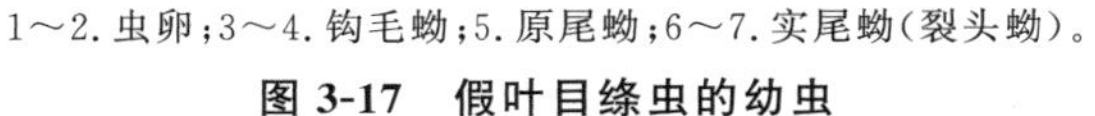

1～2. 虫卵；3～4. 钩毛蚴；5. 原尾蚴；6～7. 实尾蚴(裂头蚴)。

图 3-17 假叶目绦虫的幼虫

1. 囊尾蚴；2. 棘球蚴；3. 多头蚴；4～7. 似囊尾蚴。

图 3-18 圆叶目绦虫的幼虫

①似囊尾蚴。此幼虫需要经过四期发育。

A. 原腔期。六钩蚴进入中间宿主体腔后，虫体变圆，中间出现一个腔称为原腔，由大小不同的胚细胞围绕。小胚细胞分裂快，虫体的一端发育较快而增大成为虫体的前端。大的胚细胞分裂慢，该端相对较狭小，发育为虫体的后端，具有残留的原腔及 6 个胚钩。

B. 囊腔期。原腔期幼虫经一定时间发育后，在其前端的后部又逐渐出现一个腔，这个腔被称为囊腔。腔壁由几行排列整齐的细胞组成。虫体后端发育为尾部，6 个胚钩分开留在尾部，有的尾部尚有残留的原腔。

C. 头节形成期。囊腔期虫体的前端由体内细胞不断分裂而逐渐伸长，分化为 4 个吸盘并明显发育完善，逐渐形成头节。囊腔发育为瓶状，瓶口部与头节基部相连而无明显的界限，瓶底部呈葫芦形，腔壁由 3～5 列细胞组成。前端体部内见有石灰质颗粒体，逐渐累积变多。虫体尾部变化不大，或狭长或粗短，6 个胚钩仍隐约可见。

D. 似囊尾蚴期。头节在进一步发育完善后. 缩入囊腔内。腔口紧闭但留有孔道。成熟的似囊尾蚴由前端的体部与后端的尾部两部分组成。其体部一般呈圆形或椭圆形。外周由角质层包住，其内为囊壁，分内外两层。外囊壁由细胞组成，内囊壁多特化为纤维层。头节与囊壁间堆积有许多大小不同的石灰质颗粒。尾部形状因种而异，多有 6 个胚钩及原腔残留。

②囊尾蚴。囊尾蚴为圆叶目带科绦虫特有的囊形幼虫类型。其形态结构随不同属类而有显著差别，可分为如下 3 种基本类型。

A. 囊尾蚴。它是最简单的一种。囊壁由外层的角质层和内层的生发层组成。头节仅有一个，在发育完成后缩入囊腔内，头节后无或已有分节的链体。囊腔内充满无色囊液，主要为带属绦虫的特有幼虫。

B. 多头蚴。一个囊体内壁生发层芽生出较多的头节，呈一簇簇排列，每簇有 3～8 个不同发育期的头节，为带科多头属绦虫特有的幼虫。

C. 棘球蚴。它为带科棘球属绦虫特有的幼虫，分为单房棘球蚴和多房棘球蚴两型。单房棘球蚴为一个母囊内发育有多个子囊和原头节，每个子囊的生发层壁又芽生有许多孙囊及原头节。多房棘球蚴的母囊不仅可以内生子囊和原头节，而且可以外生子囊，子囊再可内生孙囊及原头节或外生孙囊，每个子囊或孙囊都具有10～30个原头节。

(3)成虫期　中绦期幼虫被终末宿主吞食后，在宿主胃肠内经消化液作用，蚴体逸出，头节外翻，并用附着器吸附于肠壁上，逐渐发育为成虫。

【训练报告】描述所观察绦虫蚴和成虫的形态、头节特征。

三、线虫的形态构造观察

线虫病是由线形动物门线虫纲所属各种寄生性线虫寄生于动物的各组织器官所引起的一类寄生虫病。在蠕虫病中，线虫病占了一半以上；在线虫病中，土源性线虫病又占了一大部分。土源性线虫不需要中间宿主，几乎没有地区性，所以线虫病的分布广泛，几乎没有一个地区没有，几乎没有一头动物没有线虫寄生。而且一般不只是寄生一种线虫，多数动物是被很多种混合线虫寄生。有些种还可通过胎盘感染，即在母犬体内，仔犬就有线虫寄生，如犬弓首蛔虫。

【实训目标】通过对犬弓首蛔虫的解剖和观察，了解线虫的一般解剖构造特点。掌握肌旋毛虫的形态。通过对比观察，掌握寄生于犬、猫及鸟类的主要线虫的形态特点。

【材料准备】

(1)形态构造图　犬蛔虫、钩虫、毛首线虫、犬恶丝虫的形态构造图；肌旋毛虫的形态图；其他线虫的形态图。

(2)标本　各种线虫的浸渍标本及透明标本、肌旋毛虫标本片。

(3)仪器及器材　多媒体投影仪、显微投影仪、显微镜、实体显微镜、放大镜、解剖外、大头针、眼科镊子、刀片、蜡盘、培养皿等。

【方法】

①教师示范蛔虫的解剖，用投影仪带领学生观察各种线虫的图片、标本，指出形态构造特点。

②学生分组进行蛔虫的解剖。在解剖时，虫体背侧向上，置于蜡盘内，加水少许，再用大头针将虫体两端固定，然后用解剖针沿背线剥开。体壁被剖开后，用大头针固定剥离的边缘，然后细心分离其内部器官，进行观察。

③学生分组观察各种线虫。

④观察肌旋毛虫标本片，在显微镜下观察其包囊。

【内容与步骤】

1. 线虫的外形

线虫通常呈圆柱形或纺锤形，有的线虫呈线状或发状，某些线虫呈鞭状或球状。不分节，两侧对称。雌雄异体，雄虫一般较雌虫为小(图3-19)。

2. 体壁

体壁由角质层、皮下层及肌肉层组成。角质层覆盖体表，由皮下层分泌物形成，质坚，光滑，无细胞结构。体壁也有具环纹、纵背、横脊、刺或翼的结构，帮助虫体附着及运动。皮下层多为合胞体，含有线粒体及内质网等细胞器，沿背、腹及两侧向原体腔内增厚，形成4条纵索 背、腹索中有神经干，两侧索粗大，内有排泄管通过。肌肉层由单一纵行排列的肌细胞组

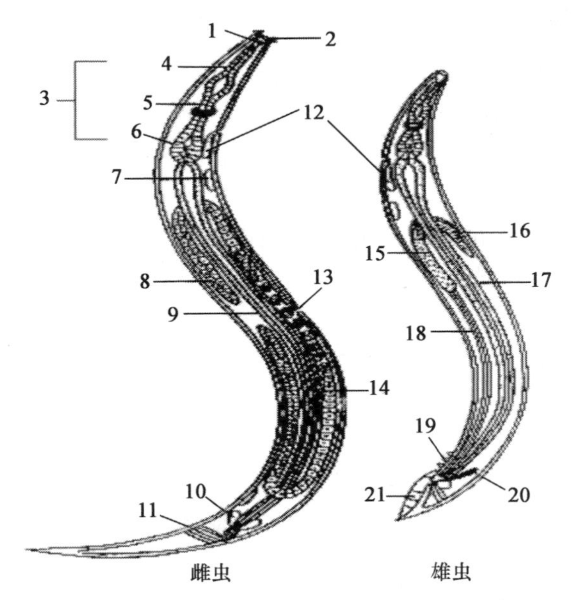

1. 口腔；2. 乳突；3. 食道；4. 体部；5. 狭部；6. 球部；7. 体腔细胞；8. 卵巢；9. 肠道；10. 尾腺；11. 肛门括约肌；12. 排泄腺；13. 阴门；14. 子宫；15. 贮精囊；16. 睾丸；17. 肠道；18. 输出管；19. 生殖乳突；20. 交合刺；21. 交合伞。

图 3-19　线虫的基本形态

成，被纵索分为四区。肌细胞由可收缩的纤维部分和不可收缩的细胞体组成。前者邻接皮下层，后者突入原体腔，内含核、线粒体、内质网、糖原和脂类等。

3. 内部构造

(1)消化系统　线虫的消化道完全，包括口孔、口腔、咽管、中肠、直肠和肛门等结构，雄虫直肠之后为泄殖腔。口孔周围通常有角质唇环绕。有些虫种的口腔角质层覆盖加厚，构成硬齿或切板，口腔变大，称为口囊。咽管呈圆柱形，或有膨大部分。咽管腔的特点是其横切面呈三向放射状，一向腹面，二向背侧。多数线虫有 3 个咽管腺相应地位于三向间的咽管壁肌肉中，即背面一个，亚腹位两个。它们分别开口于口腔或咽管腔中，其分泌物含消化酶类。肠管为非肌肉性结构，肠壁由单层柱状上皮细胞组成，内缘具微绒毛，外缘为基底膜，有吸收和输送营养物质的功能。

(2)生殖系统　雄性生殖系统为单管型，由睾丸、输精管、贮精囊及射精管相连而成，射精管通人泄殖腔。尾端多具单一或成对的交合刺。雌性生殖系统多为双管型，分别由卵巢、辅卵管、受精囊及子宫组成。子宫末端的肌肉常更为发达，称排卵管，两个子宫的排卵管汇合后形成阴道，由阴门开向体外。

(3)神经系统　咽部神经环是神经系统的中枢向前发出三对神经干，支配口周的感觉器官，向后发出背、腹及两侧共 3～4 对神经干，包埋于皮下层或纵索中，分别控制虫体的运动和感觉。纵行神经干之间尚有一些连合。线虫的感觉器官是头部和尾部的乳突和头感器，它们可对机械的或化学的刺激起反应。

(4)排泄系统　一般有一对长排泄管，位于皮下层侧索中，由一个短的横管相连，横管部位因种而异，可呈 H 形、U 形或倒 U 形，横管腹面中央连一小管。其末端开口即排泄孔。有些线虫由一对具分泌功能的排泄腺与横管相连。线虫排泄系统中无纤毛，

4.线虫的发育史

雌雄线虫交配受精。大部分线虫为卵生,少数为卵胎生或胎生。卵生时,有的虫卵内的胚胎尚未分裂,如蛔虫卵;有的虫卵处于早期分裂状态,如钩虫卵;有的虫卵处于晚期分裂状态,如圆线虫卵。卵胎生是卵内已形成幼虫,如后圆线虫卵。胎生是雌虫产出幼虫,如旋毛虫。

线虫的发育一般都要经过五期幼虫,中间有四次蜕皮。其只有发育到第五期幼虫,才能进一步发育为成虫。幼虫经一或两次蜕皮后才对宿主有感染性(或称侵袭性)。如果有感染性的幼虫仍在卵壳内不孵出,称之为感染性(或侵袭性)虫卵;如果蜕皮的幼虫已从卵壳内孵出,则称之为感染性(或侵袭性)幼虫。蜕皮是指幼虫脱去旧角皮,新生一层新角皮的过程。有的幼虫蜕皮后旧角皮不脱落,这种幼虫被称为披鞘幼虫。披鞘幼虫对环境的抵抗力特强,很活跃。

根据线虫在发育过程中需要或不需要中间宿主,线虫可分为直接发育和间接发育。前者是幼虫在外界环境中直接发育到感染阶段,如在粪便和土壤中,这种幼虫又被称为土源性线虫;后者是幼虫须在中间宿主体内才能发育到感染性阶段,如昆虫和软体动物等,这种幼虫又被称为生物源性线虫。

【训练报告】

①描述所观察线虫的形态特征。

②绘出肌旋毛虫包囊特征图。

四、棘头虫的形态和发育史

棘头虫是属于棘头动物门的动物,寄生于动物消化道内,可导致棘头虫病。

【实训目标】通过对棘头虫的详细观察,描述棘头虫的形态构造。

【材料准备】

(1)形态构造图　棘头虫构造模式如图 3-20 所示。

(2)仪器及器材　多媒体投影仪、显微镜、实体显微镜、放大镜、培养皿和尺子等。

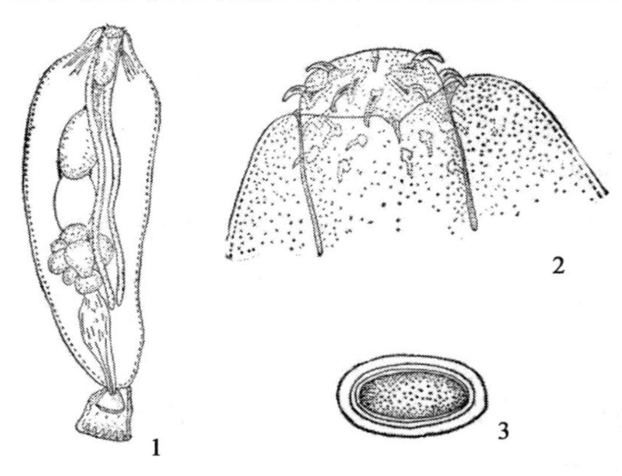

1.雄虫;2.头部;3.虫卵。

图 3-20　犬棘头虫的形态

【方法】

①教师用投影仪带领学生观察棘头虫的图片和染色标本。

②学生分组观察棘头虫的形态构造图及浸渍标本。

【内容与步骤】

1.棘头虫的外形

虫体一般呈椭圆、纺锤、圆柱形等不同形态。其长度为 1～65 cm,多数虫体的长度为25 cm左右。虫体一般可分为细短的前体和较粗长的躯干。前端为一个与身体成嵌套结构的可伸缩的吻突,其上排列有许多角质的倒钩或棘,故称为棘头虫。颈部较短,无钩或棘。躯干的前部比较宽,后部较细长。体表常有环纹,有的种有小刺,有假分节现象。其体表常由于吸收宿主的营养,特别是脂类物质而呈现红色、橙色、褐色、黄色或乳白色。

2.体壁

体壁由五层固有体壁和两层肌肉组成,各层之间均由结缔组织支持和粘连着。第一层是上角皮,由一层薄的酸多糖组成。第二层为角皮,由稳定的脂蛋白构成,上有许多小孔,它们是来自第三层的许多小管的开口。第三层被称为条纹层,为均质构造,那些有角质衬里的小管通过这一层延伸至第四层。第四层被称为覆盖层,其中含有许多中空的纤维索、线粒体,小泡可能是小管的延伸部分或光滑内质网的切面,还有一些薄壁的腔隙状管道。第五层是固有体壁的最深层,被称为辐射层,内含少量纤维索,数量较多,并且较大的腔隙状管,富含线粒体。体壁的核位于此层之中。辐射层内侧的原浆膜具有许多皱襞,皱襞的盲端部分含有脂肪滴。再下为基膜和由结缔组织围绕着的环肌层和纵肌层,还有许多粗糙的内质网。肌层里面是假体腔,无体腔膜。角皮中密集的小孔具有从宿主肠腔吸收营养的功能。条纹层的小管作为运送营养物质的导管将营养物质运送列覆盖层的腔隙系统。条纹层和覆盖层的基质可能具有支架作用。辐射层和其中的许多线粒体具有深皱襞的原浆膜及其皱襞盲端的脂肪滴,是体壁之最有活力的部分,被吸收的化合物在那里进行代谢。原浆膜皱襞具有运送水和离子的功能。

3.内部构造

(1)腔隙系统　腔隙系统由贯穿身体全长的背、腹或两侧纵管和与它们相连的细微的横管网系组成,是贮藏营养的地方

(2)吻囊　吻囊是由单层或双层肌肉构成的肌质囊、肌鞘和吻突壁的内侧面相连,悬系于假体腔之内

(3)吻腺　吻腺又称“系带”或“棒”,呈长形,附着于吻囊两侧的体壁上,悬垂于假体腔中。吻腺的前端被颈牵引肌包围着,部分牵引肌纤维超过吻腺的后端附着在体腔壁上,但大多数种类的吻腺是游离悬垂于体腔内。吻腺内含腔隙系的管道,并有一定数目的大细胞核。在吻突回缩或伸出时,吻腺具有调节前体部腔隙液的功能。许多组织化学研究证明,吻腺与脂肪代谢有关。

(4)韧带囊　韧带囊是棘头虫的一种特殊构造,为结缔组织构成的空管状构造,是隔离假体腔的一部分。韧带囊从吻囊起,穿行于身体内部,贯穿全长,包围着生殖器官。性成熟雌虫的韧带囊常破裂而成为带状物。韧带索的前端附着在吻囊的后部,后端附着于雌虫的子宫钟或雄虫的生殖鞘上。

(5)排泄系统　排泄器官由一对位于生殖系统两侧的原肾组成。其包含许多焰细胞和

收集管，收集管通过左右原肾管汇合成一个单管通入排泄囊，再连接于雄虫的输精管或雌虫的子宫而与外界相通。

(6)神经系统　中枢部分是位于吻鞘内收缩肌上的中央神经节，从这里发出能至各器官组织的神经。在颈部两侧有一对感觉器官，即颈乳突。雄虫的一对性神经节和由它们发出的神经分布在雄茎和交合伞内，雌虫没有性神经节。

(7)生殖系统　雄虫含两个前后排列的圆形或椭圆形睾丸，包裹在韧带囊中，附着于韧带索上。每个睾丸连接一条输出管，两条输出管汇合成一条输精管；睾丸的后方有黏液腺、黏液囊和黏液管；黏液管与射精管相连。再下为位于虫体后端的一肌质囊状交配器官，其中包括有一个雄茎和一个可以伸缩的交合伞。雌虫的生殖器官由卵巢、子宫钟、子宫、阴道和阴门组成。卵巢在背韧带囊壁上发育，以后逐渐崩解为卵球或浮游卵巢。子宫钟呈倒置的钟形。其前端为一大的开口，其后端的窄口与子宫相连。在子宫钟的后端有侧孔开口于背韧带囊或假体腔(当韧带囊破裂时)。子宫后接阴道，末端为阴门。

4.棘头虫的发育史

在交配时，雄虫以交合伞附着于雌虫后端，雄虫向阴门内射精后，黏液腺的分泌物在雌虫生殖孔部形成黏液栓，封住雌虫后部，以防止精子溢出。卵细胞从卵球破裂出来以后，进行受精，受精卵在韧带囊或假体腔内发育。虫卵被吸入子宫钟内，未成熟的虫卵，通过子宫钟的侧孔流回假体腔或韧带囊中；成熟的虫卵由子宫钟入子宫，经阴道，自阴门排出体外。成熟的卵中含有幼虫，这种幼虫被称为棘头蚴，其一端有一个小钩，体表有小刺，中央部为有小核的团块。中间宿主为甲壳类动物和昆虫。排到自然界的虫卵被中间宿主吞咽后，在肠内孵化，其后幼虫钻出肠壁，固着于体胶内发育，先变为棘头体，而后变为感染性幼虫——棘头囊。终末宿主因摄食含有棘头囊的节肢动物而被感染。在某些情况下，棘头虫的生活史中可能有贮藏宿主，它们往往是蛙、蛇或蜥蜴等脊椎动物。

【训练报告】

描述所观察棘头虫的形态特征。

五、原虫的形态构造观察

原虫属原生动物门，是单细胞动物，具有完整的生理功能，代表着动物演化的原始状态。在自然界，原虫以自生、共生或寄生的方式广泛存在于水、土壤、腐败物以及生物体内。与兽医有关的原虫约数十种，大多数原虫为寄生或共生类型。动物体内的原虫分布于宿主的腔道、体液或内脏组织中，有些原虫是细胞内寄生的。

【实训目标】

通过对球虫、弓形虫和巴贝斯虫的详细观察，掌握其形态特征；对其他原虫标本及病理标本做一般观察。

【材料准备】

(1)形态构造图　球虫、弓形虫、肉孢子虫、巴贝斯虫、利什曼原虫、组织滴虫和住白细胞虫的形态图。

(2)标本　弓形虫、住肉孢子虫和巴贝斯虫的染色标本和球虫的制片标本；严重感染弓形虫病、球虫病、组织滴虫病、住白细胞虫病的病理标本。

(3)器材　显微投影仪、多媒体投影仪、显微镜、载玻片、盖玻片、香柏油、拭镜纸和二甲苯等。

【方法】

(1)教师带领观察　教师用投影仪带领学生共同观察弓形虫等各种原虫图片,明确指出它们的特点。

(2)学生分组观察

①取球虫的标本在显微镜下详细观察下列情况:卵囊的外表形状、长宽、卵囊的色泽、卵囊壁的厚薄、微孔构造以及孢子化卵囊中孢子囊和子孢子的形状、数量等。

②取弓形虫染色标本观察弓形虫滋养体形态,包囊的形态。

③取巴贝斯虫的血液涂片染色标本观察犬巴贝斯虫的形态。

④其他原虫做一般观察。

【内容与步骤】

1.原虫的一般形态

虫体微小,虫体长度为 2～3 μm 至 100～200 μm,在光学显微镜下才能看清楚。形态因种而异,在生活史的不同阶段,其形态也可完全不同,有的原虫呈长圆形、椭圆形或梨形(如鞭毛虫),有的原虫无一定形状或经常变形(如阿米巴原虫)。虫体的基本构造分为表膜、胞质及胞核三部分。

(1)表膜　原虫体表包有表膜,电镜下表膜系由单位膜构成。有些原虫体仅有一层单位膜,这层单位膜被称为质膜。有的原虫体可有一层以上,表膜可使虫体保持一定的形状,并参与虫体的摄食、排泄、感觉、运动等生理活动,还可不断更新,并有很强的抗原性。

(2)胞质　胞质由基质和细胞器组成。

①基质。基质由原生质组成,主要成分是蛋白质。大多数原虫有内质与外质之分,外质均匀透明,呈凝胶状,并呈现不同程度的硬性,决定原虫的形状;阿米巴原虫的外质可为胶性流体,能变形运动。一些自由生活的原虫在虫体最外面还有由外质所分泌的各种外壳。外质与运动、摄食、营养、排泄、呼吸、感觉以及保护等功能有关。内质呈溶胶状,位于内层,是新陈代谢的主要场所,含有胞核及相当数量的食物泡、空泡、贮存物质,有些内质还有伸缩泡。各种细胞器多在内质中。很多原虫的胞质结构均匀,并无内外质之分。

②细胞器。细胞器有内质网,高尔基复合体、线粒体、溶酶体,纤丝、动基体和副基体等。细胞器可因虫种而不同。有些原虫因生理机能的分化而形成运动、保护、附着、消化等细胞器,其中以运动细胞器较为突出。细胞器也是分类的主要特征。原虫的运动细胞器按其形状分伪足、鞭毛和纤毛。伪足是外质暂时突出的部分,呈根状、叶状或指状,见于阿米巴。鞭毛是胞质的丝状延伸部分,见于鞭毛虫。按分布部位,其有前鞭毛、中鞭毛、后鞭毛、腹鞭毛之分。有的鞭毛自前向后,沿虫体和鞭毛之间形成波动膜,见于锥虫。纤毛短而细,见于纤毛虫,数量多,覆盖全体或集中在虫体的某一部分,因虫种而异。鞭毛虫和纤毛虫大多数体内还有特殊的运动细胞器,经特殊染色可见到它们是由几个结构单元组成的复合体。例如,有些鞭毛虫的动基体、根丝体以及连接它们的纤丝组成鞭毛;某些纤毛虫的基粒在胞膜下由纤维细丝把它们相互连接,并与深部网状结构相连。这些特殊的器官可能是鞭毛和纤毛运动的能源器官,但它们的确切功能还不十分清楚,有的学者认为可能是原始的神经运动装置。此外,纤毛虫还有胞口、胞咽、胞肛和吸盘状陷窝等构造,具有取食、消化、排泄及吸附等功能。

(3)胞核　胞核为原虫生存、繁殖的主要构造。大多数原虫只有一个核，有些原虫可有两个大小相仿或不同的核，甚至多核。核的外面具有核膜。核膜在电子显微镜下观察显示，其可以分两层，并且有许多小孔使核的内部物质与细胞质沟通。核膜内主要是由核质和染色质所构成。根据染色质的多寡和分布情况的不同，一般可以把核分成两种：一种是泡状核，染色质较少，分布不匀或聚集在核中央或分布在核膜内或相连成疏松的网状等；另一种是致密核或实质核，染色质甚多，均匀而又致密地散在核内。

2.原虫发育史

寄生原虫的发育史各不相同，有的为无性繁殖，有的为无性繁殖与有性繁殖相互交替进行。

(1)无性繁殖　无性繁殖有二分裂、复分裂和出芽生殖等方式。

①二分裂。在无性繁殖中最为常见的是二分裂，即一个个体分裂为两个新个体：在阿米巴原虫分裂面系不规则；在鞭毛虫为纵二分裂；在纤毛虫为横二分裂。其分裂的顺序是先为毛基体和动基体，再为核，然后是胞质分裂。

②复分裂。核先连续分裂多次，然后各个核周围的胞质紧缩而形成数个新个体。这种繁殖方式又称为裂殖生殖，处在分裂中的母细胞称之为裂殖体，子细胞就是所谓的裂殖子，见于孢子虫。

③出芽生殖。细胞核先分裂为大小不等，但仍相连接的两个部分，较小的部分再分裂为两个小枝。与此同时，原生质随着核的分枝而向核的周围集中，结果形成两个芽状突起。芽状突起逐渐长大，而后分裂形成两个新个体。梨形虫常以此法繁殖。

(2)有性繁殖　有性繁殖具有以下两种方式。

①接合生殖。两个形态相同的原虫一时性地结合在一起，互相交换核质，然后分开，各自分裂成为新的个体，如纤毛虫。

②配子生殖。虫体在分裂过程中出现性的分化。一部分裂殖体形成大配子体(雌性配于体)，一部分形成小配子体(雄性配于体)。大小配子体发育成熟后形成许多配子。雄性配子钻入雌性配子体内，接合成合子。合子可以以复分裂法形成许多子孢子或形成孢子囊进行孢子生殖。这时，孢子囊内的合子首先变成孢子体，孢子体再分裂发育为子孢子。孢子虫纲的许多原虫常以这种方式繁殖(图3-21)。

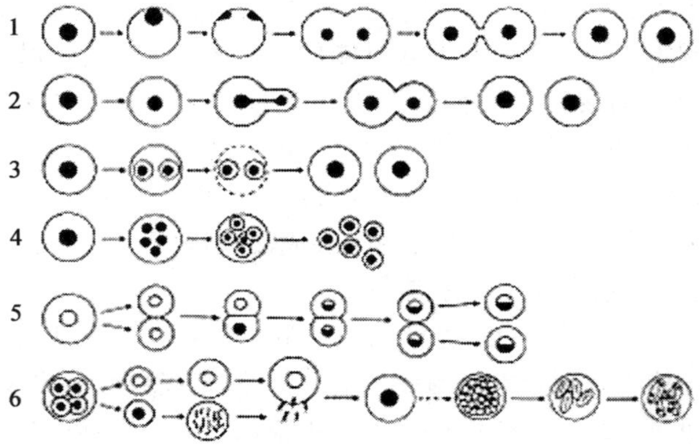

1.二分裂；2.外出芽生殖；3.内出芽生殖；4.裂殖生殖；5.接合生殖；6.配子生殖。

图3-21　原虫的繁殖

寄生原虫完成其生活史的方式各有不同。有的种类仅在一个宿主体内进行,如球虫;另外一些种类需要两个宿主,其中一个为媒介昆虫,如血孢子虫。它们在其体内发育并由它来传播,此类传播者被称为生物性传播者;另一类传播者为机械性传播者,如虻传播伊氏锥虫等。还有一些原虫需要两种以上脊椎动物完成其生活史,如弓形虫以猫为终宿主,以人或鼠、猪等为中间宿主。

【训练报告】

①画出球虫孢子化卵囊。

②画出弓形虫滋养体形态。

六、蜘蛛昆虫的形态构造观察

蜘蛛昆虫隶属于节肢动物门蛛形纲和昆虫纲,种类多、分布广。它们的生活方式各有不同,大多数是营自由生活的,有一部分是营寄生生活的,即可寄生于动物的体内或体表,直接或间接地危害人类和动物。

【实训目标】通过对硬蜱的详细观察,熟悉硬蜱的一般形态构造;通过一般形态观察,认识软蜱、蠕形螨和皮刺螨;通过对疥螨和痒螨的详细观察,掌握疥螨和痒螨形态构造特点,识别毛虱、血虱和羽虱,一般了解其他吸血昆虫。

【材料准备】

(1)形态构造图　硬、软蜱的形态构造图;硬蜱科主要的形态图;疥螨、耳痒螨、蠕形螨和皮刺螨形态图;虱的形态图;各种吸血昆虫构造模式图。

(2)标本　硬蜱的浸渍标本和制片标本,软蜱的浸渍标本和制片标本,疥螨、耳痒螨、蠕形螨和皮刺螨的制片标本,虱的制片标本,各种吸血昆虫的标本。

(3)仪器与器材　多媒体投影仪、显微投影仪、显微镜、实体显微镜、放大镜、解剖针、培养皿、尺子。

【方法】

(1)教师带领观察　教师用投影仪带领学生共同观察硬蜱的一般形态构造以及硬蜱科主要属的形态特征,并明确指出硬蜱属、血蜱属、革蜱属、璃眼蜱属、扇头蜱属和牛蜱属的鉴别要点;共同观察疥螨、耳痒螨、蠕形螨、皮刺螨的形态特征,明确指出疥螨和痒螨的鉴别要点;指出毛虱、血虱、羽虱形态的区别。

(2)学生分组观察

①取硬蜱科主要属的浸渍标本置于培养皿中,在放大镜下观察其一般形态,用尺测量大小。然后取制片标本在实体显微镜下进行详细观察,注意观察假头的长短、假头基部的形状、眼的有无、盾板的形状和大小、肛沟的位置、肛板的有无和数目等。

②取疥螨、耳痒螨、蠕形螨和皮刺螨的标本片在显微镜下观察其大小、形态、口器形状、肢的长短、肢端吸盘的有无、交合吸盘的有无等。

③取软蜱的浸渍标本做一般形态观察。

④取虱的制片标本做一般形态观察。

⑤取吸血昆虫蚊、虱蝇、蠓、蚋针插标本,观察的一般形态。

【内容与步骤】

1. 蜘蛛昆虫的形态观察

蜘蛛昆虫具有节肢动物的一般特征，身体两侧对称，附肢分节，不同部分的体节相互融合而形成头部、胸部和腹部。某些种类的头部和胸部进一步融合，形成假头与躯干部。随着身体的分部，器官趋于集中，功能也相应有所分化：头部趋于摄食、感觉；胸部趋于运动和支持；腹部趋于代谢和生殖。除身体分节外，附肢也分节，节肢动物便因此而得名(图 3-22)。

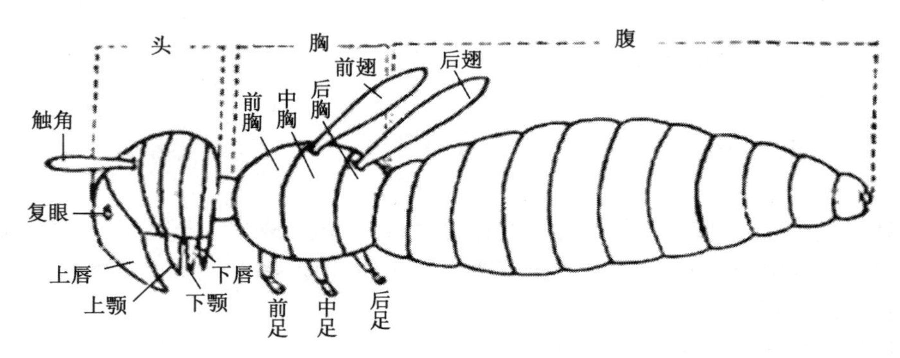

图 3-22 昆虫的外形

2. 体被

体被由几丁质(高分子含氮多糖)及其他无机盐沉着变硬而成。它不仅有保护内部器官及防止水分蒸发的功能，而且能与其内壁所附着的肌肉一起完成各种活动和支持躯体的作用。其功能与脊椎动物的内骨骼十分相似，因此，体被又被称为外骨骼。由于其坚硬而不膨胀，所以每当虫体发育长大时，就必须蜕去旧表皮，这个过程被称为蜕皮。

3. 内部构造

(1)体腔　体腔为混合体腔，因其充满血液，所以又称为血腔。心脏呈管状，位于消化管的背侧，循环系统为开放式，血液自心脏流出，向前行至头部，再由前向后，进入血腔，又经心孔流入心脏。

(2)呼吸系统　少数呼吸系统直接利用体表，多数呼吸系统利用鳃、气门或书肺来进行气体交换。鳃是体壁外突形成的薄膜状构造，其中富含血管，因而能保证血液与周围环境交换气体。气管由体壁向内凹陷形成，不分枝或分枝成网状，贯穿全身而以气门开口于体外。书肺也是由体壁内陷而成，内有书页状突起，在书页状突起中有血管分布，因此，可进行气体交换。

(3)感觉系统　神经主干位于消化管腹侧，许多神经节随着体节的愈合而合并。感官特别发达，具有触、味、嗅、听觉及平衡器官。昆虫有复眼和单眼。复眼由许多小眼构成，能感受外界运动中的物体。单眼用于感光。

(4)消化系统　消化系统分前肠、中肠和后肠 3 个部分。前肠包括口、咽、食道和前胃，是贮存和研磨食物的地方；中肠又称为胃，是消化和吸收的重要部分；后肠包括小肠、直肠和肛门，能吸收肠腔中的水分及排出粪便，

(5)排泄系统　蜘蛛昆虫通过马氏管行使排泄功能。马氏管是中肠、后肠交界处的肠管管壁向血腔突出的一些盲管，它从血液中收集废物，排入后肠，在那里把多余的水分重新吸收回体内，剩余的尿酸再随粪便排出体外。

(6)生殖系统　雌雄异体，有的生殖系统为雌雄异形。雄性生殖器官包括睾丸、输精管、贮精囊、射精管、副性腺、阴茎及生殖孔等构造，还常有由脚须末端形成的交配器。雌性生殖

器官包括卵巢、输卵管、受精囊、副性腺，生殖孔和生殖腔(阴道)等构造。不同虫种各部分构造的形态和大小有一定差异。硬蜱和软蜱的形态构造比较见表 3-2。

表 3-2　硬蜱和软蜱的鉴别

名称	硬蜱	软蜱
雌虫与雄虫	雌虫体大盾板小;雄虫体小盾板大	雌虫与雄虫的形状相似
假头	在虫体前端,从背面可以看到	在虫体腹面,从背面看不到
须肢	须肢粗短,不能运动	须肢灵活,能运动
盾板	有	无
缘垛	有	无
气孔位置	在第四对基节的后面	在第三对与第四对基节的中间
基节	通常有分叉	不分叉

4.发育史

蜘蛛昆虫有卵生和卵胎生两种。卵通常含有很多卵黄，原生质分布在卵的表面，形成很薄的一层，卵裂也仅限于卵表面的原生质部分，这种不完全方式的卵裂被称为表面卵裂。发育过程中都有变态和蜕皮现象。其变态可分为完全变态和不完全变态两种：完全变态指从卵孵出幼虫，幼虫生长完成后，要经过一个不动不食的蛹期，才能变为有翅的成虫，这几个时期在形态上和生活习性上彼此不同，如蚊、蝇等昆虫的发育；不完全变态是从卵孵出幼虫，经若干次蜕皮变为若虫，若虫再经过蜕皮变为成虫，这几个时期在形态上和习性上比较相似，如蜱、螨和虱等的发育。

【训练报告】

①将疥螨、耳痒螨所见特征按表 3-3 格式制表填入。

表 3-3　疥螨和耳痒螨的鉴别

名称	形状	大小	口器	肢	肢吸盘		交合吸盘
					♂	♀	

①将血虱、毛虱、羽虱的特征按表 3-4 制表填入。

表 3-4　血虱、毛虱、羽虱的鉴别

名称	头胸之比	口器型	触角节数

任务三　寄生虫病的诊断

寄生虫病的诊断在遵循流行病学调查及临诊诊断的基础上，通过实验室检查，最后按检查出病原体的基本原则进行。

一、流行病学诊断

宠物寄生虫病的发生往往是由忽略预防措施所造成的，因此，首先要对发病的宠物进行详尽的病史调查，这样有利于继续采用其他更为准确的诊断方法。

【训练目标】掌握流行病学调查、搜集资料和分析的方法，为确立诊断奠定基础。

【材料准备】

(1)表格　流行病学调查表(可由学生自行设计)。

(2)器材　听诊器、体温计、叩诊板及叩诊器等。

【内容与步骤】

1.流行病学调查

(1)拟定调查提纲，设计流行病学调查表　其主要内容如下。

①单位概况。被检动物总头数、品种、性别、年龄组成，动物补充来源等。

②动物饲养管理情况。饲养方式，饲料的来源及质量，水源及卫生状况等。

③近几年来动物发病及死亡状况。动物发病数、死亡数、发病及死亡时间，发病季节，发病与死亡的原因，采取的措施及其效果。

④本次动物发病与死亡情况。营养状况、发病数、临诊表现、死亡数，病死动物剖检所见，发病死亡时间，药物治疗情况，已采取的措施及其效果。

⑤中间宿主和传播媒介。中间宿主和传播媒介的存在和分布情况。

⑥外界环境。土壤和植物特性、地势、降水量及季节分布、河流及水源。

⑦当怀疑为人畜共患病时，调查了解居民饮食及卫生习惯。

⑧养犬场周围家畜饲养情况等。

(2)实地考察　按照调查提纲，采取询问、查阅各种记录资料和到养犬场、宠物市场、宠物医院等实地考察等方式进行，尽可能全面收集有关资料。

2.流行病学分析

获得的资料应进行数据统计和情况分析，提炼出规律性资料。常用统计指标如下：

$$\text{发病率}=\frac{\text{某时间内动物发病数}}{\text{同时期内动物的平均总数}}\times 100\%$$

$$\text{死亡率}=\frac{\text{某时间内死亡动物数}}{\text{同时期内动物的平均总头数}}\times 100\%$$

$$\text{病死率}=\frac{\text{某时间内死亡动物数}}{\text{同时期内动物发病头数}}\times 100\%$$

【训练报告】

写出流行病学调查与分析报告，并提出进一步确诊的建议。

二、临床诊断

临床诊断是利用人的感觉器官或借助最简单的器械(体温计、听诊器等)直接对发病宠物进行检查,包括问诊、视诊、触诊、听诊、叩诊做嗅诊等。宠物寄生虫病一般是慢性消耗性疾病,临床上多表现消瘦、贫血、下痢、水肿等,但有些原虫和蜘蛛昆虫所引起的疾病可表现特征性的临诊症状,如患利什曼原虫病的犬在晚期可出现被毛无光泽,粗糙,并逐渐脱落,头部皮肤变厚形成结节。螨病可表现为奇痒、脱毛现象等。据此,即可做出初步诊断。某些情况虽不一定能确诊,但可确定大概范围,为确诊提供一些必要的线索。

【训练目标】掌握临诊检查和实验室检查材料的采取方法,为确立诊断奠定基础。

【材料准备】

(1)表格 临诊检查记录表(可由学生自行设计)。

(2)器材 听诊器、体温计、叩诊板及叩诊器等。

【内容与步骤】

(1)检查范围 以群体为单位进行检查。当动物群体较小时,应逐头(只)检查;当动物群体数量较多时,可随机抽样检查。

(2)检查程序与方法

①群体观察。从中发现异常或病态动物。

②一般检查。营养状况,体表有无肿瘤、脱毛、出血、皮肤异常变化和淋巴结肿胀,有无体表寄生虫,如有,则搜集虫体并计数;如当怀疑是螨病时,应刮取皮屑备检。

③系统检查。按临诊诊断的方法进行。查体温、脉搏、呼吸数;检查呼吸、循环、消化、泌尿、神经等各系统,收集病状。根据怀疑寄生虫病的种类,可采取粪、尿、血样及制血片备检。

④病状分析。将收集到的病状分类,统计各种病状比例,提出可疑寄生虫病范围。

【训练报告】

写出临诊检查报告,并提出进一步确诊的建议。

三、病理学诊断

对寄生虫病死亡宠物的尸体进行剖检,观察其病理变化,有些病理变化可作为诊断的依据。

【训练目标】

掌握犬、猫和鸟禽寄生虫学剖检的操作技术。

【材料准备】

(1)器材 解剖刀、手术刀、剥皮刀、解剖锯、骨剪、手术剪、剪子、镊子、眼科镊子、分离针、大瓷盆、小瓷盆、成套粪桶、提水桶、黑色浅盘、手持放大镜、实体显微镜、平皿、酒精灯、毛笔、铅笔、玻璃铅笔、标本瓶、青霉素瓶、载片和压片用玻璃板等。

(2)实习动物 犬、鸽或鸡(或其他鸟禽)。为了保证剖检效果,可用蠕虫病死亡动物和禽的尸体作剖检动物,也可通过粪便检查,选择感染蠕虫种类多,感染强度大的动物。

【方法】

①教师概述全身蠕虫学剖检法的操作规程和指出该种实习动物各器官、部位寄生的常见寄生蠕虫后。

②学生分组进行犬和鸽的蠕虫学剖检的具体操作，对发现的蠕虫进行采集，以寄生器官的不同和初步鉴定的不同虫体分别放置在平皿内。

【内容与步骤】

1.犬的剖检法

(1)宰杀与剥皮　放血宰杀或安乐死法。犬被放血前，应采血涂片；被剥皮前，检查体表、眼睑和创伤等。当发现体外寄生虫时，可随时采集。如果遇有皮肤可疑病变，则刮取材料备检。

在剥皮时，应随时注意检查各部皮下组织，及时发现并采集病变和虫体。剥皮后切开四肢各关节的关节腔，吸取滑液立即检查，切开浅在淋巴结进行观察，或切取小块供以后详细检查。

(2)采取脏器　切开腹壁后注意观察内脏器官的位置和特殊病变，吸取腹腔液体，用生理盐水稀释以防凝固，随后用实体显微镜检查，或沉淀后检查沉淀物。腹腔脏器是在结扎食管末端和直肠后，切断食管、各部韧带、肠系膜根和直肠末端后一次采出。然后切取腹腔大血管，采出肾脏。应注意观察和收集各脏器表面虫体，最后收集腹腔内液体。

切开胸腔以后，除注意观察脏器的自然位置和状态外，也要收集胸腔液体进行检查，然后连同食管和气管把胸腔器官全部摘出，再收集遗留在胸腔内的液体，留待详细检查。

(3)各脏器的检查

①食管。沿纵轴剪开，仔细观察浆膜和黏膜表层。当发现虫体时，用分离针将虫体挑出。

②胃。剪开后将内容物倒入大盆内，检出较大的虫体。在桶内将胃壁用生理盐水洗净，取出胃壁，液体自然沉淀。将洗净的胃壁平铺在搪瓷盘内，刮取黏膜表层，将刮下物浸入另一容器的生理盐水中搅拌，使之自然沉淀。以上两种材料都应在沉淀若干时间后，倒出上层液体，加入生理盐水，重新静置，如此反复进行，直到上层液体透明无色为止。然后收集沉淀物，放在培养皿或黑色浅盘内逐步观察，取出虫体。

③小肠。分离以后放在大盆内，由一端灌入清水，全部肠内容物随水流到桶内，取出肠管和大型虫体(如绦虫等)，在桶内加多量生理盐水，按上述方法反复沉淀，检查沉淀物。肠壁用玻璃棒翻转，在水中洗下黏液，也用水反复洗涤沉淀。刮取黏膜表层，压薄镜检。肠内容物和黏液在沉淀过程中往往出现上浮部分，其中也含有虫体。在换水时应收集上浮的粪渣，单独进行水洗沉淀后检查。

④大肠。分离以后在肠系膜附着部沿纵轴剪开，倾出内容物。加少量水稀释后检查虫体，按上述方法进行肠内容物和黏液的水洗沉淀，黏膜刮下物也按上述方法压薄镜检。

⑤肠系膜。分离以后将肠系膜淋巴结剖开，切成小片压薄镜检，然后提起肠系膜，迎着光线检查血管内有无虫体，在生理盐水内剪开肠系膜血管，洗净后取出肠系膜，加水进行反复沉淀后检查沉淀物。

⑥肝脏。分离胆囊，把胆汁压出盛在烧杯中，用生理盐水稀释，待自然沉淀检查沉淀物。将胆囊黏膜刮下、压薄、镜检。发现坏死灶剪下，压片检查。沿胆管将肝脏剪开，检查虫体，然后将肝脏撕成小块，浸在多量水内，洗净后取出肝块，加水进行反复沉淀，检查沉淀物。

⑦肺脏。沿气管、支气管剪开，检查虫体，用载片刮取黏液，加水稀释后镜检。将肺组织撕成小块按肝脏检查法处理。

⑧脾和肾脏。检查表面后切开进行眼观检查，然后切成小片、压薄、镜检。

⑨膀胱。检查方法与胆囊相同，并按检查肠黏膜的方法检查输尿管。

⑩眼。将眼睑黏膜、结膜和瞬膜在水中刮取表层，沉淀后检查。剖开眼球将眼房液收集在培养皿内镜检。

⑪心脏及大血管。剪开后观察内膜和心腔，再将内容物洗在水内，沉淀后检查。将心肌切成薄片，压薄后镜检。

⑫肌肉。采取膈肌检查旋毛虫。

如果各器官内容物不能立即检查完毕，可以在反复洗涤沉淀后，在沉淀物中加福尔马林溶液保存，待以后再进行详细检查。

(4)登记　寄生虫病学的剖检结果，要记录在寄生虫病学剖检登记表中，对于发现的虫体，应按种分别计算，最后统计寄生虫的总数、各种(属、科)寄生虫的感染率和感染强度。

2.鸟(禽)的剖检法

(1)宰杀与剥皮　用舌动脉放血或颈动脉放血的方法宰杀。在死亡或宰杀6～8h内进行检查。首先拔掉羽毛，检查皮肤，发现虫体及时采集。同时对新生物、肿胀和结节要刮取下来，压片镜检。然后剥皮，随时采集皮下组织中的虫体。

(2)摘出脏器　剥皮后除去胸骨，使内脏完全暴露，并检查气囊内有无虫体，然后分离各脏器，以待检查。分离脏器时，首先分离消化系统(包括肝、胰)，其次分离心脏和呼吸器官。器官摘出后，用生理盐水冲洗体腔，反复进行沉淀洗涤。最后在放大镜下检查沉淀物。

(3)各脏器的检查

①食道和气管。剪开后，仔细检查其黏膜面。

②肌胃。沿狭小部位剪开，倾去内容物，在生理盐水中剥离角质膜，检查两剥离面，然后将角质膜撕成小片，压片镜检。

③腺胃。在小瓷盘内剪开，倾去内容物，检查黏膜面。如有紫红色斑点和肿胀时，则剪下作压片检查。洗下的内容物，在反复洗涤沉淀后，检查沉淀物。

④肠管。按十二指肠、小肠、盲肠和直肠几部分分别处理。肠管剪开后，将内容物和黏膜刮下物一起倾入玻璃杯内，用生理盐水反复进行洗涤沉淀，最后检查沉淀物。对有结节等病变的肠管，应刮取黏膜，压片镜检。

⑤法氏囊和输卵管。按处理肠管方法检查。

⑥肝、肾、心、胰、肺。在盛生理盐水的盘中分别剪碎洗净。捞出大组织块，反复沉淀，然后检查沉淀物。对于病变部位，要压片镜检。

⑦鼻腔。剪开后观察表面，然后用水冲洗，检查沉淀物。

⑧眼。用镊子掀起眼睑，取下眼球，用水冲洗后检查沉淀物。

(4)登记　要记录寄生虫学剖检的结果。对于发现的虫体，要按种类分别计数，统计其感染率和感染强度。

【训练报告】

将剖检结果填入寄虫学剖检记录表(表3-5)，归纳总结寄生于犬内脏器官的主要寄生虫有哪些？

表 3-5　寄生虫学的剖检记录

日期		编号		畜种		
品种		性别		年龄		
动物来源		动物死因		剖检地点		
主要病理剖检变化		寄生虫总数	吸虫			
			绦虫			
			线虫			
			棘头虫			
			昆虫			
			蜱螨			
寄生虫的种类和数量	寄生部位	虫名	数量	寄生部位	虫名	数量
备注				剖检者：		

四、病原诊断

根据宠物寄生虫生活史的特点，从宠物的粪便、血液、组织液、排泄物、分泌物或活体组织中检查宠物寄生虫的某一发育阶段，如虫体、虫卵、幼虫、卵囊、包囊等。

不同的宠物寄生虫病采取不同的检验方法。主要有：粪便检查（虫体检查法、虫卵检查法、毛蚴孵化法、幼虫检查法等）、皮肤及其刮下物检查、血液检查、尿液检查、生殖器官分泌物检查、肛门周围刮取物检查、痰及鼻液检查和淋巴穿刺物检查等。

（一）粪便检查法

【训练目标】

学会粪便样品的采集方法；掌握粪便内蠕虫卵检查操作技术。

【材料准备】

（1）仪器及器材　显微镜、天平、粪盒（或塑料袋）、60 目金属筛、260 目尼龙筛、玻璃棒、塑料杯、烧杯（100 mL、250 mL、500 mL）、500 mL 三角瓶、离心管、漏斗、离心机、试管、试管架、胶头滴管、载片、盖片、污物桶、纱布等。

（2）粪检材料　宠物粪便、虫卵标本片或粪样。

(3)药品　饱和盐水。

【方法】

教师先示范操作，同时讲解注意事项，学生分组训练。

【内容与步骤】

1. 粪便的采集、保存和寄送方法

被检粪便应该是新鲜而未被污染，最好从直肠采集。犬、猫可将食指套上塑料指套，伸入直肠直接钩取粪便；采取自然排出的粪便，要采集粪堆的上部，未被污染的部分。将采取的粪便装入清洁的容器内。采集用品最好一次性使用，如无条件时每次都要清洗，相互不能有污染。采取的粪便应尽快检查，否则，应放在冷暗处或冰箱中保存。当地不能检查而需送(寄)出时，或保存时间较长时，可将粪便浸入加温至50～60℃的5%～10%的福尔马林液中，使粪便中的虫卵失去生活能力，起固定作用，又不改变形态，还可以防止微生物的繁殖。

2. 粪便内蠕虫卵检查法

(1)直接涂片检查　用于产卵较多的蠕虫如蛔虫、毛圆线虫的虫卵检查。方法简单，但检出率也较低，同一粪样要求至少重复检查3次。操作方法：载玻片上滴数滴50%甘油水溶液或常水，用牙签挑取少量粪便与之混匀，将粗大粪渣至一端，涂开使成一薄膜，加盖玻片后，低倍镜或高倍镜镜检。

(2)集卵法

①尼龙筛淘洗法。该法操作迅速、简便，适用于体积较大虫卵(直径大于60 μm的虫卵)的检查。需要特制的尼龙网兜，其制法是将260目尼龙筛绢剪成直径30 cm的圆片，沿圆周用尼龙线将其缝在8号粗的铁丝弯成带柄的圆圈(直径为10 cm)上即可。其操作方法如下：

取5～10 g粪便置于烧杯(塑料杯)中，加10倍量水后用60目金属筛滤入另一杯中，将粪液全部倒入尼龙筛网依次浸入2只盛水的器皿(桶或盆)内。并反复用光滑的圆头玻璃棒轻轻搅拌网内粪渣，直至粪渣中杂质全部洗净为止。最后用少量清水淋洗筛壁四周与玻璃棒，使粪渣集中于网底，用吸管吸取粪渣，滴于载玻片上，加盖片镜检。

②沉淀检查法。该法的原理是虫卵比水重，可自然沉于水底，便于集中检查。沉淀法多用于吸虫病和棘头虫病的诊断。

A. 彻底洗净法：取粪便5～10 g置于烧杯(或塑料杯)中，加10～20倍量水充分搅和，再用金属筛或纱布滤过入另一只杯中，滤液静置20 min后小心倾去上层液，再加水与沉淀物重新搅和、静置30 min，再倾去上层液，如此反复水洗沉淀物多次，直至上层液透明为止，最后倾去上清液，用吸管吸取沉淀物滴于载玻片上，加盖片镜检。

B. 离心机沉淀法：取粪便3 g置于小杯中，加10～15倍水搅拌混合，然后将粪液用金属筛或纱布滤入离心管中，在电动离心机以2 000～2 500 r/min的速度离心沉淀1～2 min，取出后倾去上层液，再加水搅和，离心沉淀，如此离心沉淀2～3次，最后倾去上层液，用吸管吸取沉淀物滴于载片上，加盖片镜检。

③漂浮检查法。该法的原理是应用比重较虫卵大的溶液作为检查用的漂浮液，寄生虫卵、球虫卵囊等浮于表面，进行集中检查。漂浮法对大多数较小寄生虫卵，如某些线虫卵、绦虫卵和球虫卵囊等有很好的检出效果，对吸虫卵和棘头虫卵效果较差。

最常用的漂浮液是饱和盐水溶液。其制法是将食盐加入沸水中，1 000 mL水中约加食盐400 g，完全溶解，用4层纱布或脱脂棉滤过后，冷却备用。冷却后如有结晶析出，则为饱和食盐水，其比重为 1.18。为了提高漂浮法的检出效果，还可改用如下漂浮液：硫代硫酸钠饱和液（1 000 mL 水中溶入 1 750 g 硫代硫酸钠）、硝酸钠饱和液（1 000 mL 水中溶入 1 000 g 硝酸钠）、硫酸镁饱和液（1 000 mL 水中溶入 920 g 硫酸镁）等。但是用高比重溶液时易使虫卵和卵囊变形，检查必须迅速，制片时补加 1 滴水也可。

A. 饱和盐水漂浮法：取 5～10 g 粪便置于 100～200 mL 烧杯（或塑料杯）中，加入少量漂浮液搅拌混合后，继续加入约 20 倍的漂浮液。然后将粪液用 60 目金属筛或纱布滤入另一杯中，舍去粪渣。静置滤液，经 40 min 左右，用直径 0.5～1 cm 的金属圈平着接触滤液面，提起后将黏着在金属圈上的液膜抖落于载玻片上，如此多次蘸取不同部位的液面后，加盖玻片镜检。

B. 试管浮聚法：取 2 g 粪便置于烧杯中或塑料杯中，加入 10～20 倍漂浮液进行搅拌混合，然后将粪液用 60 目金属筛或纱布通过滤斗滤入试管中，然后用滴管吸取漂浮液加入试管，至液面凸出管口为止。静置 30 min 后，用清洁盖玻片轻轻接触液面，提起后放入载片上镜检。

（3）虫卵的识别　鉴别虫卵主要依据虫卵的大小、形状、颜色、卵壳和内容物的典型特征来加以鉴别。因此首先应了解各纲虫卵的基本特征，其次应注意区分那些易与虫卵混淆的物质。

①各纲蠕虫卵的基本特征（图 3-23、图 3-24）。

A. 吸虫卵：多为卵圆形。卵壳数层，多数吸虫卵一端有小盖，被一个明显的沟围绕着，有的吸虫卵还有结节、小刺、丝等突出物。卵内含有卵黄细胞所围绕的卵细胞或发育成形的毛蚴。

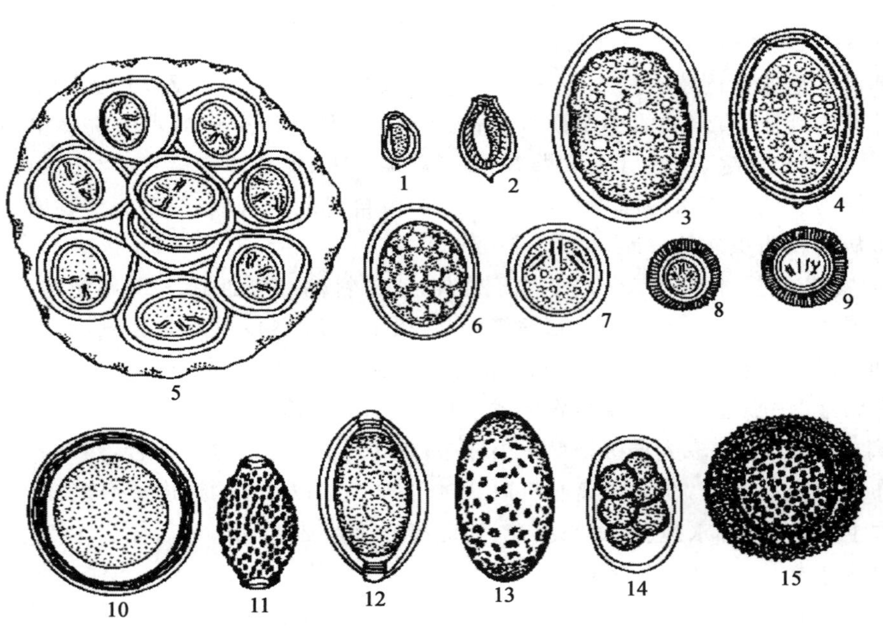

1. 后睾吸虫卵；2. 华枝睾吸虫卵；3. 棘隙吸虫卵；4. 并殖吸虫卵；5. 犬复孔绦虫卵；
6. 裂头绦虫卵；7. 中线绦虫卵；8. 细粒棘球绦虫卵；9. 泡状带绦虫卵；10. 狮弓蛔虫卵；
11. 毛细线虫卵；12. 毛首线虫卵；13. 肾膨结线虫卵；14. 犬钩口线虫卵；15. 犬弓首蛔虫卵。

图 3-23　犬、猫寄生蠕虫卵的形态

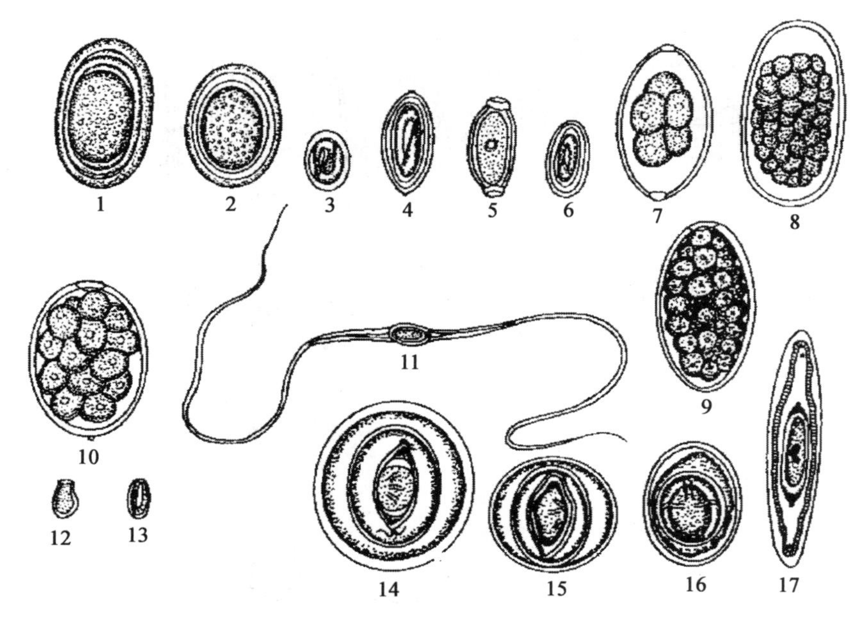

1. 鸡蛔虫卵；2. 鸡异刺线虫卵；3. 螺旋咽饰带线虫卵；4. 四棱线虫卵；5. 毛细线虫卵；6. 鸭毛首线虫卵；
7. 比翼线虫卵；8. 鹅裂口线虫卵；9. 隐叶吸虫卵；10. 卷棘口吸虫卵；11. 背孔吸虫卵；12. 前殖吸虫卵；
13. 次睾吸虫卵；14. 矛形剑带绦虫卵；15. 膜壳绦虫卵；16. 有轮赖利绦虫卵；17. 鸭多型棘头虫卵。

图 3-24　鸟禽寄生蠕虫卵的形态

B. 线虫卵：多为椭圆形。卵壳多为 4 层，完整的包围虫卵，但有的一端有缺口，被另一个增长的卵膜封盖着。卵壳光滑，或有结节、凹陷等。卵内含未分裂的胚细胞、或分裂着的胚细胞，或为一个幼虫。

C. 绦虫卵：假叶目虫卵椭圆形，有卵盖，内含卵细胞及卵黄细胞。圆叶目虫卵形状不一，卵壳的厚度和构造也不同，内含一个具有 3 对胚钩的六钩蚴，六钩蚴被覆 2 层膜，内层膜紧贴六钩蚴，外层膜与内层膜有一定的距离，有的虫卵六钩蚴被包围在梨形器里，有的几个虫卵被包在卵袋中。

D. 棘头虫卵：多为椭圆形。卵壳有 3 层：内层薄；中间层厚，多数有压痕；外层变化较大，并有蜂窝状构造。内含长圆形棘头蚴，其一端有 3 对胚钩。

②易与虫卵混淆的物质(图 3-25)。

A. 气泡：圆形无色、大小不一，折光性强，内部无胚胎结构。

B. 花粉颗粒：无卵壳构造，表面常呈网状，内部无胚胎结构。

C. 植物细胞：有的为螺旋形，有的小型双层环状物，有的为铺石状上皮，均有明显的细胞壁。

D. 淀粉粒：形状不一。外被粗糙的植物纤维，颇似绦虫卵。可滴加卢戈尔氏碘液(碘液配方为碘 0.1，碘化钾 2.0，水 100.0)染色加以区分，未消化前显蓝色，略经消化后呈红色。

E. 霉孢子：折光性强，内部无明显的胚胎构造。

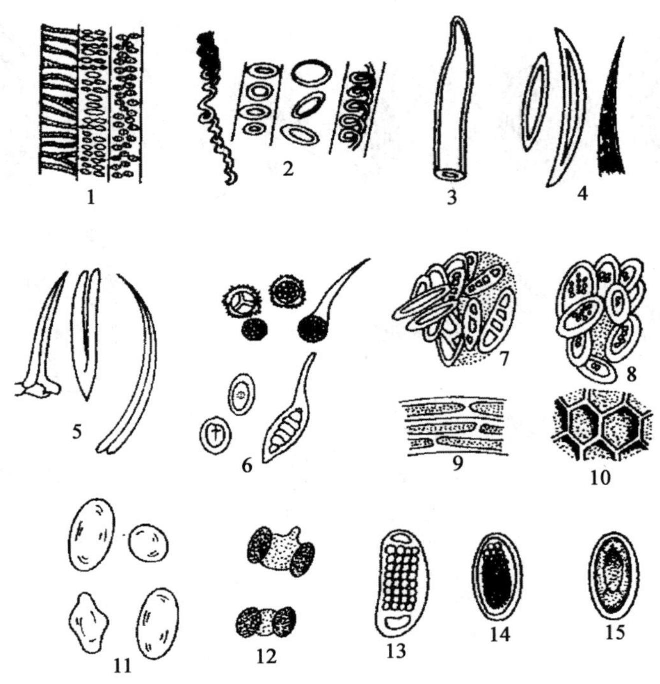

1～10.植物的细胞和孢子（1.植物的导管、2.螺丝和环纹、3.管胞、4.植物纤维、5.小麦的颖毛、6.真菌的孢子、7.谷壳的一些部分、8.稻米的胚乳、9～10.植物的薄皮细胞）；11.淀粉粒；12.花粉粒；13.植物线虫的一种虫卵；14.螨的卵（未发育）；15.螨的卵（已发育）。

图 3-25　粪便中常见的物体

3.粪便内幼虫检查法

有些寄生虫虫卵在新排出的粪便中已变为幼虫；还有些寄生虫虫卵随粪便排出后，当外界温度较高时，经 5～12 min 后，即孵出幼虫。

（1）漏斗幼虫分离法　也称贝尔曼漏斗法。取粪便 15～20 g，放在漏斗内的金属筛上，漏斗下接一短橡皮管，管下接一小试管。将粪便放入漏斗内筛上，不必捣碎，加入 40℃温水到淹没粪球为止，静置 1～3 h。此时大部分幼虫游走于水中，并沉于试管底部。拨取底部小试管，取其沉渣镜检（图 3-26）。

（2）平皿法　适用于球状的粪便。取粪球 3～10 个，放入培养皿内或表面玻璃上加少量 40℃温水，10～15 min 后取出粪球，将培养皿放在低倍镜或解剖镜下检查。因为幼虫常常集中在粪便表面，所以它们会迅速而容易地从粪球表面转移到水中。

4.粪便内蠕虫虫体肉眼检查法

粪便内蠕虫虫体肉眼检查法多用于绦虫病的诊断，也可用于某些胃肠道寄生虫病的驱虫诊断，即用药物驱虫之后检查随粪便排出的虫体。为了发现大型虫体和较大的绦虫节片，先检查粪便的表面，然后将粪便仔细捣碎，认真进行观察。

为了发现较小的虫体或节片，将粪便置于较大的容器（玻璃缸或塑料杯）中，加入 5～10 倍量的水（或生理盐水），彻底搅拌后静置 10 min，然后倾去上面粪液，再重新加清水搅匀静置，如此反复数次，直至上层液体透明为止。最后倾去上层透明液，将少量沉淀物放在黑色浅盘（或衬以黑色纸或黑布的玻璃容器）中检查，必要时可用放大镜或实体显微镜检查，发现的虫体和节片用针或毛笔取出，以便进行鉴定。

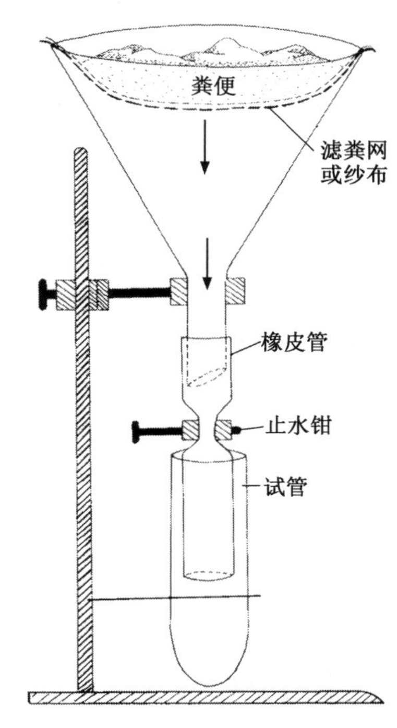

图 3-26　漏斗幼虫分离法

5. 毛蚴孵化法

毛蚴孵化法专门用于诊断日本血吸虫病。当粪便中虫卵较少时，镜检不易查出，由于粪便中血吸虫虫卵内含有毛蚴，虫卵入水后很快孵出，游于水面，便于观察。

(1)三角瓶沉淀孵化法　取 100 g 粪便置于烧瓶中，加 500 mL 水后搅拌均匀，以 40～60 目的金属筛过滤入另一杯中，舍去粪渣静置粪液。经 30 min 后倒出一半上层液，再加水静置，经 20 min 后再用上法换水，以后每经 15 min 换水一次，直至水色清亮透明为止。最后将粪渣置于 500 mL 三角瓶中，加水至管口 2 cm 处于 22～26℃温度，有一定光线条件下孵化。于孵化后 1 h、3 h、5 h 在光线充足处进行观察。

(2)尼龙筛淘洗孵化法　取 100 g 粪便置于烧杯中，加 500 mL 水搅拌均匀，以 40～60 目的金属筛过滤到另一杯中，舍去粪渣，将粪液再全部倒入尼龙筛网中过滤，舍去粪液，然后边向尼龙筛中加水边摇晃，以便洗净粪渣，或者将尼龙筛通过 2～3 道清水，充分淘洗，直至滤液变清，最后将粪渣倒入 500 mL 三角瓶中，加水后 22～26℃温度，在有一定光线条件下孵化，于孵化后 1 h、3 h、5 h 观察。

(3)毛蚴孵化法注意事项

①粪样必须新鲜，忌用接触过农药、化肥或其他化学药物的纸、塑料布等包装粪便。

②用水必须清洁，未被工业污水、农药和化肥或其他化学药物污染；水的酸碱度以 pH 6.8～7.2 为宜；自来水应含氯量少，含氯量高时存放过夜再用；河水、井水、池塘水等应加温 60℃，杀死其中水虫，冷却后使用；水质混浊时，应用明矾澄清后再用，一般每 50 kg 水加明矾 3～5 g。

③洗粪时应防止毛蚴过早孵化，为此可用 1%～1.2%的生理盐水代替常水。当水温不足 15℃时，用常水；当水温为 15～18℃时，于第一次换水后改用盐水；水温超过 18℃时，一直用盐水。

④孵化温度以 22～26℃为宜。当室温不足 20℃时，应加温。

⑤虫卵在孵化时应保持一定的光线。

(4)毛蚴的观察与识别　在光线明亮处衬以黑色背景用肉眼观察，必要时可借助于手持放大镜。毛蚴为淡白色、折光性强的梭形小虫，多在距水面 4 cm 的水内呈与水面平行的方向或斜行方向直线运动。在显微镜下观察，毛蚴呈前宽后狭的三角形，前端有一突起。在观察中应注意与水中原虫区别，详见表 3-6。

表 3-6　毛蚴与原生动物鉴别要点

	毛蚴	原生动物
形态	大小一致，针尖大小，梭形，灰白色，折光性强	大小不一，形状不定，不透明，不折光
运动性质	呈直线运动，迅速而均匀，碰壁后折向，但临衰老时可出现反滚现象	运动缓慢，时游时停，摇摆反滚，无一定方向
运动范围	离水面 1～4 cm 处，但刚孵出时，各层均可见	范围广，上中下层均可见

【训练报告】

①画出所观察到的虫卵的形态图。

②漂浮检查法的技术要领。

③沉淀检查法的技术要领。

(二)血液检查法

【训练目标】

学会血液样品的采集方法；掌握血液内蠕虫和原虫检查操作技术。

【材料准备】

(1)仪器及器材　显微镜、注射器、载片、盖片、离心管、离心机、天平、消毒酒精棉球等。

(2)试剂　5%醋酸溶液、2%柠檬酸钠生理盐水、吉姆萨或瑞氏染液。

【方法】

教师先示范操作，同时讲解注意事项，学生分组训练。

【内容与步骤】

1.血液样品的采集

在小静脉或耳尖剪毛后用酒精消毒，再用棉花擦干，然后用注射器采集血液以供涂片用。供浓集检查法的血液，直接在静脉采取，并按要求加入抗凝剂。此法适用于检查寄生于血液中的伊氏锥虫和住白细胞虫及梨形虫等。

2.血液内蠕虫幼虫的检查

(1)直接涂片镜检　将采出的血液一滴滴在洁净的载玻片上，覆以盖玻片用显微镜检查微丝蚴。

(2)涂片染色镜检　采血滴于载玻片之一端。按常规推制成血片，并使晾干，滴于甲醇 2～3 滴于血膜上，使其固定，尔后用姬氏或瑞氏液染色，染色后用显微镜检查。

(3)取适量血液置离心管中，加入 5%醋酸溶液溶血后，离心后吸取沉渣镜检。

3.血液内原虫的检查

(1)鲜血压滴标本检查　将采出的血液滴在洁净的载玻片上，加等量的生理盐水混合，覆以盖玻片，立即用低倍镜检查，发现有运动的可能虫体时，可再换高倍镜检查，由于虫体未染色，检查时应使视野中的光线弱些。此法适用于伊氏锥虫和附红细胞体。

(2)直接涂片染色检查　采血滴于载玻片之一端。按常规推制成血片，并使晾干，滴于甲醇 2～3 滴于血膜上，使其固定，尔后用姬氏或瑞氏液染色，染色后用油镜检查。本法适用于各种血液原虫。

(3)虫体浓集法　当血液中的虫体较少时，用常规血片法不易查到虫体时，可用虫体浓集法。在离心管内加2%柠檬酸钠生理盐水3～4 mL，加被检血液6～7 mL，充分混匀，先以500 r/min转速离心5 min，弃上清血清，然后将含有虫体、白细胞和少量红细胞的上层血浆，用吸管移入另一离心管内，加适量的生理盐水，再以2 500 r/min离心10 min，吸取沉淀物制成抹片，染色镜检。适用于伊氏锥虫和梨形虫。

【训练报告】

①血液直接涂片染色检查法的技术要领。

②虫体浓集法的技术要领。

(三)皮肤刮取物(皮屑)检查

寄生于动物体的节肢动物主要有蜱、螨和昆虫(即各种虱)，其中蜱和虱寄生于体表，虫体较大，肉眼可见，所以直接检查体表即可诊断。螨主要有痒螨和疥螨，寄生于体表和内，较小，因此应刮取皮屑，镜检寻找虫体或虫卵。

【训练目标】

学会皮屑样品的采集方法；掌握螨病的检查方法。

【材料准备】

(1)仪器及器材　显微镜、手术刀片、培养皿、载片、盖片、离心管、离心机、天平、牙签、消毒酒精棉球等。

(2)试剂　50%甘油水溶液、10%NaOH、60%硫代硫酸钠溶液。

【方法】

教师先示范操作，同时讲解注意事项，学生分组训练。

【内容与步骤】

1. 皮肤刮取物的采取

(1)疥螨　刮取患病皮肤与健康皮肤交界处的皮屑，这里的螨多。

(2)痒螨　刮取痂皮。

(3)蠕形螨病　可用力挤压脓液，将脓液摊于载玻片上供检查。

2. 直接检查法

在没有显微镜的条件下，可将刮下的干燥皮屑，放于培养皿或黑纸上，在日光下曝晒，或用热水或炉水等对皿底底面以40～50℃加温30～40 min后，移去皮屑，用肉眼观察，可见白色虫体在背景上移动。此法仅适用于体形较大的螨如痒螨。

3. 显微镜直接检查法

取少量刮取的痂皮置于载玻片上，滴加50%甘油水溶液或煤油，用牙签调匀，剔去大的痂皮，涂开，覆以盖片，低倍镜检查(活虫)。

4. 虫体浓集法

将病料加入试管，加10%NaOH溶液，数分钟后，使皮屑溶解，虫体释放。然后待其自然沉淀(或以2 000 r/min离心5 min)，虫体即沉于管底，吸取沉渣镜检。或向沉淀中加入60%硫代硫酸钠溶液，直至虫体上浮，再取表面溶液检查。

【训练报告】

①直接检查法的技术要领。

②虫体浓集法的技术要领。

五、辅助性诊断

(一)动物接种试验

在诊断弓形虫病、伊氏锥虫病时,可以将病料或血液接种于试验动物;诊断梨形虫病时,可以将患病动物血液接种于同种健康的幼龄个体,在被接种动物体内证实其病原体的存在,即可获得确诊。如弓形虫病,取肺、肝、淋巴结等病料,将其研碎,加入10倍生理盐水,在室温下放置1 h,取其上清液0.5～1 mL接种于小鼠腹腔,尔后观察小鼠有否症状出现,并检查腹水中是否存在滋养体。

(二)诊断性治疗

在病原检查比较困难的情况下,可根据初诊印象采用特效化学药物进行治疗。如梨形虫病,可注射台盼蓝作为诊断性治疗。

(三)X光检查

肝或肺内寄生的棘球蚴,脑内寄生的多头蚴以及组织内如腱、韧带寄生的盘尾丝虫,均可借助于X光照射进行诊断。

(四)穿刺检查

检查犬的利什曼原虫病,可取体表肿大的淋巴结及脾脏穿刺液作涂片,染色检查虫体。

六、基因诊断

DNA分析检测技术的出现已经提供了基因检测的技术手段,目前在许多宠物寄生虫中广泛开展了DNA探针和PCR技术的研究。核酸探针技术的优势在于特异性强,所用探针通常都是针对一些重复序列;缺点是敏感性低,虽然最好的探针在适宜条件下可以检测出100个原虫,但它在检测真正的样本时,由于宿主蛋白和核酸的污染,其敏感性大为降低,特别是轻度感染时检出率很低,基本上等同于镜检的水平。PCR技术是一种既敏感又特异的DNA体外扩增方法,可将一小段目的基因扩增上百万倍,其扩增效率可检测到单个虫体的微量DNA。它的特异性通过设计特异引物,扩增出独特DNA产物,用琼脂糖电泳很容易检测出来,而且操作过程也相对简便快捷,无须对病原进行分离纯化。同时可以克服抗原和抗体持续存在的干扰,直接检测到病原体的DNA,既可用于临诊诊断,又可用于流行病学调查。

任务四　寄生虫病的防治

宠物寄生虫病的防治必须贯彻“防重于治”的方针,采取驱虫,粪便无害化处理,消灭中间宿主或传播媒介,免疫接种,生物防治,加强饲养管理等一系列综合性措施。

一、防治原则

(一)控制感染源

控制感染源是防止寄生虫病蔓延的重要环节,一方面要及时治疗患病宠物,驱除或杀灭其体内外的寄生虫,注意在治疗过程中防止扩散病原;另一方面要根据各种寄生虫的发育规律,定期有计划地进行预防性驱虫。某些蠕虫病可根据流行病学资料,选择虫体进入宿主体内尚未发育到成虫阶段时进行驱虫(成熟前驱虫),这样既能保护动物健康,又能防止对外界环境的污染。对某些原虫病应当查明带虫动物,采取治疗、隔离、检疫等措施,防止病原的散布。此外,对那些保虫宿主、贮藏宿主也要采取有效的防制措施。

(二)切断传播途径

宠物感染寄生虫病多数是由采食、相互接触或经吸血昆虫叮咬而引起。为了减少或消除感染机会,经常保持宠物栏舍及环境卫生,特别要注意粪便的无害化处理、消除蚊蝇滋生地、保护水源、池塘等。对那些需要中间宿主或传播媒介的寄生虫,要设法避免终末宿主与中间宿主或传播媒介的接触,可采取物理、化学或生物防治等措施来消灭中间宿主或传播媒介及其滋生环境。

(三)保护易感的宠物

搞好日常的饲养管理,特别是注意食物的营养及饲养卫生。必要时可采用驱虫药进行预防性驱虫以保护宠物的健康,或在宠物体上喷洒杀虫剂或驱避剂来防止吸血昆虫的叮咬。一些免疫效果好的寄生虫虫苗可通过人工接种对其进行免疫预防。

二、主要措施

(一)驱虫

所谓驱虫是指用特效的药物将寄生于宠物体内或体表的寄生虫驱除或杀灭的措施。驱虫并不是单纯的治疗,而且有着积极的预防意义。其关键在于减少了病原体向自然界的散播,控制了感染来源。

【训练目标】

熟悉动物驱虫的准备和组织工作,掌握驱虫技术、驱虫注意事项和驱虫效果的评定方法。

【材料准备】

(1)药物　常用各种驱虫药。

(2)器材　各种给药用具、称重用具、粪学检查用具及驱虫用各种记录表格等。

(3)动物　患病宠物。

【方法】

①教师讲解驱虫药物选择原则、驱虫技术、注意事项、驱虫效果评定方法等。首先示范常用的各种给药方法。

②在教师指导下,学生分组进行驱虫操作,并随时观察动物的不同反应,做好各项记录,按时评定驱虫效果。

【内容与步骤】

1.驱虫类型

(1)治疗性驱虫　当宠物感染寄生虫之后出现明显的临诊症状时,要及时用特效驱虫药对患病宠物进行治疗。

(2)预防性驱虫　根据寄生虫的生活史及其流行规律,进行有计划的预防性驱虫,将蠕虫消灭于萌芽时期。如犬猫在冬季服药驱除消化道中的线虫,使犬猫安全过冬,消除翌春对犬猫的危害。

2.驱虫药的选择

总的原则是选择广谱、高效、低毒、方便和廉价的药物。广谱是指驱除寄生虫的种类多;高效是指对寄生虫的成虫和幼虫都有高度驱除效果;低毒是指治疗量不具有急性中毒、慢性中毒、致畸形和致突变作用;方便是指给药方法简便,适于大群驱虫给药的技术(如饲喂、饮水等);廉价是指与其他同类药物相比价格低廉。但最主要的是依据当地存在的主要寄生虫病,选择高效驱虫药。

3.给药方法

多为个体给药,根据所选药物的要求,选定相应的投药方法,具体投药技术与临床常用给药法相同。鸟禽多为群体给药(饮水或喂饲),如用喂饲法给药时,先按群体体重计算好总药量,将总量驱虫药混于少量半湿料中,然后均匀地与日粮混合,撒于饲槽中饲喂。治疗性驱虫为个体给药,经口投药或注射,犬的嗅觉灵敏,可将片剂、粉剂药物包在肉中口服。不论哪种给药方法,均要预先测量动物体重,精确计算药量。

4.驱虫工作的组织及注意事项

①驱虫前应注意选择驱虫药、拟定剂量、剂型、给药的方法和疗程,同时对药品的制造单位、批号等加以记载。

②驱虫时将驱虫动物的来源、健康状况、年龄、性别等逐头编号登记。为使驱虫药用量准确,要预先称重。

③给药前后 1～2 d 应观察整个群体(特别是驱虫后 3～5 h),注意给药后的变化,发现中毒立即急救。

④给药期间,加强饲养管理。

⑤投药后一周内,动物圈养,将粪便集中用生物热发酵处理。

⑥驱虫时要进行驱虫效果评定,必要时进行第二次驱虫。

5.驱虫效果评定

驱虫效果主要通过驱虫前后下述各方面的情况对比来确定。

(1)发病与死亡　对比驱虫前后的发病率与死亡率;

(2)营养状况　对比驱虫前后动物营养状况的改善情况;

(3)临诊表现　观察驱虫后临诊病状减轻与消失的情况;

(4)寄生虫情况　一般可通过虫卵减少率和虫卵转阴率确定,必要时通过剖检计算出粗计和精计驱虫效果。

【训练报告】

写出驱虫总结报告。

(二)消灭中间宿主或传播媒介

那些需要中间宿主或传播媒介的寄生虫可采用物理或化学的方法消灭它们的中间宿主淡水螺等或传播媒介(昆虫、蜱类),以达到防病的目的。

杀灭媒介昆虫可以采取3个方面的措施:一是清除粪便、污水和杂草或灌木丛,破坏昆虫的滋生环境;二是使用杀虫剂进行化学灭虫;三是利用昆虫的天敌进行生物灭虫。如蚊、蝇、蜱类等。

(三)加强饲养管理,提高宠物自身抵抗力

1.全价食物

保证机体获得必需的氨基酸、维生素和矿物质等,机体营养状态良好,便可获得较强的抵抗力,可防止宠物寄生虫的侵入,防止侵入后寄生虫的继续发育,甚至将其包埋或致死,使感染维持在最低水平,使机体与寄生虫之间处于暂时的相对平衡状态,制止寄生虫病的发生和发展。

2.保护幼年宠物

幼龄宠物由于抵抗力弱而容易感染寄生虫,感染后发病严重,死亡率较高。因此,幼龄宠物断奶后立即与母体分开,安置在经过除虫处理的窝舍,重点看护。

3.免疫预防

虽然宠物寄生虫的免疫预防尚不普遍,但是有些寄生虫病也可应用一些生物制剂等来提高宠物的抵抗力。

4.环境卫生

环境卫生是切断各种寄生虫的传播途径所采取的必要措施。除了宠物窝舍日常的清洁卫生工作之外,主要针对各种寄生虫生活史和流行病学的重要环节,采取相应的阻断寄生虫传播的措施,如加强粪便管理、消灭中间宿主或传播媒介、安全放养等。

思考题

1.简述寄生虫和宿主的类型。
2.寄生虫的感染途径有哪些?
3.简述寄生虫完成生活史需要哪些条件?
4.简述寄生虫病的危害性。
5.寄生虫病诊断有哪些方法?
6.简述寄生虫病流行病学调查的内容和方法。
7.寄生虫粪便检查有哪些方法?
8.简述寄生虫病防治的基本原则和主要措施。
9.宠物驱虫时应注意哪些事项?

项目二

犬猫线虫病的防治技术

学习目标

1. 掌握蛔虫病、钩虫病、恶丝虫病、旋尾线虫病、鞭虫病、肾膨结线虫病和吸吮线虫病的主要症状、病理变化和病原特征；
2. 学会诊断、治疗和预防的方法。

任务一　犬猫蛔虫病的诊断与防治

一、临床诊断

犬、猫蛔虫病是由犬弓首蛔虫、猫弓首蛔虫和狮弓首蛔虫寄生于犬、猫小肠内而引起的常见寄生虫病，可导致幼龄犬、猫发育不良，生长缓慢，严重感染时可导致死亡。

(一)流行病学诊断

蛔虫是犬、猫体内的大型虫体，成虫寄生在小肠，对肠道产生强烈的刺激作用，可引起卡他性肠炎。当宿主发热、怀孕、饥饿或食物成分改变时，虫体可进入胃、胆管和胰管，造成堵塞或炎症。当严重感染时，大量虫体可造成肠阻塞、肠扭转、肠套叠，甚至肠破裂。在移行时，幼虫经过肠壁进入肝、肺，可损伤肠壁、肝、肺毛细血管和肺泡壁等，引起肠炎、肝炎和蛔虫性肺炎。

虫体在小肠内以未消化的物质为食，夺取宿主大量营养物质，使宿主营养不良，消瘦。虫体的代谢产物和体液被宿主吸收后对宿主呈现毒害作用，引起造血器官和神经系统中毒，发生神经症状和过敏反应。

(二)症状诊断

患病幼犬症状较明显。幼虫在移行时引起蛔虫性肺炎，表现为咳嗽、流鼻涕等，3 周后症状可自行消失。在成虫阶段，根据感染程度的不同，可表现为消化不良、间歇性腹泻、大便含有黏液、腹部胀满、疼痛、口渴、时有呕吐及呕吐物有恶臭等。另外，动物发育不良，体毛粗糙，渐进性消瘦。幼犬偶有惊厥、痉挛等神经症状。

二、病原诊断

(一)病原特征

(1)犬弓首蛔虫　雄虫长为 40～60 mm，雌虫长为 65～100 mm。头端具有 3 个唇瓣，颈侧翼较长。食道与肠管连接部有小胃。雄虫后端卷曲，肛门前后各有有柄乳突数对，另有无柄乳突 3 对。有一对不等长交合刺。雌虫阴门位于虫体前半部，子宫总管很短。虫卵短椭圆形，表面有许多点状的凹陷，大小为(68～85) μm×(64～72) μm(图 3-27)。寄生于犬的小肠内，是犬常见的寄生虫。

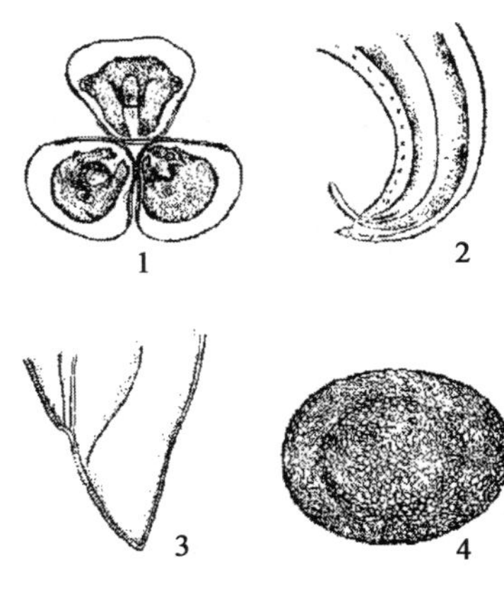

1. 唇部顶面；2. 雄虫尾端；3. 雌虫尾端；4. 虫卵。

图 3-27　犬弓首蛔虫

(2)猫弓首蛔虫　雄虫长为 40～60 mm，雌虫长为 40～120 mm。外形与犬弓首蛔虫相似，颈翼前窄后宽。雄虫尾端和犬弓首蛔虫一样，有有柄的和无柄的乳突数对，但排列不同。交合刺不等长。虫卵为亚球形，卵壳薄，表面有许多点状的凹陷，大小为 65 μm×70 μm(图 3-28)。寄生于猫的小肠。

(3)狮弓首蛔虫　雄虫长为 20～70 mm，雌虫长为 20～100 mm。成虫前端向背面弯曲，体表角质膜有横纹，颈翼发达，窄叶状。虫卵卵壳厚，表面光滑无凹陷，大小(49～61) μm×(74～86)μm(图 3-29)。寄生于猫、犬及其他猫科和犬科动物的小肠内。

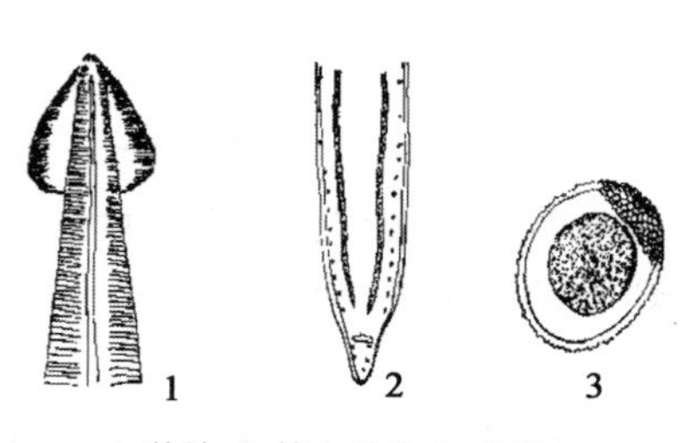

1. 前端；2. 雄虫尾端；3. 虫卵。

图 3-28　猫弓首蛔虫

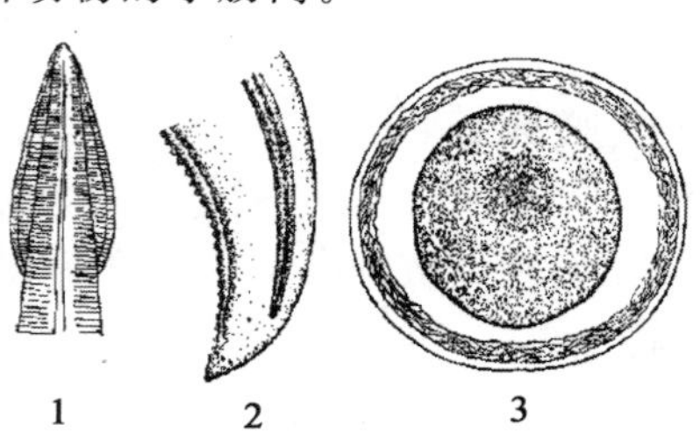

1. 头端；2. 雄虫尾端；3. 虫卵。

图 3-29　狮弓蛔虫

(二)生活史

(1)犬弓首蛔虫　犬弓首蛔虫在不同年龄的犬体内的生活史不完全相同。虫卵随粪便排出体外，经 10～15 d 发育为感染性虫卵(含第二期幼虫)。

数周到 3 月龄的幼犬吞食了感染性虫卵后，在小肠内孵出第二期幼虫，幼虫侵入肠壁经淋巴管和毛细血管进入血液循环，到达肝脏，再进入肺脏，经细支气管、支气管、气管到达咽喉，进入口腔，后被咽下再进入消化道。幼虫在肺部和细支气管等处蜕皮变为第三期幼虫。进入消化道后在胃内变为第四期幼虫，第四期幼虫进入小肠变为第五期幼虫，再发育为成虫。从感染到发育为成虫需要 4～5 周。

3 月龄以上的犬，虫体很少出现上述移行。6 月龄以后的犬吞食虫卵感染后，幼虫进入血液循环后，多进入体循环达到各个脏器和组织，形成包囊，但不进一步发育，虫体在包囊内可以存活至少 6 个月。成年母犬吞食虫卵被感染后，幼虫也多在各脏器和组织内形成包囊。

在怀孕母犬，可发生胎儿感染，包囊内的第二期幼虫在分娩前 3 周被某种因素所激活，经胎盘移行到胎儿的肺，并发育成第三期幼虫犬崽，犬崽出生后幼虫经气管移行到小肠，经两次蜕皮变为第 4～5 期幼虫并发育为成虫，出生后 3 周小肠中发现成虫，有虫卵排出。

在泌乳开始后的前 3 周，幼犬可通过吸吮含有第三期幼虫的母乳而受感染。通过这个途径受到感染的幼犬，幼虫在体内不发生移动。

啮齿动物或鸟类等贮藏宿主也可食感染性虫卵，在其体内第二期幼虫移行到各种组织器官并一直保持对犬的感染力。犬摄食这样的宿主后也可发生感染，其潜在期为 4～5 周。新近发现的一种情况是在怀孕后期和泌乳期，母犬可受到再次感染并可直接引起吮乳幼犬经乳汁感染，而且母犬体内一旦发育成熟即可排出虫卵污染环境。

(2)猫弓首蛔虫　其生活史与犬弓首蛔虫大体相似，但无经胎盘感染途径。因感染的方式不同，而出现不同的发育过程。虫卵随粪便排出体外后，发育为感染性虫卵(含第二期幼虫)。猫吞食虫卵后，孵出的幼虫首先进入胃壁，然后进入肝、肺，经气管到咽喉，回到消化道，再进入胃壁，发育为第三期幼虫，然后回到胃腔和肠腔，发育为第 4～5 期幼虫，进一步发育为成虫。感染性虫卵被鼠、蚯蚓、蟑螂等吞食后，幼虫可在这些动物体内形成包囊而存活下来。猫吞食了这些动物后也可以被感染，但虫体在猫体内只进入胃壁，不进入肝、肺。进入胃壁的虫体发育为第三期幼虫，再回到胃腔，发育为第四期幼虫，后进入小肠，发育至成虫。

(3)狮弓首蛔虫　其生活史相对简单。随粪便排出体外的虫卵在适宜的环境条件下，经3～6 d发育为感染性虫卵。其被宿主吞食后，第二期幼虫在小肠孵出，进入肠壁，发育为第三期幼虫后，返回肠腔，发育为成虫。整个生活史约需74 d。小鼠吞食狮弓蛔虫的感染性虫卵后，第三期幼虫可在小鼠组织内形成包囊，犬猫等吞食小鼠后，也可感染。虫体在肠道内直接发育为成虫。

(三)病原诊断方法

①肉眼直接检查粪便中的蛔虫。

②粪便直接涂片检查蛔虫虫卵。

③饱和盐水漂浮法检查蛔虫虫卵。

三、防治措施

(一)治疗

驱蛔虫的药物很多，常用的有以下几种。

(1)哌嗪　按100～200 mg/kg，1次口服。

(2)甲苯达唑　按22 mg/kg，口服，每天1次，连用3 d。

(3)阿苯达唑　按22 mg/kg，口服，每天1次，连用3 d。

(4)左旋咪唑　按10 mg/kg，1次口服。

(5)伊维菌素　按0.2～0.3 mg/kg，皮下注射或口服。柯利犬及有柯利犬血统的禁止应用。

驱虫药可暂时使成虫停止产卵，一般应间隔2周再重复驱虫1次。

(二)预防

①对犬猫应定期预防性驱虫。由于犬猫的先天性感染率很高，一般于出生后20 d开始驱虫，以后每月驱虫1次，8月龄后每季度驱虫1次。

②蛔虫的产卵量很大，每条雌虫日产卵高达20万个左右，故必须对犬猫粪便及时清除，并堆积发酵。虫卵的抵抗力较强，具有黏着力，犬舍或犬笼应经常用火焰(喷灯)或开水烧烫，以杀死虫卵。

③搞好环境卫生，食物和食槽保持清洁，防止粪便污染水源和饲料。

任务二　犬猫钩虫病的诊断与防治

一、临床诊断

钩虫病是指由钩口科的钩口属、板口属和弯口属的线虫寄生于犬、猫小肠(主要是十二指肠)而引起的疾病。其主要临床特征是高度贫血和消瘦。

(一)流行病学诊断

幼虫侵入皮肤时,可以破坏皮下血管,导致出血,并伴有中性粒细胞、嗜酸性粒细胞浸润,引起皮肤炎症。幼虫移行到肺,可破坏肺微血管和肺壁,导致肺炎,并出现全身性发热等症状。成虫在肠道寄生时,可以导致宿主长期慢性失血。其主要的原因是虫体吸食宿主的血液。虫体在吸血的同时,伤口渗出血液;虫体更换咬着部位后,原伤口在凝血前继续渗出血液。据估计,每条虫体每 24 h 可使宿主失血 0.025 mL。

(二)症状诊断

感染性幼虫侵入皮肤时,可导致皮肤发痒,随即出现充血斑点或丘疹,继而出现红肿或含浅黄色液体的水疱。如有继发感染,可出现咳嗽、发热等。成虫在肠道寄生时,会出现恶心、呕吐、腹泻等消化紊乱症状,粪便带血或黑色,柏油状。有时出现异嗜。黏膜苍白,消瘦,被毛粗乱无光泽,因极度衰竭而死。胎内感染和初乳感染的 3 周龄以内的幼犬可出现严重的贫血,甚至昏迷和死亡。

二、病原诊断

1.病原特征

(1)犬钩口线虫　虫体呈灰色或淡红色。前端向背面弯曲。口囊大,腹侧口缘上有 3 对大齿,口囊深部有 1 对背齿和 1 对腹齿。食道棒状,肌质。雄虫长为 11～13 mm,交合伞的侧叶宽。雌虫长为 14.0～20.5 mm,后端,逐渐尖细。虫卵大小为 60 μm×40 μm,新排出的虫卵内含有 8 个卵细胞(图 3-30)。犬钩口线虫寄生于犬、猫、狐等动物的小肠,偶尔寄生于人。

(2)巴西钩口线虫　虫体口囊呈长椭圆形。囊内腹面有 2 对齿,侧方的一对较大,近中央的一对较小。雄虫长为 5.0～7.5 mm,交合刺细长。雌虫长为 6.5～9.0 mm,阴门位于体后端 1/3 处。尾部为不规则的锥形,末端尖细。虫卵大小为 80 μm×40 μm(图 3-31)。寄生于犬、猫、狐的小肠。

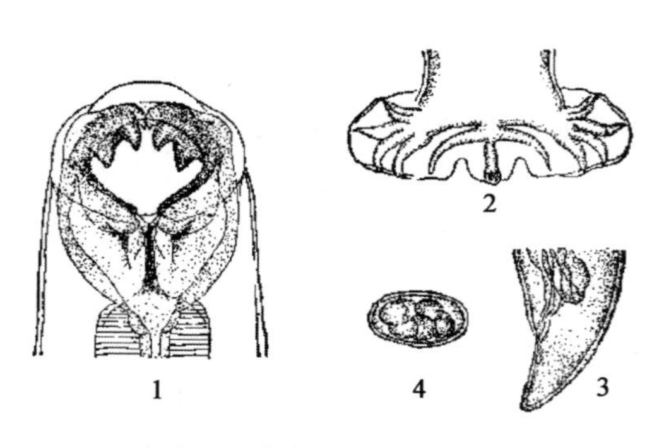

1.头端;2.交合伞;3.雌虫尾端;4.虫卵。

图 3-30　犬钩口线虫

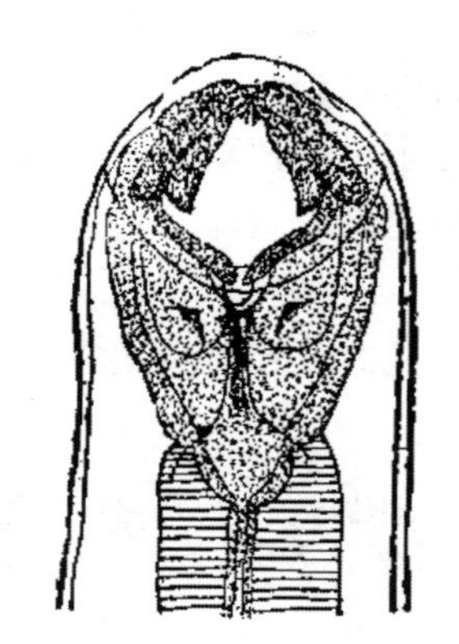

图 3-31　巴西钩口线虫头端

(3)美洲板口线虫　虫体头端弯向背侧,口孔腹缘上有 1 对半月形切板。口囊呈亚球形,底部有 2 个三角形的亚腹侧齿和 2 个亚背侧齿。雄虫长为 5～9 mm,交合伞有 2 个大的侧叶和小的背叶。雌虫长为 9～11 mm,阴门有明显的阴门瓣,位于虫体中线略前。虫卵大小(60～76)μm×(30～40)μm,平均 59 μm×40 μm。寄生于人、犬的小肠。

(4)狭头弯口线虫　虫体淡黄色,口弯向背面。口囊发达在,其腹面前缘有 1 对半月形切板。接近口囊底部有 1 对亚腹侧齿。雄虫长为 6～11 mm,雌虫长为 7～12 mm。虫卵与犬钩口线虫的相似(图 3-31),寄生于犬的小肠。

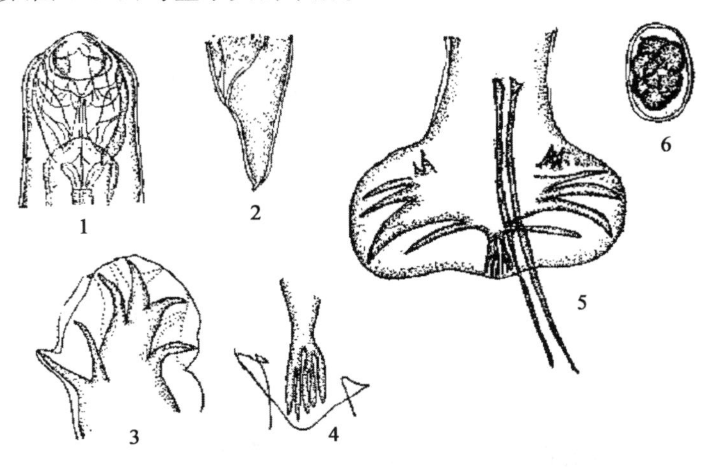

1.头端;2.雌虫尾端;3.交合伞侧面;4.背肋;5.雄虫尾端;6.虫卵。

图 3-32　狭头弯口钩虫

2.生活史

(1)犬钩口线虫　虫卵随粪便排出体外,在适宜的环境下,经大约 1 周时间,发育为感染性幼虫,并从卵壳内孵出。感染性幼虫感染宿主的途径有多种:口、皮肤、胎盘和初乳。

经口和皮肤感染后,如是 3 月龄以下的小犬,幼虫经食道或皮肤黏膜,进入血液循环,到达肺,进入呼吸道,上行到达咽,经咽进入消化道,到达小肠发育为成虫。从感染到发育为成虫约需 17 d。该途径最为常见。经胎盘感染时,幼虫进入母体的血液循环,经胎盘感染胎儿。母犬体内有虫体可以进入乳汁,幼犬在吃奶时,也可把进入乳汁的虫体食入体内而感染,其移行同经口感染。3 月龄以上的犬被感染后,幼虫多不进行移行,而是在肌肉中休眠,这些休眠的虫体,是乳腺中虫体的来源。

(2)巴西钩口线虫　生活史和犬钩口线虫相似,但经胎盘感染较少见。

(3)美洲板口线虫　生活史较简单,进入宿主体内后不移行,直接在肠道发育为成虫。

(4)狭头弯口线虫　生活史与犬钩虫的相似,但最为常见的感染途径是口,皮肤等途径很少见。

3.病原诊断方法

①剖检检查小肠中的虫体。

②粪便直接涂片检查虫卵。

③饱和盐水漂浮法检查虫卵。

三、防治措施

(一)治疗

由于该病可以引起严重的贫血,在驱虫的同时,应进行对症治疗,包括输血,补液,给予高蛋白食物等。用于驱虫的药物较多,效果较好的有以下几种。

(1)甲苯达唑　按体重 22 mg/kg,口服,每日 1 次,连用 3 d。

(2)阿苯达唑　按体重 8～10 mg/kg,1 次口服。

(3)左旋咪唑　按体重 10 mg/kg,1 次口服。

(4)噻嘧啶　按体重 6～25 mg/kg,1 次口服。

(5)伊维菌素　按体重 0.2～0.3 mg/kg,皮下注射或口服。

(二)预防

①搞好环境卫生,及时清理粪便。

②在气候较温暖的季节,应对犬、猫定期检查、驱虫。

③及时治疗病犬、猫和带虫者。

④饲喂的食物要清洁卫生,不喂生食。

⑤保持窝舍的干燥,笼舍、地面要定期喷烧或曝晒,以杀死虫卵。

⑥要做好灭鼠工作,以控制贮藏宿主。

任务三　犬恶丝虫病的诊断与防治

一、临床诊断

犬恶丝虫病(或称恶心丝虫病、犬血丝虫病)是由双瓣科、恶丝虫属的犬丝虫寄生于犬的右心室和肺动脉所引起的一种血液寄生虫病,其主要症状为循环障碍、呼吸困难、贫血等。猫、狐、狼等肉食动物也能感染。

(一)流行病学诊断

由于虫体的刺激、对血流的阻碍作用以及抗体作用于微丝蚴所形成的免疫复合物沉积等作用,患犬可发生心内膜炎、肺动脉内膜炎、心脏肥大及右心室扩张,严重时因静脉淤血导致腹水和肝大,肾脏可以出现肾小球肾炎。

(二)症状诊断

犬恶丝虫病的临床症状的严重程度取决于感染的持续时间、感染程度以及宿主对虫体的反应。犬的主要症状为咳嗽、训练耐力下降和体重减轻等。其他症状有心悸、心内有杂音、呼吸困难、体温升高及腹围增大等。后期贫血增进,逐渐消瘦衰弱而死。在腔静脉综合征中,右心房和腔静脉中的大量虫体可引起突然衰竭,发生死亡。在此之前,常有食欲减退和黄疸。患恶丝虫病的犬常伴有结节性皮肤病,以瘙痒和倾向破溃的多发性结节为特征。皮肤结节中心化脓,在其周围的血管内常见有微丝蚴。

猫最常见的症状为食欲减退、嗜睡、咳嗽、呼吸痛苦和呕吐。其他症状为体重下降和突然死亡。右心衰竭和腔静脉综合征在猫中少见。

二、病原诊断

(一)病原特征

犬恶丝虫成虫主要在肺动脉和右心室中寄生。当严重感染时,也可发现于右心房、前、后腔动脉和肺动脉。成虫细长,呈微白色。食道长。雄虫长为 12～16 cm,尾端螺旋状卷曲,有肛前乳突 5 对,肛后乳突 6 对,交合刺 2 根。雌虫长为 25～30 cm,尾部直,阴门开口于食道后端处。胎生,雌虫直接产幼虫,称为微丝蚴,出现于血液中。微丝蚴长约为 315 μm,宽度大于 6 μm,前端尖细,后端平直。体形为直线形(图 3-33、图 3-34)。

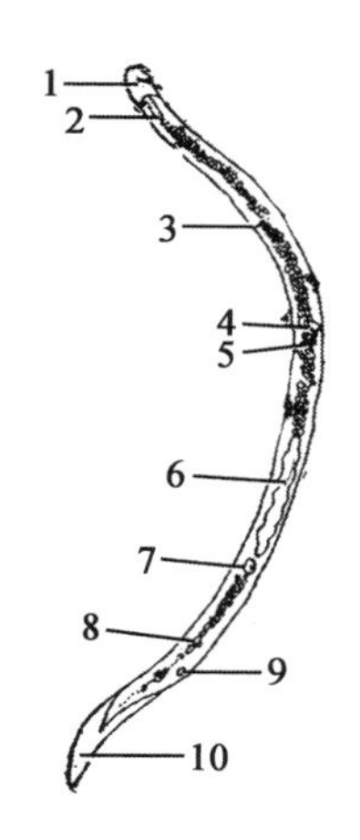

1. 囊鞘;2. 头隙;3. 神经环;4. 排泄孔;5. 排泄泡;6. 中肠;7～8. 生殖细胞;9. 肛孔;10. 尾鞘。

图 3-33 犬恶丝虫微丝虫蚴的构造

(二)生活史

犬恶丝虫需要蚊等作为中间宿主,蚊种类有中华按蚊、白纹伊蚊、淡色库蚊等多种。除蚊外,微丝蚴也可在

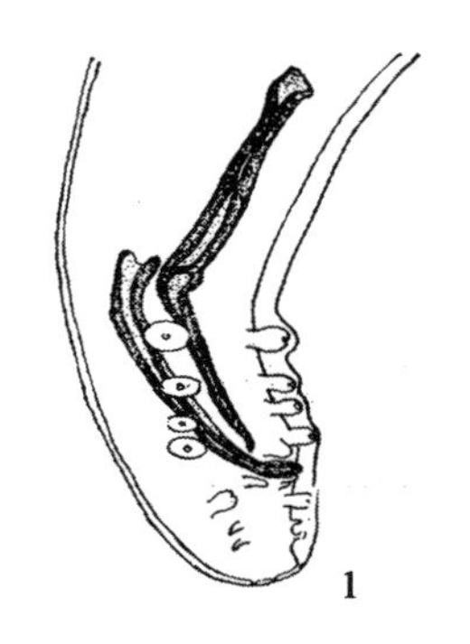

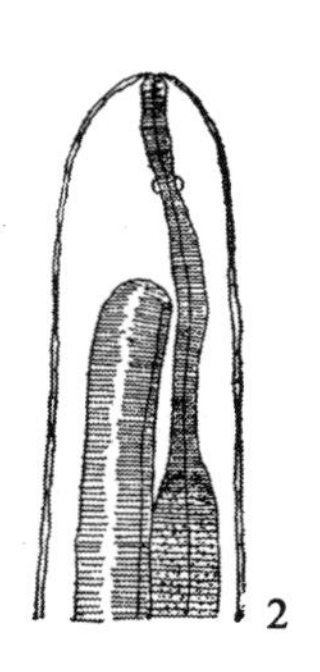

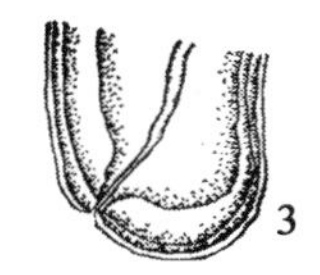

1. 雄虫尾端;2. 前端;3. 雌虫尾端。

图 3-34 犬恶丝虫

猫蚤与犬蚤体内发育。成熟雌虫产生微丝蚴,后者进入宿主的血液循环系统。蚊等吸血时,微丝蚴进入蚊体内,2 周内发育为感染性幼虫,并移行到蚊的口器内。蚊再次吸血时,将虫体带入宿主体内。未成熟虫体在皮下或浆膜下发育约 2 个月,然后经 2～4 个月的移行到达右心室,再经 2～3 个月后变为成虫,开始产微丝蚴。微丝蚴在外周血液中出现的最早时间为感染后的 6～7 个月。

(三)病原诊断方法

在末梢血液内发现微丝蚴即可确诊。检查微丝蚴的较好方法是改良的 Knott 氏试验和毛细血管离心法。

(1)改良 Knott 氏试验　取全血 1 mL,加 2%甲醛 9 mL,混合后 1 000～1 500 r/min 离心 5～8 min,弃去上清液,取 1 滴沉渣和 1 滴 0.1%亚甲蓝溶液混合,显微镜下检查微丝蚴。

(2)毛细管离心法　取抗凝血,吸入特制的毛细管内,用橡皮泥封住下端,离心后在显微镜下于红细胞和血浆交界处直接观察微丝蚴,或将毛细管切断,将所要检查的部分血浆置载

片上镜检。

动物体内无微丝蚴时难以确诊。分别有20%和80%以上感染的犬猫呈隐性感染。对于这些动物，可根据症状结合胸部X射线诊断。犬特征性的X射线病理变化有肺动脉扩张，有时弯曲，肺主动脉明显隆起，血管周围实质化，尾叶有动脉分布，右心扩张。猫最常见的X射线病理变化是肺尾叶动脉扩张。

超声波心动记录仪有助于腔静脉综合征的诊断。此外，在国外还有诊断用的ELISA试剂盒可以使用。

三、防治措施

(一)治疗

犬的治疗主要针对成虫，其次治疗微丝蚴。在临床上要配合对症治疗，强心、利尿、镇咳、保肝。

(1)硫乙胂胺钠　按每千克体重2.2 mg，静脉注射，每日1次，连用2 d。该药是常用的驱成虫药物，但有潜在的毒性。如果犬反复呕吐、精神沉郁、食欲减退和黄疸，则应中断。

(2)碘化噻唑氰胺　按每千克体重6～11 mg，口服，每日1次，连用7 d，对微丝蚴效果较好。

(3)枸橼酸乙胺嗪　按每千克体重60～70 mg，口服，每日1次，连用3～5周。

(4)左旋咪唑　按每千克体重10 mg，口服，每日1次，连用7～14 d。治疗后第7天进行血检，如未发现微丝蚴，则停止用药。

(5)伊维菌素　按每千克体重0.05～0.1 mg，1次皮下注射。

(6)菲拉辛　按每千克体重1 mg，内服，每日3次，连用10 d。

手术疗法：对虫体寄生多、肺动脉内膜病变严重、肝肾功能不良、大量药物会对犬体产生毒性作用的病例，尤其是并发腔静脉综合征者，应及时采取外科手术疗法。

(二)预防

消灭中间宿主是重要的预防措施，亦可用药物进行预防：①枸橼酸乙胺嗪的剂量为每千克体重2.5～3 mg，在每年5—10月，每天或隔天给药。②左旋咪唑按每千克体重10 mg，每天3次，连用5 d为1个疗程，隔2个月重复1次治疗。③依维菌素按每千克体重0.06 mg，在蚊虫活动的季节，每月1次皮下注射。另外，对流行地区的犬，应定期进行血检，有微丝蚴者及时治疗。

任务四　犬旋尾线虫病的诊断与防治

一、临床诊断

(一)流行病学诊断

犬旋尾线虫病(也称犬血色食道虫病)由狼旋尾线虫寄生于犬、狐、狼和豺的食道壁、胃壁或主动脉壁，形成结节和肉芽肿，引起患犬吞咽、呼吸困难，并可发生犬出血而致死。

(二)症状诊断

当幼虫钻入胃壁并移行时，常引起组织出血、炎症和坏疽性脓肿。在幼虫离去后，其病灶可自愈，但会遗留血管腔狭窄病变。若其形成动脉瘤或由其引起管壁破裂，则会发生大出血而死亡。当成虫在食道壁、胃壁或主动脉壁中形成肿瘤时，病犬会出现吞咽、呼吸困难、循环障碍和呕吐等症状。另外，慢性病例常伴有肥大性骨关节病，表现为前、后肢肿大和疼痛。

二、病原诊断

(一)病原特征

成虫呈螺旋形，血红色，粗壮。口周围有 2 个分为 3 叶的唇片，咽短。雄虫长为 30～54 mm，尾部有尾翼、许多乳突和 2 根不等长的交合刺。雌虫的长为 54～80 mm。卵壳厚，产出时已含幼虫。虫卵呈长椭圆形，其大小为(30～37)μm×(11～15)μm(图 3-35)。

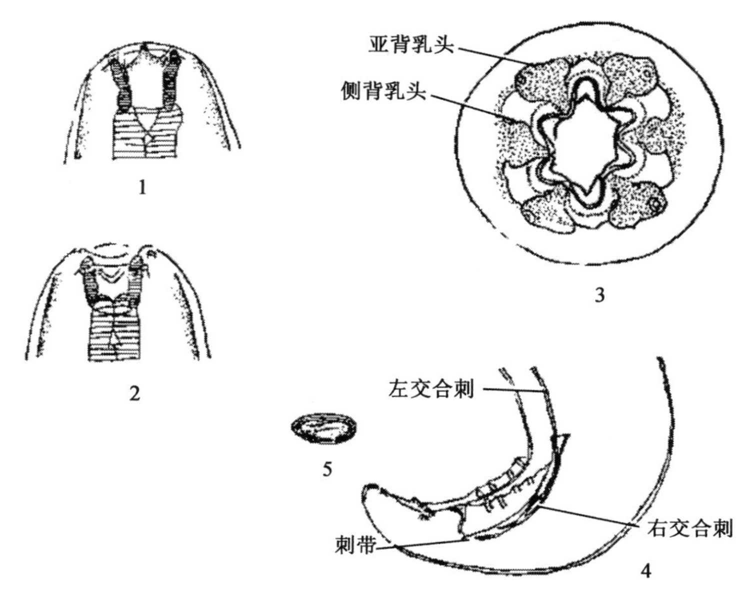

1～2. 头端；3. 头顶面；4. 雄虫后端；5. 虫卵。

图 3-35　狼旋尾线虫

(二)生活史

成虫发育需食粪甲虫、蟑螂和蟋蟀以及其他昆虫作为中间宿主。成虫通过食道破口产卵于食道腔，经消化道随粪便排出体外。虫卵被中间宿主吞食后孵化出幼虫，幼虫在中间宿主体内发育为感染性幼虫。犬、狐等吞食了含感染性幼虫的甲虫而被感染。若甲虫等被不适宜的动物吞食，如鸟类、两栖类、爬行类动物，感染性幼虫就在这些动物体内形成包囊，其仍可作为感染来源。当犬等吞食中间宿主后，感染性幼虫钻入胃壁动脉壁并移行到主动脉壁，再通过胸腔的结缔组织移行到食道壁。从感染到发育为成虫，排出虫卵约需 5 个月。

(三)病原诊断方法

①粪便或呕吐物检查虫卵。

②X射线透视检查胸部、食道和胃部有无肿瘤发生。

③胃镜检查食道和胃壁。

三、防治方法

(一)治疗

(1)枸橼酸乙胺嗪　按每千克体重 50 mg 口服,连用 10 d。

(2)阿苯达唑　按每千克体重 10 mg,1 次口服,也可用左旋咪唑、伊维菌素等。

(二)预防

犬旋尾线虫病的预防措施与犬恶心丝虫病的预防措施基本相同。

任务五　犬猫鞭虫病的诊断与防治

一、临床诊断

(一)流行病学诊断

其病原为毛尾科、毛尾属的狐毛尾线虫寄生于犬和狐的大肠。其主要危害幼犬,严重感染时可以引起死亡。此外,还有猫毛尾线虫和锯形毛尾线虫寄生于猫的大肠。

(二)症状诊断

虫体进入肠黏膜时,可引起局部炎症。许多犬感染鞭虫,但有症状的较少。严重感染时引起食欲减退、消瘦、体重减轻、贫血、腹泻,有时大便带血。

二、病原诊断

(一)病原特征

狐毛尾线虫主要寄生于犬和狐的盲肠。成虫体长为 40～70 mm。虫体前部细长,约占体长的 3/4,呈毛发状,其内部是一串单细胞环绕的食道。虫体后部较粗短,内含肠管和生殖器官。雄虫后部弯曲,泄殖腔在尾端,有一根交合刺,外有被有小刺的交合刺鞘。雌虫后部不弯曲,末端钝圆。雌性生殖孔开口于虫体粗细交界处。卵棕黄色,呈腰鼓形,两端有卵塞,内含单个胚细胞。虫卵大小为(70～89)μm×(37～41)μm(图 3-36)。

(二)生活史

狐毛尾线虫在发育中不需中间宿主。虫卵随粪便排至外界,在适宜的条件下经 3～4 周卵内幼虫发育到感染阶段,成为感染性虫卵,宿主食入感染性虫卵而感染。感染后幼虫在十二指肠或空肠孵出,而后钻入肠黏膜中,2～8 d 后重新回到肠腔,发育为成虫。从感染到发育为成虫需要 74～87 d。成虫的寿命约为 16 个月。

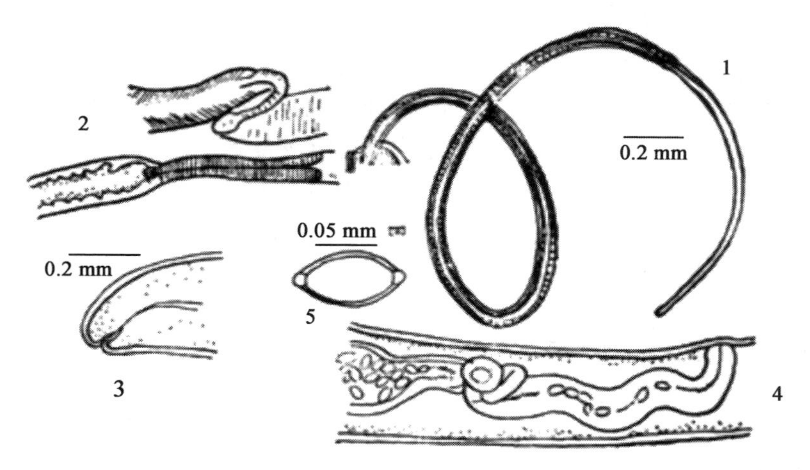

1. 雄虫尾端；2. 贮精囊与射精管的结合处；3. 雌虫的后端；4. 阴道；5. 虫卵。

图 3-36　狐毛尾线虫

(三)病原诊断方法

粪便检查虫卵。

三、防治措施

(一)治疗

治疗药物较多，常用的有以下几种。

(1)左旋咪唑　犬的剂量为每千克体重 5～10 mg，1 次口服。

(2)阿苯达唑　犬的剂量为每千克体重 22 mg，每天 1 次内服，连用 3 d。

(3)甲苯达唑　犬的剂量为每千克体重 22 mg，每天 1 次内服，连用 3 d。

(4)丁苯咪唑或芬苯咪唑　每千克体重 50 mg，每天 1 次内服，连用 2～4 d。

(二)预防

其主要措施为搞好环境卫生，及时清理粪便，防止污染水源和饲料。当场地污染严重时，可清洁以后保持干燥，利用日光杀死虫卵，定期驱虫。

任务六　犬肾膨结线虫病的诊断与防治

一、临床诊断

(一)流行病学诊断

肾膨结线虫病是指由膨结科、膨结属的肾膨结线虫寄生于犬的肾脏(右肾，左肾内较少见)或胸腔和腹腔所致，肝脏、卵巢、心脏、乳腺等器官亦偶见本虫种的寄生。虫体寄生于肾盂，主要引起肾脏的增生性病理变化。

(二)症状诊断

如果仅有一侧肾脏受到侵袭,症状往往不太明显,在虫体发育期可见血尿、尿频。寄生时间长者则出现体重减轻、贫血、腹痛、呕吐、脱水、便秘或腹泻。若虫体阻塞输尿管,则发生肾盂积水而引起肾肿大,触诊可触及肿大肾脏。当两侧肾脏都有本虫寄生或者一侧未受侵袭的肾脏缺乏代偿机能时,就会出现肾功能不全,神经症状以及尿毒症而死亡。当虫体寄生于腹腔内或肝脏时,有的多呈隐性感染,由此可引起腹膜炎,腹水或出血以及肝组织损坏。本病的主要症状是排尿困难,尿尾段带血,少数病例出现腹痛。由于肾脏有很强的代偿功能,一般感染的动物在临床上多无明显的症状。

其病变主要在肾脏,肾实质受到破坏,留下一个膨大的膀胱包囊,内含一至数条虫体和带血的液体,往往右肾较左肾受侵害的程度高。

二、病原诊断

(一)病原特征

成虫在新鲜时呈红白色,体圆柱形。虫体很大,口简单,无唇,围以六个圆形乳突。雄虫长为 14～15 cm,后端有一钟状无肋交合伞,交合刺一根,呈刚毛状。雌虫长为 20～103 cm,阴门开口于食道后端。虫卵呈橄榄形,淡黄色,表面有许多小凹陷,大小为(60～80) μm×(40～48) μm(图 3-37)。

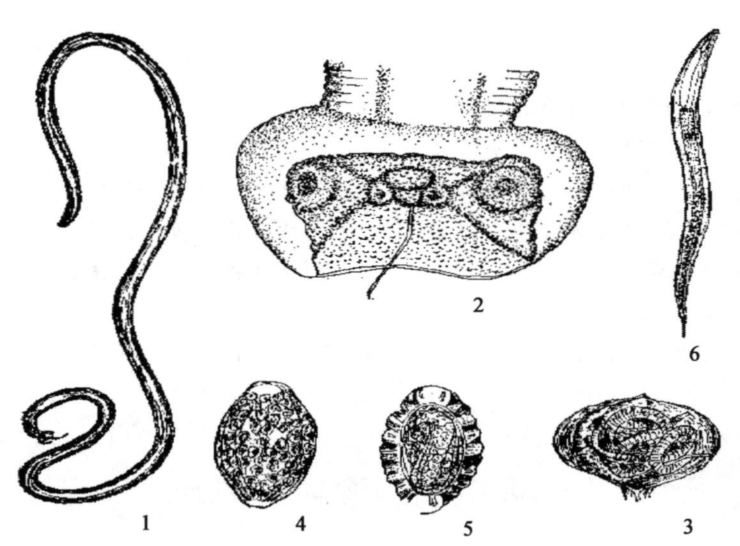

1.雄虫;2.雄虫尾端;3.在狗肾内的雌虫;4.未成熟虫卵;5.成熟虫卵;6.幼虫。

图 3-37 肾膨结线虫

(二)生活史

成虫发育需 2 个中间宿主:第一中间宿主为蛭蚓类(环节动物);第二中间宿主为淡水鱼。成虫寄生于终末宿主的肾盂内,卵随尿液排出体内,第一期幼虫在卵内形成。第一中间宿主吞食虫卵后,在其体内形成第二期幼虫。第二中间宿主吞食了第一中间宿主后,幼虫在其体内发育为第三期幼虫,终末宿主因摄食了含感染性幼虫的生鱼而感染。在终末宿主体内,幼虫穿出十二指肠而移行到肾。整个发育过程需要的时间约为2年。

(三)病原诊断方法

(1)尿液检查虫卵　在尿液中检出特征性的虫卵后可确诊。

(2)X射线投影　肾脏中查到虫体后可确诊。

(2)死后诊断　在肾脏中找到虫体及相应的病变后可确诊。

三、防治措施

①在查明病情的基础上,早期有计划地进行驱虫,以便随时杀死移行中的虫体。阿苯达唑,按每千克体重250 mg,一次口服。左旋咪唑,按每千克体重5～7 mg,一次肌内注射。

②体内已经发育成熟并寄生于肾及腹腔的成虫的最有效的治疗方法是手术摘除虫体。

③预防措施主要为防止犬吞食生鱼、蛙类或未煮熟的鱼类。

任务七　犬猫吸吮线虫病的诊断与防治

一、临床诊断

(一)流行病学诊断

吸吮线虫病又称眼虫病,是由吸吮科吸吮属的丽嫩吸吮线虫寄生于犬和猫瞬膜下而引起的。幼虫的机械性刺激可使眼球损伤,引起结膜炎、角膜炎、角膜混浊甚至失明。

(二)症状诊断

其临床上常见眼部奇痒,结膜充血肿胀,分泌物增多,畏光流泪,患病犬和猫不安,常用爪挠、摩擦患眼,造成角膜混浊,视力下降,或者产生溃疡和穿孔。

二、病原诊断

(一)病原特征

丽嫩吸吮线虫呈乳白色,体表有显著的横纹。口囊小,无唇,边缘上有内外2圈乳突。雄虫长为7～11.5 mm,尾端卷曲,交合刺2根,不等长。雌虫长为7～17 mm,阴门位于虫体食道部(图3-38)。虫卵椭圆形,大小为(54～60) μm×(34～37) μm,其在排出时已含幼虫。

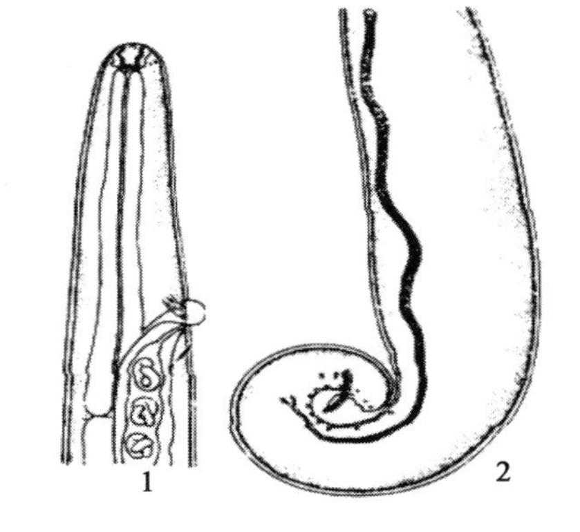

1.雌虫前端;2.雄虫尾部。

图3-38　丽嫩吸吮线虫

(二)生活史

虫体主要寄生于犬和猫瞬膜下。虫体在发育中需多种蝇为中间宿主。蝇在舔食眼分泌液时将卵内孵出的幼虫食入,幼虫发育为感染性幼虫后进入蝇口器,当蝇再飞到眼上采食时,幼虫进入宿主眼内寄生。成虫在眼内可生活1年。

(三)病原诊断方法

眼内发现虫体即可确诊。检查眼结膜囊及瞬膜下,可见半透明的蛇形活泼运动的乳白色虫体,数量少则一个,多则数十个。

三、防治措施

可用手术取出眼内虫体或用3%硼酸溶液,强力冲洗第三眼睑和结膜囊,以盘接取冲洗液,可在盘中发现虫体;也可用0.5%左旋咪唑溶液滴眼驱虫。在手术时,要用抗生素类滴眼液滴眼预防继发感染。预防方法主要是消灭蝇类,防止蝇类接触宿主。

思考题

1. 简述蛔虫生活史和检查方法,如何治疗蛔虫病。
2. 简述钩虫生活史和检查方法,如何治疗钩虫病。
3. 简述犬恶丝虫的发育过程。
4. 简述鞭虫生活史和检查方法,如何治疗鞭虫病。

项目三

犬猫绦虫病的防治技术

学习目标

1. 掌握细粒棘球绦虫、泡状带绦虫、多头带绦虫、带状带绦虫、孟氏迭宫绦虫、复孔绦虫的特点、发育史和检查方法；

2. 学会细粒棘球绦虫病、泡状带绦虫病、多头带绦虫病、带状带绦虫病、孟氏迭宫绦虫病、复孔绦虫病的治疗和预防方法。

任务一　犬细粒棘球绦虫病的诊断与防治

一、临床诊断

(一)流行病学诊断

细粒棘球绦虫属带科、棘球属，寄生在犬、赤狐、草狐、豹、狼等肉食动物的小肠内。当虫体大量寄生时，虫体以其头节顶突上的小钩和吸盘吸住宿主肠黏膜，造成肠黏膜的损伤，引起炎症。虫体寄生于宿主的小肠，可以大量夺取宿主的营养物质，造成宿主营养缺乏，发育不良。当虫体的分泌物和代谢产物被宿主吸收以后，其可以引起各种中毒症状，甚至神经症状。当虫体大量寄生时，其可以造成小肠堵塞，导致腹痛、肠扭转甚至肠破裂。

(二)症状诊断

高强度感染的患犬被毛杂乱、无光泽，消瘦，不愿走动，喜卧；出现呕吐，消化不良，拉稀或便秘。患犬因肛门瘙痒常用舌舔或在地面上摩擦。

二、病原诊断

(一)病原特征

虫体小，全长为 2～6 mm，由 1 个头节、颈节和 3～4 个体节组成。头节上有 4 个吸盘和 1 个顶突，顶突上具有小钩两圈，其数目为 28～50 个。成熟节片有一套生殖器官。睾丸数目为 33～40 枚，略呈圆形。卵巢由两个紧密的团块组成，并有狭带相连，生殖孔位于节片侧缘的中部或后半部。孕节长度超过虫体全长的一半。虫卵大小为(32～36) μm×(25～30) μm，外披一层辐射状的胚膜，其中有六钩蚴(图 3-39)。

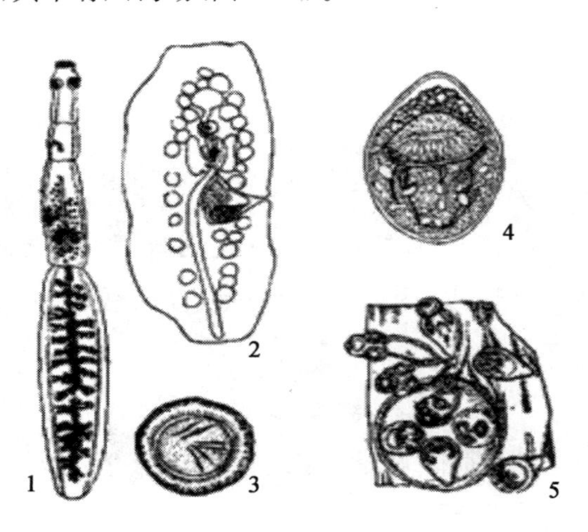

1. 成虫；2. 成熟节片；3. 虫卵；4. 游离的头节；5. 棘球蚴。

图 3-39　细粒棘球绦虫

细粒棘球绦虫的幼虫为单房棘球蚴，寄生于多种动物和人的肝、肺及其他器官，能引起危害严重的棘球蚴病（又称包虫病）。

（二）生活史

成虫寄生于犬、狼等肉食动物的小肠。在发育过程中，成虫以绵羊、山羊、黄牛、水牛、牦牛、骆驼、猪、马等动物和人为中间宿主。孕节随粪便排至外界，虫卵被中间宿主吞食，六钩蚴在肠道内逸出，进入血液循环，分布于身体各部，发育为单房棘球蚴（Echinococcus unilocularis）。棘球蚴主要分布在肝脏、肺脏及其他器官。犬、狼等采食了寄生有棘球蚴的脏器而感染。

（三）病原诊断方法

采集患犬粪便 100 g 左右，高强度感染的患犬粪便中可见到大量白色点状的孕卵节片，低强度感染的患犬粪便还可用放大镜检查。为了确诊，可对节片进行鉴定，也可采用诊断性驱虫的方法或通过剖检，对检获的虫体染色制片进行鉴定，也可用饱和盐水浮集法检查粪便中的虫卵。

三、防治措施

（一）治疗

驱绦虫的药物很多，常用的有以下几种。

（1）吡喹酮　犬按每千克体重 5 mg，猫按每千克体重 2 mg，一次内服。

（2）阿苯达唑　犬按每千克体重 10～15 mg，口服。

（3）氯硝柳胺　按每千克体重 400 mg，口服。

（4）氢溴酸槟榔碱　按每千克体重 3 mg，口服。

（二）预防

犬细粒棘球绦虫病的发生是由犬猫等肉食动物吞食了牛、羊、骆驼、马、猪等动物含有单房棘球蚴的脏器而引起的。其预防措施如下。

①禁用有绦虫蚴的死尸或脏器饲喂动物。

②死尸或有病的脏器应深埋，以防野狗及其他野生动物吞食而传播本病。

③发现有本病的饲养场应立即对全场的动物进行驱虫；间隔 1 个月，再进行 1 次驱虫。第二次驱虫后应进行监测，至全部阴性为止。在驱虫时，驱虫人员要注意卫生防护，避免接触粪便。对驱虫时排出的粪便要深埋，驱虫场所要进行化学消毒或火焰消毒。

任务二　犬泡状带绦虫病的诊断与防治

一、临床诊断

（一）流行病学诊断

泡状带绦虫又称边缘绦虫，属带科、带属，寄生于犬、狼和狐狸等肉食动物小肠，少见于猫。

(二)症状诊断

高强度感染的患犬呈肠炎症状，消化不良，食欲下降，拉稀；患犬出现贫血症状，呈渐近性消瘦；被毛不整、杂乱、无光泽，常伴有脱毛。患犬精神不佳，乏力，不愿走动，喜卧，对刺激反应淡漠。严重感染的幼犬常因衰竭而死。

二、病原诊断

(一)病原特征

虫体呈乳白色可稍带黄色，体长为1～5 m，宽为7 mm，由250～300个节片组成。头节呈梨形或肾形，小钩排成二列，直径约为1 mm，顶突有26～44个。未成熟节片宽而短，成熟节片成正方形。孕卵节片长为10～15 mm，宽为4～5 mm。前面节片的后缘盖着后一个节片的前缘。睾丸为600～700枚。每个节片有一套生殖器官，生殖孔不规则地在一侧开口。虫卵为卵圆形，大小为(36～39) μm×(31～35) μm，内含六钩蚴(图3-40)。该虫的幼虫——细颈囊蚴寄生于猪、牛、羊的大网膜、肠系膜、肝脏等处。当感染严重时，可进入胸腔寄生于肺。

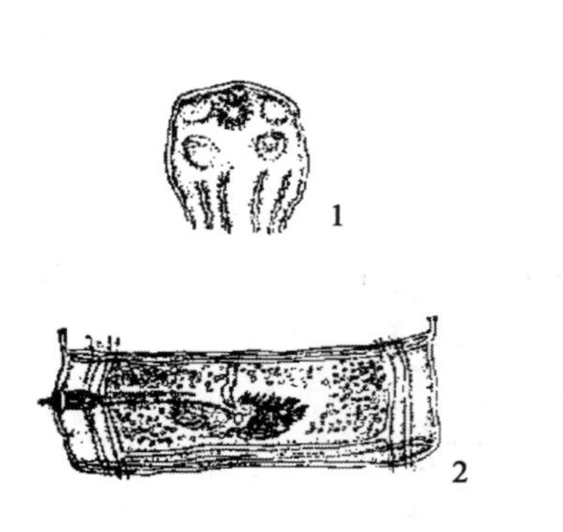

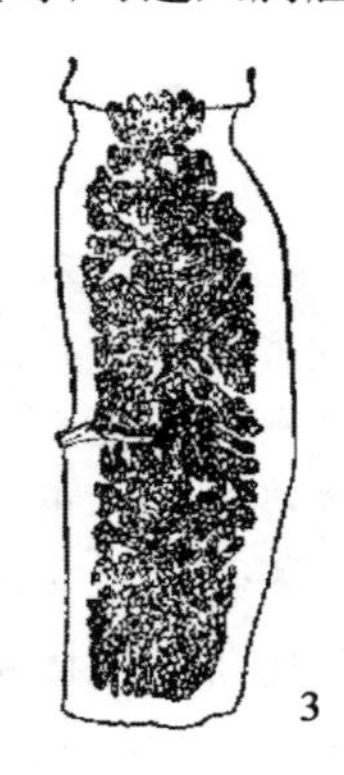

1. 头节　2. 成熟节片　3. 孕卵节片。

图3-40　泡状带绦虫

(二)生活史

成虫寄生于犬、狼等肉食动物的小肠内。在发育过程中，成虫以绵羊、山羊、牛、骆驼等作为中间宿主。孕节随动物粪便排出，中间宿主采食了含孕节的虫卵后在其体内形成细颈囊尾蚴，细颈囊尾蚴出现于中间宿主的肝脏浆膜、大网膜、肠系膜及其他器官中。终末宿主则因吞食了含细颈囊尾蚴的脏器而被感染。

(三)病原诊断方法

①收集病犬粪便，采用彻底冲洗法处理后眼观检查，发现绦虫节片便可做出诊断。

②怀疑有绦虫病的患犬可对其进行诊断性驱虫。在驱虫后，应对粪便进行仔细检查，发现绦虫链体，则表明患犬有绦虫病。

③病原的确诊需剖杀病犬，采集肠道虫体进行鉴定。

三、防治措施

犬泡状带绦虫病的发生是由犬猫食入感染有细颈囊尾蚴的牛、羊、骆驼、鹿、猪的脏器而导致的。如果要预防本病的发生，就应禁止饲喂有囊尾蚴的牛、羊、骆驼脏器；如必须饲喂，则应煮熟再喂。治疗方法参见细粒棘球球绦虫病。

任务三　犬多头带绦虫病的诊断与防治

一、临床诊断

(一)流行病学诊断

多头带绦虫也称多头绦虫，属带科、带属或称多头属，寄生于犬、狼、狐狸等肉食动物的小肠内。

(二)症状诊断

高强度感染的患犬呈肠炎症状，消化不良，食欲下降，拉稀。患犬出现贫血症状，呈渐近性消瘦；被毛不整、杂乱、无光泽，常伴有脱毛。患犬精神不佳，乏力，不愿走动，喜卧，对刺激反应淡漠。严重感染的幼犬常因衰竭而死。

二、病原诊断

(一)病原特征

虫体长为 40～100 cm，最大宽度为 5 mm，由 200～250 个节片组成。头节直径为 0.8 mm，顶突钩为 22～32 个，生殖孔较小，睾丸约为 200 枚。虫卵呈圆形，大小为 29～37μm，内含六钩蚴(图 3-41)。该虫的幼虫——脑多头蚴寄生于马、牛、羊、骆驼、羚羊、獐、野牛及人的脑内。

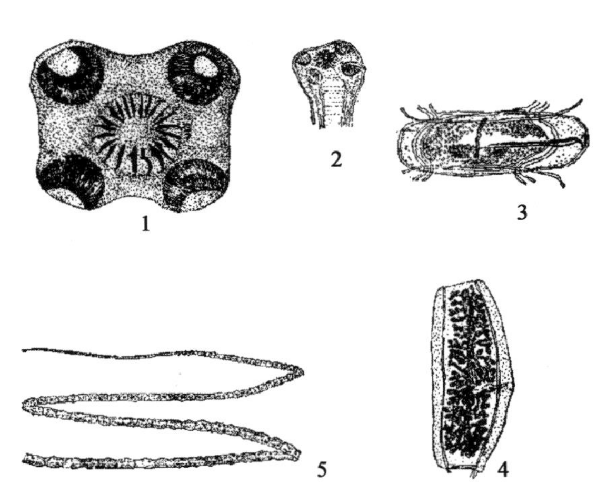

1. 头节顶面；2. 头节；3. 成熟节片；4. 孕卵节片；5. 虫体。

图 3-41　多头带绦虫

(二)生活史

成虫寄生于犬、狼等肉食动物的小肠,发育过程中以绵羊、山羊及其他反刍动物为中间宿主。孕节随粪便排出体外,中间宿主因吞食了虫卵而感染,六钩蚴在肠道内逸出,进入血液循环,在脑、脊髓组织发育为脑多头蚴。终末宿主因食入含多头蚴的脑而感染。

(三)病原诊断方法

①收集病犬粪便,采用彻底冲洗法处理后眼观检查,发现绦虫节片便可做出诊断。

②怀疑有绦虫病的患犬可对其进行诊断性驱虫。在驱虫后,应对粪便进行仔细检查,发现绦虫链体,则表明患犬有绦虫病。

③病原的确诊需剖杀病犬,采集肠道虫体进行鉴定。

三、防治措施

犬多头带绦虫病的发生是由肉食动物食入感染有脑多头蚴的家畜大脑而导致的。其预防措施如下。

①对因脑多头蚴病死亡的家畜要深埋,防止犬及其他肉食动物食入脑多头蚴而发生多头绦虫病。

②禁用死因不明的家畜死尸或濒死家畜饲喂肉食动物。

③每年对犬进行 1～2 次预防性驱虫。本病为人畜共患寄生虫病,在驱虫时应注意卫生保护工作。

④每天清理的动物粪便应集中倒入粪便池中。

其治疗方法同细粒棘球绦虫病。

任务四　犬带状带绦虫病的诊断与防治

一、临床诊断

(一)流行病学诊断

带状带绦虫也称带状泡尾绦虫、猫绦虫,属带科、带属或泡尾带属,主要寄生于猫的小肠,也见于犬。

(二)症状诊断

其临床诊断方法参见泡状带绦虫病。

二、病原诊断

(一)病原特征

虫体长为 15～60 cm,最大宽度为 5～6 mm,头节直径为 1.7 mm。顶突短,有顶突钩 26～52 个,吸盘向外突出,无颈节。生殖孔不规则开口。虫卵大小为 31 μm×37 μm(图 3-42)。

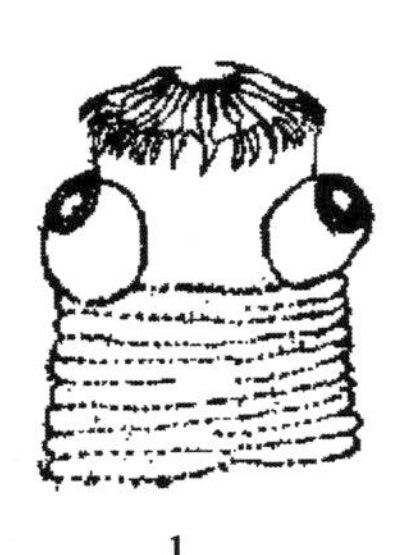

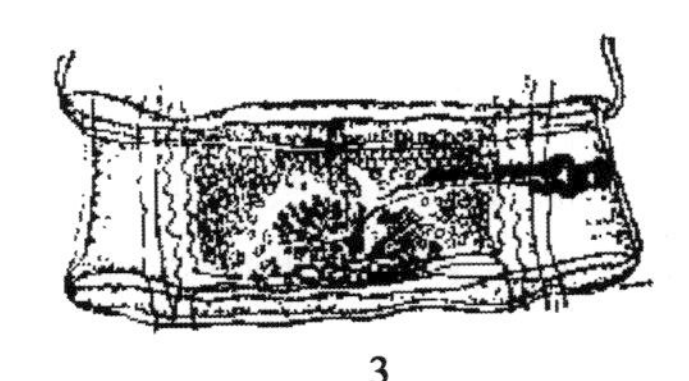

1. 头顶;2. 顶钩;3. 成熟节片。

图 3-42 带状带绦虫

(二)生活史

成虫寄生于终末宿主猫,偶见于犬的小肠内,在其发育过程中以鼠、兔为中间宿主。孕节随粪便排出体外,鼠、兔吃到了含虫卵的孕节后,六钩蚴在体内发育为链尾蚴。猫等吞食了含有链尾蚴的鼠类而被感染。

(三)病原诊断方法

参见细粒棘球绦虫。

三、防治措施

犬带状带绦虫病的发生是由犬猫等动物食入感染有链尾蚴的兔类和鼠类而导致的。其预防措施如下。

①禁止在犬猫饲养场附近养兔。

②禁止用兔子饲喂犬猫。

③建立围墙,防止鼠类进入饲养场。同时做好养殖场灭鼠工作。

④每天清除的粪便不得随意堆放,应倒入粪池中。

⑤定期对犬猫等动物进行预防性驱虫。

治疗方法同细粒棘球绦虫病。

任务五 孟氏迭宫绦虫病的诊断与防治

一、临床诊断

(一)流行病学诊断

孟氏迭宫绦虫属假叶目、双叶槽科、迭宫属,寄生于犬、猫和野生肉食兽的小肠,偶尔感染人。

(二)症状诊断

当轻度感染时,一般不出现临床症状;当严重感染时,出现贫血及卡他性肠炎症状。有时虫体可堵塞肠管,出现肠梗阻。

二、病原诊断

(一)病原特征

虫体长不超过 1 m,头节细小,呈指状,大小为(1～1.5) mm×(0.4～0.8) mm,在头节的背、腹面各有一条很深的吸沟槽,颈节细长,节片一般宽大于长。孕卵节片则长宽几乎相等,成熟节片中有一套生殖器官。睾丸为 380～560 个,位于节片两侧背部。卵巢两叶位于节片后方。子宫螺旋状盘曲,雌雄生殖孔和子宫口均在节片腹面中线上。虫卵大小为(52～69) μm×(32～44) μm(图 3-43)。

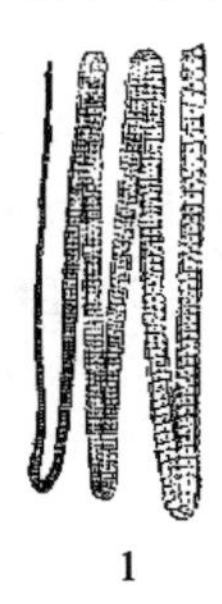
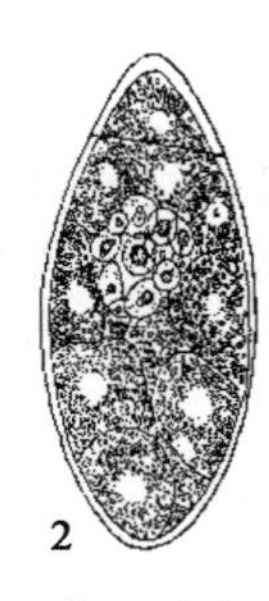
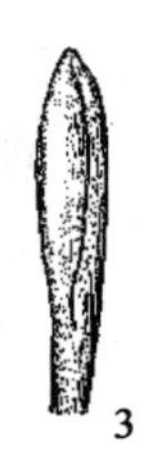
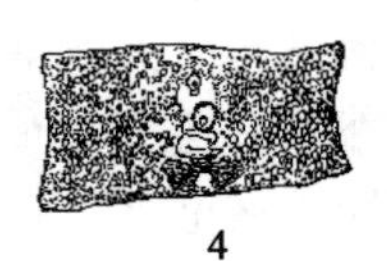

1. 虫体;2. 虫卵;3. 头节;4. 成熟节片。

图 3-43 孟氏迭宫绦虫

(二)生活史

成虫寄生在犬、猫等肉食动物的小肠内,在发育过程中需要两个中间宿主。第一中间宿主为剑水蚤和镖水蚤,其体内的幼虫叫原尾蚴;第二中间宿主为蝌蚪、蛙、鼠类和蛇,其体内的幼虫叫孟氏裂头蚴。蛇、鸟类或其他哺乳类(如猪等)吞食了裂头蚴后,不能发育为成虫,但仍可保持感染力,后者称为转续宿主。终末宿主因吞食了第二中间宿主或转续宿主体内的裂头蚴而被感染。

(三)病原诊断方法

可用漂浮法检查粪便,如发现椭圆形、具卵盖、浅灰褐色的虫卵即可做出诊断,还可进行诊断性驱虫。

三、治疗措施

(一)治疗

(1)氢溴酸槟榔碱　按每千克体重 10 mg,口服。

(2)吡喹酮　按每千克体重 3 mg,口服。

(二)预防

孟氏迭宫绦虫病的发生是由犬猫食入受感染的青蛙、鼠类等而导致的。其预防措施如下。

①定期进行预防性驱虫。

②加强粪便管理,做到粪便入池。

③在本病流行地区捕捞的鱼、虾,最好不生喂犬猫。

任务六　犬复孔绦虫病的诊断与防治

一、临床诊断

(一)流行病学诊断

犬复孔绦虫属双壳科、复孔属，寄生于犬、猫、狼、狐狸等肉食动物的小肠，偶见于人，是犬的常见绦虫。

(二)症状诊断

严重感染的患犬出现消化紊乱及神经症状。

二、病原诊断

(一)病原特征

虫体长为18～50 cm，宽为3 mm，头节菱形，上有4个吸盘及1个顶突，顶突上有4排小钩，每排为16～25个。每个节片内有两套生殖器官，生殖孔开口于节片两侧中部。成熟节片的形状为黄瓜籽状，故又称为“瓜实绦虫”。睾丸为100～200枚，孕卵子宫呈网状，每个网眼内有1个卵囊，内含5～20个虫卵。虫卵直径为44～50 μm(图3-44)。

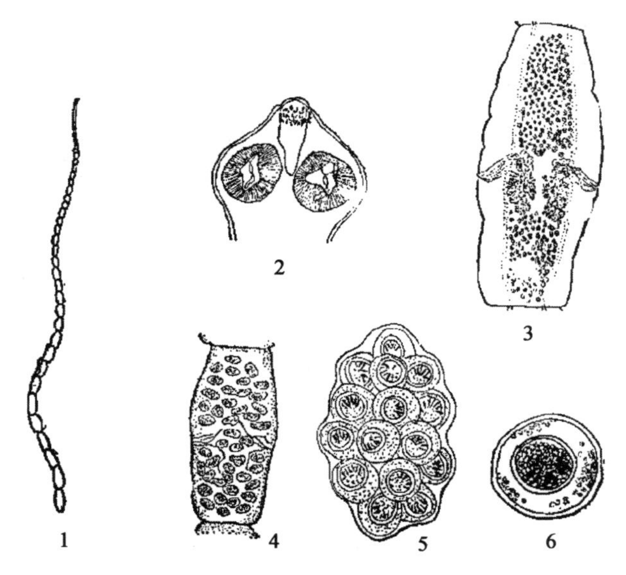

1. 虫体；2. 头节；3. 成熟节片；4. 孕卵节片；5. 卵囊；6. 虫卵。

图3-44　犬复孔绦虫

(二)生活史

成虫寄生在犬、猫等肉食动物的小肠内，在发育过程中需要蚤类为中间宿主。孕节随粪便排出外界，卵散出，被蚤、虱吞食，六钩蚴在蚤、虱体内发育为似囊尾蚴(Cysticercoid)。犬吞食了含似囊尾蚴的蚤虱而感染。经3周发育为成虫。

(三)病原诊断方法

采集粪便，检查绦虫节片。

三、防治措施

(一)治疗

(1)吡喹酮　按每千克体重4 mg，口服。

(2)氢溴酸槟榔碱　按每千克体重2.5 mg，口服。

(3)亚砜咪唑　按每千克体重1.5 mg，口服。

(4)氯硝柳胺　按每千克体重12.0 mg，口服。

(5)硫氯酚　按每千克体重50 mg，口服。

(二)预防

犬复孔绦虫病的发生是由犬猫食入感染有似囊尾蚴的蚤、虱而导致的。其预防措施如下。

①禁在动物饲养场内养犬猫。

②犬应定期检查。当发现有蚤、虱时，应用灭蚤、虱的药物进行治疗。

思考题

1. 简述如何预防和治疗犬细粒棘球绦虫病。
2. 简述犬多头带绦虫的生活史。
3. 简述孟氏迭宫绦虫、犬复孔绦虫的生活史。

项目四

犬猫吸虫病的防治技术

学习目标

1. 掌握犬猫后睾吸虫、并殖吸虫、血吸虫、棘口吸虫的特点、发育史和检查方法；
2. 学会犬猫后睾吸虫病、并殖吸虫病、血吸虫病、棘口吸虫病的治疗和预防方法。

任务一 犬猫后睾吸虫病的诊断与防治

一、临床诊断

(一)流行病学诊断

后睾吸虫病是由后睾科后睾属猫后睾吸虫寄生于犬、猫、狐等动物的肝脏胆管中引起的,多呈地方性流行,对犬猫的危害较大。猫后睾吸虫的终宿主非常广泛,除犬猫外,人、狐、獾、貂、水獭、海豹、狮和猪等均可被感染,成为保虫宿主。虫卵在水中存活时间较长,平均温度为19℃时可存活70 d以上。第一中间宿主淡水螺的分布较广泛,几乎各种池塘均可发现;作为第二中间宿主的淡水鱼有20余种。因此,犬猫后睾吸虫病广泛流行。有的地区猫的感染率可高达100%,犬的感染率为90%,感染强度可达5 000多条。

(二)症状诊断

在轻度感染时,不表现临诊症状;在重度感染时,胆管受到大量虫体、虫卵等的刺激而发生肿胀,胆汁排出障碍,继而表现黄疸。患病犬、猫食欲下降,被毛逆立,有时呕吐、便秘或腹泻,逐渐消瘦,进一步可发展为肝硬化。患猫或犬腹部由于出现腹水而明显增大,头部下垂。剖检可见肝表面有很多不同形状和大小的结节。

二、病原诊断

(一)病原特征

猫后睾吸虫的成虫体长为8～12 mm,前端狭小,后端钝圆。口吸盘直径为0.25 mm,腹吸盘位于虫体的前与中1/3交界处,较口吸盘小。睾丸2个,分叶,前后斜列于虫体后1/4处。睾丸之前是卵巢及较发达的受精囊。子宫位于肠支之内,卵黄腺位于肠支之外,均分布在虫体中1/3处。排泄管在睾丸之间,呈S状弯曲。虫卵呈卵圆形,淡黄色,大小为(26～30)μm×(10～15)μm,一端有卵盖,另一端有小突起,内含毛蚴(图3-45)。

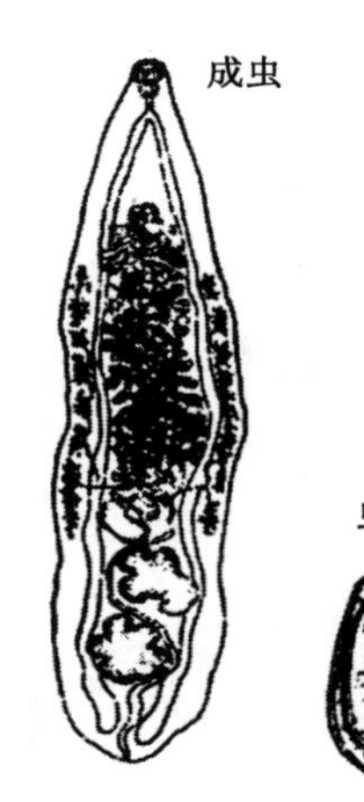

图3-45 猫后睾吸虫

(二)生活史

猫后睾吸虫的成虫寄生于犬猫的胆管中,排出的虫卵随胆汁进入小肠,经粪便排出体外。虫卵被中间宿主——李氏豆螺吞食后,在其肠内孵出毛蚴。毛蚴穿过肠壁进入体腔,约经一个月发育成内含雷蚴的胞蚴。雷蚴自胞蚴逸出进入螺的肝内,经一个月发育为尾蚴,并逸出螺体在水中游动,如遇第二中间宿主——鱼类,即钻入其体内,在皮下脂肪及肌肉等处形成囊蚴。囊蚴约经6周发育成熟,当被终末宿主——犬猫吞食后,经胃肠液的作用,童虫逸出,经胆管进入肝内,3～4周发育为成虫。从虫卵至成虫的整个过程约需4个月。

(三)病原诊断方法

生前诊断是进行粪便中虫卵的检查，水洗沉淀法和硫酸锌漂浮法都可采用。死后主要是剖检，在肝胆管内找到虫体即可确诊。

三、防治措施

(一)治疗

1. 驱虫

(1)吡喹酮　按每千克体重 10～35 mg，首次口服后隔 5～7 d 再服一次。

(2)阿苯达唑　按每千克体重 25～50 mg，口服，每天 1 次，连用 2～3 d。

2. 全身性疗法

消炎、补充能量、补液。庆大霉素，每千克体重 1 万 IU，每天 2 次。三磷酸腺苷(ATP) 10 mg、辅酶 A 50 IU、5%葡萄糖 30～50 mL，混合静脉注射。有呕吐的猫可应用止吐药甲氧氯普胺，按每千克体重 1.5 mg 肌内注射。

(二)预防

①喂给犬猫的鱼类应煮熟或经冷冻处理，使之无害化。据报道，10～16 g 小鱼中的囊蚴经－12～－8℃冷冻 4～5 d 后可被杀死，大鱼体内的囊蚴需经 17～20 d 才能杀死。

②每年冬季清理塘泥一次。经常消毒鱼塘，对灭螺和杀死尾蚴有一定作用。

任务二　犬并殖吸虫病的诊断与防治

一、临床诊断

(一)流行病学诊断

并殖吸虫病是由并殖科并殖属的各种并殖吸虫寄生于犬肺组织内所引起的。最常见的为卫氏并殖吸虫。并殖吸虫在我国分布很广，其主要原因是作为并殖吸虫的第一中间宿主的螺类以及作为第二中间宿主的蟹类都在我国广泛存在。

(二)症状诊断

其一般发病缓慢，症状出现最早的在感染后数天至一个月内，多数在 3～6 个月不等。其常见的症状是精神不振，咳嗽，胸痛，呼吸困难，初为干咳，以后有痰，痰中带血或咳铁锈色痰。并可伴有咯血、发热、腹痛、腹泻、黑便等。除寄生于肺外，肺吸虫还寄生于肝、脾、胰、脑、腹腔等部位，有时进入循环系统的虫卵可引起心脏、脑和脾的栓塞症。在心脏冠状动脉有多数虫卵的情况下，往往导致急性死亡；进脑部的幼虫可引发抽搐、截瘫等。

(三)病理剖检诊断

病理变化的发展过程大致可分为脓肿期、囊肿期和纤维疤痕期。

1. 脓肿期

脓肿期主要由虫体移行引起组织破坏和出血，炎性渗出，病灶四周产生肉芽组织而形成薄膜状脓肿壁，并逐渐形成脓肿。

2. 囊肿期

由于渗出性炎症，大量细胞浸润、聚集，最后细胞死亡、崩解液化，脓肿内容物逐渐变成赤褐色黏稠性液体。囊壁因大量肉芽组织增生而肥厚，眼观呈周界清楚的结节状虫囊，虫体包囊呈暗红色或灰白色，有小指头大，突出于肺表面。在组织学上，虫囊被围在结缔组织中，并伴有白细胞浸润，其中含有血液和虫卵相混合的脓样液。肺组织中的虫卵形成结核样小结节。

3. 纤维疤痕期

虫体死亡或转移至他处，囊肿内容物通过支气管排出或吸收，肉芽组织填充，纤维化，最后病灶形成疤痕。

另外，胸膜发生纤维蛋白沉着而引起纤维素性胸膜炎。由肺脏虫囊的肿胀而导致 X 线阴影（结节影、透亮影）很有特色，X 光检查可作为辅助诊断，但必须与其他类似疾病相鉴别。

二、病原诊断

（一）病原特征

并殖吸虫虫体肥厚，腹面扁平，背面隆起，红褐色，很像半粒赤豆。体表具有小棘，口、腹吸盘大小略同。腹吸盘位于体中横线之前，而盲肠支弯曲终于虫体末端。睾丸分枝，左右并列，位于卵巢及子宫之后，约在体后部 1/3 处。卵巢位于腹吸盘的后右侧，分 5～6 叶，形如指状，每叶可再分叶。卵黄腺由许多密集的卵黄泡所组成，分布在虫体两侧。子宫开始于卵模的远端，其位置与卵巢左右对称。子宫的末端为阴道，射精管和阴道一同开口于生殖窦，再经小管而达腹吸盘后的生殖孔（图 3-46）。

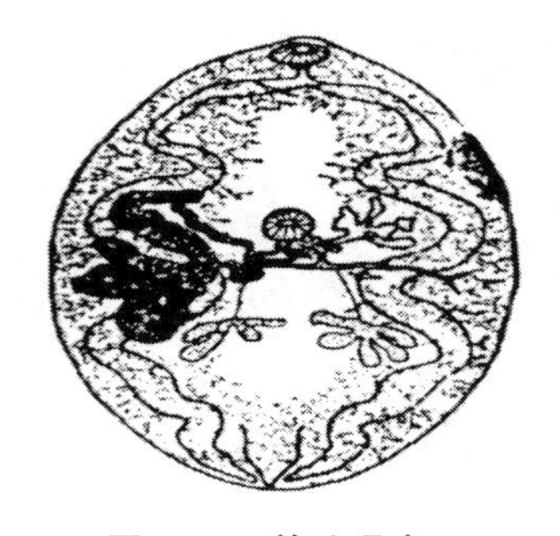

图 3-46 并殖吸虫

虫卵金黄色，呈椭圆形。大多有卵盖，卵壳厚薄不匀，卵内含 10 余个卵黄球。卵泡未分裂时，常位于正中央。

（二）生活史

并殖吸虫发育过程需要两个中间宿主。第一中间宿主是各种淡水或半咸水产的螺蛳，第二中间宿主是淡水或半咸水产的螃蟹和蝲蛄（又名螯虾）。肺吸虫产生的卵经支气管和气管，随着宿主的痰液进入口腔而后被咽下，进入肠道随粪便排出。在春夏季节，虫卵在水中经过 16 d 左右发育为毛蚴。毛蚴在水中非常活泼，当它遇到中间宿主淡水螺时即钻入其体内进行发育，3 个月内发育为胞蚴，再由胞蚴繁殖为二代雷蚴，最后又繁殖成许多棕黄色短尾的尾蚴。尾蚴离开螺体在水中游动，钻入螃蟹或螯虾体内，变成囊蚴。如果犬吃了含有囊蚴的生的或半生的螃蟹或螯虾，囊蚴便在小肠里破囊而出，穿过肠壁、腹膜、膈肌与肺膜一直到肺脏，然后发育为成虫。成虫主要寄生于肺组织所形成的虫囊里。虫囊与气管相通，以宿主的组织液和血液为食料，一般寿命为 6～20 年（图 3-47）。

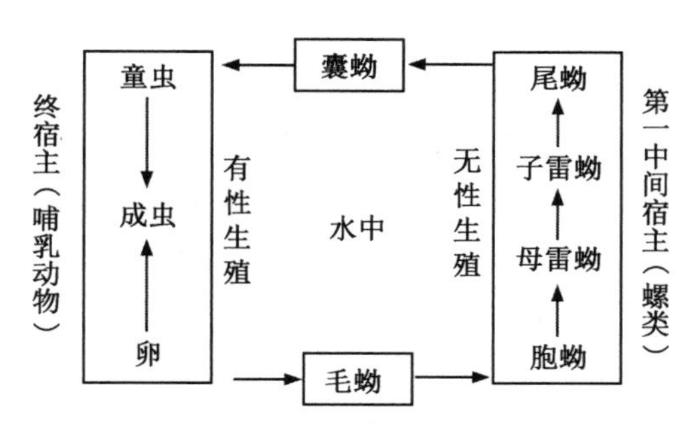

图 3-47 并殖吸虫的生活史

(三)病原诊断方法

①检查病犬的唾液、痰液及粪便,可检出虫卵即可确诊。

②皮内反应、补体结合反应等进行辅助诊断。

三、防治措施

(一)治疗

(1)吡喹酮　按每千克体重 10 mg,1 次口服。

(2)阿苯达唑　按每千克体重 15～25 mg,口服,每天 1 次,连用 6～12 d。

(3)苯硫咪唑　按每千克体重 50～100 mg,口服,每天 2 次,连用 7～14 d。

(二)预防

在犬并殖吸虫病流行地区,不以新鲜的生蟹类等作为犬的食物,防止其吞食囊蚴,以避免感染。

任务三　犬猫血吸虫病的诊断与防治

一、临床诊断

血吸虫病是由分体科分体属的日本分体吸虫寄生于人和牛、羊、猪、马、犬、猫、兔等动物门静脉、肠系膜静脉内引起的一种危害严重的人畜共患寄生虫病,以急性或慢性肠炎、肝硬化,并导致腹泻、消瘦、贫血与营养障碍为特征。

(一)流行病学诊断

1.感染来源与感染途径

其主要感染来源是患病动物。尾蚴经皮肤侵入终宿主是主要的感染途径,也可从口腔黏膜侵入。在妊娠后期,移行期的童虫可通过胎盘感染胎儿。

2.繁殖力与抵抗力

繁殖力强大,一个毛蚴在钉螺体内经无性繁殖后,可产生数万条尾蚴。虫卵在 28℃的湿粪中可存活 12 d。在长江中下游地区,9 月中旬排出的含卵粪便存放至 10 月下旬仍能孵出毛蚴。

3. 中间宿主

日本血吸虫的发育必须通过中间宿主钉螺，否则不能发育、传播。我国钉螺为湖北钉螺。钉螺适应水、陆两种环境，多在小河边、湖岸、稻田以及山区和平原的水边，潮湿杂草丛生的泥土中滋生。3 月开始活动，4—5 月和 9—10 月是钉螺活动和繁殖的季节。钉螺感染毛蚴后如果气温在 30℃，其尾蚴成熟的最短时间为 47～48 d；如果温度低，其成熟的时间随之延长。尾蚴在水中的存活时间为 2～4 d。

4. 流行特点

犬猫感染较少，多发于放养的犬猫。一般在钉螺阳性率高的地区，犬的感染率也高。犬猫多是接触了被污染的水源后而被感染。

(二)症状诊断

因年龄和感染强度不同，分急性型和慢性型。

1. 急性型

急性型见于大量感染的幼龄犬猫，表现出精神不佳，体温为 40～41℃以上。行动缓慢，食欲减退，腹泻，粪便中混有黏液、血液和脱落的黏膜；腹泻加剧者，最后出现水样粪便，排粪失禁。逐渐消瘦、贫血。经 2～3 个月死亡或转为慢性。经胎盘感染出生的幼龄犬猫，病状更重，死亡率高。

2. 慢性型

慢性型较多见，患病犬猫表现消化不良，发育迟缓。食欲不振，间歇性下痢，粪便含黏液、血液，甚至块状黏膜，有腥恶臭和里急后重现象，甚至发生脱肛，肝硬化，腹水。幼龄的犬猫发育不良，怀孕犬猫易流产。

(三)病理剖检诊断

病死犬猫尸体消瘦，贫血，皮下脂肪萎缩；腹腔内常有多量积液。肝脏表现和切面有粟粒至高粱米粒大、灰白色或灰黄色小点，即虫卵结节。病初肝脏肿大，后期萎缩硬化。严重感染时，肠道各段可见虫卵的沉积，常见有小溃疡、斑痕及肠黏膜肥厚。肠系膜淋巴结肿大，门静脉血管肥厚，在其内及肠系膜静脉内可找到虫体。

二、病原诊断

(一)病原特征

日本分体吸虫呈线状，为雌雄异体，常呈合抱体态。口吸盘在体前端，腹吸盘较大，在口吸盘下方不远处，如杯状，有柄突出。

雄虫乳白色，长为 9～18 mm，宽为 0.5 mm。从腹吸盘起向后，虫体两侧向腹两侧卷起，形成抱雌沟。口吸盘内有口，缺咽，下接食道，两侧有食道腺，食道在腹吸盘前分为两支，向后延伸为肠道，至虫体后部 1/3 处合并为一单管，伸至其虫体末端。睾丸 7 个，呈椭圆形，在腹吸盘下排列成单行。雄性生殖孔开口腹吸盘后抱雌沟内。

雌虫呈暗褐色，较雄虫细长，长为 15～26 mm，宽为 0.3 mm。消化器官基本上与雄虫相同。卵巢呈椭圆形，位于虫体中部偏后方两侧肠管之间。卵模前为管状的子宫，其中含卵 50～300 个，雌性生殖孔开口呈腹吸盘后方。卵黄腺呈较规则的分枝状，位于虫体的后 1/4 处(图 3-48)。虫卵椭圆形，呈淡黄色，卵壳较薄，无盖，在其侧方有一小刺，卵内含毛蚴。虫卵大小为(70～100) μm×(50～65) μm。

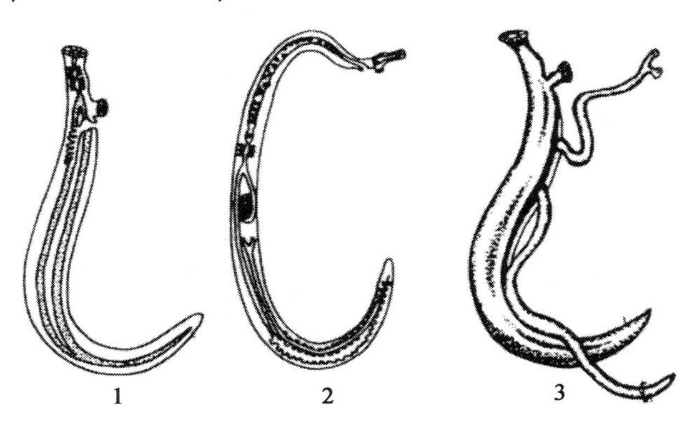

1. 雄虫；2. 雌虫；3. 雌雄虫合抱形态。

图 3-48 日本分体吸虫

(二)生活史

日本分体吸虫多寄生于肠系膜静脉，也见于门静脉内，一般为雌雄合抱。雌虫交配受精后，在血管内产卵，一条雌虫每天可产卵 1 000 个左右。产出的虫卵一部分顺血流到达肝脏，一部分逆血流沉积在肠壁形成结节。虫卵在肠壁或肝脏内逐渐发育成熟。卵内毛蚴分泌溶细胞物质，能透过卵壳破坏血管壁，并使肠黏膜组织发炎和坏死，加之肠壁肌肉的收缩作用，结节及坏死组织向肠腔破溃，虫卵即进入肠腔，随宿主粪便排出体外。当虫卵落水后，在 25～30℃温度下很快孵出毛蚴，毛蚴钻入钉螺体内，6～8 周后，经胞蚴、子胞蚴形成尾蚴。尾蚴具有很强的活力，当静止时，则倒悬浮于水面；当遇到终末宿主时，即以口、腹吸盘附着，利用头部的穿刺腺分泌溶组织酶和尾部的推动作用，很快钻入宿主皮肤。当人、犬和猫等饮水时，尾蚴也可随饮水进入口腔，通过口腔黏膜进入体内，然后脱去尾部成为童虫，经小血管或淋巴管随血流经右心、肺、体循环到达肠系膜静脉内寄生，以宿主血液为食。一般从尾蚴侵入到发育为成虫需 30～50 d，成虫生存期为 3～5 年以上。

(三)病原诊断方法

①毛蚴孵化法检查粪便，可见有毛蚴，并在水中呈现特殊的游动姿态。

②环卵沉淀试验、间接血球凝集试验和酶联免疫吸附试验等，其检出率均在 95%以上，假阳性率在 5%以下。

三、防治措施

(一)治疗

(1)吡喹酮　犬按每千克体重 25 mg，一次口服。

(2)六氯对二甲苯(血防 846)　犬按每千克体重 120～160 mg，一次口服，连用 3～5 d。

(二)预防

(1)消除感染源　在流行区每年对易感动物进行普查，对病人、病畜及带虫者进行治疗，消除感染源。

(2)粪便处理　易感动物的粪便经发酵处理后再作肥料。

(3)饮水卫生　管好水源，保持清洁，防治污染；不饮地表水，必须饮用时，须加入漂白粉，确信杀死尾蚴后方可饮用。

(4)消灭钉螺　可采用物理、化学和生物等方法灭螺。化学灭螺常用药物可选用五氯酚钠、氯硝柳胺、茶子饼、生石灰等。

(5)加强犬、猫的管理　限制流行区到犬、猫活动。

任务四　犬猫棘口吸虫病的诊断与防治

一、临床诊断

棘口吸虫病是由棘口科棘隙属、外隙属和棘口属中的多种吸虫寄生于犬猫的肠道内所引起。

(一)流行病学诊断

棘口吸虫是一类常见的寄生虫。据调查，日本棘口吸虫在福建诏安、漳州和龙海等地，犬和猫的感染率分别为 54.6%和 19.5%，20%和 8%，29%和 10%。

(二)症状诊断

棘口吸虫寄生于犬、猫肠道内。其由虫体体棘和头棘的机械性刺激使肠道的绒毛、黏膜和黏膜下层受损伤而引起炎症，局部有嗜酸性粒细胞、淋巴细胞和浆细胞浸润，引起肠黏膜出血。患病犬猫可见食欲减退，下痢，粪中带黏液，营养吸收受阻，逐渐消瘦和贫血。严重时因极度衰弱而死亡。

二、病原诊断

(一)病原特征

1. 犬外隙吸虫

虫体短钝，近卵形，体表棘自头冠之后分布至虫体亚末端。虫体长为 1.0～1.5 mm，体宽为 0.4～0.8 mm。头冠发达，具头棘 24 枚，背部中央间断。口吸盘端端位，腹吸盘位于体前 1/3 与 2/3 的交界处。两支肠管伸至虫体亚末端。睾丸位于体后半部的中间，圆形或多角形。卵巢位于睾丸前方左侧，椭圆形。卵黄腺分布在虫体两侧，自肠分支起至体末端。生殖孔开口于肠分支后。子宫短，仅含数个虫卵，虫卵大小为 84 μm×(50～60) μm(图 3-49)。

2. 日本棘隙吸虫

虫体小，前狭后宽，近梨形。大小为(0.66～1.04) mm×(0.19～0.39) mm。具头棘 24 枚，排成 1 列，背面中央间断。体表棘较粗大，自头冠之后开始分布至体亚末端。口吸盘位于体前端亚腹面，腹吸盘位于体中横线前缘。睾丸位于体后 1/3 前方，前后相接排列。卵巢位于虫体中央，类圆形或长椭圆形。卵黄腺分布在虫体两侧，自腹吸盘后缘起至体末端。子宫短，含虫卵数少。虫卵大小为 72 μm×86 μm，淡黄色，具卵盖(图 3-50)。

3. 圆圃棘口吸虫

虫体长叶形，体表具小棘。体长为 8～9.2 mm，体宽为 1.2～1.3 mm。头冠发达，呈肾形。具头棘 27 枚，背部中央间断。口吸盘端位，腹吸盘位于体前 1/4～1/3 处。两支肠管伸至虫体亚末端。睾丸位于体后半部，呈三角形。卵巢位于睾丸前的体中央或亚中央。卵黄腺分布在虫体两侧，自腹吸盘后开始。生殖孔开口于肠分支后。子宫弯曲于卵巢与腹吸盘之间，内含多个虫卵，虫卵大小为(108～116) μm×(56～68) μm(图 3-51)。

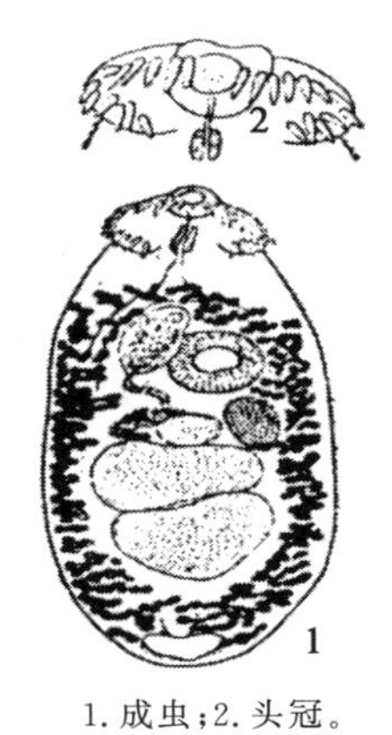

1. 成虫；2. 头冠。

图 3-49　犬外隙吸虫

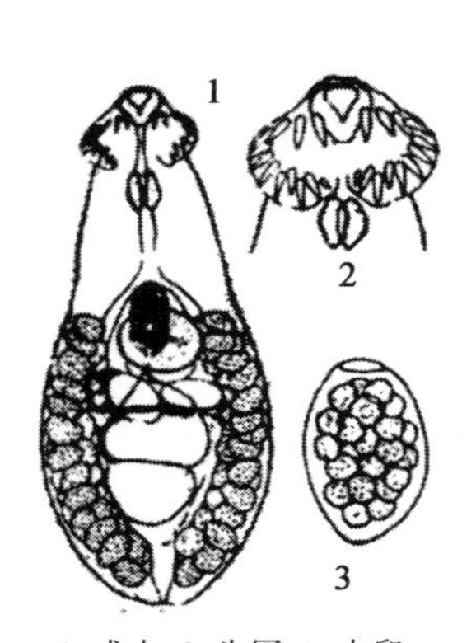

1. 成虫；2. 头冠；3. 虫卵。

图 3-50　日本棘隙吸虫

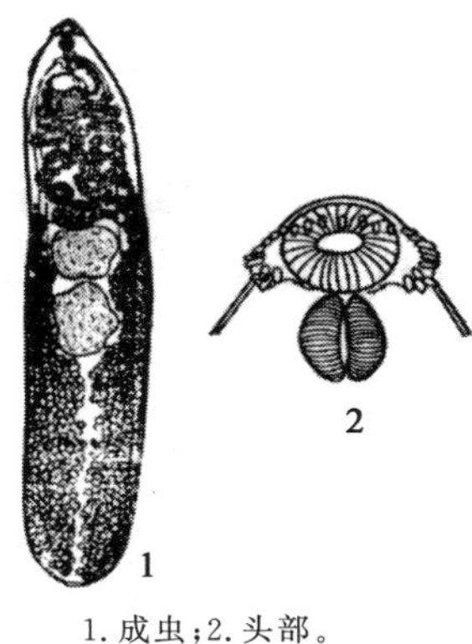

1. 成虫；2. 头部。

图 3-51　圆圃棘口吸虫

(二)生活史

棘口吸虫的发育过程需要两个中间宿主。第一中间宿主是各种淡水螺，第二中间宿主是鱼、蛙、泥鳅以及螺蛳。成虫在肠道内产出虫卵，随粪便排出体外。虫卵在水中经过 7～31 d 发育成为毛蚴。当毛蚴遇到中间宿主淡水螺时即钻入其体内进行发育，经过胞蚴、母雷蚴、子雷蚴等阶段的发育，最后形成尾蚴。尾蚴离开螺体在水中游动，最后钻入第二中间宿主体内，发育成囊蚴。如果犬猫吃了生的或半生的含有囊蚴的第二中间宿主，囊蚴便在犬猫的小肠里破囊而出，然后发育成为成虫。

(三)病原诊断方法

生前诊断是进行粪便中虫卵的检查，常采用水洗沉淀法，也可用药物驱虫。驱虫后鉴定虫种，便可确诊是由哪一种虫体寄生所致的。

三、防治措施

(一)治疗

(1)六氯乙烷　按每千克体重 2 mg。

(2)吡喹酮　按每千克体重 10～35 mg，一次口服。

(二)预防

①喂给犬猫的鱼类应煮熟或经冷冻处理，使之无害化。

②禁止在池塘边修建厕所；每年冬季清理塘泥一次，经常消毒鱼塘，以杀灭螺蛳和棘口吸虫尾蚴。

思考题

1. 简述犬猫后睾吸虫的生活史。
2. 如何诊断和治疗犬并殖吸虫病？
3. 犬猫血吸虫病有哪些症状？如何诊断和治疗犬猫血吸虫病？

项目五

犬猫原虫病的防治技术

学习目标

1. 掌握球虫、弓形虫、巴贝斯虫、利什曼原虫、新孢子虫的特点、发育史和检查方法；
2. 学会球虫病、弓形虫病、巴贝斯虫病、利什曼原虫病、新孢子虫病的诊断和治疗方法。

任务一　犬猫球虫病的诊断与防治

一、临床诊断

(一)流行病学诊断

犬猫球虫病是由艾美耳科、等孢属的球虫寄生于犬和猫的小肠和大肠黏膜上皮细胞内而引起的。球虫的主要致病机理是破坏肠黏膜上皮细胞。由于球虫的裂殖生殖和孢子生殖均是在上皮细胞内完成,所以当裂殖体和卵囊释出的时候,可以引起大量肠上细胞的破坏,导致出血性肠炎和肠黏膜上皮细胞的脱落。

(二)症状诊断

轻度感染一般不表现出临床症状。被严重感染的犬猫于感染后 3～6 d 发生水泻或排出带血液的粪便。患病动物轻度发热,精神沉郁,食欲减退,消化不良,消瘦,贫血。犬猫被感染 3 周以上,其临床症状自行消失,大多数可以自然康复。

二、病原诊断

(一)病原特征

(1)犬等孢球虫　寄生于犬小肠后 1/3 段,孢子化卵囊卵圆形或椭圆形,大小为(30.7～42.0) μm×(24.0～34.0) μm。卵囊壁光滑,淡色或淡绿色。无卵膜孔、极粒和卵囊余体。孢子囊椭圆形,无斯氏体,有孢子囊余体。卵囊内含 2 个孢子囊,每个孢子囊内含 4 个子孢子。孢子化时间在 20℃为 2 d。

(2)俄亥俄等孢球虫　寄生于犬的小肠、结肠和盲肠,世界性分布。孢子化卵囊椭圆形或卵圆形,大小为(20.5～20.6) μm×(14.5～23.0) μm。卵囊壁光滑,无色或淡黄色。孢子化时间在 1 周以内。

(3)伯氏等孢球虫　寄生于犬的小肠后段和盲肠,世界性分布。孢子化卵囊球形或椭圆形,大小为(17～24) μm×(15～22) μm。卵囊壁光滑,黄绿色。

(4)猫等孢球虫　寄生于猫的小肠,世界性分布。孢子化卵囊卵圆形,大小为(35.9～46.2) μm×(25.7～37.2) μm。卵囊壁光滑,淡黄色或淡褐色。孢子化时间为 2 d 或更少。

(5)芮氏等孢球虫　寄生于猫的小肠、盲肠和结肠,世界性分布。孢子化卵囊卵圆形或椭圆形,大小为(21.0～30.5) μm×(18.0～28.2) μm。卵囊壁光滑,无色或淡褐色。孢子化时间为 1～2 d。

(二)生活史

上述几种球虫的生活史基本相似,其大致可以被分为 3 个阶段。随粪便排出的卵囊内含有的一团卵囊质在外界适宜的条件下,经过 1 d 或更长时间的发育,完成孢子生殖,也叫孢子化,卵囊质发育为 2 个孢子囊,每个孢子囊内发育出 4 个子孢子,子孢子多呈香蕉形。完成孢子生殖的卵囊被称为孢子化卵囊,其对犬猫等有感染能力,而未孢子化卵囊不具有感染能力。犬猫等吞食了孢子化卵囊而感染。子孢子在小肠内释出，侵入小肠或大肠上皮细胞，进行裂殖生殖，即首先发育为裂殖体，裂殖体内含 8～12 个或更多的裂殖子，裂殖子呈香蕉形。裂殖体成熟后破裂，释出裂殖子，裂殖子侵入新的上皮细胞，再发育为裂殖体。经过 3 代或更多的裂殖发育后，进入配子生殖阶段，即一部分裂殖子发育为大配子，一部分发育为小配子，大小配子结合后，形成合子，最后合子形成卵囊壁变为卵囊，卵囊随粪便排出体外。动物从感染孢子化卵囊到排出卵囊的时间（也叫潜隐期）为 9～11 d。当排出一定时间的卵囊后，如不发生重复感染，动物可以自动停止排出卵囊。

（三）病原诊断方法

根据症状和粪便卵囊检查可以确诊。需要注意的是，在感染的初期，因卵囊尚未形成，粪便检查不能查出卵囊。此时，有效的方法是剖检，即刮取肠黏膜做成压片，在显微镜下检查裂殖体。

三、防治措施

（一）治疗

（1）磺胺六甲氧嘧啶　按每天每千克体重 50 mg，连用 5 d。

（2）磺胺二甲氧嘧啶　犬的剂量为每次每千克体重 55 mg，每天 2 次，连用 5～7 d。上述磺胺类药物也可和增效剂联合应用。

（3）氨丙啉　犬按每千克体重 50～100 mg，混入食物，连用 4～5 d，也可用甲硝唑。

（二）预防

搞好环境卫生，防止感染。进行药物预防，可让母犬产前 10 d 用氨丙啉水，每升水加 900 mg，初产仔犬也可饮用 7～10 d。

任务二　弓形虫病的诊断与防治

一、临床诊断

（一）流行病学诊断

弓形虫病是由刚地弓形虫引起的一种原虫病，寄生于人、犬、猫和其他多种动物。弓形虫可感染 200 种以上动物。猫是弓形虫的终末宿主。犬和猫多为隐性感染，但有时也可引起发病。当初次感染时，由于宿主尚未建立免疫反应，在血流中的弓形虫很快侵入宿主的器官，在宿主的细胞迅速繁殖。这种繁殖很快的虫体被称为速殖子。速殖子可以充满整个细胞，导致细胞破坏，速殖子释出，又侵入新的细胞。虫体可以侵入任何器官，包括脑、心、肺、肝、脾、淋巴结、肾、肾上腺、胰、睾丸、眼、骨骼肌以及骨髓等。

当宿主已具有免疫力时，弓形虫在细胞内增殖受到影响，增殖变慢，称为缓殖子，多个缓殖子聚集在细胞内，成为包囊。这种包囊周围无明显炎症反应。一旦宿主免疫力下降，包囊便开始破裂，虫体再次释出，形成新的爆发。因此，包囊是宿主体内潜在的感染来源。因为在慢性感染的宿主体内，其免疫力强，包囊破裂后释出的抗原与机体的抗体作用，可发生无感染的过敏性坏死和强烈的炎症反应，形成肉芽肿。

（二）症状诊断

猫的症状有急性和慢性之分。急性主要表现为厌食、嗜睡、高热（体温在 40℃以下）、呼吸困难（呈腹式呼吸）等。有的出现呕吐、腹泻、过敏、眼结膜充血、对光反应迟钝，甚至眼盲。有的出现轻度黄疸。怀孕母猫可出现流产，不流产者所产胎儿于产后数日死亡。慢性病猫时常复发，厌食，体温为 39.7～41.1℃，发热期长短不等，可超过 1 周。有些猫腹泻，虹膜发炎，贫血。中枢神经系统症状多表现为运动失调、惊厥、瞳孔不均、视觉丧失、抽搐及延髓麻痹等。

犬的症状主要为发热、咳嗽、呼吸困难、厌食、精神沉郁、眼和鼻流分泌物、呕吐、黏膜苍白，运动失调、早产和流产等。

（三）病理剖检诊断

病猫剖检于急性和慢性病例，均可见肺水肿，肺有分散的结节。肝边缘钝圆，有小的黑色坏死灶。不同部位的淋巴结表现不同程度的增生、出血或坏死。心肌有出血和坏死灶。胸腔和腹腔积有大量淡黄色的液体。胃有出血。

犬剖检可见胃和肠道有大量大小不一的溃疡。肠系膜淋巴结肿大，切面常有范围不等的坏死区。肺有大小不同、灰白色的结节。脾脏中等肿大。肝脏通常只有轻度脂肪浸润，少数病例有不规则的坏死。心肌有小的坏死区。

二、病原诊断

（一）病原特征

弓形虫根据其不同发育阶段而有不同的形态。其在终末宿主猫体内为裂殖体、配子体和卵囊，在中间宿主犬和其他动物体内为速殖子和缓殖子。

1. 速殖子（滋养体）

呈弓形、月牙形、香蕉形，一端偏尖，另一端偏钝圆，大小为（4～8）μm×（2～4）μm。主要见于急性病例或感染早期的腹水和有核细胞的胞浆液内。经吉姆萨氏染色或瑞氏染色后，胞浆呈深蓝色，偏于钝圆的一端。在急性感染时，可见到一种假包囊，系速殖子在细胞内迅速增殖使含虫的细胞外观像一个包囊，但其囊壁是宿主的细胞膜，并非虫体分泌所形成的膜（图 3-52）。

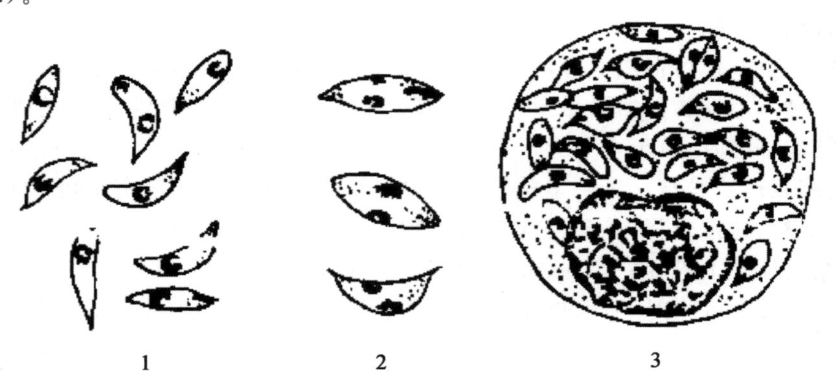

1. 游离于体液；2. 在分裂中；3. 寄生于细胞内。

图 3-52　弓形虫速殖子

2.包囊

常出现在慢性病例和隐性感染，可见于多种组织，以脑组织和眼为多，次为心肌和骨骼肌，而肝、脾、肾和肺内少见。呈圆形或椭圆形，有很厚的囊壁，直径为 8～100 μm。囊内含虫体几个至数千个，包囊内的虫体发育和繁殖慢，称缓殖子(慢殖子、包囊子)。

3.裂殖体

寄生于猫肠上皮细胞中。成熟的裂殖体呈圆形，直径为 12～15 μm，内含 4～24 个裂殖子。

4.配子体

寄生于猫肠上皮细胞中。大配子体的核致密，较小，含有着色明显的颗粒。小配子体色淡，核疏松，后期分裂成许多小配子，每一个小配子有一对鞭毛。

5.卵囊

见于终宿主猫粪便内，呈圆形或近圆形，其大小为 10 μm×12 μm，在适宜的条件下经 2～3 d 发育为孢子化卵囊，其内有 2 个孢子囊，每个孢子囊含有 4 个子孢子。

(二)生活史

终末宿主为猫及猫科动物，中间宿主为多种哺乳动物和鸟类，也包括猫。猫食入孢子化卵囊、包囊或速殖子后，虫体钻入小肠上皮细胞，经 2～3 代裂殖生殖，最后形成卵囊，随粪便排出，在外界适宜的环境下，经 2～4 d，发育为孢子化卵囊。侵入猫的一部分子孢子也可进入淋巴和血液循环，并带到各个组织和器官，进行和在中间宿主体内一样的发育。

中间宿主食入孢子化卵囊、包囊和速殖子而感染。虫体通过淋巴或血液侵入全身组织，尤其是网状内皮细胞，在胞浆中以内出芽方式进行繁殖。如果感染的虫株力很强，而且宿主又未产生足够的免疫力，或者其他因素的作用就可引起弓形虫病的急性发作。反之，如果虫株产生毒力较弱，宿主又能很快产生免疫，则弓形虫的繁殖受阻，疾病的发作缓慢，或者成为无症状的隐性感染。这样，虫体就会在宿主一些脏器中形成包囊。

(三)病原诊断方法

可采集各脏器或体液做涂片、压片或切片检查虫体；也可用免疫学方法诊断，如间接血凝试验、补体结合反应、中和抗体试验、荧光抗体反应和酶联免疫吸附试验等；还可做动物接种试验，小鼠、豚鼠和兔子等对弓形虫非常敏感，可以用做试验动物。

三、防治措施

(一)治疗

磺胺类药物对弓形虫有效，常用的药物为磺胺嘧啶加乙胺嘧啶，磺胺嘧啶的剂量为每千克体重 10 mg，乙胺嘧啶的剂量为每千克体重 0.5～1 mg，混合后，分 4～6 次/d，口服，连用 14 d。近年来研制的新药阿奇霉素、美浓霉素、螺旋霉素、罗红霉素等抗弓形虫效果显著。

(二)预防

最主要的措施为管好猫的粪便，防止污染环境、水源及饲料。

任务三 巴贝斯虫病的诊断与防治

一、临床诊断

犬巴贝斯虫病为巴贝斯科、巴贝斯属的虫体寄生于犬的红细胞内所引起，由蜱传播。它是犬严重的原虫病之一，临床特征是严重贫血和血红蛋白缺乏。

（一）流行病学诊断

蜱既是巴贝斯虫的终末宿主又是传播者，所以该病的分布和发病季节往往与传播者蜱的分布和活动季节有密切关系。一般而言，蜱多在春季开始出现，冬季消失。犬巴贝斯虫病原来被认为主要发生在热带地区，然而，随犬的流动以及温带地区蜱的存在，在亚热带地区发生的病例越来越多。目前，其已蔓延全世界。另外，已从狐狸、狼等多种动物体内分离到犬巴贝斯虫，说明这些动物在犬巴贝斯虫的流行上具有重要意义。在我国主要是吉氏巴贝斯虫，其在江苏、河南、和湖北的部分地区呈地方性流行，对犬，特别是对军犬、警犬的危害严重。与其他动物的巴贝斯虫病不同，幼犬和成年犬对巴贝斯虫病一样敏感。

（二）症状诊断

巴贝斯虫病多呈慢性经过。病初精神沉郁，喜卧，四肢无力，身躯摇摆，发热，呈不规则间歇热，体温为 40～41℃，食欲减退或废绝，营养不良，明显消瘦。结膜苍白，黄染。常见有化脓性结膜炎。从口、鼻流出具有不良气味的液体。尿呈黄色至暗褐色，如酱油样，且血液稀薄。常在病犬皮肤上，如耳根部、前臂内侧、股内侧、腹底部等皮肤薄、被毛少部位可以找到蜱。犬巴贝斯虫病常呈慢性，多以高热、贫血、黄疸、血红蛋白尿、脾脏肿大为特征。吉氏巴贝斯虫病分急性和慢性，以不规则回规热型，高度贫血，脾脏、肾脏肿大，血红蛋白尿，不出现黄疸为特征。韦氏巴贝斯虫病常引起耳、背和其他部位皮肤的广泛性出血。

二、病原诊断

（一）病原特征

寄生于犬的巴贝斯虫已定论的有 2 种，即吉氏巴贝斯虫和犬巴贝斯虫，此外，还有一种为韦氏巴贝斯虫。

1. 吉氏巴贝斯虫

虫体很小，多位于红细胞的边缘或偏中央，多呈环形、椭圆形、原点型、小杆形等，偶尔也可见到成对的小梨籽形虫体，其他形状虫体的较少见。梨籽形虫体的长度为 1～2.5 μm。原点型虫体为一团染色质，姬氏染色呈深紫色，多见于感染的初期。环形的虫体为浅蓝色的细胞质包围一个空泡，有一团或二团染色质。小杆形虫体的染色质位于两端，染色较深。在一个红细胞内可寄生 1～13 个虫体。

2. 犬巴贝斯虫

它为一种大型虫体，典型虫体呈梨籽形，其一端尖，一端钝，长为 4～5 μm，梨籽形虫体之间可以形成一定的角度。此外，还有变形虫样、环形等其他多种形状的虫体。一个红细胞内可以感染多个虫体，多的可以达到 16 个(图 3-53)。虫体还可见于肝、肺的内皮细胞和巨噬细胞中。其原因是其吞噬了含虫的红细胞。

3. 韦氏巴贝斯虫

多呈圆形、卵圆形、梨籽形，比犬巴贝斯虫小。韦氏巴贝斯虫的有效性尚未得到证实，有人认为它可能是犬巴贝斯虫的变种。

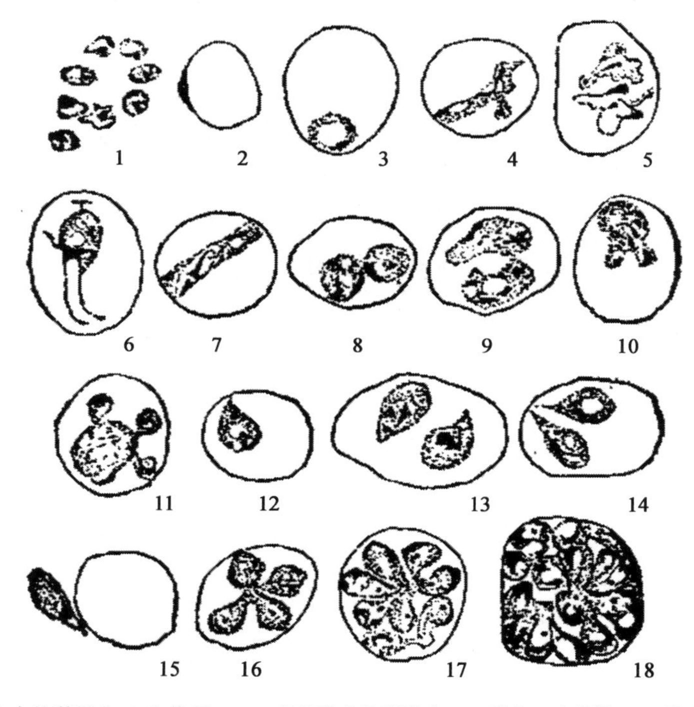

1. 游离子血内的梨形虫；2. 边缘型；3～9. 各种形式的梨形虫；10. 形成 2 个芽体；11. 形成 3 个芽体；12～14. 梨形虫；15. 游离的梨形虫；16. 形成 4 个芽体；17～18. 含有多个芽体。

图 3-53 犬巴贝斯虫

(二)生活史

巴贝斯虫发育过程中需要蜱作为终末宿主。吉氏巴贝斯虫的终末宿主为长角蜱、镰形扇头蜱和血红扇头蜱。犬巴贝虫的终末宿主主要为血红扇头蜱以及其他一些蜱。

巴贝斯虫的发育过程需要分为 3 个阶段：蜱在吸动物血时将巴贝斯虫的子孢子注入动物体内，子孢子进入红细胞内，以二分裂或出芽方式进行裂殖生殖，形成裂殖体和裂殖子，红细胞破裂，虫体又进入新的红细胞，反复几代后形成大小配子体；蜱再次吸血的时候，配子体进入蜱的肠管进行配子生殖，即在上皮细胞内形成配子，而后结合，形成合子；合子可以运动，进入各种器官反复形成更多的动合子，动合子侵入蜱的卵细胞，在子代蜱发育成熟和采食时，进入子代蜱的唾液腺，进行孢子生殖，形成形态不同于动合子的子孢子；在子代蜱吸血时，将巴贝斯虫子孢子传给动物。

(三)病原诊断方法

血涂片检查发现虫体和体表检查发现蜱，即可确诊。

三、防治措施

(一)治疗

(1)硫酸喹啉脲　按每千克体重 0.5 mg，肌内注射，对早期病例疗效较好。如出现以兴奋为主的副作用，可将剂量减少为 0.3 mg，多次给药。

(2)三氮脒　按每千克体重 11 mg，配成 1%溶液皮下注射或肌内注射，间隔 5 d 再用药 1 次。

(二)预防

综合防制要做好灭蜱工作。在蜱出没的季节消灭犬体、犬舍以及运动场的蜱。配戴驱蜱项圈，引进犬的时候要在非流行季节引进。尽可能不从流行地区引进犬。

任务四　利什曼原虫病的诊断与防治

一、临床诊断

(一)流行病学诊断

利什曼原虫病又称黑热病，是由杜氏利什曼原虫寄生于内脏引起的人畜共患慢性寄生虫病。白蛉为其传播媒介。

(二)症状诊断

感染本病后的犬表现为贫血、消瘦、衰弱，口角及眼睑发生溃烂。慢性病例则见全身皮屑性湿疹和被毛脱落。

二、病原诊断

(一)病原特征

杜氏利什曼原虫在哺乳动物和人体内为无鞭毛体，通称利杜体，呈圆形或卵圆形，大小为 4 μm×2 μm，寄生于肝、脾、淋巴结的网状内皮细胞中。虫体一侧有一球形核，此外，还有动基体和基轴线。在染色抹片中，虫体胞质淡蓝色，核呈深红色，动基体为紫色或红色(图 3-54、图 3-55)。在白蛉体内形成前鞭毛体，成熟的前鞭毛体呈梭形或柳叶形，前端有一根伸出体外的鞭毛，无波动膜，体形较无鞭毛体大，核位于虫体中部。

(二)生活史

通过白蛉作为媒介而传播。无鞭毛体以二分裂方式繁殖，巨噬细胞破裂而释出，从而感染新的细胞，白蛉从感染的宿主吸血时，虫体被白蛉摄入，在其肠内繁殖，形成前鞭毛型虫体，7～8 d 后，返回口腔。白蛉再次吸血时使宿主感染。

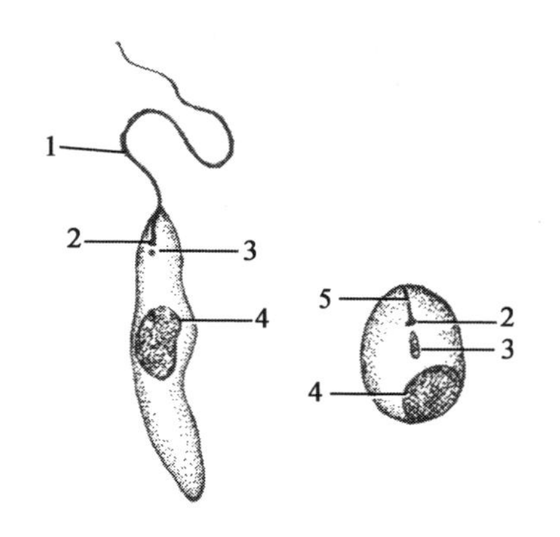

1. 鞭毛;2. 鞭毛基体;3. 动基体;
4. 核;5. 鞭毛根。

图 3-54 杜氏利什曼原虫的构造

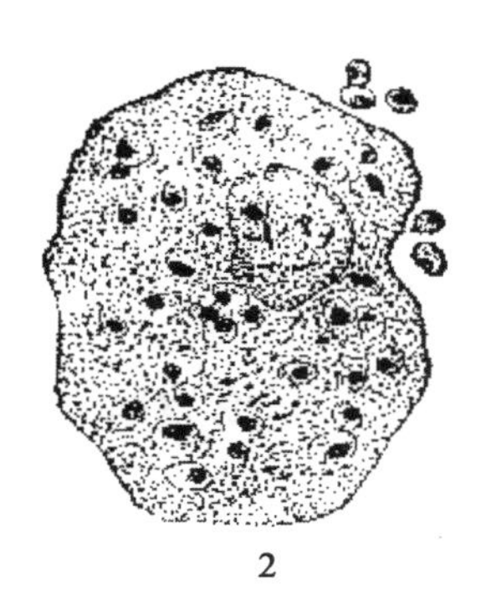

1. 在培养基上的前鞭毛体型(无膜鞭毛型);
2. 在内皮细胞内的无鞭毛体型(利什曼型)。

图 3-55 杜氏利什曼原虫

(三)病原诊断方法

在血、骨髓或脾的抹片中检查到利什曼原虫,即可确诊,有时在病犬的皮肤溃疡边缘刮取病料也可查到病原。也可用血清学试验。

三、防治措施

(一)治疗

犬利什曼原虫病治疗难度较大,几乎没有一种药物可以完全清除虫体。疾病复发需要重新治疗已成为一个规律。可用葡萄糖酸锑钠,按每千克体重 150 mg 配成 10%注射液,分 6 次,静脉注射或肌内注射,每天 1 次。必要时,可再用一个疗程,也可用新锑波芬。

(二)预防

使用灭虫剂消灭白蛉。驱虫项圈可有效保护犬免受白蛉叮咬,不要携带宠物到流行区旅行。利什曼原虫病是人畜共患病,且已基本消灭,因此,发现患该病的病犬要及时扑杀。

任务五 新孢子虫病的诊断与防治

一、临床诊断

(一)流行病学诊断

新孢子虫病是由孢子虫纲、住肉孢子虫科、新孢子虫属的犬新孢子虫寄生于犬、牛、猫、蓝狐和啮齿动物引起的一种致命性原虫感染。

(二)症状诊断

各年龄的犬均可感染,但严重感染者多为幼犬,可发展为上行性瘫痪,后肢的影响更为严重,肢过长和肌肉僵硬收缩。有的幼犬出生时没有发病,3～6 周龄出现症状,跛行或四肢运动降低，同窝犬出现相同的症状，但严重程度不同。有的幼犬出生时发病，但不表现典型症状（神经症状和瘫痪），3 d 内即死亡。母犬在妊娠头一个月感染新孢子虫，易引起胎儿死亡。成年犬感染不常见瘫痪症状，但有脑炎、肌炎、肝炎、皮炎和全身性疾病。

猫尚无自然感染的记载，试验性感染类似弓形虫病，一些幼猫死于子宫内或出生不久死亡，有些幼猫临床表现正常，但存在感染。

二、病原诊断

（一）病原特征

1. 速殖子

呈卵圆形、圆形和新月形，多见于动物宿主的脑、脊髓的坏死神经细胞和神经胶质细胞内，常呈单个散在，大小为（4～7）μm×（1.5～5）μm，平均 5 μm×2 μm，内含 1～2 个核，此外还有成对或数个，甚至 100 个左右聚集成大小不同的集落，多见于炎性灶周围，集落排列松散，其大小一般为（10～16）μm×（9～15）μm，大的可达 45 μm×35 μm，且与周围组织有明显界限。

2. 包囊（组织囊）

呈圆形、卵圆形，大小不等。一般为（27～62）μm×（25～42）μm，也有小的仅 10 μm×（10～11）μm，包囊壁厚可达 4 μm，但多数为 1～2 μm，厚度均匀，囊内无隔。含有大量细长形的缓殖子，大为（1～1.5）μm×（6～7）μm，内含许多 PAS 阳性颗粒，多见于心肌和骨骼肌中。

（二）生活史

新孢子虫生活史尚不完全清楚。Smith 等（1993）认为新孢子虫生活史与刚地弓形虫相似。感染新孢子虫的犬从粪便排出新孢子虫卵囊，从犬体内刚刚排出的卵囊没有感染性。卵囊在外界环境中经过 24 h，完成孢子过程，发育为孢子化卵囊。当作为中间宿主的哺乳动物吞食了外界的孢子化卵囊时被感染。孢子化卵囊进入中间宿主体内，子孢子在消化道内释放出来，随血流到全身的神经细胞、巨噬细胞、成纤维细胞、血管内皮细胞、肌细胞、肾上皮细胞和肝细胞等多种有核细胞内寄生，发育成速殖子，速殖子寄生于宿主细胞的纳虫空泡中，反复分裂增殖，在被侵害的细胞内形成大小虫体集落，内含上百个虫体，形成假囊。速殖子可通过胎盘付传给胎儿，主要在胎盘、胎儿的脑组织、脊髓寄生，发育到包囊阶段。在母畜体内的犬新孢子虫速殖子也可以发育到包囊阶段。

犬食入了含有犬新孢子虫组织包囊的牛组织（胎盘、胎衣、死胎儿），胎儿组织被胃蛋白酶消化，虫体包囊游离出来。包囊进入犬的小肠内，在小肠内包囊内的缓殖子从囊内释放出来，进行球虫型的发育，最终以卵囊形式随粪便排出体外。排到体外的卵囊约经 24 h 又成为有感染性的孢子化卵囊，完成整个生活史。

（三）病原诊断方法

1. 间接荧光抗体技术

诊断犬的感染是可靠的，因在正常犬群中抗体阳性的比例很低。

2. 亲和素——生物素过氧化酶复合物免疫组化技术（ABC 法）

这项技术可鉴定固定组织中的病原体，可用于诊断流产胎儿。

三、防治措施

迄今为止，由于犬新孢子虫的生活史和生物学特性尚不十分清楚，尚未见治疗新孢子虫病的特效药物。目前已发现乙胺嘧啶＋甲氧苄啶在体外能有效地杀死速殖子，磺胺嘧啶在体外无效，但可使鼠新孢子虫病的某些症状减轻。治疗最好使用增效合剂，如甲氧苄啶＋磺胺甲基异恶唑、乙胺嘧啶＋克林霉素等。治疗的幼犬生存下来成为终身带虫的隐性感染，尚无有治疗隐性感染犬的成功报道。对已产出感染幼犬的母犬不进行配种，以减少下窝感染的可能性。

思考题

1. 简述犬猫球虫的生活史和犬猫球虫病的治疗药物。
2. 简述弓形虫的生活史和弓形虫病的诊断和治疗方法。
3. 简述犬巴贝斯虫的生活史和犬巴贝斯虫病的治疗方法。

项目六

犬猫蜘蛛昆虫病的防治技术

学习目标

1. 掌握犬猫的疥螨特性和生活史，疥螨病的临床诊断、病原诊断、治疗和预防方法；
2. 熟悉蜱的危害性，掌握蜱的发育史，学会蜱病的诊断和治疗方法；
3. 学会虱病的诊断和治疗方法；
4. 学会蚤病的诊断和治疗方法。

任务一　犬猫疥螨病的诊断与防治

一、临床诊断

犬猫疥螨病是由疥螨科疥螨属的犬疥螨和背肛螨属的猫背肛螨寄生于犬猫皮肤内而引起的，俗称癞皮病，是常见的外寄生虫病之一。其主要特征为剧烈瘙痒、脱毛和湿疹性皮炎。

(一)流行病学诊断

疥螨病的传染方式为接触传染，既可由病犬猫与健康犬猫直接接触感染，又可经由螨及其虫卵污染了的犬猫用具等间接接触感染，另外，也可经由饲养人员、宠物医生的衣服和手传播病原。

疥螨对外界环境有一定的抵抗力，但日光、干燥和气温的突变对螨的生存有一定影响。疥螨在宿主体外一般能存活 3 周左右，在 18～20℃和相对湿度为 65%时，可存活 2～3 d，而在 7～8℃时，经 15～18 d 才死亡。

犬猫疥螨病多发生于秋冬和春初寒冷季节。因为这些季节的日光照射不足，皮肤湿度增高，最适合疥螨的生长繁殖。特别在潮湿、阴暗、拥挤的舍内，卫生条件差的情况下，则蔓延更广。在临床上，夏季也可见发病的。

犬猫疥螨病主要发生于幼龄犬猫，发病也较严重，随年龄的增长，抗螨能力也随之增强。体质弱的易受感染。

(二)症状诊断

疥螨在采食时直接刺激并挖凿隧道，皮肤发生剧烈的痒觉和炎症。幼犬严重，多先起于头部、口、鼻、眼、耳郭和胸部、腹侧、腹下部和四肢末端等，后遍及全身。在发病初期，其皮肤发红，出现丘疹状，进而形成水疱，病犬剧痒，因啃咬和摩擦而出血、结痂，表面形成黄色痂皮，皮肤增厚，增厚的皮肤尤其是面部、颈部和胸部皮肤常形成皱褶。皮肤因摩擦而出现严重脱毛，有时继发细菌感染，发展为深在性脓皮病。患病犬、猫烦躁不安，不断地搔抓、啃咬和摩擦，气温上升和运动后加剧。病程长的犬猫则会消化紊乱，消瘦贫血。当猫背肛螨严重感染时，其皮肤会增厚，龟裂，出现黄棕色痂皮，常引起死亡。

二、病原诊断

(一)病原特征

1. 犬疥螨

犬疥螨呈圆形，微黄白色，半透明。背面稍隆起，腹面扁平。雌螨体长为 0.33～0.45 mm，宽为 0.25～0.35 mm；雄螨体长为 0.2～0.23 mm，宽为 0.14～0.19 mm。口器呈蹄铁形，咀嚼式。虫体可分前后两部，前部称为背胸部；后部称背腹部，两部之间无明显界限。虫体背面有细横纹、锥突、鳞片和刚毛，假头后方有一对粗短的垂直刚毛，背胸上有一块长方形的胸甲，肛门位于背腹部后端的边缘上；虫体腹面有 4 对粗短的足，前后两对足之间的距离远，前两对足大，超出虫体边缘，每个足的末端有两个爪和一个只有短柄的吸盘；后两对足较小，除有爪外，在雌虫足的末端只有刚毛，雄虫第3对足的末端为刚毛，第4对足的末端有吸盘（图3-56）。虫卵呈椭圆形，平均大小为150 μm×100 μm。

2. 猫背肛螨

虫体比犬疥螨小，呈圆形，大小仅有犬疥螨的一半，雄虫长为0.122～0.147 mm，雌虫长为0.170～0.247 mm。其背面的锥突、鳞片和刚毛等均比疥螨的要细小，数目亦较少（图3-57），肛门位于背面，离体后缘较远。寄生于猫的面部、鼻、耳以及颈部等处。

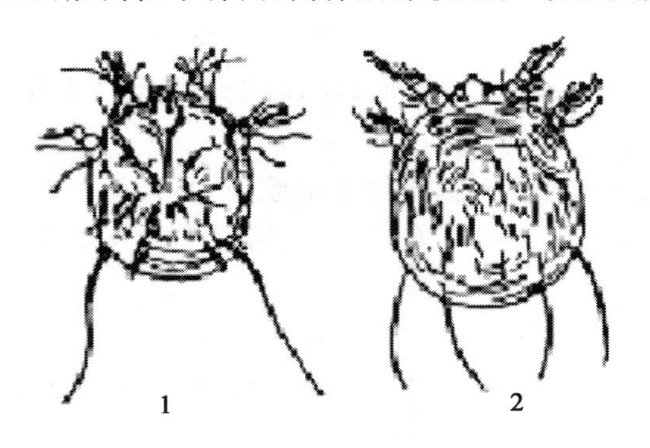

1. 雄虫腹面；2. 雌虫背面。

图3-56　犬疥螨

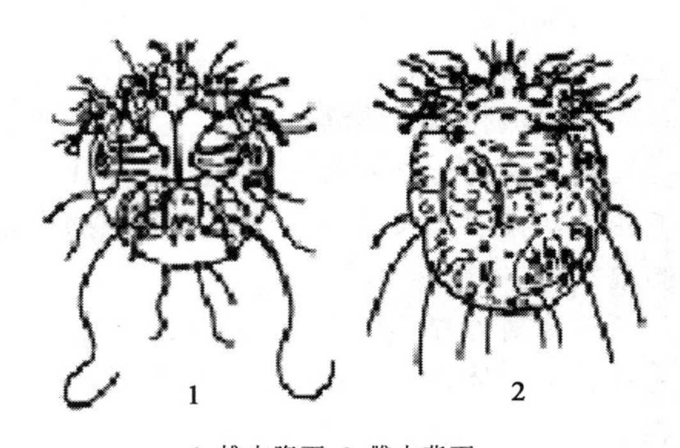

1. 雄虫腹面；2. 雌虫背面。

图3-57　猫背肛螨

（二）生活史

疥螨属不完全变态，发育过程包括卵、幼虫、若虫和成虫4个阶段。雌雄疥螨在皮肤表面交配后，雌螨钻进宿主表皮挖凿隧道，以角质层组织和渗出的淋巴液为食，并在隧道内产卵，卵经3～8 d，孵化为幼虫，幼虫移至皮肤表面生活，在毛间的皮肤上开凿小穴，在里面蜕化变为若虫，若虫也钻入皮肤挖凿浅的隧道，并在穴道中蜕皮变为成虫。疥螨的整个发育过程为8～22 d，平均为15 d。雄虫交配后死亡，雌虫产卵后3～5周死亡。疥螨的整个生命周期都寄生于犬、猫体上，并能世代相继生活同一宿主体上。

（三）病原诊断方法

根据临床症状结合皮肤刮取物检查螨，以便确诊。耳部、背部红疹处皮肤刮取物检出率较高。注意本病与虱、秃毛癣、湿疹、过敏性皮炎等的区别。

三、防治措施

（一）治疗

用温肥皂水刷洗患部，除去污垢和痂皮，再选用药物治疗。

①伊维菌素。每千克体重0.2 mg，1次皮下注射，间隔7～10 d，再注射1次。也可用阿维菌素、多拉菌素、西拉菌素等大环内酯类药物，这些药物也有口服和涂擦剂，按推荐方法和剂量使用。伊维菌素等对柯利血统犬要慎用，柯利血统犬可用美国辉雷生产的柯利螨灭LS洗剂或喷剂。

②10%硫黄软膏。涂于患部，每天1次，连用几天。

③5%溴氰菊酯。配成 0.005%～0.008%溶液,局部涂擦,间隔 7～10 d,再用药 1 次。

④20%速灭菊酯。配成 0.002%～0.008%溶液,局部涂擦。间隔 7～10 d,再用药 1 次。

⑤12.5%双甲脒乳剂。配成 0.05%溶液药浴或涂擦。

⑥使用昆虫生长调节剂:如鲁芬奴隆、双氟苯隆、烯虫酯等。这类药物单独或与其他杀虫剂联合使用,能有效防治动物的螨、蜱、跳蚤等外寄生虫病。美国辉雷生产的安万克滴剂(其成分为西拉菌素、鲁芬奴隆和氟普尼尔),按推荐方法和剂量使用,有显著疗效。

要坚持疗程。由于疥螨的生活周期为 8～22 d,所以 3 周后再重复治疗一次,连续治疗 2～3 个生活周期。当瘙痒严重时,可短时间应用皮质类固醇等制剂;当继发细菌感染时,选用适宜的抗生素配合治疗,皮肤有破溃时局部消毒消洗。犬疥螨可以暂时地侵袭人,引起瘙痒,丘疹性皮炎,但不能在人身上繁殖,所以人不用治疗即可自愈。

(二)预防

①加强饲养管理,保持犬、猫舍干燥,光线充足,通风良好,密度适宜。

②搞好清洁卫生,定期梳洗被毛,圈舍、用具定期消毒或曝晒,以消灭环境中的螨。

③新进的犬、猫要隔离检疫,无螨者方可合群。

④平时注意观察犬猫有无脱毛、啃咬、搔痒等情况,对可疑者应做进一步诊断,患病的犬猫及时隔离治疗。

任务二　犬蠕形螨病的诊断与防治

一、临床诊断

犬蠕形螨病是由蠕形螨科蠕形螨属的犬蠕形螨寄生于犬的毛囊和皮脂腺内引起的。蠕形螨也叫脂螨或毛囊螨。犬蠕形螨偶尔也能引起猫发病,是犬在临床上常见的外寄生虫病之一,也是一种顽固的皮肤病。

(一)流行病学诊断

犬蠕形螨病的发生多因健康犬和病犬(或被病犬污染的物体)相接触。正常的幼犬身上常有蠕形螨存在,但不发病,当虫体遇有发炎的皮肤或机体处于应激状态,并有丰富的营养物质时,即大量繁殖并引起发病。诱发因素包括犬体质弱、抵抗力下降、代谢紊乱、皮肤护理不当,如过度使用碱性肥皂洗澡等。犬蠕形螨病多发生于 5～10 月龄的幼犬,成年犬常见于发情期及产后的雌犬。

当犬的身体瘦弱,缺乏营养或某种维生素时,发病的可能性较大。犬蠕形螨病具有遗传性,同窝犬的发病率达 80%～90%。

(二)症状诊断

犬蠕形螨寄生于面部与耳部最为常见,在严重时可蔓延到全身。其症状可分为干斑型、鳞屑型、脓疱型和普通型。通常将前两型合为脱屑型,后两型合为脓疱型。在临床上以脱屑型多见。

1. 脱屑型

脱屑型多发生于头部和体前部皮肤，如眼眶四周、口角、鼻部、颈部、肘部、趾间处。皮肤上可见到数量不等、与周围界限明显的红斑。犬并无痒感，只有当继发细菌感染时才发生瘙痒现象。患部脱毛，并有麸皮样皮屑，有时皮肤增厚、粗糙而龟裂，或带有小结节，随后皮肤呈蓝灰色至紫铜色圆斑，患部有轻度痒感。病程长达数月，无全身症状。

2. 脓疱型

由脱屑型伴随化脓性细菌侵入引起，也有直接发生的。脓疱型多发于颈、胸、股内侧及其他部位，后期蔓延全身。患部脱毛，红斑，形成皱褶，有小米至豌豆大的脓疱，呈蓝红色，挤压时排出脓汁，内含大量螨和虫卵，脓疱破溃后形成溃疡、结痂，局部淋巴结高度肿胀。病犬日渐消瘦，有特殊难闻气味，最终因衰竭、中毒或脓毒症死亡。

非典型病例表现为湿疹和脱毛现象，可波及全身。有皮屑和少量脓疱，皮肤上有圆形隆起及分散的痂块和排列整齐的小水泡，同时在眼睛、耳朵和包皮的分泌液中可找到螨体。在发生趾间皮炎的病犬的患部形成红肿的隆起。猫蠕形螨病的侵害部位与犬一样多见于头部，但罕有损害。

二、病原诊断

(一)病原特征

犬蠕形螨是一种小型的寄生螨。虫体细长，蠕虫状，呈乳白色半透明。虫体长为 0.25～0.3 mm，宽约为 0.04 mm，外形上可以区分为鄂体、足体和末体 3 个部分。鄂体呈半圆形，口器位于前部，呈膜状突出，其中含 1 对 3 节组成的须肢，1 对刺状的螯肢和 1 个口下板；足体有 4 对很短的足，各足由 3 节组成；末体细长，表面密布横纹(图 3-58)。雄虫的生殖孔开口于背面，足体部的中央，即在第 1 对足与第 2 对足之间后方的相对背面；雌虫的生殖孔则在腹面第 4 对足之间。

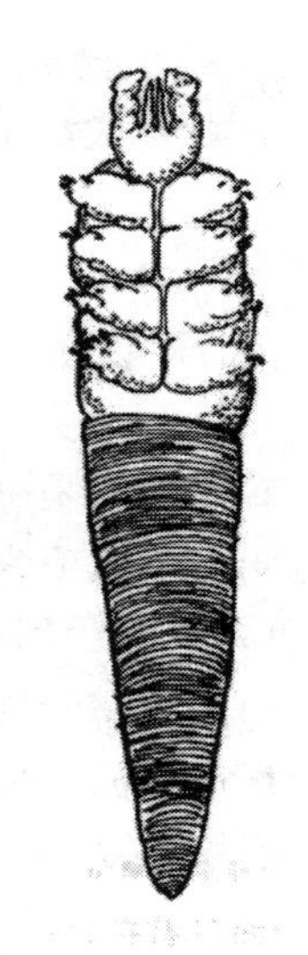

图 3-58　犬蠕形螨

(二)生活史

犬蠕形螨全部发育过程都在犬体上进行。生活史包括卵、幼虫、若虫、成虫 4 个阶段。其中，若虫有 2 期。雌虫在毛囊内产卵，卵孵出 3 对足的幼虫，幼虫蜕皮变为有 4 对足的前若虫，再蜕皮变为若虫，再蜕皮变为成虫，全部发育期需 24 d。犬蠕形螨除寄生于毛囊内外，还能生活在犬的组织和淋巴结内，并部分在那里繁殖(转变为内寄生虫)。犬蠕形螨多半在发病皮肤毛囊的上部寄生，而后转入毛囊底部，很少寄生于皮脂腺内。

(三)病原诊断方法

可采集各脏器或体液做涂片、压片或切片检查虫体；也可用免疫学方法诊断，如间接血凝试验、补体结合反应、中和抗体试验、荧光抗体反应和酶联免疫吸附试验等；还可做动物接种试验，小鼠、豚鼠和兔子等对弓形虫非常敏感，可以用做试验动物。

三、防治措施

(一)治疗

治疗时先用消毒药液清洗患部,有脓疱的要刺破脓疱,挤出脓汁,再用过氧化氢等消毒药液清洗,并涂擦5%碘酊或碘伏,每天6~8次。然后用其他外用药和杀螨剂。

①苯甲酸苄酯33 mL、软肥皂16 g、95%酒精51 mL混合,每天用药1次,每次涂擦2次,中间间隔1 h,连用3 d。

②氧化氨基5 g、硫黄10 g、石炭酸10 g、氧化锌20 g、淀粉15 g、凡士林加至100 g,局部涂擦,每天2次,连用3 d。

③3%鱼藤酮1份,酒精3份稀释后局部涂擦,每4~5周应用几天。

④大剂量伊维菌素有一定效果,每千克体重1 mg,皮下注射,间隔7~10 d,再注射1~2次。

⑤1%伊维菌素2 mL、1%疥宁膏30 g混合,局部涂擦,每天1次,连用3~5 d。

⑥0.05%双甲脒乳剂溶液药浴或涂擦,每隔1~2周一次,连用3~5次。

除局部应用杀螨剂外,重症病犬还应全身应用抗菌药物,防止细菌继发感染,同时加强营养,补充蛋白质、微量元素和维生素。

(二)预防

犬蠕形螨病的预防措施参见疥螨病的预防措施。

任务三　犬猫耳痒螨病的诊断与防治

一、临床诊断

犬猫耳痒螨病都是由痒螨科耳痒螨属的犬耳痒螨引起的。此螨世界分布,犬猫感染较为普遍,而且还可感染雪貂和红狐。多寄生于犬猫的外耳道内。

(一)流行病学诊断

其发育也经过卵、幼虫、若虫和成虫4个阶段,仅寄生于动物耳壳的皮肤表面,采食脱落的上皮细胞和吸吮淋巴液,整个发育过程约需3周。通过直接接触进行传播,犬猫之间也可相互传播。

(二)症状诊断

大多数的猫都感染有耳痒螨,但多不表现出临床症状。其主要寄生于犬猫的外耳道。感染一般是双侧性,耳痒螨病具有高度传染性。

其主要症状有剧烈瘙痒,犬猫烦躁不安,常以前爪挠耳、鸣叫、甩头,往往造成耳部淋巴外渗或出血,常见耳血肿和淋巴液积聚于耳部皮肤下。耳部发炎或出现过敏反应会引起大量的耳脂分泌和皮脂腺外溢,外耳道内有厚的棕黑色痂皮样渗出物堵塞。有时进一步发展则引起整个耳壳广泛性感染,鳞屑明显,角化过度,严重的感染可延伸到头前部。有时往往继发细菌感染而化脓，病变可深入到中耳、内耳及脑膜等处，此时可见犬、猫向病变较重的一侧做旋转运动。

二、病原诊断

（一）病原特征

犬耳痒螨呈椭圆形，雌螨长为 0.41～0.53 mm，宽为 0.28 mm；雄螨长为 0.32～0.38 mm，宽为 0.26 mm。口器短圆锥形，有 4 对足，足体凸出。雄螨每对足和雌螨的第 1 对足、第 2 对足的末端均有吸盘，雌螨第 4 对足不发达，不能伸出体缘。雄螨的尾突不发达，每个尾突有两长两短的 4 根刚毛，尾突前方有两个不明显的肛吸盘（图 3-59）。

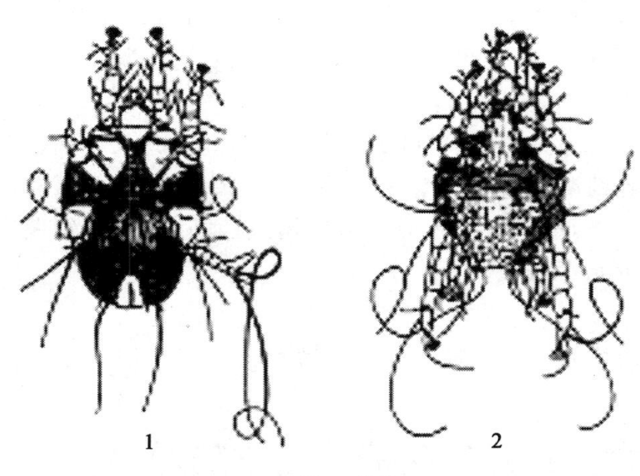

1. 雌螨；2. 雄螨。

图 3-59　耳痒螨

（二）生活史

耳痒螨的发育也经过卵、幼虫、若虫和成虫 4 个阶段，仅寄生于动物耳壳的皮肤表面，采食脱落的上皮细胞和吸吮淋巴液，整个发育过程约需 3 周。

（三）病原检查方法

根据病史以及同群动物有无发病以及临床症状，结合耳镜检查，耳内皮屑和渗出物检查，查出螨或螨卵即可确诊。

三、防治措施

（一）治疗

①先向耳内滴入液状石蜡，然后轻轻按摩耳根部，以溶解并清除外耳道内耳垢、痂皮及渗出物。

②耳内滴注杀螨药，最好为专门的杀螨耳剂，如阿维菌素涂擦剂、鱼藤酮等，同时配以抗生素滴耳液辅助治疗。

③全身用药可皮下注射伊维菌素、多拉菌素等。

④继发感染时，全身抗感染治疗。注意加强护理，可用法国维克的耳漂洗耳液。

(二)预防

隔离患病犬猫，并对同群的所有动物进行预防性杀螨。

任务四 犬猫蜱病的诊断与防治

一、临床诊断

蜱又称扁虱、壁虱，俗称草爬子、草瘪子、狗豆子等，是一类危害较大的吸血外寄生虫，绝大多数寄生在哺乳动物体表，少数寄生在鸟类、爬行类及两栖类。它们是许多病原微生物和寄生虫的传播媒介和保虫宿主。其主要有硬蜱和软蜱。寄生于犬的主要是硬蜱。

(一)直接危害

硬蜱的直接危害是吸食动物血液，并且吸食量很大，雌虫饱食后体重可增加 50～250 倍。大量寄生时可引起动物贫血、消瘦、发育不良。叮咬使宿主皮肤被损伤，并可见寄生部位痛痒、不安、啃咬，皮肤产生水肿、出血、急性炎性反应。蜱的唾腺能分泌毒素使动物厌食、体重减轻和代谢障碍。

某些种的雌蜱可分泌一种神经毒素，该神经毒素能抑制肌神经乙酰胆碱的释放，造成运动神经传导障碍，引起急性上行性的肌萎缩性麻痹，这种症状被称为"蜱瘫痪"。通常在带毒的蜱叮咬犬体 5～7 d 后，犬就开始出现不安、轻度震颤、步态不稳、共济失调、无力和跛行。这些症状很快加重，麻痹的范围逐渐扩大呈上行性发展，患病犬前肢或后肢不能活动或不能站立，但麻痹部位对刺激仍有反应。体温正常，听诊心音弱而心律不齐，呼吸浅表，呼气时出现异常音质，逐渐衰竭死亡 。能引起本病的蜱在我国发现的有二棘血蜱，国外已报道的有全环硬蜱、安氏硬蜱、血色硬蜱、苏格兰硬蜱、角硬蜱、walkerae 锐缘蜱和辐射锐缘蜱。

(二)间接危害

蜱的主要危害是传播人和动物的多种疾病。目前已知蜱可以传播 83 种病毒、15 种细菌、17 种螺旋体、32 种原虫以及衣原体、支原体、立克次体等。其中许多是人畜共患的传染病和寄生虫病的病原体，如森林脑炎、莱姆病、出血热、Q 热、蜱媒斑疹伤寒、鼠疫、野兔热、布鲁氏菌病和巴贝斯虫病等。

二、病原诊断

(一)病原特征

硬蜱呈椭圆形，背腹扁平，呈红褐色。成虫体长为 2～10 mm，吸饱血后胀大，如赤豆或蓖麻籽状，大者可长达 30 mm。虫体分假头和躯体。

1. 假头

假头位于虫体的前端，由 1 个假头基、1 对须肢、1 对螯肢和 1 个口下板组成。假头基嵌入体前端头凹内，形状因种属不同而异。雌虫在其背部有 1 对孔区，有感觉的功能。假头基前端正中为口器，口器由须肢、螯肢和口下板组成。其中须肢分 4 节，在吸血时起固定和支撑蜱体的作用；螯肢位于须肢之间，可从背面看到刺割器官；口下板位于螯肢的腹面，其与螯肢合拢为口腔，在腹面有呈纵列的逆齿，在吸血时有穿刺与附着的作用(图 3-60)。

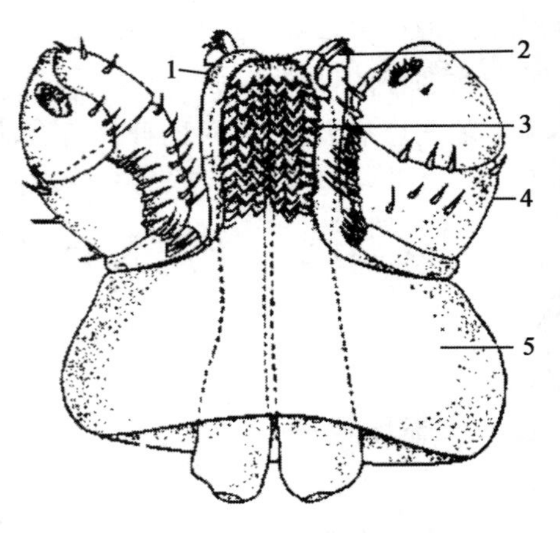

1. 螯肢鞘；2. 内、外指；3. 口下板；4. 须肢；5. 假头基。

图 3-60 硬蜱的假头部(腹面)

2. 躯体

虫体背面最明显的构造为盾板，雄蜱盾板几乎覆盖整个背面，雌蜱仅覆盖背部前的 1/2～2/3 处。盾板上有颈沟，自头凹后方两侧向后伸延，在雄蜱盾板上又有侧沟，沿着盾板侧缘伸向后方。在盾板上有各种花斑或点状小窝，后缘常有方块形的缘垛，通常有 11 个，盾板两侧有眼或无。

躯体腹面最明显的是生殖孔、肛门和足。前部正中有一横裂的生殖孔，在其两侧有 1 对向后伸展的生殖沟。肛门位于后部正中，通常有肛沟围绕肛门的前方或后方。腹面有气门板 1 对，位于第 4 对足基节的后外侧，其形状因种而异，是分类的重要依据。有些属的硬蜱雄虫腹面有腹板，腹板的数量、大小、形状和排列状况在分类上具有重要意义。成虫和若虫有 4 对足，幼虫为 3 对。足由 6 节组成，分为基节、转节、股节、胫节、前跗节和跗节。基节固定于腹面，在跗节上有 1 对爪及 1 个爪垫。第 1 对足跗节上有哈氏器，为嗅觉器官(图 3-61)。

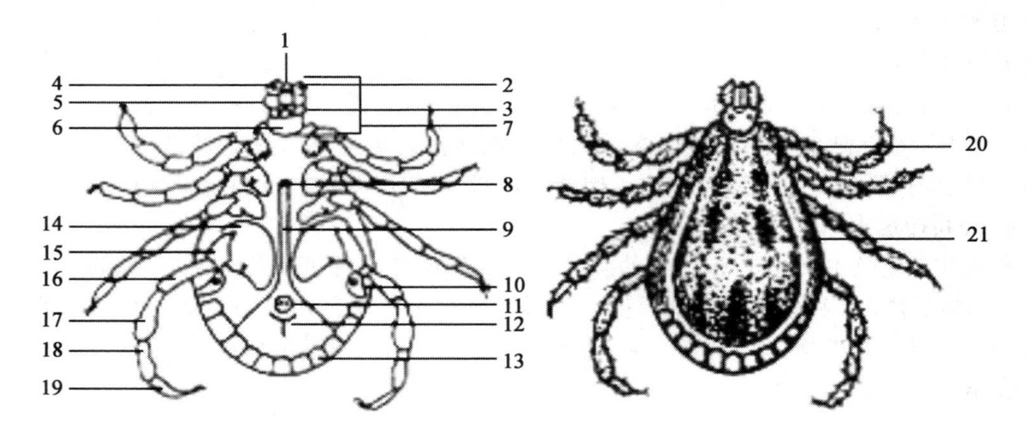

1. 口下板；2. 须肢第四节；3. 须肢第一节；4. 须肢第三节；5. 须肢第二节；6. 假头基；7. 假头；8. 生殖孔；9. 生殖沟；10. 气门板；11. 肛门；12. 肛沟；13. 缘垛；14. 基节；15. 转节；16. 股节；17. 胫节；18. 前跗节；19. 跗节；20. 颈沟；21. 侧沟。

图 3-61 硬蜱(雄性)

(二)生活史

硬蜱发育要经过卵、幼虫、若虫和成虫 4 个阶段。雌性硬蜱在地面阴暗处产卵，高峰期为产卵后 2～7 d，可产卵 1 000～15 000 个，产卵后 1～2 周死亡。虫卵呈卵圆形，黄褐色，胶着成团，经2～4周孵出幼虫；幼虫侵袭宿主吸血2～7 d后，蛰伏数天至数月蜕皮变为若虫；若虫再吸血1周，经数天至数月蜕皮变为成虫。成虫吸血时间需8～10 d，并在宿主体交配。硬蜱完成一代生活史所需时间由2个月至1年不等。在蜱的整个发育过程中，有2次蜕皮和3次吸血期。根据硬蜱在吸血时是否更换宿主，其可被分为以下3种类型。

1. 一宿主蜱

蜱的幼虫、若虫和成虫都在同一宿主体上发育，成虫饱血后才离开宿主落地产卵。如微小牛蜱。

2. 二宿主蜱

整个发育在两个宿主体上完成，即幼虫和若虫是在一个宿主体上吸血，若虫吸饱血后落地，蜕皮变成成虫后再侵袭第二个宿主，在第二个宿主体吸血，交配后落地产卵。如某些璃眼蜱。

3. 三宿主蜱

幼虫、若虫、成虫这三个阶段顺次要更换3个宿主。如硬蜱属、血蜱属和花蜱属等所有种，革蜱属、扇头蜱中的多数种以及璃眼蜱属中的个别种。

蜱的分布与气候、地势、土壤、植被和宿主等有关，各种蜱均有一定的地理分布区。蜱类的活动有明显的季节性，大多春季开始活动。硬蜱的各个发育阶段有长期耐饥的习性，幼虫可耐饥1个月以上，若虫和成虫能耐饥半年甚至1年以上。多数硬蜱1年繁殖1代，少数可繁殖2～3代。各种硬蜱有自己喜爱的宿主种类，如找不到宿主，也可在其他动物体吸血。一般多在皮薄毛少而不易受骚动的部位寄生。绝大多数硬蜱生活在野外，特别是山林、丘陵或草地，少数硬蜱在圈舍四周。

三、防治措施

(1)尽快消灭犬体上的蜱　在蜱活动季节，每天梳理体毛。当发现蜱时，蜱体与皮肤垂直拔出，局部消毒。蜱易寄生于犬的头部及四肢末端。我们也可用药物定期药浴或喷洒，常用药液有1%敌百虫、0.005%溴氰菊酯、0.05%双甲脒、0.04%～0.08%畏丙胺(赛福丁)等或皮下注射伊维菌素。

(2)圈舍灭蜱　对墙壁、地面、饲槽等小孔和缝隙撒克辽林或杀蜱药剂，堵塞后用石灰乳粉刷；也可用0.05%～0.1%溴氰菊酯、1%～2%马拉硫磷、1%～2%倍硫磷向圈舍喷洒。

(3)消灭自然界的蜱　改变自然环境是消灭蜱的最好方法。因为大多数蜱生活在荒野中，通过清除杂草、灌木丛、翻耕、劈山造林等，从而创造不利于蜱的生活环境。杀灭野生鼠类对消灭硬蜱也有重要意义。

(4)对症治疗　蜱瘫痪无特效疗法，可用1%葡萄糖酸钙和10%葡萄糖混合静脉滴注，肌注强力解毒敏、维生素 B_1、维生素 B_{12}；也可用康复犬血清按每千克体重0.5 mL静脉注射。

(5)有效防治　在蜱活动季节避免犬到荒野草丛中去打猎；给犬佩戴法国维克药厂生产的必除项圈一周，可有效地杀灭和驱蜱达4个月；梅里亚的"福来恩"也可用于犬体和环境灭蜱。

任务五 犬猫虱病的诊断与防治

一、临床诊断

犬猫的虱病是由虱目和食毛目的虱寄生于体表所引起的外寄生虫病。其临床主要特征为瘙痒、被毛粗乱、脱毛和皮肤损伤。虱是一种永久性寄生虫，有严格的宿主特异性。虱体扁平，分头、胸、腹，无眼，胸部有3对粗短足。

(一)流行病学诊断

虱主要靠宿主间的直接接触传播。犬猫也可通过接触被虱污染的用具、垫草等物体而被感染。圈舍拥挤、卫生条件差、营养不良及身体衰弱的犬猫易患。冬春季犬猫体表有利于虱的生存繁殖而更易于流行本病。

(二)症状诊断

毛虱栖身活动于体表被毛之间，刺激皮肤神经末梢，并以毛和表皮鳞屑为食，犬猫发生瘙痒和不安，因啃咬、搔抓痒处而出现脱毛或损伤皮肤，可能引起继发性的湿疹、丘疹、水疱、脓疱等细菌性的感染。当危害严重时，食欲不振，睡眠不安。毛虱除机械性的损害皮毛外，尚能像跳蚤一样作为犬复孔绦虫的中间宿主。

吸血虱在吸血时能分泌有毒素的唾液，刺激宿主的神经末梢，发生痒感，引起犬不安、啃咬瘙痒处而发生自我损伤，脱毛。当严重感染吸血虱时，可引起化脓性皮炎，并伴有脱皮和脱毛现象。虱的骚扰会影响犬的采食和休息。患犬消瘦，幼犬发育不良，降低对其他疾病的抵抗力。

二、病原诊断

(一)病原特征

寄生于犬的毛虱属于毛虱属的犬毛虱，雄虱的长约为1.74 mm，雌虱的长为1.92 mm，淡黄褐色，具褐色斑纹，头端钝圆，头部的宽度大于胸部，口器为咀嚼式，触角1对，有3对足较细小，足末端有一爪，腹部明显可见由8～9节组成，每一腹节的背面后缘均有成列的鬃毛，雄虱尾端圆钝，雌虱尾端常是分叉状。犬毛虱也可在小猫身上发现。

寄生于猫的毛虱属猫毛虱属的猫毛虱长约为1.2 mm，淡黄色，腹部白色，并具有明显的黄褐色条纹，口器为咀嚼式，头呈五角形，较犬毛虱要尖些，胸节较宽。其有触角1对，足3对(图3-62)。

寄生于犬的吸血虱属颚虱属的犬颚虱。雄虱的长为1.5 mm，雌虱的长为2.0 mm，呈淡黄色，头部较胸部窄，呈圆锥状，触角短，通常由5节组成，口器为刺吸式。胸部有3对粗短的足，其末端有一强大的爪，腹部有11节，第1～2节多消失。雄虱末端圆形，雌虱末端分叉(图3-63)。

吸血虱终生不离开宿主。其生活史也包括卵、若虫和成虫3个阶段，从卵发育为成虱需

30～40 d。

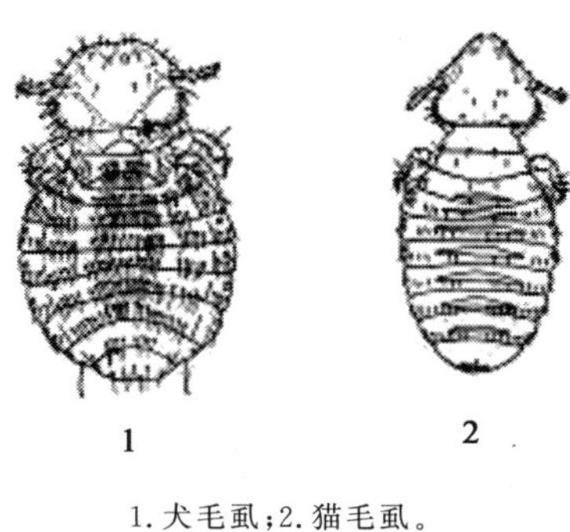

1. 犬毛虱；2. 猫毛虱。

图 3-62 毛虱

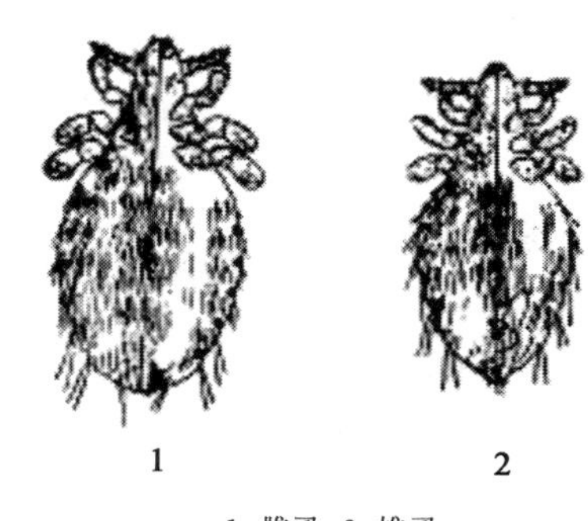

1. 雌虱；2. 雄虱。

图 3-63 犬颚虱

(二)生活史

毛虱的发育属不完全变态，即经卵、若虫和成虫 3 个阶段，一生均在宿主身上度过。雌虱产卵于宿主毛上，卵经 7～10 d，孵化为若虫，若虫经 3 次蜕化后变为成虫，整个发育期为 30 d。成熟的雌虱可存活 30 d 左右。离开宿主的毛虱在外界只能生存 2～3 d。

吸血虱终生不离开宿主，生活史也包括卵、若虫和成虫 3 个阶段，从卵发育为成虱需 30～40 d。

(三)病原诊断方法

在犬猫体上发现虱和虱卵即可确诊，要注意仔细检查。

三、防治措施

(一)治疗

犬猫虱病治疗药物可选用双甲脒、溴氰菊酯、西维因、伊维菌素、林丹等药物涂擦或药浴，两周左右再重复用药一次，也可向体表喷洒福来恩。

(二)预防

预防应保持圈舍干燥，清洁卫生，并搞好定期消毒工作；常给犬、猫梳刷洗澡；发现有虱者，及时隔离治疗；给犬猫戴上虱圈；使用福来恩等。

任务六　犬猫蚤病的诊断与防治

一、临床诊断

蚤病又称蚤感染症，是一种吸血性外寄生虫病。本病的临床特点为急性散在性皮炎和慢性非特异性皮炎并伴有剧烈瘙痒。蚤病呈世界性分布。

成蚤吸血，刺激皮肤，引起瘙痒，犬猫不安。强烈搔痒会引起犬猫皮肤发炎，有的发炎会引发过敏性皮炎。其患部多见于尾根部、腰背部及腹后部，出现痘疹、红斑，也可见脱毛、落屑和形成痂皮，皮肤增厚及色素沉着。严重的病例会出现贫血。被毛上有跳蚤的黑色煤焦油样的排泄物。

二、病原诊断

(一)病原特征

蚤俗称跳蚤。犬猫的常见蚤有犬栉首蚤、猫栉首蚤和东洋栉首蚤。前两种蚤也是犬绦虫的传播者。跳蚤细小无翅，两侧扁平，呈棕黄色，口器刺吸式，被有坚韧的外骨骼以及发达程度不同的鬃和刺等衍生物。足发达善跳，体长为 1～3 mm，雌蚤大，雄蚤小(图 3-64)。

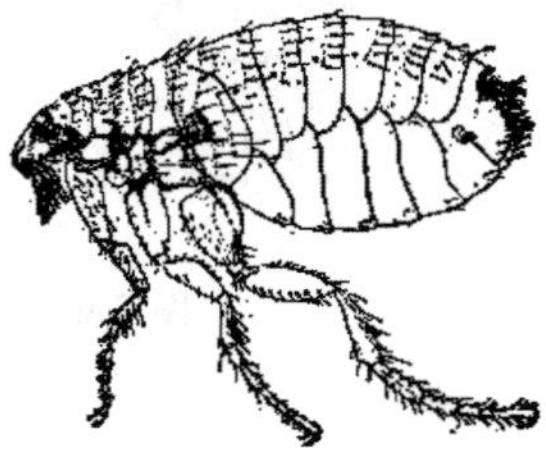

图 3-64　蚤

犬栉首蚤主要寄生犬科动物和犬科以外的少数肉食动物。猫栉首蚤主要寄生于猫、犬、兔和人，也可见于野生肉食动物及鼠类。东洋栉首蚤可寄生于犬、啮齿类、有蹄类(山羊)以及猴类和人，国内见于西南和华南，国外分布于印度、大洋洲和非洲。

(二)生活史

属完全变态，一生大部分在犬身上度过，以吸食血液为主。成蚤在宿主被毛上产卵，卵很快从被毛上掉下，在适宜的条件下经 2～4 d 孵化出 3 种幼虫，其中 1 龄幼虫和 2 龄幼虫以植物性物质和动物性物质(包括成蚤的排泄物)为食，3 龄幼虫不吃食，做茧。茧为卵圆形，肉眼不太容易发现，一般都附着在犬猫垫料上，经几天后化蛹，3 种幼虫期大约需 2 周。在适宜的温度和湿度下，其从卵发育到成虫需 18～21 d，但在自然条件下所需时间可能要更长。其时间的长短取决于温度、湿度和适宜宿主的存在。成蚤在低温、高湿条件下不吃食也能存活一年或更长时间，但其在高温、低湿条件下几天后就会死亡。雄蚤和雌蚤均吸血，其在吸血后一般离开宿主，一直到下次吸血时再爬上宿主，故在窝巢、阴暗潮湿地面均可见到蚤，也有蚤长期停留在犬、猫被毛间的。犬猫通过直接接触或进入有成蚤的地方而发生感染。

(三)病原诊断方法

根据临床症状，体表发现跳蚤和跳蚤的黑色排泄物及体内感染犬复孔绦虫，粪便中检出绦虫节片即可做出诊断。另外，也可进行蚤抗原皮内反应试验，即将蚤抗原用生理盐水作 10 倍稀释，取 0.1 mL 腹侧注射，5～20 min 内产生硬节和红斑就可证明犬有蚤感染。

三、防治措施

(一)治疗

许多杀虫剂都可杀死犬猫的跳蚤。但杀虫剂都有一定的毒性，猫对杀虫剂比犬更敏感，用时应更加小心。

(1)有机磷酸盐　在这类化合物中，有些是非常有效的杀虫剂，毒性较大，但已发现对此药产生耐药性蚤群。

(2)氨基甲酸酯　其比有机磷类杀虫剂毒性略小。

(3)除虫菊酯类　其毒性较小,但接触毒性表现得快而强烈,可用于幼犬和幼猫。

(4)伊维菌素　按每千克体重 0.2 mg,皮下注射。伊维菌素是目前较好的杀跳蚤药。

(5)皮炎和瘙痒严重的病例　可用氯苯那敏等抗过敏药物以缓解症状,并用抗生素,以防并发症或继发感染。

(二)预防

①对同群犬、猫进行定期驱虫。

②对周围环境进行药物喷雾或应用商品杀虫剂,清扫地毯,犬猫床铺或垫料等用具要经常更换,清洗,阳光下暴晒和定期消毒。

③保持环境干燥,注意环境卫生。

④用蚤圈。

思考题

1. 简述犬猫疥螨的生活史和疥螨病的治疗药物。
2. 简述犬蠕形螨的生活史和犬嚅形螨病的诊断和治疗方法。
3. 简述犬猫虱病、蚤病的防治方法。

项目七

观赏鸟寄生虫病的防治技术

学习目标

1. 掌握观赏鸟常见寄生虫的特征与生活史；
2. 学会观赏鸟常见寄生虫病的诊断、治疗与预防方法。

任务一　观赏鸟吸虫病的诊断与防治

一、临床诊断

(一)流行病学诊断

吸虫病是由吸虫纲虫体引起的一种寄生虫病。寄生于鸟类的吸虫有500多种。它们可寄生于消化、呼吸、生殖各系统器官中,有的吸虫还可寄生于眼内。吸虫病对观赏鸟的饲养造成较大的危害。

(二)症状诊断

吸虫的主要致病原理是虫体机械性损伤及吸收机体营养。其症状因感染吸虫科类不同、寄生部位的不同而差异较大,一般表现为食欲不振、口渴、下痢、贫血和黄疸。

输卵管、泄殖腔被吸虫感染影响产卵和繁殖,有时从泄殖腔排出卵壳碎片或流出类似石灰水样的液体。当吸虫寄生于呼吸道时,病鸟会因窒息而死亡。当吸虫寄生于肠内时,可引起消化障碍和营养吸收不良,持续性下痢,肠道出血。当吸虫寄生于肝和胰时,功能被破坏的肝、胰表现为贫血、消瘦等全身症状。当观赏鸟被严重感染时,其死亡率很高。当吸虫寄生于眼时,其可引起结膜炎,导致流泪,严重时可致失明。

二、病原诊断

(一)病原特征

1. 前殖科吸虫

前殖科吸虫虫体扁平,呈梨形,长为3～8 mm,宽为1～4 mm,体表有小棘,腹吸盘大于口吸盘。卵巢分叶,睾丸2个,左右排列。常见前殖科吸虫有卵圆前殖吸虫、透明前殖吸虫、楔形前殖吸虫、鲁氏前殖吸虫及家鸭前殖吸虫等(图3-65)。其主要寄生于鸡、鸭、鹅、野鸭及其他鸟类的输卵管、法氏囊和泄殖腔内。

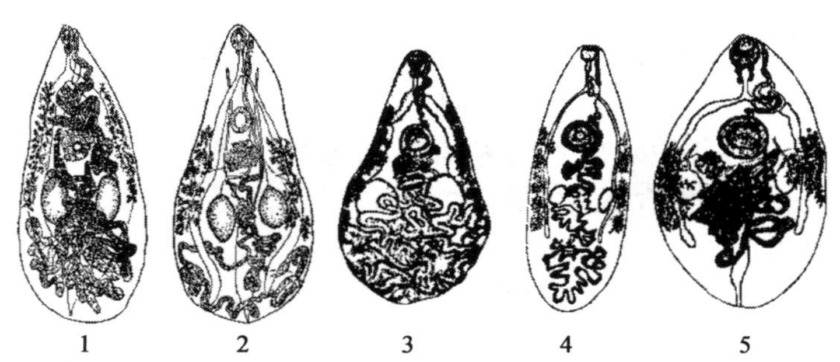

1.卵圆前殖吸虫;2.透明前殖吸虫;3.楔形前殖吸虫;4.鲁氏前殖吸虫;5.家鸭前殖吸虫。

图3-65　前殖科吸虫

2. 棘口科吸虫

棘口科吸虫虫体呈长叶状，为小体形吸虫。体表有小棘，虫体前端有头领，头领上生有许多小棘，口吸盘位于虫体前端，小于腹吸盘。睾丸呈长椭圆形或稍分叶，前后排列于虫体后中后部，卵巢呈圆形或类圆形，位于睾丸之前（图 3-66）。常见的棘口科吸虫有卷棘口吸虫、曲领棘缘吸虫、似锥低颈吸虫等，寄生于鸟类直肠、盲肠和小肠。

3. 背孔科吸虫

背孔科吸虫虫体呈扁叶状，两端钝圆，腹面稍向内凹，虫体长为 3.84～4.32 mm，宽为 1.12～1.28 mm，只有口吸盘。腹面有 3 纵列圆形腹腺，每列 15 个。睾丸分叶，左右排列于虫体后端两侧。卵巢分叶，位于体后部中央（图 3-67）。虫卵小，大小为 15～21 μm，两端各有 1 条卵丝，长约为 0.26 mm。其寄生于鸟类的直肠和盲肠。

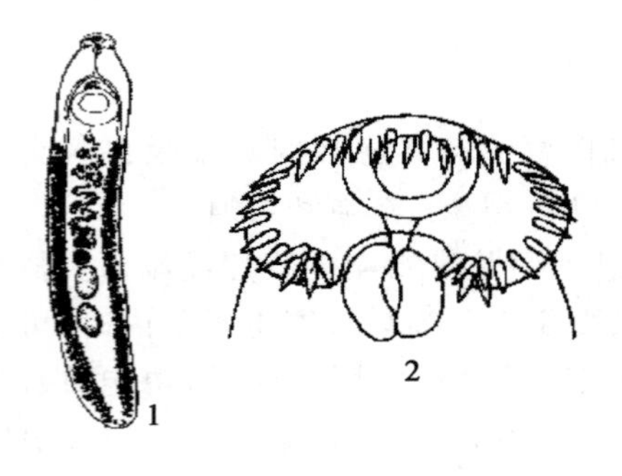

图 3-66 卷棘口吸虫

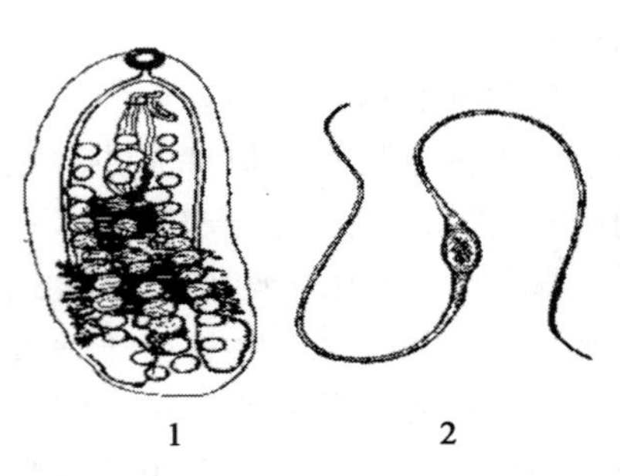

1. 虫体；2. 虫卵。

图 3-67 细背孔吸虫

4. 嗜眼科吸虫

嗜眼科吸虫口腹吸盘均发达，咽甚大。睾丸位于体末，卵巢在睾丸前方。常见的嗜眼科吸虫有鹅嗜眼吸虫、广东嗜眼吸虫、安徽嗜眼吸虫、小鸡嗜眼吸虫、梨形嗜眼吸虫等（图 3-68），寄生于鸡、鸭、鹅及其他鸟类的眼结膜囊内而引起眼结膜炎。

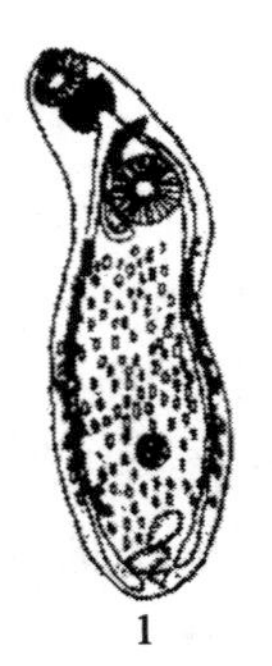

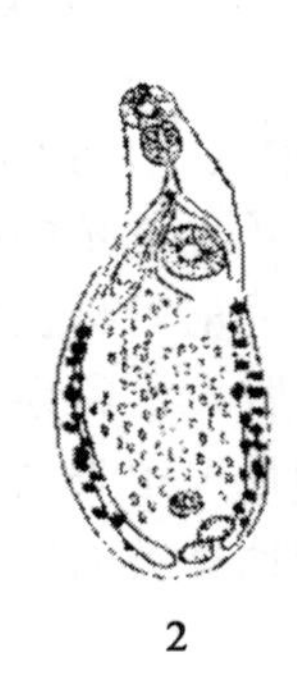

1. 鹅嗜眼吸虫；2. 梨形嗜眼吸虫。

图 3-68 嗜眼科吸虫

（二）生活史

多数吸虫发育需两个中间宿主，第一中间宿主一般为螺类，第二中间宿主依虫种不同可以为节肢动物或鱼类。如前殖吸虫的第一中间宿主为淡水螺类、蛙类及淡水鱼，第二中间宿主为蜻蜓成虫及其幼虫；棘口吸虫第二中间宿主为淡水螺、蛙和鱼；背孔吸虫只有一个中间宿主，为椎实螺、扁卷螺、圆扁螺等。鸟类一般是由于啄食含有囊蚴的第二中间宿主而被感染。

（三）病原诊断方法

根据症状，结合粪便沉淀检查和剖检确诊。

三、防治措施

（一）治疗

（1）丙硫苯咪唑　按每千克体重 15 mg，一次口服。

(2)吡喹酮　按每千克体重 10 mg,口服,连用 1～3 d。

(3)硫双二氯酚　按每千克体重 20～30 mg,口服。

(4)嗜眼吸虫可应用 75%酒精点眼,虽有刺激性,但可治愈。

(二)预防

观赏鸟场、鸟舍和鸟笼应保持干燥、清洁;吸虫流行季节应消灭吸虫的中间宿主;每年进行预防性驱虫。

任务二　观赏鸟绦虫病的诊断与防治

一、临床诊断

(一)流行病学诊断

绦虫病是由绦虫纲的虫体引起的一种寄生虫病。寄生于观赏鸟类的绦虫种类很多。大多数特异性很强的绦虫的宿主仅寄生于一种鸟或亲缘关系甚密的数种鸟,50%的野生鸟可感染绦虫。在观赏鸟中,金丝雀、太平鸟、画眉、燕雀、鹦鹉、文鸟、珍珠鸡、天鹅、绿头鸭、鸳鸯、丹顶鹤和鸵鸟等均有寄生的绦虫。家禽也有寄生的绦虫。

绦虫致病原理主要是机械刺激、阻塞肠管、代谢产物的毒素作用及夺取营养物质等。由于头节小钩和吸盘的刺激可损伤肠上皮而引起肠炎,虫体聚集成团可导致肠阻塞。严重时,其可导致肠破裂;虫体的代谢产物有时可引起神经症状。

(二)症状诊断

患绦虫病的鸟食欲下降,羽毛松乱、无光泽、脱毛期延长,消瘦、精神不振。经常下痢,粪便稀薄,混有血液和黏液,腹痛。雏鸟和幼鸟发育迟缓或受阻,成鸟产卵率下降,繁殖能力降低。有时由于大量绦虫的存在,宿主可能发生肠梗阻或肠穿孔,引起腹膜炎或突然从栖杠上摔下来或抽搐、昏迷或瘫痪不能站立、不能行走和飞翔、头颈扭曲或倒地打转。病鸟还会出现异嗜癖、营养不良、体重减轻、逐渐衰竭等,严重者会死亡。

二、病原诊断

(一)病原特征

寄生于鸟的绦虫种类很多,一般呈扁平带状,乳白色。最大的绦虫体长达 250 mm,最小的绦虫长仅为 4 mm。常见的绦虫有赖利绦虫、剑带绦虫、戴文绦虫和片形皱褶绦虫等。

(二)生活史

寄生于鸟的绦虫在发育过程中都需中间宿主。其中间宿主一般为蚯蚓、陆地蜗牛、蛞蝓、蚂蚁、剑水蚤、家蝇、食粪甲虫和鱼类等,因不同种的绦虫而异。成虫寄生于肠道内,孕卵节片随鸟粪便排出体外,节片在外界破裂,虫卵逸出,四处散播。当虫卵被中间宿吞食后,六钩蚴逸出,发育为似囊尾蚴。当鸟类吞食了含有似囊尾蚴的中间宿主后,则幼虫在鸟的肠道内发育为成虫。

(三)病原诊断方法

检查粪便中的绦虫节片及虫卵,结合剖检可确诊。

三、防治措施

(一)治疗

(1)丙硫苯咪唑　按每千克体重 15～20 mg,每天 1 次口服,连服 1～2 d,15～20 d 后重复一次;

(2)吡喹酮　按每千克体重 60 mg,连用 1～3 d;

(3)硫氯酚　按每千克体重 20～50 mg,口服;

(4)氯硝柳胺　按每千克体重 50～60 mg,口服。

必须指出,鸟患绦虫病很普遍,而且绦虫对药物有较强的抵抗力。在使用药物治疗时,可能只驱出一些体节,而绦虫头节仍留在肠内,会再发育为完整的绦虫。因此,养鸟者在用药物驱虫时,必须在鸟粪便中找到绦虫的头节,才算达到驱虫的目的。最好每年对鸟驱虫 2～3 次,保证鸟的身体健康。

(二)预防

注意搞好卫生,粪便集中处理,消灭鸟绦虫的中间宿主。

任务三　观赏鸟蛔虫病的诊断与防治

一、临床诊断

观赏鸟蛔虫病是指由禽蛔科禽蛔属多种蛔虫引起的一种寄生病。其主要寄生于鸟类的小肠,偶见于嗉囊、胃和食道。蛔虫病主要多发于鹦鹉、红面鹤、丹顶鹤、孔雀、鸠翠鸟、燕雀、画眉、八哥等观赏鸟以及鸡、鸭、鹅、鸽、鹌鹑等禽类。在温热潮湿地区、环境卫生差的地方,蛔虫病流行更为广泛。

(一)流行病学诊断

蛔虫主要危害幼年鸟,成年鸟常成为带虫者。感染是由吞食了受感染性虫卵污染的饲料、饮水或蚯蚓等引起的。虫卵对外界不良环境抵抗力较强。发育时间的长短视温度和湿度高低而定,温湿度愈高,发育速度愈快。当温度超过 40℃时,病鸟易死亡;阳光直射下 1～1.5 h 死亡。耐低温,虫卵在 10℃以下虽不发育,但不死亡,可存活 2 个月以上。

蛔虫感染一般在潮湿温暖季节,主要在春、夏和秋季。

(二)症状诊断

幼虫在小肠壁生长时损伤肠绒毛,引起肠黏膜发炎。成虫寄生于小肠,损伤肠黏膜,造成肠黏膜发炎、出血;当大量感染时,虫体缠绕成团,阻塞肠道,甚至引起肠破裂。大量吸收营养的虫体产生有毒的代谢产物,出现神经症状,发育不良等。

其常表现的症状为精神沉郁、行动迟缓、呆立、翅膀下垂,羽毛蓬乱、无光泽,贫血,消化机能紊乱、下痢和便秘交替发生,有时稀粪中带有血液,生长发育迟缓。蛔虫寄生过多,常引起肠梗阻,甚至肠破裂,引起鸟的死亡。其神经症状表现为歪颈、或突然抽风,从栖杠上摔下,或在地上打转。严重者逐渐衰弱而死亡。

二、病原诊断

(一)病原特征

病原以鸡蛔虫和鸽蛔虫最为常见。鸡蛔虫呈黄白色,是较粗大的线虫,体表有横纹,头端有三片唇,各唇片的游离缘具有小齿。雄虫长为 2.6～7 cm,雌虫比雄虫大得多,长为 6.5～11 cm,雄虫交合刺等长或不等长,并具有圆形或椭圆形的肛前吸盘,雌虫无肛前吸盘(图 3-69)。虫卵椭圆形,内含一个卵细胞,卵壳厚而光滑。鸽蛔虫长度一般为 1.9～3.8 cm,呈黄白色。

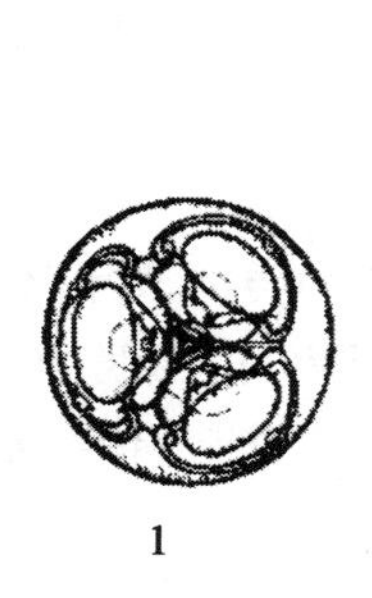

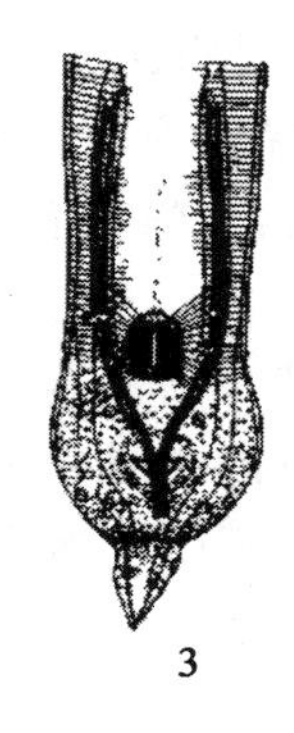

1. 头端顶面;2. 虫体头部;3. 雄虫尾部;4. 雌虫尾部。

图 3-69 鸡蛔虫

(二)生活史

蛔虫为直接发育。随粪排出的雌虫产卵在适宜的环境下,经几天发育为感染性虫卵(内含第二期幼虫)。鸟禽吞食感染性虫卵而感染,幼虫在胃或小肠中孵出,幼虫到十二指肠后段,在肠绒毛深处或钻入肠黏膜内,大约发育 2 周,然后返回肠腔逐渐发育为成虫。虫卵自感染至发育为成虫需 1～2 个月。蚯蚓和蚱蜢等可作为其贮藏宿主。

(三)病原诊断方法

通过粪便检查和尸体剖检,在粪便中发现虫卵或体内发现大量成虫可确诊。

三、防治措施

(一)治疗

治疗可选用阿苯达唑、左旋咪唑、噻苯达唑等药物。

(二)预防

以预防为主。每年定期给鸟查粪便虫卵,如有蛔虫卵,立即驱虫或每年定期驱虫;经常对观赏鸟舍、运动场及鸟笼消毒,可用 5%火碱或用火焰消毒;鸟场的鸟粪应经发酵处理,搞好环境及鸟舍、鸟场和鸟笼的清洁卫生;鸟食用的水果、青饲料、蔬菜尽量用水洗干净,减少感染;饮料中添加足够的维生素 A、维生素 B 及矿物质,以增强鸟类对蛔虫的抵抗力。

任务四　观赏鸟毛细线虫病的诊断与防治

一、临床诊断

观赏鸟毛细线虫病是由毛细科毛细属一些线虫引起的。许多种野生鸟都有毛细线虫的寄生。其主要感染雀形目、鹦形和鸡形目的鸟。毛细线虫寄生于消化道，严重时可引起死亡。观赏鸟毛细线虫病在我国各地均有，其感染率较高。

(一)流行病学诊断

虫体在寄生部位掘穴，造成消化道黏膜损伤。当轻度感染时，仅出现黏膜炎症；当严重感染时，黏膜肥厚，炎症明显，并有出血、坏死、纤维素渗出等变化。有些毛细线虫寄生于盲肠，盲肠发炎，盲肠壁增厚或黏膜形成结节；环形毛细线虫寄生于嗉囊，常引起嗉囊壁增厚、发炎，黏膜上覆盖有絮状渗出物，黏膜不同程度剥离。

(二)症状诊断

因鸟种不同和感染毛细线虫的种类不同，其症状表现各异。多数种类的成年鸟能耐过毛细线虫的轻度感染。轻度感染的鸟种多表现为消化不良、食欲不振、反胃、拉稀便；严重感染的鸟种表现为营养不良、贫血、腹泻严重、精神沉郁、羽毛松乱、无光泽、食欲减退、不喜欢运动等。

二、病原诊断

(一)病原特征

虫体呈细小的毛发状，食道部短于或等于体部，比体部稍细，体部内部为肠和生殖器官。雄虫有交合刺及交合刺鞘；雌虫阴门开口于食道部与体部交界处。虫卵椭圆形，两端有塞(图 3-70)。

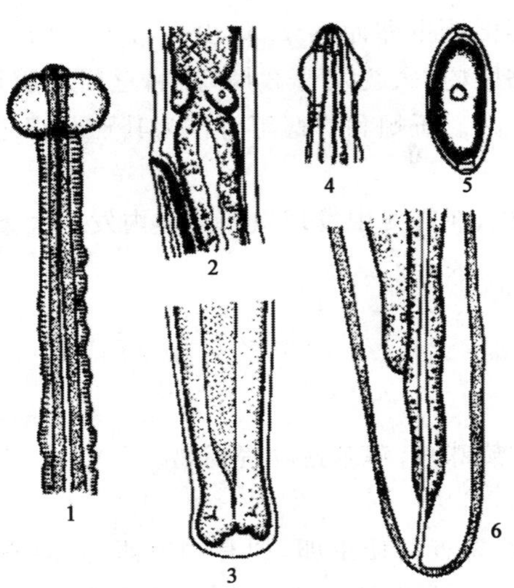

1,4. 雌虫头部；2. 雌虫阴门；3. 雄虫尾部；5. 虫卵；6. 雌虫尾部。

图 3-70　环形毛细线虫

虫体寄生部位严格，环形毛细线虫寄生于鸡、珠鸡等鸟禽类的食道、嗉囊壁；鸽毛细线虫寄生于鸽、鸡等鸟禽类小肠；膨尾毛细线虫寄生于鸡、鸽、鸭等鸟禽类小肠；捻转毛细线虫寄生于鸭等水禽的口腔、食道、嗉囊和肌胃内；鸭毛细线虫、鹅毛细线虫寄生于盲肠、小肠内。

(二)生活史

虫体可分为直接发育和间接发育。环形毛细线虫、膨尾毛细线虫为间接型，中间宿主为蚯蚓；鸽、鹅、鸭毛细线虫和捻转毛细线虫为直接型。随粪便排出体外的虫卵在外界环境或中间宿主体内发育为具感染性幼虫，鸟禽吞食了具感染力的幼虫而被感染。在被感染后，幼虫钻入食道、嗉囊、小肠等处黏膜发育，于被感染后 19～28 d 发育为成虫。

(三)病原诊断方法

综合症状，粪便检查虫卵和尸体剖检时发现虫体而确诊。

三、防治措施

(一)治疗

治疗可选用左旋咪唑、甲苯达唑等咪唑类药物。

(二)预防

注意环境与观赏鸟场、鸟舍及鸟笼的卫生；阻断在饲养鸟附近存在的中间宿主；对新捕来的野生鸟要先隔离饲养，以防带虫感染其他鸟；粪便要发酵处理。

任务五　观赏鸟眼线虫病的诊断与防治

一、临床诊断

观赏鸟眼线虫病是指由吸吮科尖旋属孟氏尖旋线虫和佩氏尖旋尾线虫寄生于鸟眼结膜、瞬膜和鼻泪管中而发生的疾病。其主要侵袭雀形目、鸽形目及鸡形目的多种观赏鸟，如金丝雀、燕雀、画眉、斑鸠、绿南鸠、灰斑角雉、红腹角雉、孔雀、鹌鹑、鸡和火鸡等。

虫体刺激引起眼结膜炎，病鸟流泪，表现为不安，不停地搔抓眼部，常引起外伤，眼流泪，并发重度眼炎，瞬膜肿胀，眼睛不断转动，试图从眼睛中移出什么异物似的或上下眼睑粘连，有干酪样分泌物。如果不予治疗，会导致眼球损坏、视力减弱或视力丧失，并有饮食欲降低，营养不良等病症发生。此时，在眼内几乎找不到虫体。其原因是炎性渗出物使眼内的 pH 发生了改变，不适于虫体寄生了。

二、病原诊断

(一)病原特征

观赏鸟眼线虫病是由吸吮科尖旋属孟氏尖旋线虫和佩氏尖旋尾线虫寄生于鸟眼结膜、瞬膜和鼻泪管中而发生的疾病。其主要侵袭雀形目、鸽形目及鸡形目的多种观赏鸟，如金丝雀、燕雀、画眉、斑鸠、绿南鸠、灰斑角雉、红腹角雉、孔雀、鹌鹑、鸡和火鸡等。

孟氏尖旋线虫虫体细长，角皮具横纹，口呈圆形，无唇，口周围有角质环。雄虫长为10～16 mm，宽为0.26～0.35 mm，交合刺大小不等，尾弯向腹面；雌虫长为12.8～18.6 mm，宽为0.38～0.43 mm，尾直，尾端渐尖，阴门位于虫体后部。虫卵椭圆形，内含幼虫(图3-71)。

佩氏尖旋线虫色黄或淡黄，前端钝圆，后端尖细，角皮具横纹，雄虫长为6.3～8.6 mm，雌虫长为7.7～12.3 mm。

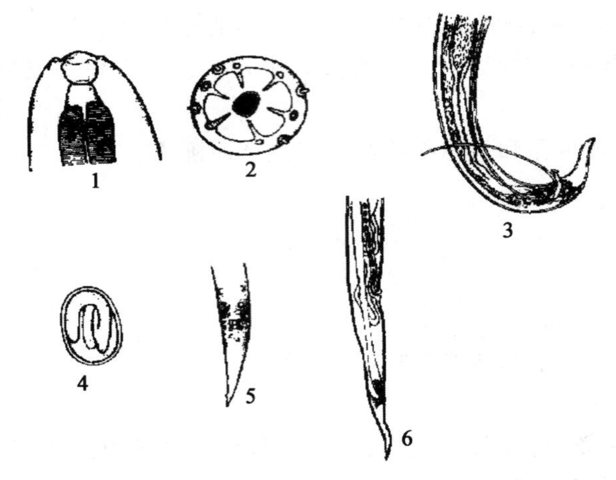

1. 头部背面；2. 头部顶面；3. 雄虫侧面；4. 虫卵；5. 雄虫尾部侧面；6. 雌虫尾部侧面。

图3-71　孟氏尖旋线虫

(二)生活史

孟氏尖旋尾线虫寄生于鸟的瞬膜、结膜囊和鼻泪管，而佩氏尖旋尾线虫寄生于瞬膜。雌虫产卵于眼内，随泪液排到外界或被鸟眼泪冲出后，又被鸟吞下，随粪便排出体外，虫卵被中间宿主蟑螂吞食，孵出幼虫，发育为感染性幼虫。当蟑螂被鸟吞食后，具有感染性的幼虫在嗉囊中游离出来，由食道逆行到口，经鼻泪管到眼睛。整个移行过程仅需20 min，被感染后经30～60 d发育为成虫。蟑螂种类多，南方温暖地区几乎全年都可见，鸟禽类喜啄食此类昆虫，故容易感染。

(三)病原诊断方法

根据症状及在眼内发现虫体而确诊。

三、防治措施

消灭蟑螂等中间宿主，防止啄食蟑螂。治疗可用眼科镊子轻轻地将虫体从病鸟眼中取出，用生理盐水或2%硼酸水冲洗眼睛，并用抗生素和可的松类眼药水滴眼，一天2～3次，交替滴入，连用2～3 d。确认无虫体后，眼炎会逐渐好转，鸟的食欲恢复正常。

任务六　观赏鸟异刺线虫病的诊断与防治

一、临床诊断

(一)流行病学诊断

观赏鸟异刺线虫病是由异刺科异刺属和同刺属多种线虫寄生于鸡、火鸡、鹌鹑、鸭、鹅、孔雀等鸟禽类的盲肠内引起的,又叫盲肠线虫病。本病呈全国性分布。

(二)症状诊断

当异刺线虫寄生时,其会损伤肠黏膜,引起出血,代谢产物可致中毒。一般无明显症状,因感染的虫种不同,其症状也不完全相同。当严重感染时,如在鸡异刺线感染雏鸡后,在盲肠壁上形成结节,可表现为食欲不振或废绝、精神沉郁、消瘦贫血、腹泻、生长发育不良,逐渐衰竭而死亡。

异刺线虫是组织滴虫病的传播者。组织滴虫通过异刺线虫卵传播。当啄食了含组织滴虫异刺线虫卵时,就可同时感染异刺线虫病和组织滴虫病。

二、病原诊断

(一)病原特征

常见种类有鸡异刺线虫、异形同刺线虫等。

1. 鸡异刺线虫

鸡异刺线虫寄生于鸡、火鸡、鹌鹑、孔雀、珍珠鸡等鸟禽类盲肠。虫体细线状,淡黄色,头端有三片唇,食道后端具有食道球。雄虫为7～13 mm,宽约为0.3 mm,尾末端尖细,泄殖腔前有一个肛前吸盘,左右交合刺不等长,尾翼发达,有性乳突12～13对。雌虫长为10～15 mm,宽约为0.4 mm,尾部细长,阴门开口于虫体中部略后(图3-72)。卵椭圆形,淡灰色,一端较明亮,内含未发育的卵细胞,大小为(65～80) μm×(35～46) μm。

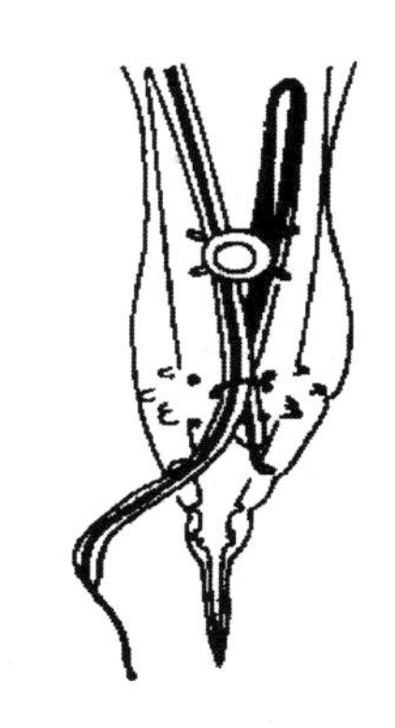

图 3-72　鸡异刺线虫尾部

2. 异形同刺线虫

异形同刺线虫主要寄生于鸭、鹅的盲肠。为小型黄白色虫体,头端有三片唇,前端有侧翼膜。雄虫长为10～15 mm,宽约为0.36～0.38 mm,具有肛前吸盘和13对性乳突,交合刺等长。雌虫长为15～17 mm,尾端尖细,阴门位于虫体后半部。虫卵椭圆形,大小为(62～72) μm×(41～46) μm。

分布于我国的异刺线虫还有贝拉异刺线虫、短尾异刺线虫、孔雀异刺线虫、吐绶鸡异刺线虫、小异刺线虫、南方异刺线虫和短刺同刺线虫等。

(二)生活史

异刺线虫的发育为直接发育。虫卵随粪便排出,在外界适宜温度(20～30℃)和湿度条件下,发育为感染性虫卵(内含第二期幼虫),鸟禽吃到受污染的饲料、饮水而感染。蚯蚓可作其贮藏宿主。当蚯蚓吞食感染性虫卵后,虫卵能在蚯蚓体内长期生存,成为一个重要的感染来源。蚯蚓被感染后,幼虫在小肠内孵出,移行到盲肠黏膜内经一段时间的发育,重返肠腔发育为成虫。

(三)病原诊断方法

用饱和盐水漂浮查虫卵或尸体剖检在盲肠中发现虫体即可确诊。死后剖检可见盲肠发炎,黏膜肥厚,有溃疡,肠内容物凝结,其中含虫体。

三、防治措施

观赏鸟异刺线虫病的防治措施可参考蛔虫病的防治方法。

任务七 观赏鸟球虫病的诊断与防治

一、临床诊断

观赏鸟球虫病是指由一种或多种球虫寄生引起的疾病。几乎所有的鸟类都会感染本病。其发病率和死亡率都高,雏鸟比成年鸟的易感性高。观赏鸟球虫病一年四季均可发生,是养鸟业危害极大的一种内寄生虫病。

(一)流行病学诊断

鸟感染的球虫主要是艾美耳属球虫和等孢子属球虫。艾美耳属球虫主要感染鸡形目、鸽形目、雁形目、鹤形目、鹈形目、鹦形目和鸻形目的鸟类;等孢属球虫易感染雀形目、鹤形目、隼形目、佛法僧目、鸻形目、鹦形目、鸮形目、鸡形目鸟类。

(二)症状诊断

其表现为精神萎靡,食欲不振或废绝、口渴、消瘦、体重减轻、羽毛松乱、无光泽。营养不良、贫血、脱水弓背、似有腹痛、翅下垂、闭目、呆立、腹泻或轻度下痢,呈水样、或黏液性绿色粪便、或棕色黏液粪便,带血。观赏鸟球虫呈急性或慢性经过,观赏鸟球虫病尤其对雏鸟和幼鸟危害最大。有的病鸟因病情严重,逐渐衰竭而死亡,有的病鸟出现震颤、跛行或昏厥,有的病鸟经过轻度或中度感染后幸存下来,并对球虫的感染产生了免疫力。

(三)病理剖检诊断

其病变主要是小肠、盲肠和直肠黏膜出血、坏死,肠黏膜上有干酪样物覆盖,肠膨气,肠壁增厚。

二、病原诊断

(一)病原特征

球虫卵囊呈椭圆形、圆形,无色、淡黄色或淡绿色,囊壁两层,有些种类在卵囊前端有微孔或微孔帽(极帽),卵囊内含一团原生质。卵囊在外经过孢子生殖后形成孢子化卵囊,因具有感染性又称感染性卵囊,卵内含有 0 至多个孢子囊,每个孢子囊内含一个或多个子孢子,数目因种而异。子孢子呈长形,一端钝圆,另一端稍尖,或呈腊肠形。有些球虫具有卵囊或孢子囊残体(图 3-73)。艾美耳科重要的球虫有 4 个属,分别为以下 4 种。

①艾美耳属。卵囊内含 4 个孢子囊,每个孢子囊内含 2 个子孢子。其主要寄生于哺乳类和鸟类。

②等孢属。卵囊内含 2 个孢子囊,每个孢子囊内含 4 个子孢子。其主要寄生于肉食类、哺乳类和鸟类。

③泰泽属。卵囊内无孢子囊,含 8 个子孢子。其主要寄生于水禽。

④温扬属。卵囊内含有 4 个孢子囊,每个孢子囊内含 4 个子孢子。其主要寄生于水禽。

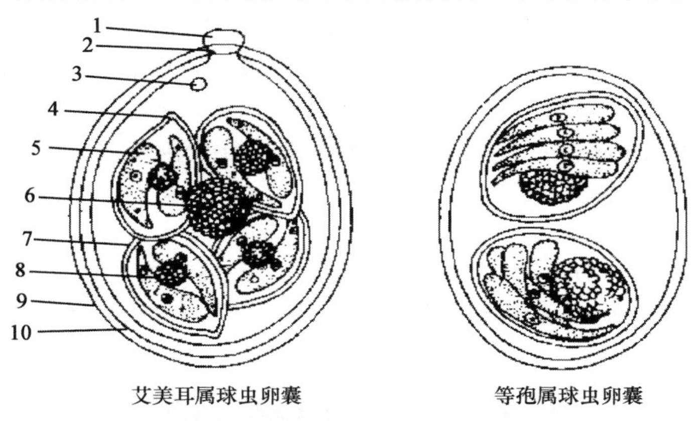

1. 极帽;2. 卵膜孔;3. 极粒;4. 斯氏体;5. 子孢子;6. 卵囊残体;
7. 孢子囊;8. 孢子囊残体;9. 卵囊壁外层;10. 卵囊壁内层。

图 3-73　球虫卵囊

(二)生活史

该病菌属直接发育型。以艾美耳球虫为例,简述其生活史:刚随宿主粪便排出的卵囊是未孢子化卵囊,在外界适宜环境下,细胞核和细胞质发生分裂,发育成孢子化卵囊,此过程叫作卵囊的孢子化,也称为孢子生殖或外生发育。当孢子化卵囊污染的饲料和饮水被宿主吞食后,球虫的寄生即告开始。球虫卵囊壁在肌胃的机械作用下破裂,释放出孢子囊。孢子囊在十二指肠和小肠中部受胆汁、酶(主要为胰蛋白酶)以及高浓度的二氧化碳作用下,孢子囊溶解,子孢子逸出,子孢子迅速侵入肠黏膜上皮细胞内,变为球形的滋养体,滋养体迅速生长,细胞核进行无性的复分裂,即裂殖生殖,形成内含数个至数百个裂殖子的裂殖体。裂殖体破裂,裂殖子逸出,逸出的裂殖子又侵入新的肠黏膜上皮细胞,形成第二代裂殖体。从这种裂殖体逸出的裂殖子再次侵入肠黏膜细胞,反复进行同样的增殖,形成第三代裂殖体。经反复数次裂殖生殖之后,裂殖子不再形成裂殖体,而转变为有性生殖体,有的成为雄性的小配子体,有的成为雌性的大配子体。配子体经 1～2 d 成熟,小配子体形成许多具有两根鞭毛的小配子,大配子体形成大配子,小配子离开宿主细胞,进入大配子,完成受精过程,大配子受精成为合子,其表面形成一厚壁,合子即变为卵囊,此过程叫作配子生殖。裂殖生殖和配子生殖均在宿主细胞内进行,故被统称为内生发育。卵囊从肠黏膜脱落,随粪便排出体外。

三、防治措施

(一)治疗

(1)磺胺二甲基嘧啶　每天按每千克体重 66 mg,拌料用 3～5 d。

(2)氨丙林　0.012%连用 3～5 d,预防球虫。0.006%～0.025%连续饮水 7 d,以后半量饮水 14 d。

(3)克球多　治疗用 0.006%拌料,连喂 8 d。

(4)磺胺二甲氧嘧啶　每天按每千克体重 15～20 mg,每天 1 次口服,连用 3～6 d。

(5)磺胺甲唑　每天按每千克体重 30～35 mg,分 2 次服,连用 3～6 d。

(6)甲硝唑　每天按每千克体重 30～40 mg,分 3 次服,连用 7～10 d。

治疗球虫应加喂维生素 A 或鱼肝油、维生素 B_2 或复合维生素 B,增加疗效。由于患球虫病的鸟种类很多,食物不同,所以对其的用药也不同,如鹦鹉等可把药粉撒到水果上,然后再滴上蜂蜜。雉鸡类可将药放于水中。雀形目小鸟喂药困难,最好将药放于水中饮用,注意将药搅拌均匀。

(二)预防

保持环境卫生,以预防为主。严格消毒制度,用 5%热火碱水消毒鸟舍、运动场、垫料和鸟笼;饲养的水盆、食盆用热火碱水或煮沸消毒;沙土和垫料应经常更换。

任务八　观赏鸟毛滴虫病的诊断与防治

一、临床诊断

观赏鸟毛滴虫病是由毛滴虫科毛滴虫属的禽毛滴虫寄生于鸽、斑鸠、鸡等鸟禽的消化道上部所引起的一种原虫病。本病特别易侵袭雀形目鸟类,常见于温热带地区。

(一)流行病学诊断

含有毛滴虫的口腔分泌物污染饲料或饮水,鸟禽受到感染,或喙与喙的接触。鸽和斑鸠的感染是通过成鸟给幼鸟喂食而感染下一代。观赏鸟毛滴虫病多发于温暖潮湿季节,以夏季多发。

患病初期精神不振,羽毛松乱,食欲下降,可从喙角流出浅绿或浅黄色黏液流出。随病情发展,口腔、食道、嗉囊黏膜形成灰白色结节、干酪样物积聚,可部分或完全堵塞食道,引起吞咽困难。病鸟的口腔、食道、嗉囊甚至腺胃和肌胃都有病变。其病变为灰白色结节、溃疡性坏死病灶,肝也常受侵害,可见肝质度变硬,并有白色、黄色病灶,也时常侵害眼结膜。

(二)症状诊断

当鸽感染毛滴虫后,急性病例在感染后 10 d 左右死亡。病鸽表现为食欲不振,打喷嚏,口腔和咽喉部形成白喉样膜。慢性病例可在咽喉和嘴的结合处看到干酪样物。干酪样物堆积可完全或部分堵塞食道腔,引起吞咽困难等症状。严重的病例可在肺、气囊,甚至腹膜、心包膜、肝和肌肉中发现干酪样物。较大的鸽,特别是成鸽的症状和病变常较轻微,偶见有食欲不振,胸肌瘦削和口腔的溃疡性病变。

二、病原诊断

(一)病原特征

禽毛滴虫虫体呈圆形、长椭圆形或梨形,大小为(5～19) μm×(2～9) μm。前端有 4 条游离的前鞭毛,1 条边缘鞭毛镶于波动膜沿边缘走向后端,毛基部呈腊肠或钩状。轴索细长,突出于虫体后缘之外。波动膜起于虫体前端,止于不到虫的后端之处。

(二)生活史

毛滴虫在口腔、咽部黏膜,以纵二分裂进行繁殖。

(三)病原诊断方法

从嗉囊、食道和口腔刮取黏液,加少量生理盐水做成压滴标本,查到虫体即可确诊。尸检时,取肝脏病料镜检,也可确诊。

三、防治措施

(一)治疗

(1)甲硝唑　每天按每千克体重 30～40 mg,分 2～3 次口服,连用 7～10 d。本药能有效地杀灭毛滴虫,而且比较安全。

(2)二甲硝咪唑　以 0.05%的比例混入饮水,对防治毛滴虫有效。

(3)用 0.2%碘溶液让病鸟饮用,7 d 为一个疗程。此方法简单、方便、疗效较好。我们也可用于预防用药。

(4)青蒿素　每天按每千克体重 15 mg,首日加倍,分 2 次服,隔 6～8 h 口服第 2 次,第 2 天、第 3 天各服 1 次。

病鸟服用四环素和磺胺嘧啶也有一定疗效,也能抑制继发感染。

(二)预防

加强饲养管理,成鸟繁殖期应在孵化前给药预防,以免雏鸟哺乳期感染毛滴虫病;笼鸟、观赏鸟场、鸽场要定期消毒,可用 5%热火碱水消毒,尤其在春夏和潮湿天气;经常清扫,保持环境卫生;将病鸟与健康鸟隔离饲养,及时治疗。

任务九　观赏鸟组织滴虫病的诊断与防治

一、临床诊断

观赏鸟组织滴虫病是由单毛滴虫科组织滴虫属的火鸡组织滴虫寄生于盲肠和肝脏引起的一种鞭毛虫病。因其寄生部位特殊,故又叫作盲肠肝炎。该病常常出现火鸡头颈部淤血而呈黑色，故也叫作黑头病，常造成小火鸡的大批死亡。鹧鸪和竹鸡、松鸡等均能被严重感染组织毛滴虫病，鸡、孔雀、珍珠鸡、鹌鹑、环颈雉等也能被感染。

(一)流行病学诊断

此病最易发生于3～12周龄的小火鸡。其他鸟类及鸡也常有发生。异刺线虫的感染性虫卵可携带火鸡组织滴虫，这是一个典型的超寄生现象的例子。异刺线虫卵在外界通常被蚯蚓吞食，故而火鸡组织滴虫常得到多重保护，可存活几个月到几年。当含虫卵的蚯蚓被吞咽到鸟肠内孵化时，组织滴虫逸出而侵入盲肠壁，从而引起疾病。除蚯蚓外，蚱蜢、土鳖虫及蟋蟀等节肢动物也能充当传播媒介。鸡是异刺线虫和组织滴虫的一个贮藏宿主，因而被认为是最重要的传染源。

(二)症状诊断

火鸡患病的早期症状是粪便呈硫黄色，精神沉郁、翅膀下垂、步态不稳、头部可能发绀变黑。随着病情的发展，病火鸡呆滞、垂翅站立、闭眼、头下垂贴近身体。成年火鸡常为慢性经过，呈进行性消瘦。幼龄火鸡的发病率和死亡率都很高，可达100%。其他鸟的症状也可见精神不振，呆滞、食欲减退甚至废绝，羽毛松乱；下痢、粪便呈淡黄色或淡绿色，有时带血。

(三)病理剖检诊断

组织滴虫病的特征性病变发生在盲肠和肝脏。两侧盲肠肿大、盲肠壁增厚，黏膜上常有溃疡，盲肠内常有黄色、灰色或绿色的干酪样肠芯。发生盲肠壁溃疡，甚至盲肠穿孔，从而发生腹膜炎。肝脏会有不规则、环形、下陷的病变，这种下陷的病变常围绕着一个呈同心圆的边界，构成组织滴虫病的特征性病变。下陷病变的颜色变化很大，经常是黄色到灰色，也可能是绿色或红色。其病变区直径常为1～2 cm，有的坏死区可能融合成片(图3-74)。

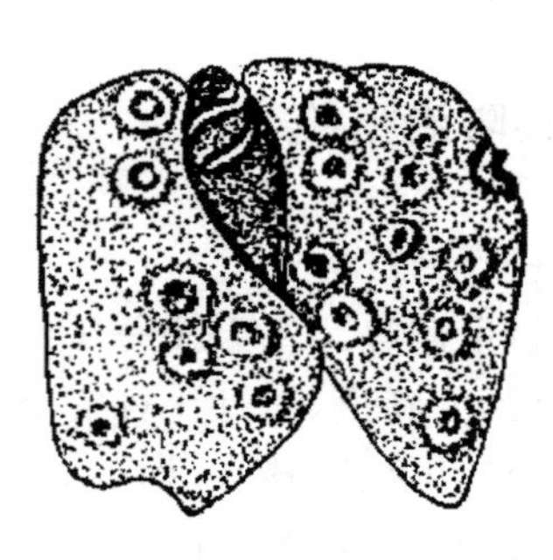

图3-74 感染组织滴虫病的肝组织肿大，表面形成的坏死病灶

二、病原诊断

(一)病原特征

火鸡组织滴虫的虫体呈多形性，根据其寄生部位分为肠型虫体和组织型虫体。肠型虫体生长在盲肠腔和培养基中，虫体近似球形，直径为3～16 μm，有一条粗壮的鞭毛，长为6～11 μm，细胞核呈球形、椭圆形或卵圆形(图3-75)。组织型虫体生长于肝脏和盲肠上皮细胞内，无鞭毛，呈圆形或变形虫形，直径为8～17 μm，具伪足。

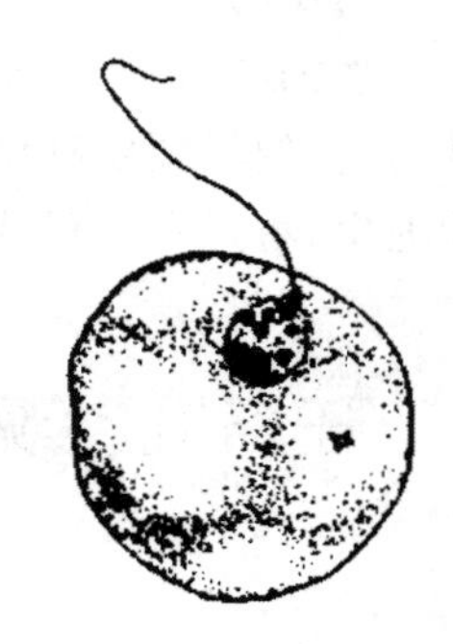

图3-75 火鸡组织滴虫

(二)生活史

组织滴虫以纵二分裂方式繁殖。

(三)病原诊断方法

用加温约40℃的生理盐水稀释盲肠黏膜刮下物，作为悬滴标本，置显微镜下检查或取肝、肾组织涂片，经吉姆萨染色镜检。

三、防治措施

(一)治疗

治疗可用甲硝唑,二甲硝咪唑,剂量参照毛滴虫病。

(二)预防

加强饲养管理,增加营养;搞好清洁卫生,对鸟舍、运动场等定期消毒;定期驱虫,包括驱除异刺线虫;鸟远离鸡舍。

思考题

1. 鸟吸虫的特征和生活史有哪些? 如何防治鸟吸虫病?
2. 观赏鸟绦虫病有哪些特征? 如何防治观赏鸟绦虫病?
3. 观赏鸟蛔虫病有哪些特征? 如何防治鸟蛔虫病?

参考文献

[1] 陆承平.兽医微生物学.4版.北京:中国农业出版社,2010.
[2] 白文彬,于康震.动物传染病诊断学.北京:中国农业出版社.2002.
[3] 崔保安.动物微生物学.3版. 北京:中国农业出版社,2005.
[4] 中国农业科学院哈尔滨兽医研究所.动物传染病学.北京:中国农业出版社,2001.
[5] 张卓然.医学微生物实验学.北京:科学出版社,1998.
[6] 甘孟侯.中国禽病学.北京:中国农业出版社,2003.
[7] 邢钊,汪德刚,包文奇.兽医生物制品实用技术.北京:中国农业大学出版社,2003.
[8] 李决.兽医微生物学及免疫学.成都:四川科学技术出版社,1993.
[9] 姚火春.兽医微生物学实验指导.2版.北京:中国农业出版社,2012.
[10] 王秀茹.预防医学微生物学及检验技术.北京:人民卫生出版社,2002.
[11] 孙维平,王传锋.宠物寄生虫病.北京:中国农业出版社,2007.
[12] 周建强.宠物传染病.2版.北京:中国农业出版社,2015.
[13] 汪明.兽医寄生虫学.3版.北京:中国农业出版社,2017.
[14] 蔡宝祥.家畜传染病学.4版.北京:中国农业出版社,2001.
[15] 张宏伟,杨廷桂.动物寄生虫病.北京:中国农业出版社,2006.
[16] 朱兴全.小动物寄生虫病学.北京:中国农业科学技术出版社,2006.
[17] 李祥瑞.动物寄生虫病彩色图谱.2版.北京:中国农业出版社,2011.